中文版 AutoCAD 2016 从入门到精通

李 楠 编著

天津大学出版社

TIANJIN UNIVERSITY PRESS

内容简介

本书详细介绍了 AutoCAD 2016 软件的各种知识点，其中重点讲解了 AutoCAD 2016 基础知识、辅助绘图工具的使用、绘制二维图形、编辑与操作二维图形、图层、图块与外部参照、三维图形的绘制、编辑三维图形、创建三维曲面模型、填充图案的基础知识、文字与表格的应用、图形尺寸标注的应用、图形的打印与输出、机械零件图例的绘制、室内平面图的绘制、室内立面图的绘制、建筑平面图的绘制、建筑立面图的绘制等内容。

本书内容基本涵盖了 AutoCAD 2016 的各方面知识，并且通过多个实例将制图设计与软件操作相结合，旨在帮助读者掌握 AutoCAD 2016 软件的应用。

本书是初学者和技术人员学习 AutoCAD 的理想参考书，也可作为大中专院校和社会培训机构室内设计、环艺设计及相关专业的教材使用。

本书附带光盘中提供了所有场景实例的 DWG 文件和实例的多媒体教学视频文件。

图书在版编目（CIP）数据

中文版 AutoCAD 2016 从入门到精通／李楠编著. —
天津：天津大学出版社，2016. 4（2020.8 重印）
　ISBN 978 - 7 - 5618 - 5554 - 6

　Ⅰ. ①中…　Ⅱ. ①李…　Ⅲ. ①AutoCAD 软件　Ⅳ.
①TP391. 72

中国版本图书馆 CIP 数据核字（2016）第 082688 号

出版发行　天津大学出版社
地　　址　天津市卫津路 92 号天津大学内（邮编：300072）
电　　话　发行部：022 - 27403647
网　　址　publish. tju. edu. cn
印　　刷　廊坊市海涛印刷有限公司
经　　销　全国各地新华书店
开　　本　185mm ×260mm
印　　张　34. 75
字　　数　867 千
版　　次　2016 年 4 月第 1 版
印　　次　2020 年 8 月第 2 次
定　　价　79. 00 元

前　言

1．AutoCAD 2016 中文版简介

AutoCAD 是美国 Autodesk 公司于 20 世纪 80 年代初为计算机应用 CAD 技术而开发的绘图程序软件包，经过不断完善，现已成为国际上广为流行的绘图软件。AutoCAD 具有良好的用户界面，通过交互菜单或命令行方式便可以进行各种操作。它的多文档设计环境，让非计算机专业人员也能很快地学会使用，在不断实践的过程中更好地掌握它的各种应用和开发技巧，从而不断提高工作效率。

AutoCAD 具有广泛的适应性，它可以在各种操作系统支持的微型计算机和工作站上运行，并支持分辨率由 320×200 到 2 048×1 024 的各种图形显示设备 40 多种，以及数字仪和鼠标器 30 多种，绘图仪和打印机数十种，这就为 AutoCAD 的普及创造了条件。

2．本书内容介绍

全书共 18 章，循序渐进地介绍了 AutoCAD 2016 的基本操作和功能，详细讲解了 AutoCAD 2016 的基本操作、二维图形的绘制和编辑、图形标注的操作等主要内容。

第 1 章主要介绍了 AutoCAD 2016 的安装、启动与退出等基本知识，了解如何设置图形的系统参数，熟悉建立新的图形文件、打开已有文件的方法等。

第 2 章主要讲解了在绘图过程中，使用鼠标这样的定点工具对图形文件进行定位虽然方便、快捷，但往往所绘制的图形精度不高。为了解决这一问题，本章详细介绍对绘图工具设置捕捉和栅格、极轴追踪、对象捕捉以及动态输入和正交模式等。

第 3 章主要介绍 AutoCAD 2016 二维绘图命令的使用方法和技巧。在 AutoCAD 2016 中提供了一系列基本的二维绘图命令，可以绘制一些点、线、圆、圆弧、椭圆和矩形等简单的图元，并通过大量的实例来讲解这些工具的具体使用方法。

第 4 章主要讲解在掌握了绘制二维图形的基本方法后，如何对它们进行编辑。在实际绘图过程中，很多复杂的图形都是通过对普通的二维图形进行编辑而成的。在绘制图形对象时，不仅可以使用二维绘图命令绘制图形对象，还可以结合编辑命令来完成图形对象的绘制。

第 5 章主要介绍图层的概述、图层的优点、图层的特点以及图层特性管理器。重点讲解了如何创建图层和设置图层特性的方法，重点介绍了图层管理的高级功能。

第 6 章主要讲解 AutoCAD 提供的图块、外部参照等组织管理图形和提高绘图速度的工具，本章将详细介绍它们的创建和使用，为用户全面掌握图形的绘制和管理提供帮助。

第 7 章主要讲解使用三维绘图工具，可以创建精细、真实的三维对象。包括如何创建三维图形，即长方体、楔体、圆柱体、圆环体、球体的绘制方法，以及如何通过二维图形创建三维图形。

第 8 章主要讲解了三维图形的绘制方法后，用户还可以使用系统提供的三维编辑命令来编

辑三维对象，不但可以修改对象的尺寸和对象间的位置关系，还可以使用各种方法使对象更加真实与完美。

第 9 章主要介绍如何创建各种类型的曲面，与三维线框模型相比，曲面有突出的优点。曲面还可以用于创建特殊形状。

第 10 章主要讲解图案填充在建筑绘图和机械制图过程中的广泛应用。通过对某个区域进行图案填充，可以表达该区域的特征。通过为绘制的图形对象填充相关的图案和渐变色，可以丰富图形对象，使绘制的图形对象更加自然，有时还需要通过图案填充来更直观地表达所填充图形对象的材质。

第 11 章主要讲解文字与表格的应用。在一张图纸中，仅有图形不能表达清楚图形设计的意图和具体含义，有些部分必须借助文字来清楚地进行说明，只有这样，使用图纸的人员才能对图纸一目了然。另外，表格在图形绘制过程中也经常用到。

第 12 章主要讲解尺寸标注，它是图形的测量注释，可以测量和显示对象的长度、角度等测量值。AutoCAD 提供了多种标注样式及多种设置标注样式的方法，以适用于机械设计图、建筑图、土木图和电路图等不同类型图形的要求。

第 13 章主要讲解在 AutoCAD 2016 中绘制图形后，经常需要将图形输出打印，图形的输出与打印是非常重要的环节。AutoCAD 2016 提供的输出打印功能非常强大，不但可以将图形通过打印机打印出来，还可以将图形输出为其他格式的文档，以便被其他软件调用。

第 14 章主要讲解如何绘制常见类型零件，其中包括齿轮、泵盖、轴套零件。

第 15 章主要讲解以住宅楼户型图的设计为出发点的室内装饰设计理念和装饰图的绘制技巧、室内家具布局、文字说明和尺寸标注等。希望读者通过对本章的学习，在了解室内设计的表达内容和绘制思路的前提下，掌握具体的绘制过程和操作技巧，快速方便地绘制符合制图标准和施工要求的室内设计图，同时也为后面章节的学习打下坚实的基础。

第 16 章主要讲解了室内立面图的绘制，它和建筑立面图的绘制方法很类似，只是室内立面图是在室内基础上进行绘制的。希望读者通过对本章节的学习可以轻松掌握室内立面图的绘制方法。

第 17 章结合一些建筑实例详细介绍建筑平面图的绘制方法，给出利用 AutoCAD 2016 绘制建筑平面图的主要方法和步骤，通过实例的绘制使初学者进一步掌握 AutoCAD 常用绘图命令。

第 18 章主要讲解了建筑立面图是建筑设计中必不可少的组成元素，通过它可以真实地看到建筑表面的形状。本章结合一些建筑实例，详细介绍建筑立面图的绘制方法，给出了利用 AutoCAD 2016 绘制建筑立面图的主要方法和步骤，并结合实例重点讲解了门、窗、阳台、台阶和女儿墙等的绘制方法和步骤。

3. 本书约定

为便于阅读理解，本书的写作风格遵从如下约定。

- 本书中出现的中文菜单和命令将用【】括起来，以示区分。此外，为了使语句更简洁易懂，本书中所有的菜单和命令之间以竖线（｜）分隔，例如，单击【修改】菜单，再选择【移动】命令，就用【修改】｜【移动】来表示。

- 用加号（+）连接的两个或 3 个键表示组合键，在操作时表示同时按下这两个或三个键。例如，Ctrl + V 是指在按下 Ctrl 键的同时，按下 V 字母键；Ctrl + Alt + F10 是指在按下 Ctrl 和 Alt 键的同时，按下功能键 F10。
- 在没有特殊指定时，单击、双击和拖动是指用鼠标左键单击、双击和拖动，右击是指用鼠标右键单击。

本书内容充实，结构清晰，功能讲解详细，实例分析透彻，适合 AutoCAD 的初级用户全面了解与学习，也可作为各类高等院校相关专业以及社会培训班的教材。

本书主要由渭南师范学院美术设计学院的李楠编写。其他参与编写的人员还有李梓萌、王珏、王永忠、安静、于舒春、王劲、张慧萍、陈可义、吴艳臣、纪宏志、宁秋丽、张博、于秀青、田羽、李永华、蔡野、李日强、刘宁、刘书彤、赵平、周艳山、熊斌、江俊浩、武可元等。在图书编写过程中得到了同事、家人和朋友们的大力支持和帮助，在此一并对他们表示感谢。书中存在的错误和不足之处，敬请读者批评指正。

编者
2016 年 4 月

目　录

第 3 章　绘制二维图形

第 4 章　编辑与操作二维图形

第5章　图　层

第6章 图块与外部参照

第7章 三维图形的绘制

第8章 编辑三维图形

第9章 创建三维曲面模型

第13章 图形的打印与输出

第14章 项目指导——机械零件图例的绘制

第15章 项目指导——室内平面图的绘制

第 16 章 项目指导——室内立面图的绘制

第 17 章 项目指导——建筑平面图的绘制

第 18 章 项目指导——建筑立面图的绘制

AutoCAD 2016 基础知识

01
Chapter

本章导读:

基础知识
- ◆ 掌握 AutoCAD 的安装
- ◆ 掌握软件的启动与退出

重点知识
- ◆ 管理图形文件
- ◆ 设置绘图环境

提高知识
- ◆ 命令的使用及坐标系
- ◆ 观察图形文件

　　本章主要介绍了 AutoCAD 2016 的安装、启动与退出等基本知识,了解如何设置图形的系统参数,熟悉建立新的图形文件、打开已有文件的方法等。

1.1　AutoCAD 内容简介

　　AutoCAD 是电子计算机技术应用于工程领域产品设计的新兴交叉技术。其定义为:CAD 是计算机系统在工程和产品设计的整个过程中,为设计人员提供各种有效工具和手段,加速设计过程,优化设计结果,从而达到最佳设计效果的一种技术。它是美国 Autodesk 企业开发的交互式绘图软件,用于二维及三维设计,用户可以使用它来创建、浏览、管理、打印、输出、共享及准确复用富含信息的设计图形。

　　计算机辅助设计(CAD)包含的内容很多,例如:概念设计、工程绘图、三维设计、优化设计、有限元分析、数控加工、计算机仿真、产品数据管理等。在工程设计中,许多繁重的工作,如复杂的数学和力学计算、多种方案的综合分析与比较、绘制工程图、整理生产信息等,均可借助计算机来完成。设计人员则可对处理的中间结果作出判断和修改,以便更有效地完成设计工作。一个好的计算机辅助设计系统要既能很好地利用计算机高速分析计算的能力,又能充分发挥人的创造性作用,即要找到人和计算机的最佳结合点。

　　AutoCAD 2016 又增添了许多强大的功能,从而使 AutoCAD 系统更加完善。虽然 AutoCAD 本身的功能集已经足以协助用户完成各种设计工作,但用户还可以通过 Autodesk 的脚本语言——Autolisp 进行二次开发,将 AutoCAD 改造成为满足各专业领域的专用设计工具,包括建筑、机械、测绘、电子以及航空航天等。

1.1.1　AutoCAD 的发展历程

　　CAD 技术起始于 20 世纪 50 年代后期,进入 60 年代后,随着绘图在计算机屏幕上变为可行而开始迅猛发展。早期的 CAD 技术主要体现为二维计算机辅助绘图,人们借助此项技术来摆脱烦琐、费时的手工绘图。这种情况一直持续到 70 年代末，此后计算机辅助绘图作为 CAD 技术的一个分支而相对独立、平稳地发展。进入 80 年代以来，32 位微机工作站和微型计算机的发展和普及，再加上功能强大的外部设备，如大型图形显示器、绘图仪、激光打印机的问世，极大地推动了 CAD 技术的发展。与此同时，CAD 技术理论也经历了几次重大的创新，形成了曲面造型、实体造型、参数化设计及变量化设计等系统。CAD 软件已做到设计与制造过程的集成，不仅可进行产品的设计计算和绘图，而且能实现自由曲面设计、工程造型、有限元分析、机构仿真、模具设计制造等各种工程应用。

1.1.2　CAD 系统组成

CAD 系统由硬件和软件组成，要充分发挥 CAD 的作用，就要有高性能的硬件和功能强大的软件。

硬件是 CAD 系统的基础，由计算机及其外部设备组成。计算机分为大型机、工程工作站及高档微机。目前应用较多的是 CAD 工作站及微机系统。外部设备包括鼠标、键盘、数字化仪、扫描仪等输入设备和显示器、打印机、绘图仪等输出设备。

软件是 CAD 系统的核心，分为系统软件和应用软件。系统软件包括操作系统、计算机语言、网络通信软件、数据库管理软件等。应用软件包括 CAD 支撑软件和用户开发的 CAD 专用软件，如常用数学方法库、常规设计计算方法库、优化设计方法库、产品设计软件包、机械零件设计计算库等。

1.1.3　AutoCAD 2016 的发展特点

AutoCAD 与其他 CAD 产品相比，具有如下特点：
- 直观的用户界面、下拉菜单、图标以及易于使用的对话框等。
- 丰富的二维绘图、编辑命令以及建模方式新颖的三维造型功能。
- 多样的绘图方式，可以通过交互方式绘图，也可通过编程自动绘图。
- 能够对光栅图像和矢量图形进行混合编辑。
- 产生具有照片真实感（Phone 或 Gourand 光照模型）的着色，且渲染速度快、质量高。
- 多行文字编辑器与标准的 Windows 系统下的文字处理软件工作方式相同，并支持 Windows 系统的 TrueType 字体。
- 数据库操作方便且功能完善。强大的文件兼容性，可以通过标准的或专用的数据格式与其他 CAD、CAM 系统交换数据。
- 提供了许多 Internet 工具，使用户可通过 AutoCAD 在 Web 上打开、插入或保存图形。
- 开放的体系结构，为其他开发商提供了多元化的开发工具。

1.1.4　AutoCAD 2016 的基本功能

AutoCAD 是当今最流行的二维绘图软件，下面介绍其基本功能。
- 平面绘图：能以多种方式创建直线、圆、椭圆、多边形、样条曲线等基本图形对象。
- 绘图辅助工具：AutoCAD 提供了正交、对象捕捉、极轴追踪、捕捉追踪等绘图辅助工具。正交功能使用户可以很方便地绘制水平、竖直直线，对象捕捉可帮助拾取几何对象上的特殊点，而追踪功能使画斜线及沿不同方向定位点变得更加容易。

- 编辑图形：AutoCAD 具有强大的编辑功能，可以移动、复制、旋转、阵列、拉伸、延长、修剪、缩放对象等。
- 标注尺寸：可以创建多种类型尺寸，标注外观可以自行设置。
- 书写文字：能轻易在图形的任何位置、沿任何方向书写文字，可设置文字字体、倾斜角度及宽度缩放比例等属性。
- 图层管理功能：图形对象都位于某一图层上，可设置图层颜色、线型、线宽等特性。
- 三维绘图：可创建 3D 实体及表面模型，能对实体本身进行编辑。
- 网络功能：可将图形在网络上发布，或是通过网络访问 AutoCAD 资源。
- 数据交换：AutoCAD 提供了多种图形图像数据交换格式及相应命令。
- 二次开发：AutoCAD 允许用户定制菜单和工具栏，并能利用内嵌语言 Autolisp、Visual Lisp、VBA、ADS、ARX 等进行二次开发。

1.2　AutoCAD 2016 的安装、启动与退出

在学习某个软件，首先要掌握它的安装、启动与退出的方法。本节就来学习 AutoCAD 2016 的安装、启动与退出。

1.2.1　安装 AutoCAD

下面介绍 AutoCAD 2016 的具体安装步骤。

01 AutoCAD 2016 软件包以光盘形式提供，光盘中有名为 setup.exe 的安装文件，双击 setup.exe，此时会弹出如图 1-1 所示的界面，在该界面中单击【安装】按钮。

02 开始安装，弹出【许可协议】界面，查看适用于用户所在国家/地区的 Autodesk 软件许可协议（用户必须接受协议才能继续安装）。选择用户所在的国家/地区，选择【我接受】单选按钮，再单击【下一步】按钮，如下图 1-2 所示。

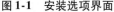

图 1-1　安装选项界面

图 1-2　【许可协议】界面

03 弹出【产品信息】界面，在该界面中输入序列号及产品密钥，如图 1-3 所示。

04 单击【下一步】按钮，弹出【配置安装】界面，在该界面中设置安装路径，系统默认为

C 盘，用户可以根据需要将其安装至其他路径，如图 1-4 所示将其安装在 D 盘。

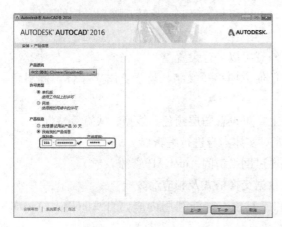

图 1-3 【产品信息】界面

图 1-4 【配置安装】界面

05 单击【安装】按钮，弹出【安装进度】界面，如图 1-5 所示。

06 安装完成后弹出【安装完成】界面，如图 1-6 所示。单击【完成】按钮完成安装。

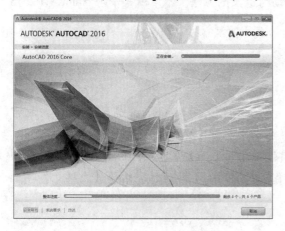

图 1-5 【安装进度】界面

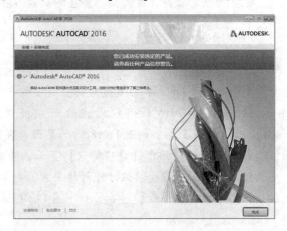

图 1-6 【安装完成】界面

1.2.2 软件的启动

AutoCAD 2016 安装完成后，系统将在【开始】|【程序】中创建 AutoCAD 2016 的程序组，该应用程序组被命名为 Autodesk，同时在桌面上将创建一个 AutoCAD 2016 的快捷图标。

AutoCAD 2016 的启动方式有很多种，用户需要了解以下几种常用的启动方法：

- 在 Windows 桌面上双击 AutoCAD 2016 快捷图标。
- 双击已经存盘的任意 AutoCAD 2016 图形文件。
- 选择【开始】|【所有程序】| Autodesk | AutoCAD 2016-简体中文（Simplified Chinese）| AutoCAD 2016-简体中文（Simplified Chinese）命令，如图 1-7 所示。

　软件的退出

AutoCAD 2016 的退出方式有很多种，用户需要了解以下几种常用的退出方法。

- 单击 AutoCAD 2016 工作界面右上角的【关闭】按钮 ✕。
- 右击系统任务栏中的 AutoCAD 2016 图标，在弹出的快捷菜单中选择 关闭窗口 命令，如图 1-8 所示。
- 单击 AutoCAD 2016 软件左上角的【菜单栏浏览器】按钮 ，在弹出的下拉列表中单击 【退出 Autodesk AutoCAD 2016】按钮，如图 1-9 所示。

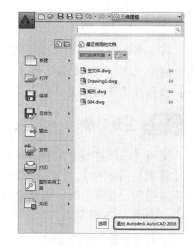

图 1-7　打开 AutoCAD 2016　　**图 1-8　选择【关闭窗口】命令**　　**图 1-9　通过【菜单栏浏览器】按钮关闭**

1.3　AutoCAD 2016 的工作空间

AutoCAD 2016 工作界面是一组菜单、工具栏、选项板和功能区的集合，可通过对其进行编辑和组织来创建基于任务的绘图环境。系统为用户提供了【草图与注释】、【三维基础】、【三维建模】3 个工作空间，每个工作空间都显示功能区和应用程序菜单。

在工作界面模式中进行切换，只需选择【工具】|【工作空间】菜单中的子命令，选择相应的命令即可，如图 1-10 所示。

　草图与注释

默认状态下，打开的是【草图与注释】空间，其界面主要由【菜单浏览器】按钮、功能区选项板、快速访问工具栏、文本窗口与命令行、状态栏等元素组成。在该空间中，可以使用【绘图】、【修改】、【图层】、【注释】、【块】、【特性】等选项组方便地绘制二维图形，如图 1-11 所示。

图 1-10   【工作空间】子命令

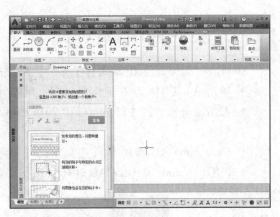

图 1-11   【草图与注释】工作空间

1.3.2   三维基础

将 AutoCAD 2016 切换到三维基础工作空间，其功能区集合了最常用的三维建模命令，主要用于简单三维模型的绘制。图 1-12 所示为【三维基础】工作空间，其界面主要由【菜单浏览器】按钮、快速访问工具栏、菜单栏、工具栏、文本窗口与命令行、状态栏等元素组成。

1.3.3   三维建模

使用【三维建模】空间，可以更加方便地在三维空间中绘制图形。在功能区选项板中集成了【建模】、【网格】、【实体编辑】、【绘图】、【修改】、【截面】、【视图】等选项组，从而为绘制三维图形、观察图形、创建动画、设置光源、为三维对象附加材质等操作提供了非常便利的环境，如图 1-13 所示。

图 1-12   【三维基础】工作空间

图 1-13   【三维建模】工作空间

1.4   AutoCAD 2016 的工作界面

启动 AutoCAD 2016 后，打开其工作界面，按【Ctrl + N】组合键新建图形文件，系统自动命名为 Drawing1. dwg，如图 1-14 所示。其工作界面主要由菜单栏、标题栏、选项卡、绘图区、十字光标、坐标系图标、命令行和状态栏等部分组成。

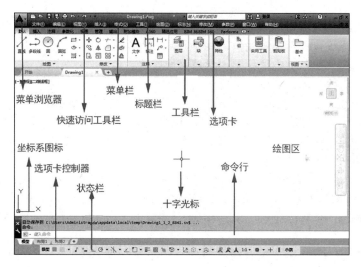

图 1-14　工作界面

标题栏

标题栏位于应用程序窗口的最上面，如图 1-15 所示。用于显示当前正在运行的程序名及文件名等信息。如果是 AutoCAD 默认的图形文件，其名称为 Drawing1. dwg。在标题栏中可以看到当前图形文件的标题，可以进行【最大化】、【最小化】和【关闭】操作，还可以对菜单浏览器、快速访问工具栏以及信息中心进行操作。

图 1-15　标题栏

知识链接

下面介绍标题栏中各按钮的作用。

【菜单浏览器】按钮![A]：单击该按钮可以打开相应的操作菜单，如图 1-16 所示。

自定义快速访问工具栏：默认情况下显示 7 个按钮，包括【新建】按钮![新建]、【打开】按钮![打开]、【保存】按钮![保存]、【另存为】按钮![另存为]、【打印】按钮![打印]、【放弃】按钮![放弃]和【重做】按钮![重做]。

- 【新建】![新建]按钮：单击该按钮，用来新建一个新的图形文件。

- 【打开】![打开]按钮：单击该按钮，可打开一个图形文件。

- 【保存】![保存]按钮：单击该按钮，可将所在的图形文件保存。

- 【另存为】![另存为]按钮：单击该按钮，可以将同一个图形文件保存在指定的位置。

图 1-16　单击【菜单浏览器】按钮

7

- 【打印】 按钮：单击该按钮，用来将图形文件打印出图。
- 【放弃】 按钮：单击该按钮，放弃前面的操作。
- 【重做】 按钮：单击该按钮，撤销前面所放弃的操作。

Drawing1.dwg：代表软件文件名称。

搜索栏 [键入关键字或短语]：在文本框中输入要查找的内容后单击 按钮即可进行搜索。

登录：单击该登录框，将弹出【AutoCAD 账户】对话框，用于账户登录。

【交换】按钮：单击该按钮将弹出 AutoCAD Exchange 对话框，用于与用户进行信息交换，默认显示该软件的新增内容的相关信息。

【帮助】按钮：单击该按钮将弹出 AutoCAD Exchange 对话框，此时默认显示帮助主页，在页面中输入相应的帮助信息并进行搜索后，可查看到相应的帮助信息。

控制按钮 ─□×：分别是【最小化】按钮、【最大化】按钮和【关闭】按钮。各按钮的作用分别如下：

- 【最小化】按钮─：单击该按钮可将窗口最小化到 Windows 任务栏中，只显示图形文件的名称。
- 【最大化】按钮□：单击该按钮可将窗口放大充满整个屏幕，即全屏显示，同时该控制按钮变为□形状，即【还原】按钮，单击该按钮可将窗口还原到原有状态。
- 【关闭】按钮×：单击该按钮可退出 AutoCAD 2016 应用程序。

1.4.2 菜单栏

单击自定义快速访问工具栏右侧的按钮，在弹出下拉菜单中选择【显示菜单栏】命令，如图 1-17 所示。AutoCAD 2016 中文版的菜单栏就会出现在功能区选项板的上方，如图 1-18 所示。

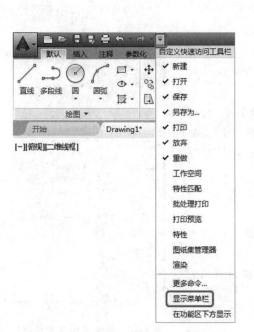

图 1-17　选择【显示菜单栏】命令

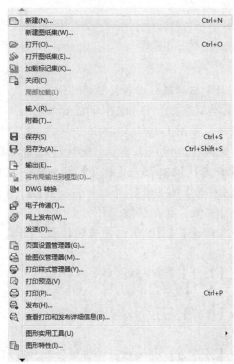

图 1-19　AutoCAD 2016【文件】菜单

文件(F)	编辑(E)	视图(V)	插入(I)	格式(O)	工具(T)	绘图(D)	标注(N)	修改(M)	参数(P)	窗口(W)	帮助(H)

图 1-18 菜单栏

菜单栏由【文件】、【编辑】、【视图】、【插入】、【格式】、【工具】、【绘图】、【标注】、【修改】、【参数】、【窗口】、【帮助】命令组成，几乎包括了 AutoCAD 中全部的功能和命令。图1-19所示即为 AutoCAD 2016 的【文件】菜单，从图中可以看到，某些菜单命令后面带【▶】、【...】、【Ctrl + O】、【(A)】之类的符号或组合键，用户在使用它们时应遵循以下约定。

- 命令后跟有【▶】符号，表示该命令下还有子命令。
- 命令后跟有快捷键如【(A)】，表示打开该菜单时，按下快捷键即可执行相应命令。
- 命令后跟有组合键如【Ctrl + O】，表示直接按组合键即可执行相应命令。
- 命令后跟有【...】符号，表示执行该命令可打开一个对话框，以提供进一步的选择和设置。
- 命令呈现灰色，表示该命令在当前状态下不可以使用。

1.4.3　功能区选项板

功能区选项板是一种特殊的选项卡，位于绘图区的上方，是菜单栏和工具栏的主要替代工具，用于显示与基于任务的工作空间关联的按钮和控件。默认状态下，在【草图与注释】工作空间，功能区选项板中包含【默认】、【插入】、【注释】、【参数化】、【视图】、【管理】、【输出】、【附加模块】、【A360】、【精选应用】、【BIM 360】、【Performance】选项卡。

在功能区选项板中，有些选项组按钮右下角有箭头，表示有扩展菜单，单击箭头，扩展菜单会列出更多的工具按钮。

如果需扩大绘图区域，则可以单击选项板右侧的三角形按钮，使各选项组最小化为选项组按钮，再次单击该按钮，使各选项组最小化为选项组标题，再次单击该按钮，使功能区选项板最小化为选项卡，再次单击该按钮，可以显示完整的功能区。

1.4.4　绘图区

AutoCAD 2016 版本的绘图区更加强大，所有的绘图结果都反映在这个窗口中。可以方便用户更好地绘制图形对象。此外，为了方便更好地操作，在绘图区的右上角还动态显示坐标和常用工具栏，这是该软件人性化的一面，可为绘图节省不少时间。绘图区是用来绘制图形的区域，用户可以在该区域内绘制、显示与编辑各种图形，同时还可以根据需要关闭某些工具栏以增大绘图空间。

1.4.5　十字光标

十字光标是 AutoCAD 在图形窗口显示的绘图光标，主要用于选择和绘制对象，功能同定点设备（如鼠标）控制。当移动定点设备时，十字光标的位置会作相应的移动，就像手工绘图中的笔一样方便。如果要改变光标的大小，可通过单击鼠标右键在弹出的快捷菜单中选择【选项】命令，如图1-20所示。打开【选项】对话框，在【显示】选项卡中的【十字光标大小】选项组控制十字光标的十字线长度，如图1-21所示。在【选项集】选项卡中的【拾取框大小】选项组控制拾取框的大小，如图1-22所示。

图 1-20 选择【选项】命令

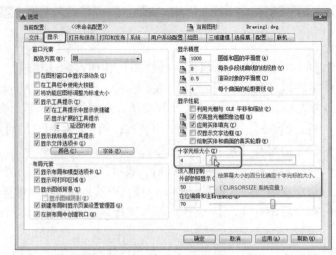

图 1-21 设置十字光标大小

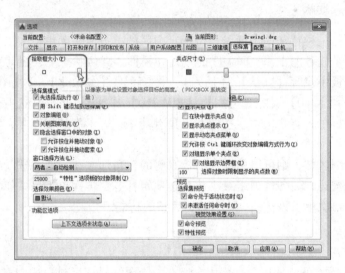

图 1-22 设置拾取框大小

1.4.6 坐标系图标

坐标系图标位于绘图区的左下角，如图 1-23 所示，是 AutoCAD 的基本坐标系统，在二维空间中，它是由两个垂直并相交的坐标轴 X 和 Y 组成的，在三维空间中则还有一个 Z 轴。在绘制和编辑图形的过程中，坐标系的原点和坐标轴方向都不会改变。

坐标系坐标轴的交汇处有一个【口】字形标记，位于绘图窗口的左下角，所有的位移都是相对于该原点计算的。在默认情况下，X 轴正方向水平向右，Y 轴正方向垂直向上，Z 轴正方向垂直屏幕平面向外，在用户自定义坐标系时，用户坐标系统没有【口】字形标记。主要用于显示当前使用的坐标系以及坐标方向等。在不同的视图模式下，该坐标系所指的方向也不同。

图 1-23 坐标系图标

1.4.7 命令行

命令行是 AutoCAD 与用户对话的区域，位于绘图区的下方。AutoCAD 交互绘图必须输入必要的指令和参数。AutoCAD 有多种命令输入方式。

在使用软件的过程中应密切关注命令行中出现的信息，然后按照信息提示进行相应的操作。在默认情况下，命令行有 3 行。

在绘图过程中，命令行一般有两种情况。

- 等待命令输入状态：表示系统等待用户输入命令，以绘制或编辑图形，如图 1-24 所示。
- 正在执行命令的状态：在执行命令的过程中，命令行中将显示该命令的操作提示，以方便用户快速确定下一步操作，如图 1-25 所示。

图 1-24 等待命令输入状态　　　图 1-25 正在执行命令的状态

下面以画圆为例在命令行中输入命令名，命令字符可部分大小写。输入命令：CIRCLE。执行命令时，在命令行中系统的提示信息中经常会出现命令选项。

指定圆的圆心或 [三点(3P)/两点(2P)/切点、切点、半径(T)]：
指定圆的半径或 [直径(D)]：

根据命令行的提示在绘图区可以输入坐标点也可以在屏幕上指定一点。然后根据命令的提示信息输入半径（直径）值即可。

知识链接

命令行窗口是输入命令和显示命令提示的区域，默认的命令行窗口位于工作界面的下方，当用户想要查看若干文本行时，可通过以下两种方法打开 AutoCAD 文本窗口。

- 在菜单栏中选择【视图】|【显示】|【文本窗口】命令，如图 1-26 所示。
- 按【F2】键。

AutoCAD 文本窗口是最大化显示命令行的信息，且 AutoCAD 文本窗口与命令行的提示信息相似，如图 1-27 所示。

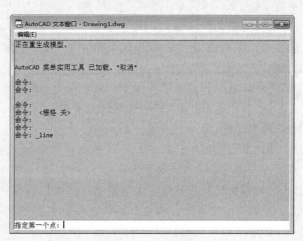

图 1-26 选择【文本窗口】命令　　　图 1-27 文本窗口

1.4.8 状态栏

状态栏位于屏幕的底部，左端显示绘图区中光标定位点的坐标 X、Y、Z，右侧依次有【模型】、【快速查看布局】、【栅格显示】、【捕捉模式】、【推断约束】、【动态输入】、【正交模式】、【极轴追踪】、【等轴测草图】、【对象捕捉】、【对象捕捉追踪】、【显示/隐藏线宽】、【显示/隐藏透明度】、【选择循环】、【允许/禁止动态 UCS】、【选择过滤】、【小控件】、【注释可见性】、【自动缩放】、【注释比例】、【切换工作空间】、【注释监视器】、【当前图形单位】、【快捷特性】、【隔离对象】、【硬件加速】、【全屏显示】和【自定义】等功能开关按钮，如图 1-28 所示。单击这些开关按钮，可以打开/关闭这些功能的开关。

图 1-28　状态栏

知识链接

下面介绍状态栏中各部分的作用。

当前光标的坐标值：位于左侧，分别显示 X、Y、Z 坐标值，方便用户快速查看当前光标的位置。移动光标，坐标值也将随之变化。单击该坐标值区域，可关闭显示该功能。

辅助工具按钮组用于设置 AutoCAD 的辅助绘图功能，均属于开关型按钮，即单击某个按钮，使其呈蓝底显示时表示启用该功能，再次单击该按钮使其呈灰底显示时，则表示关闭该功能。下面介绍其中各按钮的作用。

【模型】按钮 **模型**：用于转换到模型空间。

【快速查看布局】按钮 **布局1**：用于快速转换和查看布局空间。

【栅格显示】按钮：用于显示栅格，默认为启用，即绘图区中出现的小方框。

【捕捉模式】按钮：用于捕捉设置间距倍数点和栅格点。

【推断约束】按钮：用于推断几何约束。

【动态输入】按钮：用于使用动态输入。当开启此功能并输入命令时，在十字光标附近将显示线段的长度及角度，按【Tab】键可在长度及角度值间进行切换，并可输入新的长度及角度值。

【正交模式】按钮：用于绘制二维平面图形的水平和垂直线段以及正等轴测图中的线段。启用该功能后，光标只能在水平或垂直方向上确定位置，从而快速绘制水平线和垂直线。

【极轴追踪】按钮：用于捕捉和绘制与起点水平线成一定角度的线段。

【等轴测草图】按钮：通过沿着等轴（每个轴之间的角度为 120°）对齐对象来模拟等轴测图形环境。

【对象捕捉追踪】按钮：该功能和对象捕捉功能一起使用，用于追踪捕捉点在线性方向上与其他对象特殊点的交点。

【对象捕捉】按钮和【三维对象捕捉】按钮：用于捕捉二维对象和三维对象中的特殊点，如圆心、中点等，相关内容将在后面章节中进行详细讲解，这里不再赘述。

【显示/隐藏线宽】按钮：用于在绘图区显示绘图对象的线宽。

【显示/隐藏透明度】按钮▦：用于显示绘图对象的透明度。

【选择循环】按钮▤：该按钮可以允许用户选择重叠的对象。

【允许/禁止动态 UCS】按钮▨：用于使用或禁止动态 UCS。

【选择过滤】按钮◇▼：指定将光标移动到对象上时，哪些对象将会亮显。

【小控件】按钮△▼：用来显示三维小控件，它们可以帮助用户沿三维轴或平面移动、旋转或缩放一组对象。

【注释可见性】按钮人：用于显示所有比例的注释性对象。

【自动缩放】按钮人：在注释比例发生变化时，将比例添加到注释性对象。

【注释比例】按钮人 1:1/100%▼：用于更改可注释对象的注释比例，默认为 1:1。

【切换工作空间】按钮❀▼：可以快速切换和设置绘图空间。

【注释监视器】➕按钮：当注释监视器处于打开状态时，系统将在所有非关联注释上显示标记。

【当前图形单位】按钮▮：用于设置当前图形的图形单位。

【快捷特性】按钮▢：用于禁止和开启快捷特性选项板。显示对象的快捷特性选项板，能帮助用户快捷地编辑对象的一般特性。

【隔离对象】按钮⌾：可通过隔离或隐藏选择集来控制对象的显示。

【硬件加速】按钮●：用于性能调节，检查图形卡和三维显示驱动程序，并对支持软件实现和硬件实现的功能进行选择。简而言之就是使用该功能可对当前的硬件进行加速，以优化 AutoCAD 在系统中的运行。在该按钮上右击，在弹出的快捷菜单中还可选择相应的命令并进行相应的设置。

【全屏显示】按钮▣：用于隐藏 AutoCAD 窗口中功能区选项板等界面元素，使 AutoCAD 的绘图窗口全屏显示。

【自定义】按钮☰：用于改变状态栏的相应组成部分。

1.5　管理图形文件

图形文件的管理一般包括新建图形文件、打开图形文件、保存图形文件以及关闭图形文件等，下面分别进行讲解。

1.5.1　新建图形文件

当用户启动 AutoCAD 2016 之后，按【Ctrl + N】组合键新建一个空白图纸。AutoCAD 系统默认新建了一个以 acadiso. dwt 为样板的 Drawing1 图形文件。

在 AutoCAD 2016 中还可以通过以下几种方法执行【新建】命令。

- 单击【菜单浏览器】按钮▣，在弹出的下拉菜单中选择【新建】命令，如图 1-29 所示。
- 在菜单栏中选择【文件】|【新建】命令，如图 1-30 所示。
- 单击快速访问工具栏中的【新建】按钮▢。
- 在命令行中执行 NEW 命令。
- 按【Ctrl + N】组合键。

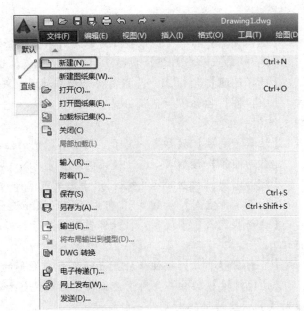

图 1-29　选择【新建】命令　　　　　　　　图 1-30　选择【新建】命令

使用以上任意一种命令，都将弹出【选择样板】对话框。若要创建基于默认样板的图形文件，单击 [打开(O)] 按钮即可。

1.5.2 【上机操作】新建图形文件

下面通过实例讲解如何新建图形文件，具体操作步骤如下。

01 启动 AutoCAD 2016，在菜单栏中选择【文件】|【新建】命令，如图 1-31 所示。弹出【选择样板】对话框，在【名称】列表中选择【acad】样板图形文件，如图 1-32 所示。

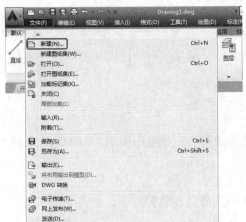

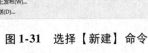

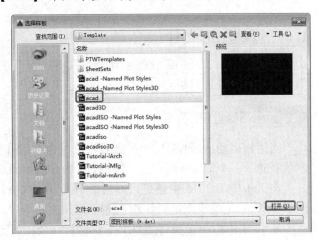

图 1-31　选择【新建】命令　　　　　　　　图 1-32　【选择样板】对话框

02 单击 [打开(O)] 按钮，进入工作界面即可新建图形文件，效果如图 1-33 所示。

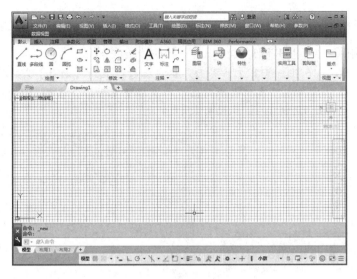

图 1-33　新建图形文件

打开图形文件

在 AutoCAD 2016 中，如果用户的计算机中已经保存了 AutoCAD 的图形文件，则用户可以使用【打开】命令直接将其打开并进行编辑。

在 AutoCAD 2016 中执行【打开】命令的方法有以下几种。

* 单击【菜单浏览器】按钮，在弹出的下拉菜单中选择【打开】命令，如图 1-34 所示。
* 单击快速访问工具栏中的【打开】按钮。
* 在菜单栏中选择【文件】|【打开】命令，如图 1-35 所示。
* 在命令行中执行 OPEN 命令。
* 按【Ctrl + O】组合键。

图 1-34　选择【打开】命令

图 1-35　选择【打开】命令

1.5.4 【上机操作】打开图形文件

下面通过实例讲解如何打开图形文件，具体操作步骤如下。

🔟 启动 AutoCAD 2016 并打开其工作界面。单击标题栏上的【打开】按钮，如图 1-36 所示。弹出【选择文件】对话框，在弹出的对话框中选择随书附带光盘中的 CDROM\素材\第 1 章\五角星.dwg，然后单击 打开(0) 按钮，如图 1-37 所示。

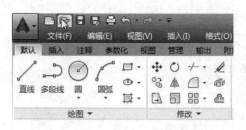

图 1-36　单击【打开】按钮

图 1-37　选择素材文件

🔟 在工作界面可以看到【五角星.dwg】图形文件已被打开，如图 1-38 所示。

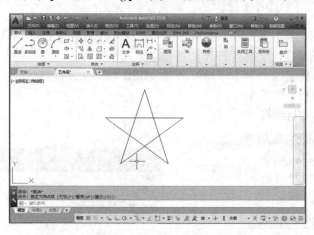

图 1-38　打开素材文件

1.5.5 保存图形文件

在计算机上进行任何文件处理的时候，都要养成随时保存文件的习惯，防止出现电源故障或发生其他意外事件时图形及数据丢失，操作的最终结果也要保存完整。在 AutoCAD 2016 环境中，由于用户在新建图形文件时，系统是以默认的文件命名保存的，为了使绘制的图形文件更加容易识别，用户可通过以下几种方法对图形文件进行保存。

- 单击【菜单浏览器】按钮，在弹出的下拉菜单中选择【保存】命令。
- 在菜单栏中选择【文件】|【保存】命令。
- 单击快速访问工具栏中的【保存】按钮。

- 在命令行中执行 SAVE 命令。
- 按【Ctrl + S】组合键。

在第一次保存图形文件时，单击【应用程序】中的【菜单浏览器】按钮▲，在弹出的下拉菜单中选择【保存】命令，如图 1-39 所示。弹出如图 1-40 所示的【图形另存为】对话框，在该对话框的【保存于】下拉列表中选择要保存到的位置，在【文件名】文本框中输入文件名，然后单击 保存(S) 按钮保存文件并关闭对话框。返回到工作界面，即可在标题栏显示文件的保存路径和名称。

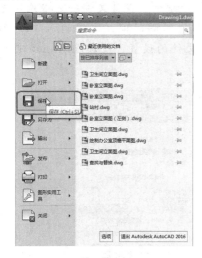

图 1-39　选择【保存】命令

图 1-40　【图形另存为】对话框

用户可将修改后的文件另存为一个其他名称的图形文件，以便于区别，方法如下：

- 单击【菜单浏览器】按钮▲，在弹出的下拉菜单中选择【另存为】命令。
- 在菜单栏中选择【文件】|【另保存】命令。
- 在命令行中执行 SAVEAS 命令。
- 按【Ctrl + Shift + S】组合键。

执行以上任意一个操作，都将弹出如图 1-41 所示的【图形另存为】对话框，然后按照前面学习的保存新图形文件的方法保存即可，用户可在其基础上任意改动，而不影响原文件。

图 1-41　【图片另存为】对话框

1.5.6 【上机操作】定时保存文件

用户在 AutoCAD 环境中绘制图形文件时，可以设置每间隔 10min 或 20min 等进行定时保存。自动保存图形文件，免去了手动保存的麻烦。

下面通过实例讲解如何定时保存图形文件，具体操作步骤如下。

01 在绘图区中右击，在弹出的快捷菜单中选择【选项】命令，如图 1-42 所示。

02 弹出【选项】对话框，并将其切换至【打开和保存】选项卡。在【文件安全措施】选项组中选择 ☑自动保存⑪ 复选框，在下面的文本框中输入所需的间隔时间，这里输入 10，如图 1-43 所示，然后单击 确定 按钮，即可完成定时保存图形文件的设置，即每隔 10 min 将自动保存一次。

图 1-42 选择【选项】命令

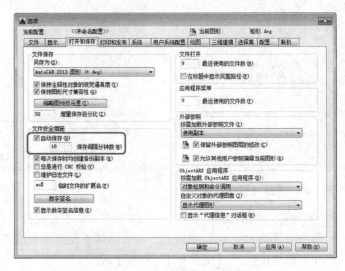

图 1-43 【选项】对话框

知识链接

在设置定时保存图形文件时，设置的保存时间不要太短，频繁的保存操作会影响软件的正常工作，当然也不要太长，否则不利于实时保存，一般在 8 ~ 10 min。

1.5.7 关闭图形文件

当完成对图形文件的编辑之后，如果用户只是想关闭当前的图形文件，而不是退出 AutoCAD 程序，可以根据相应的操作，关闭当前的图形文件。

在 AutoCAD 中执行【关闭】命令的方法有以下几种。

- 在菜单栏中选择【文件】|【关闭】命令。
- 单击标题栏中的【关闭】按钮 ×。
- 按【Ctrl + F4】组合键。
- 在命令行中执行 CLOSE 命令。

提示

　执行【关闭】命令后，如果当前图形文件没有保存，系统将弹出提示对话框，如图 1-44 所示。在该对话框中，需要保存修改则单击【是】按钮，否则单击【否】按钮，单击【取消】按钮则取消关闭操作。

图 1-44　提示对话框

1.5.8　【上机操作】新建、保存并关闭图形文件

　下面将通过实例讲解如何新建、保存并关闭图形文件，具体操作步骤如下：

　01 启动 AutoCAD 2016 并进入到工作界面，单击 AutoCAD 工作界面左上角的【菜单浏览器】按钮 ，在弹出的下拉菜单中选择【新建】命令，如图 1-45 所示。新建之后进入到 AutoCAD 工作界面，即可看到新建的图形文件 Drawing1.dwg，如图 1-46 所示。

图 1-45　选择【新建】命令

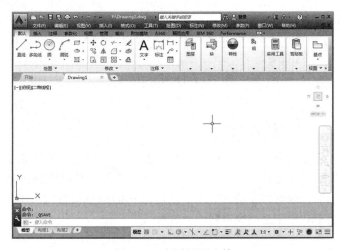

图 1-46　新建图形文件

　02 单击标题栏中的【保存】按钮，如图 1-47 所示。弹出【图形另存为】对话框，将保存位置设置为桌面，在【文件名】文本框中输入文本【新图纸】，单击 保存(S) 按钮，如图 1-48 所示。

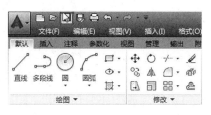

图 1-47　单击【保存】按钮

图 1-48　输入文件名

⑬ 进入到工作界面，即可看到标题栏上的名称由原来的 Drawing1. dwg 变成了新图纸 . dwg，如图 1-49 所示。

⑭ 按【Ctrl + F4】组合键，关闭 AutoCAD 2016。返回桌面即可看到刚保存的【新图纸.dwg】图形文件图标，如图 1-50 所示。

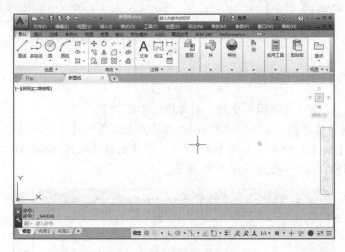

图 1-49　完成后的效果

图 1-50　新保存文件的图标

1.6　设置绘图环境

由于每台计算机所使用的显示器、输入设备和输出设备的类型不同，用户喜好的风格及计算机的目录设置也不同，所以每台计算机都有其独特的一面。一般来说，使用 AutoCAD 2016 的默认设置就可以绘图，但为了使用用户的定点设备或打印机，以及提高绘图效率，AutoCAD 推荐用户在作图之前先进行必要的配置。

为了方便绘图，可以根据直接绘图的习惯对绘图环境进行设置。设置绘图环境包括设置绘图界限、绘图单位、十字光标大小以及保存工作空间和选择工作空间等。

1.6.1　设置图形界限

图形界限就是标明绘图的工作区域和边界。就像用户画画的时候，先想想怎么画图，画多大才合适。由于 AutoCAD 的空间是无限大的，设置图形界限是为了方便在这个无限大的模型空间中布置图形。

在 AutoCAD 中用户可以通过以下几种方式来设置图形界限。

- 在菜单栏选择【格式】|【图形界限】命令，如图 1-51 所示。
- 在命令行中执行 LIMITS 命令。

设置图形界限可以在模型空间设置一个想象的矩形绘图区域，也称为图限。它确定的区域是可见栅格指示的区域，也是选择【视图】|【缩放】|【全部】命

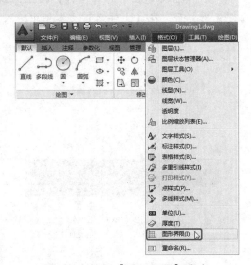

图 1-51　选择【图形界限】命令

令时决定显示多大图形的一个参数。

在绘图区创建的所有对象都是根据图形单位进行测量绘制的。由于 AutoCAD 可以完成不同类型的工作，因此可以使用不同的度量单位。可以使用公制单位，如米、毫米等，使用英制单位，如英寸、英尺等。因此开始绘图前，必须为绘制的图形确定所使用的基本绘图单位。例如，一个图形单位的距离通常表示实际单位的 1 毫米、1 厘米、1 英寸或 1 英尺。

图形单位直接影响绘制图形的大小，在 AutoCAD 中，用户可以采用 1:1 的比例因子绘图。因此，所有的直线、圆和其他对象都可以以真实大小来绘制。

用户可以通过以下方式设置图形单位。

- 在菜单栏中选择【格式】|【单位】命令。
- 在命令行中执行 UNITS、DDUNITS 或 UN 命令。

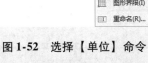

在菜单栏中选择【格式】|【单位】命令，如图 1-52 所示。弹出如图 1-53 所示的【图形单位】对话框。通过该对话框可以设置长度和角度的单位与精度。

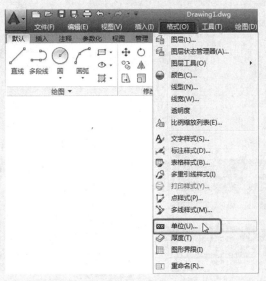

图 1-52 选择【单位】命令　　　　　　图 1-53 【图形单位】对话框

其中各选项的含义如下。

【长度】选项组：用于指定测量的当前单位及当前单位的精度。在【类型】下拉列表中可选择长度单位的类型，如分数、工程、建筑、科学和小数等；在【精度】下拉列表中可选择长度单位的精度。

【角度】选项组：用于指定当前角度格式和当前角度显示的精度。其中【类型】下拉列表中可选择角度单位的类型，如百分度、度/分/秒、弧度、勘测单位和十进制度数等；在【精度】下拉列表中可选择角度单位的精度；□顺时针© 复选框，系统默认取消选择该复选框，即以逆时针方向旋转的角度为正方向，若选择该复选框，则以顺时针方向为正方向。当用户输入角度时,可以单击所需方向或输入角度,而不必考虑【顺时针】设置。

【插入时的缩放单位】选项组:用于控制插入到当前图形中的块和图形的测量单位。如果块或图形从创建时使用的单位与该选项指定的单位不同,则在插入这些块或图形时,将对其按比例缩放。如果插入块时不按指定单位缩放,要选择【无单位】。

方向(D)...按钮:单击该按钮将弹出【方向控制】对话框,如图1-54所示。在其中可设置基准角度,例如设置0°的角度,若在【基准角度】选项组中选择【西】单选按钮,那么绘图时的0°实际在180°方向。

图1-54 【方向 控制】对话框

1.6.3 设置十字光标

十字光标的大小可根据用户个人的习惯进行设置。设置十字光标大小的具体操作步骤如下:

01 启动 AutoCAD 2016 工作界面之后,在菜单栏中选择【工具】|【选项】命令,如图1-55所示。弹出【选项】对话框,将其切换至【显示】选项卡,在【十字光标大小】文本框中输入30,如图1-56所示。

图1-55 选择【选项】命令

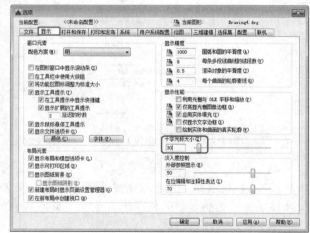

图1-56 将【十字光标大小】设置为30

02 切换至【选择集】选项卡,将【拾取框大小】选项组中的滑块向右拖动,拖到如图1-57所示的位置。

03 单击 确定 按钮,进入 AutoCAD 2016 工作界面,此时可以看到十字光标与原来相比更长，拾取框也变大了，显示效果如图 1-58 所示。

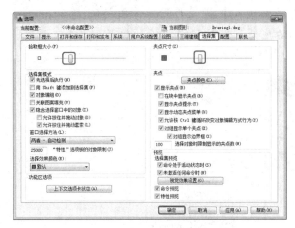

图 1-57　向右拖动滑块

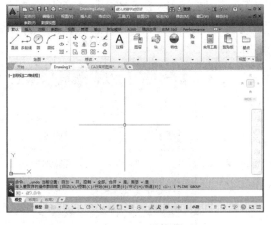

图 1-58　显示效果

知识链接

十字光标大小的取值范围一般为 1～100，调整成 100，表示十字光标全屏显示。数值越大，十字光标越长。用户根据个人习惯进行设置即可。

1.6.4　【上机操作】切换工作空间及改变背景颜色

用户可根据自己的使用习惯设置工作环境。下面通过实例讲解怎样设置一个新的工作环境，具体操作步骤如下。

01 当用户打开 AutoCAD 的工作界面之后，在菜单栏中选择【格式】|【图形界限】命令，如图 1-59 所示。根据命令行的提示，指定绘图区的左下角并按【Enter】键确认，然后拾取绘图区右上角上的一点并确认。

02 在菜单栏中选择【格式】|【单位】命令，如图 1-60 所示。弹出【图形单位】对话框，在该对话框的【长度】选项组中选择【精度】下拉列表中的 0 选项，如图 1-61 所示，然后单击 **确定** 按钮。

图 1-59　选择【图形界限】命令

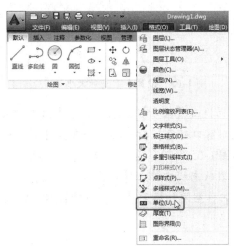

图 1-60　选择【单位】命令

03 进入绘图区并右击，在弹出的快捷菜单中选择【选项】命令，如图 1-62 所示。弹出【选项】对话框，切换至【显示】选项卡，将【十字光标大小】设置为 25，如图 1-63 所示。切换至【选择集】选项卡，将【拾取框大小】滑块向右拖动至如图 1-64 所示的位置，单击 确定 按钮。

图 1-61 设置【精度】选项   图 1-62 选择【选项】命令

图 1-63 设置十字光标大小   图 1-64 向右拖动滑块

04 切换回【显示】选项卡，单击【窗口元素】选项组中的【颜色】按钮 颜色(C)... ，弹出【图形窗口颜色】对话框，并在其【颜色】下拉列表中选择【青】，单击【应用并关闭】按钮，如图 1-65 所示。返回【选项】对话框并单击【确定】按钮即可。

05 在状态栏中单击【切换工作空间】按钮 ，在弹出的下拉菜单中选择【三维基础】命令，将工作空间切换至【三维基础】模式，效果如图 1-66 所示。

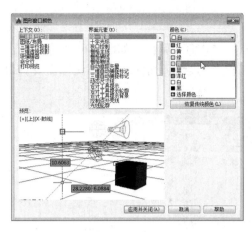

图 1-65 将窗口颜色设置为青色

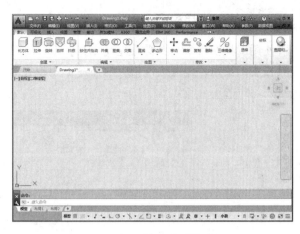

图 1-66 设置完成后的效果

1.7 命令的使用

在 AutoCAD 2016 中，命令的调用方法很灵活。键盘命令、菜单命令、工具栏按钮、命令和系统变量都是相互的，可以选择某一菜单，或是单击某个工具按钮，或是在命令行中使用快捷键输入命令和系统变量来执行相应的命令。

1.7.1 使用键盘输入命令

在 AutoCAD 2016 中，每一个命令都有其相对应的快捷键，用户可以使用输入快捷键的方法来提高工作效率。并且通过键盘除了可以输入命令以及系统变量之外，还可以输入文本对象、数值参数、点的坐标或是对参数进行选择。

在 AutoCAD 2016 中，用户可以使用以下方法在命令行输入命令。

- 在命令行中输入执行命令的英文代码，并按【Enter】键或空格键确认。
- 在绘图区右击，在弹出的快捷菜单中选择需要的命令。
- 在工具栏的选项卡中单击需要执行的命令按钮。

知识链接

当用户在命令行中执行命令时输入字母不用区分大小写。

1.7.2 使用菜单栏命令

使用菜单栏执行命令是 AutoCAD 2016 提供的功能最全、最强大的执行命令方式。AutoCAD 绝大多数常用命令都分门别类地放置在菜单栏中，需要用户自己调出。例如，当用户需要使用【圆环】命令，选择【绘图】|【圆环】命令即可，如图 1-67 所示。

图 1-67 选择【圆环】命令

25

1.7.3 使用工具栏命令

使用工具栏命令，需要通过【工具】|【工具栏】| AutoCAD 命令调出，如图 1-68 所示。单击工具栏中的按钮，即可执行相应的命令。用户在其他工作空间绘图，也可以根据实际需要调出工具栏。

图 1-68　AutoCAD 中的命令

1.7.4 使用功能区命令

功能区使得绘图界面无须显示多个工具栏，系统会自动显示与当前绘图操作相应的选项组，从而使得应用程序窗口更加整洁。因此，可以将进行操作的区域最大化，使用单个界面来加快和简化工作。例如，若需要在功能区中调用【圆】命令，单击【绘图】组中的【圆】按钮即可，如图 1-69 所示。

图 1-69　单击【圆】按钮

1.7.5 使用透明命令

在 AutoCAD 中，透明命令是指在执行其他命令的过程中可以执行的命令，常使用的透明命令多为修改图形设置的命令、绘图辅助工具命令，例如 SANP、GRID、ZOOM 等。要以透明方式使用命令，应在输入命令之前输入单引号【'】。命令行中，透明命令的提示前有一个双折号【>>】。当完成透明命令后，将继续执行原命令。

1.8　坐标系

在绘图过程中常常需要使用某个坐标系作为参照，确定拾取点的位置，以便精确定位某个对象，从而可以使用 AutoCAD 提供的坐标系来准确地设计并绘制图形。

1.8.1   使用坐标系

在手工绘图时我们可以借助直尺、量角器等来确定关键点的坐标，然后利用这些关键点绘制图形。在 AutoCAD 中用户则可以借助坐标系来进行精确绘图。在 AutoCAD 2016 进行绘图的过程中，用户可以通过坐标系来定位某个图形对象，以便定位点的位置。坐标系可以分为两种：世界坐标系和用户坐标系。下面分别进行讲解。

1. 世界坐标系

世界坐标系是 AutoCAD 默认的基本坐标系统，它由三个相互垂直的轴（X,Y,Z）相交组成。世界坐标系分为二维坐标系和三维坐标系，图 1-70 所示为二维坐标系；图 1-71 所示为三维坐标系。在绘图过程中，世界坐标系的坐标原点及坐标轴方向不会改变。世界坐标系常用于二维图形的绘制。在绘制二维图形时，用户无论是采用键盘输入还是通过选点设备指定点的 X 轴和 Y 轴坐标，系统都将自动定义 Z 轴的坐标值为 0。

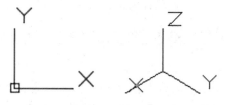

图 1-70   二维坐标系   图 1-71   三维坐标系

默认情况下，世界坐标系的 X 轴正方向为水平向右，Y 轴的正方向为垂直向上，Z 轴的正方向为垂直于 XY 平面并指向屏幕外侧，坐标原点位于屏幕的左下角。

为了能够更好地辅助绘图，经常需要修改坐标系的原点和位置，这时世界坐标系就变成了用户坐标系。

2. 用户坐标系

在绘制三维图形时，需要经常改变坐标系的原点和坐标方向，使绘图更加方便，AutoCAD 提供了可改变坐标原点的坐标方向的坐标系，即用户坐标系。

在 AutoCAD 2016 中调用其命令方法如下。

- 在【视图】选项卡的【坐标】选项组中单击 USC 按钮⊿。
- 在命令行中执行 UCS 命令。

在用户坐标系中，可以任意指定或移动原点和选择坐标轴，从而将世界坐标系改为用户坐标系。用户要改变坐标系的位置，首先在命令行中输入 UCS 命令，此时使用鼠标将坐标移至新的位置，然后按【Enter】键即可。若要将用户坐标系改为世界坐标系，可在命令行中执行【UCS】命令。

在 AutoCAD 2016 提供了以下几种坐标的输入方式，包括绝对坐标、绝对极坐标、相对坐标和相对极坐标的输入。下面将对其进行一一介绍。

- 绝对坐标的输入：绝对直角坐标输入格式为（X,Y,Z），其中 X,Y,Z 分别表示输入点在 X、Y、Z 轴方向到原点的距离，若 Z 值为 0，则可省略。坐标可使用分数、小数或科学计数等形式表示点的三个坐标值，坐标之间用逗号隔开，如点（5,2）、（4,1,6）等。
- 绝对极坐标的输入：绝对极坐标是指相对于极点（0,0）或（0,0,0）的位移，但给的是距离和角度，其中距离和角度用【<】分开，而且规定 X 轴正方向为 0，Y 轴正方向为 90°，它所使用的格式为（距离<角度）。例如，要指定离原点距离为 8、角度为 30°的点，输入（8<30）即可。在 AutoCAD 2016 中，系统的默认角度正方向为逆时针方向相对直角坐标的输入：相对直角坐标是相对于某一点的 X 轴和 Y 轴位移，或者距离和角度。它的表示方法是在绝对坐标表达式前面加上【@】符号，如（@22）和（@50<45）。相对坐标是通过输入相对前一个点的 X、Y 轴方向上的距离变化来确定点的位置。

在这里@字符表示当前为相对坐标输入状态，相当于输入一个相对坐标值（@0,0）。

知识链接

用户在只输入相对直角坐标时，其中【@】符号的输入方法是按住【Shift + @】键。【<】符号的输入方法是按住【Shift + ,】键。

- 相对极坐标的输入：相对极坐标中的角度是新点和前一个定点连接线与极轴的夹角。其使用格式为（@距离<角度），如（@60<30）。在输入极坐标时，AutoCAD 2016 默认逆时针为正，顺时针为负。

1.8.2 【上机操作】绘制正六边形

下面通过绘制一个正六边形，来综合练习本节所讲的知识。

01 在命令行中执行 LINE 命令，在空白图纸上任意位置指定一点，然后沿水平方向向右，根据命令行的提示输入 100 的距离确定第二点，并按【Enter】键确认。

02 指定第三点为（@100<60），按【Enter】键进行确认，如图 1-72 所示。

指定第三点坐标　　　　　　完成第三点效果

图 1-72　指定第三点

03 再指定第四点为（@100<120°），按【Enter】键进行确认，如图 1-73 所示。

04 每次指定相同的长度，并每次追加角度为 60°。命令行的具体操作步骤如下。

```
命令：_line                              //执行 LINE 命令
指定第一个点：                            //任意指定第一点
指定下一点或［放弃(U)]：100              //水平向右 100 的位置处指定第二点
指定下一点或［放弃(U)]：@100<60         //指定第三点
指定下一点或［闭合(C)/放弃(U)]：@100<120   //指定第四点
指定下一点或［闭合(C)/放弃(U)]：@100<180   //指定第五点
指定下一点或［闭合(C)/放弃(U)]：@100<240   //指定第六点
指定下一点或［闭合(C)/放弃(U)]：@100<300   //指定第七点
指定下一点或［闭合(C)/放弃(U)]：          //按【Space】键确认,完成后的效果如图 1-74 所示
```

指定第四点坐标　　　完成第四点效果

图 1-73　指定第四点　　　　　　　**图 1-74　正六边形**

1.9　观察图形文件

用户在使用 AutoCAD 软件绘制图形的过程中，为了方便观察，随时都需要调整视图中图的大小和位置。通过视图命令对图形的大小和位置进行调整时，只是改变观察图形的方式，并不改变图形的实际大小。

1.9.1　平移视图

移动对象是指改变对象的位置，而不改变对象的方向、大小和特性等。通过使用坐标和对象捕捉可以精确地移动对象，并且可通过【特性】窗口改变坐标值来移动对象。

在 AutoCAD 2016 中，执行【平移】命令的方法如下。

- 在菜单栏中选择【视图】|【平移】命令，在其子菜单中选择合适的方式平移，如图 1-75 所示。
- 在命令行中执行 PAN 命令。

执行上述命令后，鼠标光标变为🖐形状，在绘图区按住鼠标左键不放，移动鼠标位置可以自由移动当前图形，使其达到最佳观察位置。

平移视图又分为【实时平移】和【定点平移】两种方式。

- 实时平移：光标变为🖐形状，按住鼠标左键不放并拖动鼠标，可使图形的显示位置随鼠标向同一方向移动。
- 定点移动：以平移起始基点和目标点的方式进行平移。

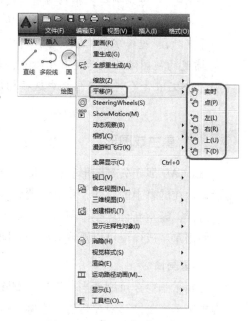

图 1-75　【平移】菜单命令

1.9.2　缩放视图

缩放视图就是通过指定比例系数将原视图缩小或放大一定的倍数，比例系数不能取负值。缩放视图不会改变图形对象实际尺寸的大小和形状。

在 AutoCAD 2016 中，系统提供缩放视图的缩放方式有实时、窗口、图形界限和图形比例等。

在 AutoCAD 2016 中，调用该命令的方法如下。

- 在命令行中执行 ZOOM 命令。
- 滚动鼠标滚轮，可自由缩放图形。

知识链接

当用户执行【缩放】命令后，其命令行系统显示如图 1-76 所示。

图 1-76　执行命令后的效果

在执行【缩放】命令后，命令行中显示的选项解释如下。

【全部】：将所有可见图形对象和视觉辅助工具放大到全屏显示。

【中心】：选择该选项就是通过指定缩放的中心点和缩放比例来定义视图的缩放。

【动态】：动态缩放是指使用矩形视图框进行平移和缩放视图。

【范围】：范围缩放就是将所有可见图形对象最大范围显示出来。

【上一个】：选择该选项可将上一个视图缩放显示，还可将此前的 10 个视图恢复。

【比例】：该选项是指根据当前视图指定比例，对图形的实际大小没有影响。

【对象】：选择该选项可以将选定的一个或多个对象以最大范围显示在视图中心。

【实时】：选择实时缩放，当鼠标同时向前滑动将视图放大，向后滑动将缩小视图。

常见的视图缩放显示还有中心点、动态、范围、上一个、窗口、实时等方式，调用方法同上，然后在命令行提示信息中选择相应的选项，这里不再具体讲解。

1.9.3 重生成图形

AutoCAD 属于矢量图形软件，即以坐标和方程式的形式在图形中存储信息。当用户想要把图形显示在屏幕上的时候，系统需要将矢量信息转换为像素点。当用户想要将图形对象重新显示的时候，需重新计算整个图形，而重新计算的这种方法称之为重生成图形。

使用重生成命令可以弧或曲线恢复圆滑状态显示，从而使图形显示更加准确。

1. 重画命令

使用重画命令可刷新当前视口，删除标记点和在绘图过程中由编辑命令留下的杂乱的内容。将虚拟屏幕上的图形对象传送到实际屏幕中，不需要重新计算图形，即视图重画。

在 AutoCAD 2016 中调用该命令的方法如下。

- 在菜单栏中选择【视图】|【重画】命令，如图 1-77 所示。
- 在命令行中执行 REDRAWALL 命令。

2. 重生成命令

使用重生成命令可以刷新当前视图的显示。即将整个图形对象进行重新计算并重新建立图形数据库索引，从而优化显示和对象选择的性能。

当用户在绘制图形对象的过程中将视图放大后，图形的分辨率有所降低，弧形对象可能会显示成线段，要想使其显示圆滑，只要执行重生成命令来刷新视图即可。在 AutoCAD 中，某些操作只有在使用重生成命令才能生效，如改变点的格式。如果一直使用某个命令修改编辑图形，但该图形似乎看不出发生了什么变化，此时可使用重生成命令更新屏幕显示。

在 AutoCAD 2016 中调用该命令的方法如下。

- 在菜单栏中选择【视图】|【重生成】或【全部重生成】命令，如图 1-78 所示。
- 在命令行中执行 REGEN 命令。

图 1-77　选择【重画】命令

图 1-78　选择【重生成】命令

知识链接

　　当用户绘制三维图形时，将实体执行消隐或改变线框密度操作后，为了能够观察到更改后的图形效果，需执行【重生成】命令。【重画】与【重生成】命令看似相似，但本质上是不相同的，执行【重生成】命令可使其在屏幕上重新显示而且系统在调用图形的数据比【重画】命令的速度要慢，而且更新时间更长。

1.10　项目实践——绘制三角板

　　下面将讲解如何绘制三角板，其具体操作步骤如下。

　　01 启动 AutoCAD 2016，新建一个文件，使用【直线】命令，在绘图区中的任意位置指定起点，向下引导鼠标，在命令行中输入 45，绘制一条垂直的直线，如图 1-79 所示。

　　02 使用【旋转】命令，拾取垂直直线，按【Enter】键进行确认，以该直线的上端点为指定基点，输入 60，进行旋转处理，如图 1-80 所示。

图 1-79　绘制直线　　　图 1-80　旋转处理

　　03 使用【构造线】命令，拾取直线的两端点，依次绘制一条水平直线、一条垂直直线，如图 1-81 所示。

04 使用【修剪】命令并按两次空格键，修剪绘图区中需要修剪的线段，效果如图 1-82 所示。

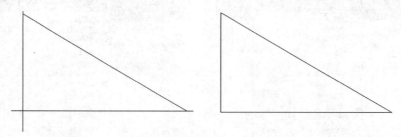

图 1-81　绘制构造线　　　　　　　图 1-82　修剪处理

 提示

在菜单栏中选择【绘图】|【构造线】命令，可以调用【构造线】命令。

05 使用【偏移】命令，将偏移距离设置为 5，拾取绘图区中的 3 条线段，向三角形的内侧进行偏移，按【Enter】键进行确认，如图 1-83 所示。

06 使用【修剪】命令并按两次空格键，修剪需要的线段，效果如图 1-84 所示。

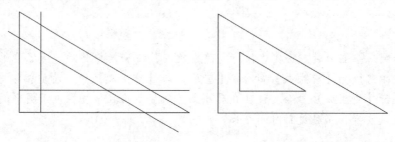

图 1-83　偏移直线　　　　　　　图 1-84　修剪线段

07 使用【圆】命令，以小三角形的三个端点作为圆心，将圆的半径设置为 1，绘制圆，如图 1-85 所示。

08 使用【修剪】命令并按两次空格，修剪绘图区中需要修剪的线段，如图 1-86 所示。

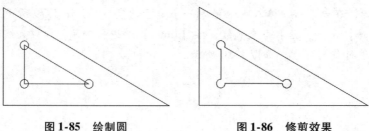

图 1-85　绘制圆　　　　　　　图 1-86　修剪效果

1.11　本章小结

本章主要介绍了 AutoCAD 的工作界面，以及图形文件的管理等操作。通过对本章的学习，读者应该掌握 AutoCAD 2016 基本功能，工作界面的组成，以及图形文件的创建、打开和保存方法，使读者对 AutoCAD 的学习方法和入门知识得到掌握，帮助读者消除对 AutoCAD 的陌生感，为接下来章节的学习打下良好的基础。

辅助绘图工具的使用

本章导读：

基础知识 栅格和捕捉的应用

重点知识 查询图形

设置捕捉模式

提高知识 正交模式的使用

通过实例进行学习

在绘图过程中，使用鼠标这样的定点工具对图形文件进行定位虽然方便、快捷，但往往所绘制的图形精度不高。为了解决这一问题，本章主要详细介绍对绘图工具设置捕捉和栅格、极轴追踪、对象捕捉以及动态输入和正交模式等。

2.1 辅助绘图功能精确绘图

辅助绘图功能是方便用户绘图而提供的一系列辅助工具，用户可以在绘图之前设置相关的辅助功能，也可以在绘图过程中根据需要设置。

2.1.1 栅格和捕捉

栅格是显示在图形界限内的一些规则排列的小点，其作用与坐标值极其相似，是用来定位图形对象的，不能打印输出，如图 2-1 所示。一般情况下，栅格和捕捉是配合使用的。当打开捕捉模式以后，用户移动鼠标时会发现，鼠标指针就像有磁性一样，被吸附在栅格点上。

1. 栅格的打开与关闭

AutoCAD 只是在图形界限内显示栅格，所以栅格显示的范围与用户指定的图形界限大小密切相关。用户可以使用下列方法打开栅格，同样也可以用这些方法关闭栅格。

- 单击状态栏中的【栅格显示】按钮▦。
- 按【F7】键或者【Ctrl + G】组合键。
- 在菜单栏中选择【工具】|【绘图设置】命令，弹出【草图设置】对话框，选择【捕捉和栅格】选项卡，勾选【启用栅格】复选框，单击【确定】按钮，如图 2-2 所示。
- 在命令行中执行 GRID 命令。

在命令行中执行 GRID 命令后，具体操作过程如下：

```
命令:GRID                //执行 GRID 命令
指定栅格间距(X)或 [打开(ON)/关闭(OFF)/捕捉(S)/主(M)/自适应(D)/界限(L)/跟随(F)/纵横向间
距(A)] <10.0000 >:       //输入栅格间距或选择其他选项
```

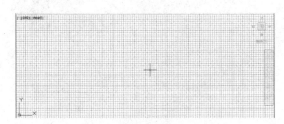

图 2-1 栅格

图 2-2 勾选【启用栅格】复选框

在执行命令的过程中，部分选项的含义如下。

- 【打开】：选择该选项，将按当前间距显示栅格。
- 【关闭】：选择该选项，将关闭栅格显示。
- 【捕捉】：选择该选项，将栅格间距定义为与 SNAP 命令设置的当前光标移动的间距相同。
- 【纵横向间距】：选择该选项，将设置栅格的 X 向间距和 Y 向间距。在输入值后输入相应数值可将栅格间距定义为捕捉间距的指定倍数，默认为 10 倍。
- 【<10.0000>】：选择该选项，表示默认栅格间距为 10，可在提示后输入一个新的栅格间距。当栅格过于密集时，屏幕上不显示出栅格，对图形进行局部放大观察才能看到。

由于栅格显示与图形界限范围有关，因此当打开栅格以后，视图中如果看不到栅格，需要执行 Zoom（缩放）命令，对视图进行适当缩放。另外，栅格点间的横、纵比不一定是 1:1，可以根据实际作图需要适时调整。设置栅格时，栅格间距不宜太小，否则将导致图形模糊及屏幕重画太慢，甚至无法显示栅格。

2．捕捉的打开与关闭

使用捕捉功能有助于精确定位。打开捕捉功能以后，鼠标只能在栅格方向上精确移动。在 AutoCAD 中打开与关闭捕捉模式的方法如下。

- 单击状态栏中的【捕捉模式】按钮 ▦。
- 按【F9】键或者【Ctrl + B】组合键。
- 在菜单栏中选择【工具】|【绘图设置】命令，弹出【草图设置】对话框，选择【捕捉和栅格】选项卡，勾选【启用捕捉】复选框，单击【确定】按钮，如图 2-3 所示。
- 在命令行中执行 SNAP 命令。

使用命令设置捕捉功能，在命令行中执行 SNAP 命令后，具体操作过程如下。

命令：SNAP／执行 SNAP 命令
指定捕捉间距或［打开(ON)／关闭(OFF)／纵横向间距(A)／传统(L)／样式(S)／类型(T)］<0.5000>：
／输入捕捉间距或选择捕捉选项

图 2-3　勾选【启用捕捉】复选框

在执行命令的过程中，部分选项的含义如下。

- 【打开】：选择该选项，可开启捕捉功能，按当前间距进行捕捉操作。
- 【关闭】：选择该选项，可关闭捕捉功能。
- 【纵横向间距】：选择该选项，可设置捕捉的纵向和横向间距。
- 【样式】：选择该选项，可设置捕捉样式为标准的矩形捕捉模式或等轴测模式，等轴测模式可在二维空间中仿真三维视图。
- 【类型】：选择该选项，可设置捕捉类型是默认的直角坐标捕捉类型，还是极坐标捕捉类型。
- 【<0.5000>】：表示默认捕捉间距为 0.5000，可在提示后输入一个新的捕捉间距。

捕捉和栅格通常配合使用，所以捕捉和栅格的 X、Y 轴分别对应，这样有助于鼠标拾取到精确的位置。

3. 设置捕捉和栅格的参数

打开【草图设置】对话框，选择【捕捉和栅格】选项卡，如图 2-4 所示。在【捕捉和栅格】选项卡中，左侧为捕捉参数，右侧为栅格参数。

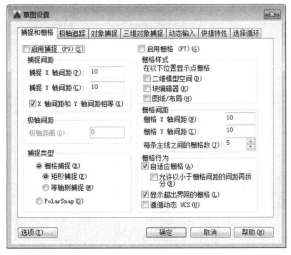

图 2-4　【捕捉和栅格】选项卡

- 【启用捕捉】：用于打开或关闭捕捉模式。
- 【捕捉间距】：该选项组用于控制捕捉的间距。其中【捕捉 X 轴间距】和【捕捉 Y 轴间距】文本框分别用于设置捕捉栅格点在水平和垂直方向上的间距。
- 【极轴间距】：该选项组只有选择了下方的【PolarSnap（极轴捕捉）】类型时才可用，用于控制极轴捕捉增量的距离。
- 【捕捉类型】：用于控制捕捉模式的设置。AutoCAD 提供了两种捕捉栅格的方式，即【栅格捕捉】和【PolarSnap（极轴捕捉）】，【栅格捕捉】又分为【矩形捕捉】和【等轴测捕捉】两种方式。
- 【启用栅格】：用于打开或关闭栅格显示。
- 【栅格间距】：该选项组用于控制栅格的间距。其中【栅格 X 轴间距】和【栅格 Y 轴间距】文本框分别用于设置栅格在水平和垂直方向上的间距。如果其值为 0，则 AutoCAD 采用【捕捉间距】的值作为栅格间距。
- 【栅格行为】：该选项组用于设置在不同的视觉样式下栅格线的显示样式。注意：视觉样式是一组设置，用来控制视口中对象的边和着色的显示。

> **提示**
>
> 在【栅格 X 轴间距】与【栅格 Y 轴间距】文本框中输入数值时，可以只在一个文本框中输入数值，然后按【Enter】键，这时系统会自动设置另一个文本框的值，这样可以减少工作量。

2.1.2 【上机操作】使用对话框设置捕捉功能

下面讲解如何使用对话框设置捕捉功能，其具体操作步骤如下。

01 启动 AutoCAD 2016，在状态栏中单击【捕捉模式】后面的下拉按钮，在弹出的快捷菜单中选择【捕捉设置】命令，如图 2-5 所示。

02 弹出【草图设置】对话框，在【捕捉间距】选项组的【捕捉 X 轴间距】文本框中输入 X 坐标方向的捕捉间距；在【捕捉 Y 轴间距】文本框中输入 Y 坐标方向的捕捉间距；选择 ☑ X 轴间距和 Y 轴间距相等(X) 复选框，可以使 X 轴和 Y 轴间距相等，如图 2-6 所示。

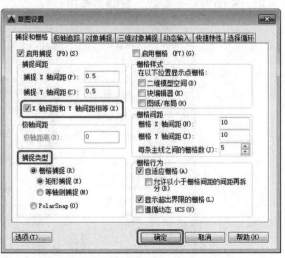

图 2-5 【捕捉设置】命令 　　　　图 2-6 【草图设置】对话框

03 在【捕捉类型】选项组中可对捕捉的类型进行设置，一般保持默认设置。完成设置后，单击 [确定] 按钮，此时，在绘图区中光标会自动捕捉到相应的栅格点上。

2.1.3 对象捕捉

对象捕捉是一个十分有用的工具，它可以使光标准确地定位在已存在对象的特记点或特定位置上，从而保证了绘图的精确度。

1. 使用【对象捕捉】工具栏

在绘图过程中，当要求指定点时，单击【对象捕捉】工具栏中的相应按钮，再将光标移动到要捕捉对象上的特征点附近，即可捕捉到相应特征点，如图 2-7 所示为【对象捕捉】选项卡。

【对象捕捉】选项卡提供的是临时对象捕捉功能，即一次性对象捕捉，也就是说这种捕捉功能一次只能设置一种捕捉方式。

2. 自动对象捕捉方式

在绘图过程中使用捕捉的频率非常高，为此，AutoCAD 提供了一种自动对象捕捉方式，即将光标移动到对象上时，系统自动捕捉到对象上所有符合条件的特征点，并显示相应的标记。

自动对象捕捉功能可以通过【草图设置】对话框进行设置。启动自动捕捉功能后，绘图中一直保持着对象捕捉状态，直至取消该功能为止。在 AutoCAD 中打开与关闭自动对象捕捉方式的方法如下。

- 单击状态栏中的【对象捕捉】按钮🗗。
- 按【F3】键（仅限于打开与关闭）。
- 在菜单栏中选择【工具】|【绘图设置】命令，弹出【草图设置】对话框，选择【对象捕捉】选项卡，勾选【启用对象捕捉】复选框，单击【确定】按钮，如图 2-7 所示。
- 在命令行中输入 OSNAP 命令并按【Enter】键。

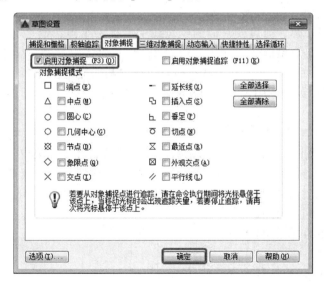

图 2-7　【对象捕捉】选项卡

当使用菜单栏与命令行调用对象捕捉命令时，将弹出【草图设置】对话框，在【对象捕捉】选项卡中可以设置对象捕捉的方式，如图 2-7 所示。在该选项卡中，各选项的功能如下。

- 【启用对象捕捉】：该选项用于打开或关闭对象捕捉。
- 【启用对象捕捉追踪】：该选项用于打开或关闭对象捕捉追踪。
- 【对象捕捉模式】：该选项组用于设置各种对象捕捉模式，可以选择一个或多个选项。单击 全部选择 按钮，则选择所有对象捕捉模式；单击 全部清除 按钮，则取消所有对象捕捉模式。

3. 对象捕捉快捷菜单

当要求指定点时，可以按下【Shift】键或【Ctrl】键的同时右击，打开对象捕捉快捷菜单，如图 2-8 所示。选择需要的子命令，再把光标移到要捕捉对象的特征点附近，即可捕捉到相应的对象特征点。

4. 常用捕捉模式介绍

AutoCAD 提供的对象捕捉功能是对某一特定图形的特征点而言的。它共有 14 种对象捕捉模式，其中常用的有 8 种。

图 2-8　对象捕捉快捷菜单

- 端点：用于捕捉对象（如线段或圆弧等）的端点。
- 中点：用于捕捉对象（如线段或圆弧等）的中点。
- 圆心：用于捕捉圆或圆弧的圆心。
- 节点：用于捕捉 POINT 或 DIVIDE 命令形成的点。
- 象限点：用于捕捉圆周上 0、90°、180°、270°位置上的点。
- 交点：用于捕捉对象（如线段、圆、多段线或圆弧等）的交点。
- 切点：在圆或圆弧上捕捉到一个点，使该点与上一点的连线和圆或圆弧相切。
- 垂足：在线段、圆、圆弧或它们的延长线上捕捉一个点，使之与前一点的连线和该线段、圆或圆弧等对象正交。

AutoCAD 提供了命令行、工具栏、状态栏、快捷键和快捷菜单等多种打开对象捕捉功能的方法，绘图过程中可以灵活运用，不必拘泥于某一种方法。

2.1.4　正交模式

在 AutoCAD 中绘图时，经常需要绘制水平直线或垂直直线，如果仅靠光标控制，很难保证水平或垂直。为此，系统提供了正交功能。当打开正交模式后，画线或移动对象时只能沿水平方向或垂直方向移动光标，也只能绘制平行于坐标轴的正交线段。在 AutoCAD 中，可以通过以下方法可以打开或关闭正交模式。

- 单击状态栏中的【正交】按钮 。
- 按【F8】键。
- 在命令行中输入 ORTHO 命令并按【Enter】键。

当使用命令行打开或关闭正交模式时，则系统提示：

输入模式[开(ON)/关(OFF)]<开>

//此时输入 ON 并按【Enter】键,可以打开正交模式;输入 OFF 并按【Enter】键,可以关闭正交模式

使用正交功能,可以只在水平或垂立方向上绘制直线,并指定点的位置,而不用考虑屏幕上光标的位置。绘图的方向由当前光标与指定点在 X 轴向的距离值和 Y 轴向的距离值中较大值的方向来确定:如果当前光标与指定点的 X 轴向距离大于 Y 轴向距离,则 AutoCAD 将绘制水平线;相反地,如果 Y 轴向距离大于 X 轴向距离,那么只能绘制垂直线。另外,正交模式并不影响从键盘上输入点。

> **提 示**
>
> 在状态栏中,将光标置于【正交模式】按钮上右击,在弹出的快捷菜单中选择【启用】命令,也可以打开正交模式。对于其他辅助工具按钮,也可以执行类似操作,如栅格显示、对象捕捉等。

2.1.5 自动追踪

自动追踪可以帮助用户沿指定方向(称为对齐路径)按照指定的角度或按照与其他对象的特定关系绘制对象。自动追踪分为极轴追踪和对象捕捉追踪,是非常有用的辅助绘图工具。

1. 极轴追踪

极轴追踪是按照事先给定的角度增量来追踪特征点。在 AutoCAD 中,可以通过以下方法可以打开或关闭正交模式:

- 单击状态栏中的【极轴追踪】按钮 。
- 按【F10】键或者【Ctrl + U】组合键。
- 在菜单栏中选择【工具】|【绘图设置】命令,弹出【草图设置】对话框,选择【极轴追踪】选项卡,勾选【启用极轴追踪】复选框,单击【确定】按钮,如图 2-9 所示。

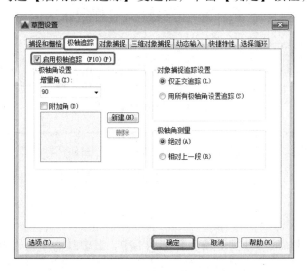

图 2-9 【极轴追踪】选项卡

通过极轴追踪示意图可以看到,使用它很容易绘出一定角度、一定方向与一定长度的线段,

其中增量角的大小很关键，它可以在【草图设置】对话框的【极轴追踪】选项卡中进行设置。

该选项卡中各选项的功能如下。

- 【启用极轴追踪】：用于打开或关闭极轴追踪。
- 【极轴角设置】：用于设置极轴追踪使用的角度。在【增量角】下拉列表中可以选择系统预设的角度；如果不能满足需要，可以选中【附加角】复选框，然后单击【新建】按钮添加新角度。
- 【对象捕捉追踪设置】：用于设置对象的捕捉追踪选项。
- 【极轴角测量】：用于设置测量极轴追踪对齐角度的基准。

2．对象捕捉追踪

使用对象捕捉追踪，可以沿着基于对象捕捉点的对齐路径进行追踪。对象捕捉追踪是对象捕捉与极轴追踪的综合，启用对象捕捉追踪之前，应先启用极轴追踪和自动对象捕捉，并根据绘图需要设置极轴追踪的增量角，设置好对象捕捉的捕捉模式。开启该功能的方法如下。

- 单击状态栏中的【对象捕捉追踪】按钮□。
- 按【F11】键。

鼠标右击状态栏中的【对象捕捉追踪】按钮，选择快捷菜单中的【对象捕捉追踪设置】命令，弹出【草图设置】对话框进行设置，如图 2-10 所示。

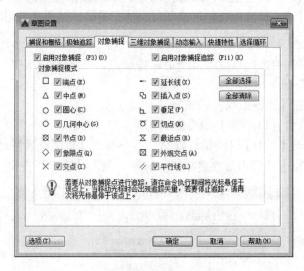

图 2-10　对象捕捉追踪设置

2.1.6　动态输入

在 AutoCAD 中，使用动态输入功能可以在指针位置处显示标注输入和命令提示等信息，从而极大地方便绘图操作。

1．启用指针输入

在【草图设置】对话框的【动态输入】选项卡中，选中【启用指针输入】复选框可以启用指针输入功能，如图 2-11 所示。在【指针输入】选项组中单击 设置(S)… 按钮，则打开【指针输入设置】对话框，在这里可以设置指针的格式和可见性，如图 2-12 所示。

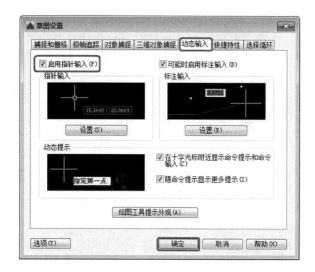

图 2-11 启用指针输入

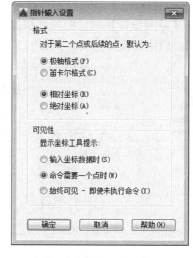

图 2-12 【指针输入设置】对话框

2．启用标注输入

在【草图设置】对话框的【动态输入】选项卡中，选中【可能时启用标注输入】复选框可以启用标注输入功能。在【标注输入】选项组中单击 设置(S)… 按钮，则打开【标注输入的设置】对话框，在这里可以设置标注的可见性，如图 2-13 所示。

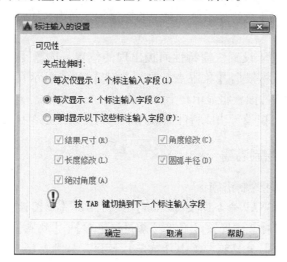

图 2-13 【标注输入的设置】对话框

3．显示动态提示

在【草图设置】对话框的【动态输入】选项卡中，选中【动态提示】选项组中的【在十字光标附近显示命令提示和命令输入】复选框，可以在光标附近显示命令提示。

2.1.7 快捷特性

快捷特性功能是 AutoCAD 中非常实用的一种功能。它是动态变化的，当用户选择对象时，即自动出现快捷特性面板，显示选中对象的相关参数，如图 2-14 所示，这样可以非常方便地修改对象的属性。

在【草图设置】对话框的【快捷特性】选项卡中，选中【选择时显示快捷特性选项板】复选框可以启用快捷特性功能，如图 2-15 所示。

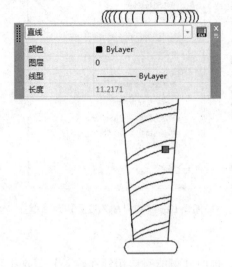

图 2-14 快捷特性面板

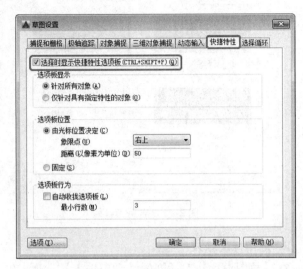

图 2-15 【快捷特性】选项卡

【快捷特性】选项卡中其他各选项的含义如下。

- 【选项板显示】：用于选择显示所选对象的快捷特性面板，还是显示已指定特性的对象的快捷特性面板。
- 【选项板位置】：用于设置快捷特性面板出现的位置，选择【由光标位置决定】单选按钮，快捷特性面板将根据【象限点】和【距离】的值显示在某个位置；选择【固定】单选按钮，快捷特性面板将显示在上一次关闭时的位置处。
- 【选项板行为】：可以设置快捷特性面板显示的高度以及是否自动收拢。

2.1.8 【上机操作】绘制浴霸

下面通过辅助绘图功能绘制浴霸：

01 在命令行中输入 OSNAP 命令并按【Enter】键，弹出【草图设置】对话框，在【对象捕捉】选项卡中勾选【启用对象捕捉】、【启用对象捕捉追踪】、【端点】、【中点】、【圆心】、【交点】、【垂足】和【最近点】复选框，单击【确定】按钮，如图 2-16 所示。

02 在命令行中输入 RECTANG 命令，并按【Enter】键，在绘图区任意位置单击指定第一点，然后在命令行中输入 D 设置矩形的尺寸，将【长度】设为 860，【宽度】设为 860，然后在绘图区单击确定矩形的方向，如图 2-17 所示。

03 在命令行中输入 OFFSET 命令并按【Enter】键，在命令行中输入 55，选中上一步绘制的矩形将其向内偏移 55，如图 2-18 所示。

04 按【F8】键开启正交模式，在命令行中输入 LINE 命令并按【Enter】键，捕捉小矩形的中点绘制两条互相垂直的直线，如图 2-19 所示。

05 在命令行中输入 OFFSET 命令并按【Enter】键，在命令行中输入 187.5，选中上一步绘制的水平直线将其向两侧偏移 187.5，如图 2-20 所示。

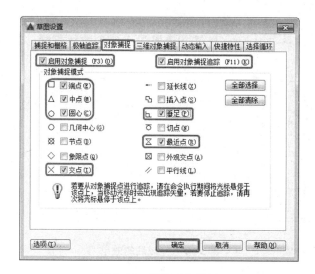

图 2-16 设置对象捕捉

图 2-17 绘制矩形

图 2-18 偏移矩形

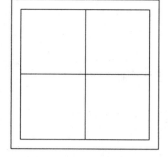

图 2-19 绘制互相垂直的直线

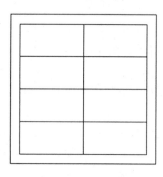

图 2-20 偏移水平直线

⑥ 继续在命令行中输入 OFFSET 命令并按【Enter】键，在命令行中输入 187.5，选中绘制的垂直直线将其向两侧偏移 187.5，如图 2-21 所示。

⑦ 在命令行中输入 LINE 命令并按【Enter】键，捕捉小矩形的四个角点绘制直线，如图 2-22 所示。

⑧ 在命令行中输入 CIRCLE 命令并按【Enter】键，捕捉直线的交点绘制半径为 75、93、98 的同心圆，如图 2-23 所示。

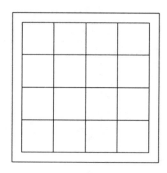

图 2-21 偏移垂直直线

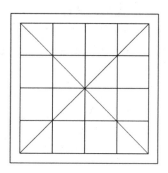

图 2-22 绘制直线

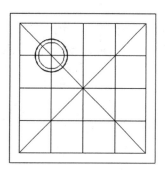

图 2-23 绘制同心圆

09 使用同样的方法绘制其他的同心圆，如图 2-24 所示。

10 在命令行中输入 TRIM 命令并按两次【Enter】键，将图形中多余的线删除，如图2-25所示。

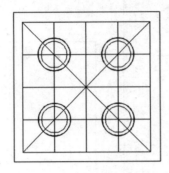 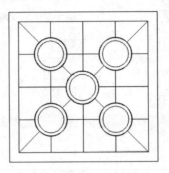

图 2-24 绘制同心圆   图 2-25 完成后的效果

2.2 快速计算器

在 AutoCAD 中，快速计算器的使用相当广泛，只要有数值输入的地方，几乎就可以使用快速计算器。快速计算器可以执行各种算术、科学和几何计算，并且能够创建和使用变量、转换测量单位等。

在 AutoCAD 2016 中打开【快速计算器】窗口的方法如下。

- 在菜单栏中选择【工具】|【选项板】|【快速计算器】命令，如图 2-26 所示。
- 在【默认】选项卡的【实用工具】选项组中单击【快速计算器】按钮，如图2-27所示。
- 在命令行中输入 QUICKCALC 命令并按【Enter】键。

执行以上任意命令后系统将弹出【快速计算机】选项板，如图 2-28 所示。主要包括工具栏、历史记录区、输入框、数字键区、科学区、单位转换区和变量区。其中，数字键区提供了输入算术单位表达式的数

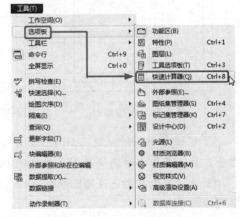

图 2-26 在菜单栏中选择【快速计算器】命令

字和符号；科学区提供了三角、对数、指数和其他表达式的控制按钮；单位转换区用于实现不同测量单位的转换；变量区用来定义和存储附加的常量和函数，并在表达式中使用这些常量和函数。

图 2-27 在工具栏中单击【快速计算器】按钮

在【快速计算器】选项板中执行计算时，计算的表达式与值被自动存储到历史记录区中，如图 2-29 所示，以便于在后续计算中访问。

图 2-28 【快速计算器】选项板

图 2-29 历史记录区中的记录

【快速计算器】选项板中各按钮的含义如下。

- 【清除】按钮：单击该按钮可清除输入的所有内容。
- 【清除历史记录】按钮：单击该按钮可清除所有历史计算记录。
- 【将值粘贴到命令行】按钮：在命令提示下将值粘贴到输入框中。如果在命令执行过程中以透明方式使用【快速计算器】，则在计算器底部，此按钮将替换为【应用】按钮。
- 【获取坐标】按钮：用于获取用户在图形中单击的某个点的坐标。
- 【两点之间的距离】按钮：用于获取用户在对象上单击的两个点之间的距离。
- 【由两点定义的直线的角度】按钮：用于获取用户在对象上单击的两个点之间的角度。
- 【由四点定义的两条直线的交点】按钮：用于获取用户在对象上单击的 4 个点的交点。
- 【数字键区】栏：提供可供用户输入算术表达式的数字和符号的标准计算器键盘。在输入值和表达式后，单击等号（＝）即可计算表达式。
- 【科学】栏：计算与科学和工程应用相关的三角、对数、指数和其他表达式。
- 【单位转换】栏：将测量单位从一种单位类型转换为另一种单位类型。单位转换区域只接受不带单位的小数值。
- 【变量】栏：提供对预定义常量和函数的访问。可以使用变量区域定义并存储其他常量和函数。

2.3 图形查询工具

AutoCAD 2016 不仅为用户提供了精确的绘图工具，还提供了很多查询功能用于查询图形对象，对于每一个 AutoCAD 图形对象而言，它们都有一定的特性，例如直线有长度和端点，圆有圆心和半径，所有这些用户定义的对象尺寸和位置的属性都被称为几何属性。除此之外，每个对象还有颜色、线型、图层、线型比例、线宽等其他一些特性，这种特性都被称为对象属性。以上这些特征统称为信息。

用户在工作时可能需要经常修改或查看对象的几何属性和对象属性。利用 AutoCAD 提供的各种查询功能，可以很容易查到图形对象的面积、长度、坐标值等信息。单击菜单栏中的【工具】|【查询】命令，在弹出的子菜单中列出了多种查询命令，如图 2-30 所示。另外，通过【查询】工具栏也可以完成图形信息的查询操作，如图 2-31 所示。

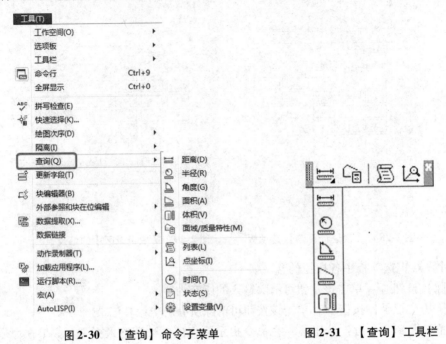

图 2-30　【查询】命令子菜单　　　　图 2-31　【查询】工具栏

2.3.1　查询距离

利用距离命令可以精确计算出两点之间的距离，以及两点连线在 XY 平面上的投影分别在 X 轴、Y 轴和 Z 轴上的增量等，该命令最好配合目标捕捉方法使用，以便精确测量距离。调用该命令的方法如下。

- 在菜单栏中选择【工具】|【查询】|【距离】命令，如图 2-30 所示。
- 在【默认】选项卡的【实用工具】选项组中单击【距离】按钮　，如图 2-32 所示。
- 在命令行中执行 DI 或 DIST 命令，并按【Enter】键。

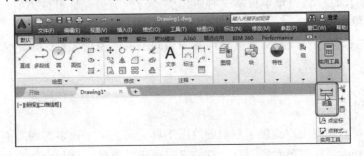

图 2-32　单击【距离】按钮

使用距离命令测量距离时，有两种操作方法：一种是直接在屏幕上拾取两点，查询其距离，另一种是在命令行中输入两点的坐标值，查询其距离。

2.3.2 【上机操作】查询对象距离

查询距离的具体操作如下：

01 在命令行中输入 RECTANG 命令并按【Enter】键，在绘图区绘制长和宽为 400 的矩形，如图 2-33 所示。

02 在命令行中输入 DIST 命令并按【Enter】键，单击查询距离的第一点 A，然后单击查询距离的第二点 B，如图 2-34 所示，具体操作过程如下。

命令：DIST   //在命令行中输入命令并按【Enter】键
指定第一点：   //单击需要查询距离的第一点
指定第二个点或［多个点(M)］：   //单击需要查询距离的第二点
距离 = 400.0000,XY 平面中的倾角 = 270,与 XY 平面的夹角 = 0
X 增量 = 0.0000,Y 增量 = -400.0000,Z 增量 = 0.0000   //显示查询结果

查询结果显示在命令行中，各项信息的含义如下。

- 距离：指定两点间的长度。
- *XY* 平面中的倾角：指定的两点之间的连线与 *X* 轴正方向的夹角。
- 与 *XY* 平面的夹角：指定的两点之间的连线与 *XY* 平面的夹角。
- *X* 增量：指定的两点在 *X* 轴方向的坐标差值。
- *Y* 增量：指定的两点在 *Y* 轴方向的坐标差值。
- *Z* 增量：指定的两点在 *Z* 轴方向的坐标差值。

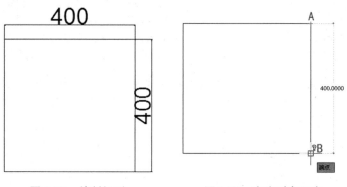

图 2-33　绘制矩形　　　　图 2-34　查询对象距离

2.3.3 查询面积及周长

在制图过程中，有时需要计算某个区域或某个对象上一个封闭边界的面积。AutoCAD 2016 为用户提供了这种强大的面积计算功能。

用户可以通过选择封闭对象（如圆、封闭多段线）或拾取点来测量面积。在选区的多点之间以直线连接，并且第一点和最后一点相连而形成封闭区域。用户甚至可以选取一条开放的多段线，此时【面积】命令假定在多段线之间有一条线使之封闭，然后计算出相应的面积，而所计算出的封闭区域的周长则为多段线的真正长度。

调用该命令的方法如下。

- 在菜单栏中选择【工具】|【查询】|【面积】命令。
- 在功能区选项板中单击【默认】选项卡，在【实用工具】面板上单击【测量】按钮，在弹出的下拉列表中单击【面积】按钮，如图 2-35 所示。

- 在命令行中执行 AREA 命令并按【Enter】键。

图 2-35　单击【面积】按钮

2.3.4　【上机操作】查询对象面积和周长

下面讲解如何查询对象的面积：

01 在命令行中输入 LINE 命令并按【Enter】键，然后根据命令行提示进行操作绘制三角形，效果如图 2-36 所示。

命令:_line	//在命令行中输入命令并按【Enter】键
指定第一个点: 0,0	//输入第一点坐标值按【Enter】键
指定下一点或［放弃(U)］: 10,0	//输入第二点坐标值按【Enter】键
指定下一点或［放弃(U)］: 10,10	//输入第三点坐标值按【Enter】键
指定下一点或［闭合(C)/放弃(U)］: c	//选择【闭合】选项按【Enter】键完成操作

02 继续在命令行中输入 AREA 命令并按【Enter】键，根据命令行提示进行操作，效果如图 2-37 所示。

命令: AREA	//在命令行中输入命令并按【Enter】键
指定第一个角点或［对象(O)/增加面积(A)/减少面积(S)］＜对象(O)＞:	//单击三角形的左下角点
指定下一个点或［圆弧(A)/长度(L)/放弃(U)］:	//单击三角形的右下角点
指定下一个点或［圆弧(A)/长度(L)/放弃(U)］:	//单击三角形的右上角点
指定下一个点或［圆弧(A)/长度(L)/放弃(U)/总计(T)］＜总计＞:	//按【Enter】键完成操作
区域 = 50.0000,周长 = 34.1421	//显示查询结果

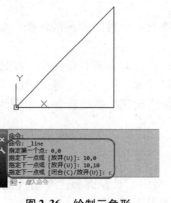

图 2-36　绘制三角形

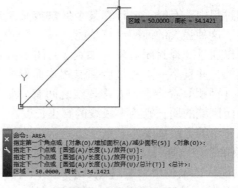

图 2-37　查询面积及周长

在上面的操作中，因为只确定了三个点，并没有形成封闭区域，所以【面积】命令自动将第三个点与第一个点进行了假定连接，计算由三点构成的封闭区域的面积与周长。

查询面积时，既可以通过指定点确定计算区域，也可以直接选择封闭对象。默认情况下是通过指定点确定计算区域的，除此以外还提供了一些选项。各项信息的含义如下。

- 【指定第一个角点】：该选项为系统的默认选项，通过输入指定点形成封闭区域，系统计算该区域的面积。
- 【对象】：选择该选项，系统将提示【选择对象】，这时直接选择封闭对象（如圆形、矩形或封闭多段线等）就可以计算出封闭区域的面积。
- 【增加面积】：用于把新选的面积加入到总面积中。
- 【减少面积】：用于把新选的面积从总面积中减去。
- 【圆弧】：通过指定点的方式确定封闭区域时，在第二行提示中会出现【圆弧（A）】选项。选择该选项，将在指定的两点之间确定一段圆弧。
- 【长度】：该选项也出现在第二行提示中，选择该项，可以由圆弧状态切换回直线状态。

2.3.5　查询点坐标

如果要查询某点在绝对坐标系中的坐标值，可以激活点坐标查询命令，查询点坐标命令主要用于查询指定点的坐标，调用该命令的方法如下。

- 在菜单栏中选择【工具】|【查询】|【点坐标】命令。
- 在【默认】选项卡的【实用工具】选项组中单击【点坐标】按钮 ，如图 2-38 所示。
- 在命令行中执行 ID 命令并按【Enter】键。

图 2-38　单击【点坐标】按钮

2.3.6　【上机操作】查询图形的坐标点

下面将讲解如何查询坐标点，其具体操作如下。

01 按【F8】键打开正交模式，在命令行中输入 POLYGON 并按【Enter】键，根据命令行提示进行操作，如图 2-39 所示。

命令：POLYGON 输入侧面数 <4>：	//输入命令，连续按两次【Enter】键
指定正多边形的中心点或［边(E)］：	//在绘图区中单击一点指定正多边形的中心点
输入选项［内接于圆(I)/外切于圆(C)］<I>：	//按【Enter】键保存默认选择
指定圆的半径：	//在绘图区中单击一点指定内接于圆的半径

02 继续在命令行中输入 ID 命令并按【Enter】键，单击如图 2-40 所示的点，系统会自动显

示查询结果。具体操作过程如下。

命令:ID   /输入命令,连续按两次【Enter】键
指定点:X = 19.3519   Y = 20.5671   Z = 0.0000   //单击如图 2-40 所示的点系统自动显示查询结果

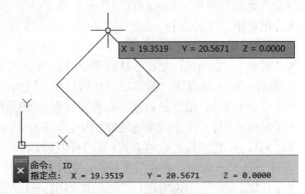

图 2-39   绘制正多边形   图 2-40   单击需要查询的点

2.3.7   实体特性参数

利用列表命令,可以同时将一个或多个对象的对象属性和几何属性排列显示,这样用户可以方便地查询有关对象的信息。

调用【列表】命令的方法如下。

- 在菜单栏中选择【工具】|【查询】|【列表】命令。
- 在命令行中执行 LIST 命令并按【Enter】键。

命令行提示与操作如下。

命令: LIST   /输入命令按【Enter】键
选择对象:找到 1 个   //在绘图区中选择对象
选择对象: //继续选择对象,或按【Enter】键

操作结束后,将弹出【AutoCAD 文本窗口】,其中列出了对象的特征参数,如图 2-41 所示。选择不同的对象,列出的信息也不相同,但有些信息是始终显示的。对于每一个对象始终都显示的一般信息包括对象类型、对象所在的当前层、对象相对于当前用户坐标系的空间位置。

对于某些类型的对象,还增加了一些特殊的信息,如对圆形提供了半径、周长和面积信息;对于直线,提供了长度、在 XY 平面中的角度信息。

当一个图形中包含多个对象时,执行命令后,系统将在文本窗口中显示,即窗口中的信息满屏时会暂停运行,同时命令行中提示【按 Enter 键继续】,这时按下【Enter】键,可显示下一个对象的信息。

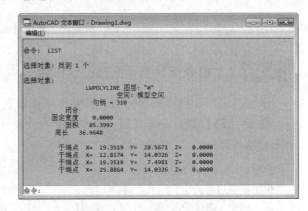

图 2-41   AutoCAD 文本窗口

2.3.8 图形文件的特性信息

在 AutoCAD 中，每个图形都有各自的状态。这些状态包括模型空间的图形界线，模型空间的使用情况，当前工作空间、图层、颜色、线型、线宽、打印样式和捕捉模式等，用户可以使用相关的命令来查看这些状态。

1. 查询对象状态

【状态】是指关于绘图环境及系统状态的各种信息。了解这些状态信息，对于控制图形的绘制、显示、打印输出等都很有意义。

调用【状态】命令的方法如下。

- 在菜单栏中选择【工具】|【查询】|【状态】命令。
- 在命令行中执行 STATUS 命令并按【Enter】键。

执行以上任意命令行，将直接出现查询结果，如图 2-42 所示。

显示内容的最上部分为图形中的对象总数、路径和名称。其次显示的是图形界限的左下角及右上角的坐标、绘制对象区域，以及当前视图的左下角和右下角的坐标。在这些坐标之后，是图形插入基点的当前设置以及捕捉分辨率和栅格命令的间距设置。接下来显示了用户当前的工作空间、当前布局、当前的图层、颜色、线型、高度和厚度等。

通常一屏显示不下所有的信息，所以命令行中提示【按 Enter 键继续】，这时按【Enter】键后将继续显示后面的状态信息。

2. 查询时间

查询当前图形的时间信息，对于用户与其他人员进行交流以及了解工作流程都有很大的帮助。

调用【时间】命令的方法如下。

- 在菜单栏中选择【工具】|【查询】|【时间】命令。
- 在命令行中执行 TIME 命令并按【Enter】键。

执行以上任意命令行，系统自动切换到 AutoCAD 文本窗口，直接显示时间信息，如图 2-43 所示。

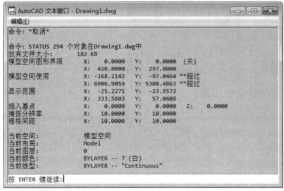

图 2-42　状态查询结果

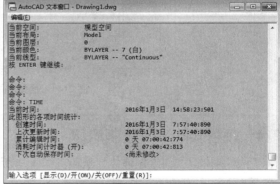

图 2-43　时间查询结果

在该窗口中可查看在执行查询时间命令后，窗口中显示的当前时间、创建时间、上次更新时间、累计编辑时间、消耗时间计时器和下次自动保存时间等信息。

在执行命令的过程中，命令行中各选项的含义如下。

- 【显示】：重复显示上述时间信息，并自动适时更新时间信息。

- 【开】：打开用户计时器。
- 【关】：关闭用户计时器。
- 【重置】：将用户计时器复位清零。

2.3.9 查询面域/质量特性

计算面域或实体的质量特性。显示的特性取决于选定的对象是面域（即选定的面域是否与当前用户坐标系 UCS 的 XY 平面共面）还是实体。该命令可以计算面积、周长、边界框的 X 和 Y 坐标变化范围、质心坐标、惯性矩、惯性积、旋转半径、主力矩及质心的 $X-Y$ 方向。

调用该命令的方法如下：

- 在菜单栏中选择【工具】|【查询】|【面域/质量特性】命令。
- 在命令行中执行 MASSPROP 命令并按【Enter】键。

执行上述命令后，具体操作过程如下：

命令:MASSPROP	//执行 MASSPROP 命令
选择对象:	//选择要查询面域/质量特性的对象
选择对象:	//选择完成后按【Enter】键,弹出如图 2-44 所示的文本窗口,显示图形对象的相关信息

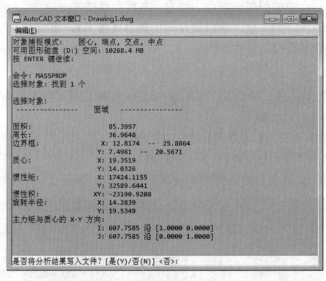

图 2-44　面域/质量特性查询结果

2.4　项目实践——绘制墙体

下面将讲解如何绘制墙体，从而巩固本章所学的知识。

🔟 执行 REC 命令，在绘图区中绘制一个 2 800×5 950 的矩形，具体操作过程如下。

命令:REC	//执行 RECTANG 命令
指定第一个角点或 [倒角(C)/标高(E)/圆角(F)/厚度(T)/宽度(W)]:	//在绘图区中单击鼠标拾取起点
指定另一个角点或 [面积(A)/尺寸(D)/旋转(R)]:D	//在命令行中输入D,指定矩形的尺寸
指定矩形的长度 <10.0000>:2800	//指定矩形的长度为2800
指定矩形的宽度 <10.0000>:5950	//指定矩形的宽度为5950
指定另一个角点或 [面积(A)/尺寸(D)/旋转(R)]	//用鼠标在绘图区中任意单击一点完

成绘制,如图 2-45 所示

⓶ 执行 EXPLODE 命令对矩形进行分解,具体操作过程如下:

命令:EXPLODE   //执行 EXPLODE 命令
选择对象: //单击绘制的矩形,按【Enter】键完成选择

⓷ 执行 OFFSET 命令,将矩形进行偏移。将上侧边向上偏移 120、250,将左右两侧的边和下侧边向外偏移 200,且将右侧偏移出的边向外偏移 200,左侧偏移出的边再向外偏移 120,效果如图 2-46 所示。

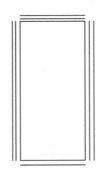

图 2-45　绘制矩形　　　　　　　　图 2-46　偏移后的效果

命令:OFFSET   //执行 OFFSET 命令
指定偏移距离或〔通过(T)/删除(E)/图层(L)〕<通过>:120
                                    //设置偏移距离为 120,按【Enter】键
选择要偏移的对象,或〔退出(E)/放弃(U)〕<退出>:
                                    //将上侧边向上偏移 120,按两次【Enter】键
指定偏移距离或〔通过(T)/删除(E)/图层(L)〕<120.0000>:250
                                    //设置偏移距离为 250,按【Enter】键
选择要偏移的对象,或〔退出(E)/放弃(U)〕<退出>:
                                    //将上侧边向上偏移 250,按两次【Enter】键
指定偏移距离或〔通过(T)/删除(E)/图层(L)〕<250.0000>:200
                                    //设置偏移距离为 200,按【Enter】键
选择要偏移的对象,或〔退出(E)/放弃(U)〕<退出>:
                                    //将左右两侧的边和下侧边向外偏移 200,按三次【Enter】键
选择要偏移的对象,或〔退出(E)/放弃(U)〕<退出>:
                                    //将右侧边偏移出的边再向外偏移 200,按两次【Enter】键
指定偏移距离或〔通过(T)/删除(E)/图层(L)〕<200.0000>:120
                                    //设置偏移距离为 120,按【Enter】键
选择要偏移的对象,或〔退出(E)/放弃(U)〕<退出>:
                                    //将左侧边偏移出的边再向外偏移 120,按【Enter】键完成操作

⓸ 偏移完成后,执行 FILLET 命令,将偏移出的直线进行圆角处理,并设置其圆角半径为 0,完成操作后的效果如图 2-47 所示。

⓹ 执行【偏移】命令,将绘制的矩形的垂直边进行偏移。将左侧的边向右偏移 380,再以偏移出的直线为偏移对象再向右偏移 120、300、1 200、120,完成后效果如图 2-48 所示。

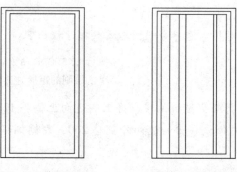

图 2-47　圆角处理　　　　图 2-48　偏移直线

06 选择水平和垂直线段，对其使用延伸命令，将其进行延伸，延伸到适当长度即可，然后使用【修剪】命令，将多余的线进行修剪，至此楼梯平面空间的墙体窗洞和门洞就绘制完成了，效果如图 2-49 所示。

07 执行【直线】命令，将窗洞的内侧线进行连接，效果如图 2-50 所示。

08 执行【偏移】命令，以绘制的直线为偏移对象，以偏移出的线为下次偏移对象，将直线向上偏移 60、60、60，效果如图 2-51 所示。

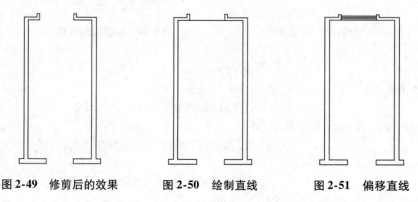

图 2-49　修剪后的效果　　　　图 2-50　绘制直线　　　　图 2-51　偏移直线

2.5　本章小结

本章节讲解了绘图过程中的绘图工具，其中包括精确绘图工具、对象捕捉、通过捕捉几何点工具精确定位图形等。通过本章的讲解，使读者对 AutoCAD 的基础知识得到进一步的掌握，为接下来的图形绘制及编辑的学习打下更好的基础。

绘制二维图形

03
Chapter

本章导读：

基础知识 多线的绘制
样条曲线的绘制

重点知识 绘制点
二维图形的绘制

提高知识 如何绘制二维线段
点的定数等分和定距等分

本章将主要介绍 AutoCAD 2016 二维绘图命令的使用方法和技巧。在 AutoCAD 2016 中提供了一系列基本的二维绘图命令，可以绘制一些点、线、圆、圆弧、椭圆和矩形等简单的图元，本章通过大量的实例来讲解这些工具的具体使用方法。

3.1 绘制线

在 AutoCAD 中，线是最常用的图形对象之一，包括直线、射线、构造线、多线、多段线、样条曲线和修订云线等，因此用户应该熟练掌握这些元素的绘制方法，为以后复杂二维图形的绘制打下基础。

3.1.1 直线的绘制

直线是图形中最常见、最简单的一种图形对象，只要指定了起点与终点即可绘制一条直线。调用【直线】命令的方法有以下几种。

● 在菜单栏中选择【绘图】|【直线】命令，如图 3-1 所示。
● 在【默认】选项卡的【绘图】选项组中单击【直线】按钮，如图 3-2 所示。

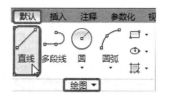

图 3-1 在菜单栏中执行【直线】命令　　图 3-2 在【默认】选项卡中执行【直线】命令

55

- 在命令行中输入 LINE 或 L 命令，按【Enter】键确认。

执行上述命令其中一项后，命令提示与操作如下：

```
命令:_Line                //执行【直线】命令
指定第一点:               //指定直线段的起点(可以用鼠标左键在绘图区拾取,也可以输入坐标值)
指定下一点或 [放弃(U)]:          //指定直线段的下一个端点或结束操作
指定下一点或 [放弃(U)]:          //指定直线段的下一个端点或结束操作
指定下一点或 [闭合(C)|放弃(U)]:  //指定直线段的其他端点或闭合直线段或放弃操作
```

下面介绍各选项的含义。

- 【指定下一点或 [放弃（U）]】：命令行中出现该提示后，可以输入下一点的坐标值或者在绘图区单击拾取下一点，输入 U，按【Enter】键确认后，取消上一步的操作。
- 【指定下一点或 [闭合（C）|放弃（U）]】：命令行中出现该提示后，输入 C，按【Enter】键确认，系统将自动连接起点和最后一点，形成闭合的图形，同时自动结束【直线】命令；输入 U，按【Enter】键确认，将放弃上一步操作。

提示

在 AutoCAD 中绘图时，按【Enter】键或空格键可以结束当前命令；如果用户想继续执行上一次命令，可以直接按【Enter】键或空格键。

绘制直线时如果开启了正交功能，只能绘制水平或垂直的线段。

3.1.2 【上机操作】绘制二极管符号

下面通过绘制如图 3-3 所示的二极管符号来练习【直线】命令的操作，该图形的绘制不要求精度，主要练习配合鼠标操作绘制不连续的直线段，具体操作步骤如下。

01 启动 AutoCAD 2016 后，按【Ctrl + N】组合键，弹出【选择样板】对话框，在该对话框中选择 acadiso. dwt 选项，单击【打开】按钮新建空白文件，如图 3-4 所示。按【F7】键取消栅格显示。

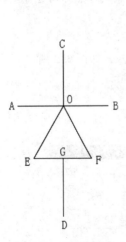

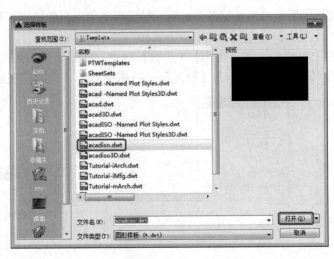

图3-3 二极管符号 　　　　　　　　图3-4【选择样板】对话框

⓶ 按【F8】键打开正交模式，在命令行中输入命令 L，按【Enter】键确认，根据命令提示，在绘图区中任意一点单击，确定 A 点，向右引导鼠标，在适当位置单击确定 B 点，按【Enter】键结束直线绘制，如图 3-5 所示。

⓷ 按【F3】键打开对象捕捉，继续执行【直线】命令，捕捉 AB 线段的中点单击确定 O 点，向上引导鼠标，在适当的位置单击，确定 C 点，如图 3-6 所示。

⓸ 按【F10】键打开极轴追踪，继续执行【直线】命令，捕捉直线 AB 中点 O 点并单击，确定直线的起点，在极轴 240°方向向下引导鼠标，在适当位置单击确定 E 点，再向右引导鼠标，在适当位置单击确定 F 点，然后捕捉 O 点并单击，按【Enter】键结束操作，如图 3-7 所示。

图 3-5　绘制直线 AB　　　　图 3-6　绘制直线 OC　　　　图 3-7　绘制直线 OE、EF、OF

⓹ 继续执行【直线】命令，捕捉直线 EF 的中点并单击，确定 G 点，向下引导鼠标，在适当位置单击，确定 D 点，按【Enter】键结束操作。

3.1.3　射线的绘制

射线是一条只有起点没有终点，无限延长的线，如图 3-8 所示。射线一般用作绘图过程中的辅助线。

调用【射线】命令的方法如下。

- 在菜单栏中选择【绘图】|【射线】命令，如图 3-9 所示。
- 在【默认】选项卡的【绘图】选项组中单击【绘图】按钮 [　　　　绘图 ▼]，然后在弹出的面板中单击【射线】按钮 ，如图 3-10 所示。
- 在命令行中输入命令 RAY，按【Enter】键确认。

图 3-8　射线

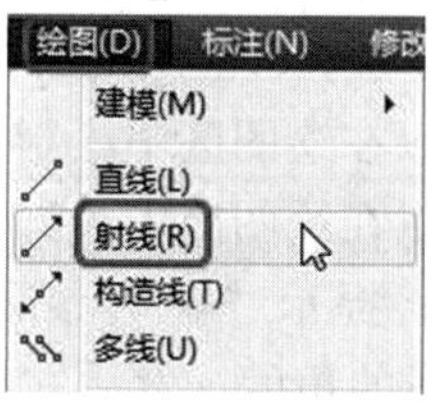

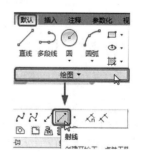

图 3-9　在菜单栏中
调用【射线】命令

图 3-10　在【默认】选项
卡中调用【射线】命令

调用【射线】命令后，命令行提示及操作为：

命令：_ray 指定起点：
//执行【射线】命令并指定射线的起点(可以在绘图区单击拾取起点,也可以输入坐标确定射线的起点)
指定通过点：

//指定射线的通过点即确定射线的方向(可以在绘图区单击拾取点,也可以输入坐标确定射线的通过点)

指定通过点:　　　　//确定下一条射线的方向,也可以按【Enter】键结束操作

3.1.4 构造线的绘制

构造线是没有起点和终点的无限长直线,构造线具有普通 AutoCAD 图形对象的各种属性,如图层、颜色、线型等,主要用于绘制辅助线。

调用【射线】命令的方法有以下几种:

- 选择菜单栏中的【绘图】|【构造线】命令,如图 3-11 所示。
- 在【默认】选项卡的【绘图】选项组中单击【绘图】按钮 ，在弹出的面板中单击【构造线】按钮 ，如图 3-12 所示。
- 在命令行中输入 XLINE 命令或 XL 命令。

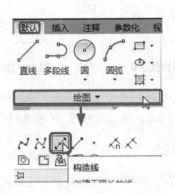

图 3-11　在菜单栏中调
用【构造线】命令

图 3-12　在【默认】选项
卡中调用【构造线】命令

调用【构造线】命令后,命令行提示及操作如下:

命令:xline //执行【构造线】命令
指定点或 [水平(H)|垂直(V)|角度(A)|二等分(B)|偏移(O)]:　//指定构造线上的一点
指定通过点:　//指定构造线的另一点,由两点确定构造线
指定通过点:　//指定一点,由构造线的第一点和这次的一点确定第二条构造线,也可以按【Enter】键结束操作

在构造线命令的提示中,除了默认选项,还有其他 5 个选项可选,各选项的含义如下所示。

- 【水平】:选择该项后,用户可以在绘图区中绘制一条通过指定点的水平构造线。
- 【垂直】:选择该项后,用户可以在绘图区中绘制一条通过指定点的垂直构造线。
- 【角度】:选择该选项后,系统将提示"输入参照线角度(0)或 [参照(R)]",这时输入的角度是将要绘制的构造线的角度,然后在绘图区拾取一点,就可以绘制一条构造线;输入 R 并确认后,命令行将出现提示"选择直线对象",这时需要用户在绘图区指定一条直线作为构造线的参照线,选择完成后,命令行将提示"输入构造线的角度",这时输入的角度是将要绘制的构造线相对于选取的参照线的角度。输入角度并确认后,命令行将出现提示"指定通过点",这时在绘图区指定一点作为构造线通过的一点就可以绘制一条构造线了。命令行提示如图 3-13 所示。

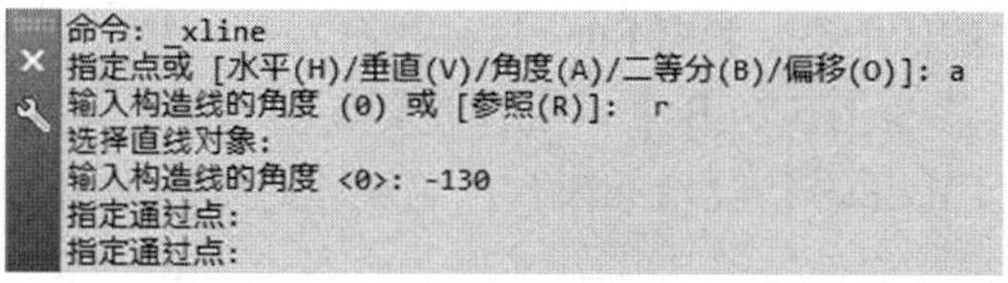

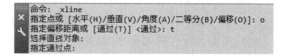

图 3-13 命令行提示

- 【二等分】：用于绘制将角度平分的构造线，选择该选项后，命令行将提示"指定角的顶端、指定角的起点、指定角的端点"，用户根据命令提示依次拾取将要平分的角度的这三个点就可以了。

- 【偏移】：用于绘制平行于另一条直线的构造线。选择该项后，命令行将提示"指定偏移距离或［通过（T）］＜通过＞："这时输入偏移距离，如输入 100，命令行将提示"选择直线对象"，这时需要用户在绘图区选择一条直线，绘制的构造线将与选择的直线平行且与该直线距离为 100，选择完成后，命令行将提示"指定向哪侧偏移"，用户在绘图区拾取偏移一侧的任意一点即可，操作完成后按【Enter】键即可结束构造线的绘制，命令行提示如图 3-14 所示；如果选择 T 命令，命令行将提示"选择直线对象"，用户需要在绘图区选择一条直线，绘制的构造线将与选择的直线平行，选择完成后，命令行将提示"指定通过点"，用户在绘图区指定绘制的构造线将要通过的一个点即可。然后按【Enter】键结束操作即可。命令行提示如图 3-15 所示。

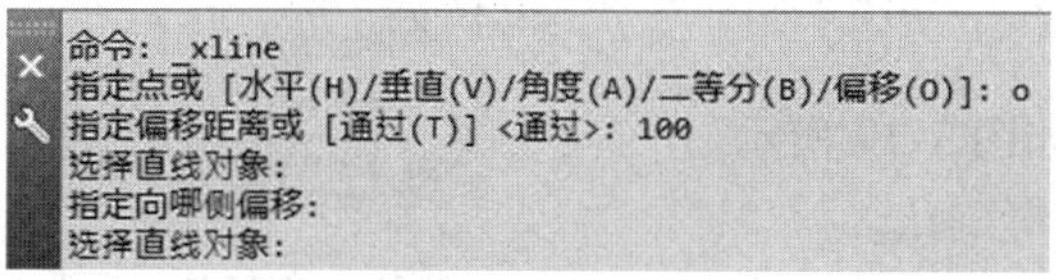

图 3-14 命令行提示　　　　　　　　　　　　　　图 3-15 命令行提示

3.1.5 【上机操作】绘制二等分角度的构造线

在 AutoCAD 2016 中，构造线是最简单的线性对象，同时也是在绘制复杂二维图形过程中最常用到的基本二维图形元素，下面讲解如何绘制二等分角度的构造线。

01 启动 AutoCAD 2016，按【Ctrl + N】组合键，弹出【选择样板】对话框，在该对话框中选择 acadiso. dwt 选项，单击【打开】按钮新建空白文件，如图 3-16 所示。按【F7】键取消栅格显示。

02 按【F8】键打开正交模式，在命令行中输入命令 LINE 或 L，按【Enter】键确认，在绘图区任意一点单击确定 A 点，向下引导鼠标，根据命令提示输入 300，按【Enter】键确认，确定 B 点，向右引导鼠标，根据命令提示输入 300，按【Enter】键确认，确定 C 点，然后连接 A 点和 C 点，在绘图区绘制一个三角形，如图 3-17 所示。

图 3-16 【选择样板】对话框

03 在命令行中输入 XLINE 命令，按【Enter】键进行确认。根据命令提示输入 B，按【Enter】键进行确认。根据命令提示在绘图区的 B 点单击，指定角的顶点，单击 A 点指定角的起点，然后单击 C 点指定角的端点，按【Enter】键结束操作，完成后的效果如图 3-18 所示。

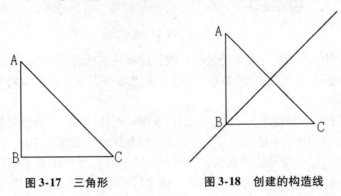

图 3-17　三角形　　　　图 3-18　创建的构造线

3.1.6　多线的绘制

多线是一种特殊的线型，是由多条平行直线组成的一个单独对象，各条平行线之间的距离和数目可以随意设置。多线一般用于墙体线的绘制、玻璃窗的绘制等。

调用【多线】命令的方法有以下几种：

- 选择菜单栏中的【绘图】|【多线】命令，如图 3-19 所示。
- 在命令行中输入命令 MLINE，按【Enter】键确认。

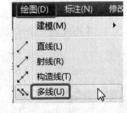

图 3-19　在菜单栏中调用【多线】命令

调用【多线】命令后，命令行提示及操作如下：

命令：_mline　　　　　　　　　　　//执行【多线】命令
当前设置：对正=上,比例=20.00,样式=STANDARD //显示当前多线的设置情况
指定起点或[对正(J)/比例(S)/样式(ST)]：　　//指定多线的起点或者选择对多线进行设置
指定下一点：　　　　　　　　　　　//指定多线的下一点
指定下一点或[放弃(U)]：　　　　　　//指定多线的下一点或者按【Enter】键结束命令
指定下一点或[闭合(C)/放弃(U)]：　//按 C 键闭合多线，或继续指定下一点，或按 U 键放弃上一步操作

在命令提示中，各选项的含义如下所示。

- 【对正】：该项用于确定多线随光标移动的方式。有 3 种对正方式可供用户选择，选择【上】时，多线最顶端的线随光标移动；选择【无】时，多线的中心线随光标移动；选择【下】时，多线最底端的线随光标移动。
- 【比例】：该选项用于设置多线的平行线间的距离。输入 0 时，各平行线重合；输入正值平行线由上到下排列；输入负值平行线由下到上排列。不同比例的多线效果如图 3-20 所示。

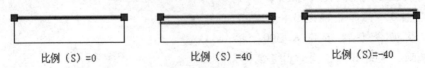

比例（S）=0　　　　比例（S）=40　　　　比例（S）=-40

图 3-20　比例为 0、正值和负值的多线效果

- 【样式】：该选项用于设置多线的绘制样式，默认的样式为标准型（Standard）。用户也可以根据提示输入之前设置好的多线样式名。

3.1.7 多线样式的新建和设置

一般情况下，在使用【多线】命令绘制多线之前，需要新建和设置多线样式。新建和设置多线样式可以在【多线样式】对话框中进行。

调用【多线样式】命令的方法有如下几种。

- 在菜单栏中选择【格式】|【多线样式】命令，如图 3-21 所示。
- 在命令行中输入 MLSTYLE，按【Enter】键确认。

调用【多线样式】命令后，弹出如图 3-22 所示的【多线样式】对话框。

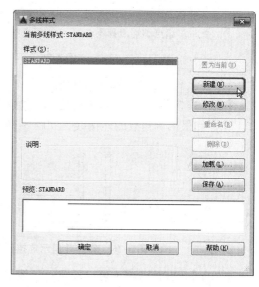

图 3-21　在菜单栏中调用【多线样式】命令　　　　**图 3-22　【多线样式】对话框**

新建和设置多线样式的步骤如下：

01 在【多线样式】对话框中单击【新建】按钮，弹出【创建新的多线样式】对话框，在【新样式名】文本框中输入要建立的样式名【01】，如图 3-23 所示。

02 单击【继续】按钮，弹出【新建多线样式：01】对话框，如图 3-24 所示。

图 3-23　【创建新的多线样式】对话框　　　　**图 3-24　【新建多线样式：01】对话框**

⑱ 在【新建多线样式：01】对话框中，用户可以对多线进行设置。

【新建多线样式】对话框各选项的含义如下所示。

- 【说明】：可以在此文本框中输入多线样式的说明信息，输入完成后，在【多线样式】对话框中选择该多线时，说明信息将出现在【说明】选项中。
- 【封口】：用于设置多线的起点与端点处是否封口。勾选【起点】和【端点】复选框后，多线的起点和端点将是封口的形式，如果不勾选，多线的两端将不封口，如果选择了一项，则选择的那一端封口，如图 3-25 所示。

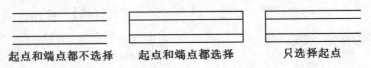

起点和端点都不选择　　起点和端点都选择　　只选择起点

图 3-25　不封口和封口的效果

- 【填充】：设置多线的填充颜色。
- 【显示连接】：勾选此复选框后，在绘制多线时，会在连续多线的转折处显示多线最外侧角点和最内侧角点的连接线，如图 3-26 所示。

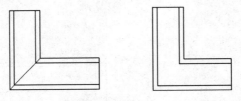

图 3-26　勾选【显示连接】和不勾选【显示连接】的效果

- 【图元】：在该选项中可以设置每条线的颜色、线型和相对于中心线的偏移量。单击下方的【添加】按钮和【删除】按钮，可以为多线添加或删除一条线。选择框中的一条线后，可以在下方的【偏移】、【颜色】、【线型】选项中设置选中线的这三个属性。

⑲ 设置完多线的各种属性后，单击【确定】按钮，即完成了一个多线样式的新建和设置，在返回的【多线样式】对话框选择刚设置完的多线名，单击【置为当前】按钮，然后单击【确定】按钮，如图 3-27 所示，返回绘图区，即可使用新建的多线样式绘制多线。

图 3-27　选中多线样式名后单击【置为当前】和【确定】按钮

> **提 示**
>
> 　　如果用户要对多线样式进行修改，首先要确定绘图窗口中没有使用该多线样式绘制的多线。
>
> 　　如果要对多线样式进行重命名或者删除，除了需要先确定绘图窗口中没有使用该多线样式外，还要确定该多线样式没有被置为当前。

3.1.8 绘制多段线

多段线在 AutoCAD 中经常用到，它由首尾相连的线段和圆弧组成，可以具有不同的宽度，也可以绘制封闭图形，适合绘制各种复杂的图形轮廓。整条多段线是一个整体，可以进行统一设置和编辑。

调用【多段线】命令的方法有如下几种。

- 在菜单栏中选择【绘图】|【多段线】命令，如图 3-28 所示。
- 在【默认】选项卡中单击【多段线】按钮，如图 3-29 所示。
- 在命令行中输入命令 PLINE 或 PL，按【Enter】键确认。

绘图(D)
标注(N)
建模(M)
直线(L)
射线(R)
构造线(T)
多线(U)
多段线(P)
三维多段线(3)

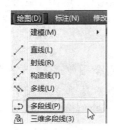

图 3-28 在菜单栏中调用【多段线】命令

文件(F)
编辑(E)
默认
插入
注释
参数化
直线
多段线
圆
圆弧

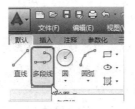

图 3-29 在【默认】选项卡中调用【多段线】命令

调用【多段线】命令后，命令行提示如图 3-30 所示。

命令: _pline
指定起点:
当前线宽为 0.0000
指定下一个点或 [圆弧(A)/半宽(H)/长度(L)/放弃(U)/宽度(W)]:
指定下一点或 [圆弧(A)/闭合(C)/半宽(H)/长度(L)/放弃(U)/宽度(W)]:

图 3-30 命令行提示

下面介绍各选项含义。

- 【圆弧】：选择该选项后，用户可以在第一点和下一个指定点间绘制一段圆弧，命令行提示如图 3-31 所示。

[角度(A)/圆心(CE)/方向(D)/半宽(H)/直线(L)/半径(R)/第二个点(S)/放弃(U)/宽度(W)]:

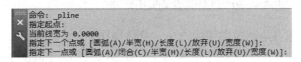

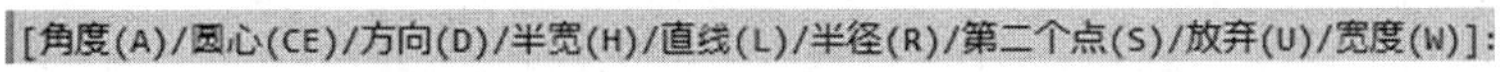

图 3-31 命令行提示

  - 【角度】：选择该选项后，可以通过指定圆弧的角度来决定圆弧的大小，按住【Ctrl】键可以切换圆弧的方向。
  - 【圆心】：选择该选项后，可以通过指定圆弧的圆心来绘制圆弧。
  - 【方向】：使用该选项可以设置圆弧的起点切向。
  - 【半宽】：可以指定圆弧的起点半宽和端点半宽。
  - 【直线】：选择该选项后，可以从绘制圆弧切换到绘制直线。
  - 【半径】：选择该选项后，可以指定圆弧的半径。
  - 【第二个点】：选择该选项后，命令行将提示指定圆弧上的第二个点，指定圆弧的端点，即可使用三点法绘制圆弧。
  - 【放弃】：该选项在完成第一段圆弧的绘制之前没有实际意义，在绘制了一段圆弧后，再选择该项时，将取消上一步绘制的圆弧。

➢ 【宽度】：选择该选项后，命令行将提示指定起点宽度，指定端点宽度，即该项可以设置圆弧的宽度。起点和端点宽度可以不同。

- 【闭合】：选择该选项可以将绘制的多段线闭合，绘制完一条多段线后，会出现该选项，当绘制完一条多段线时选择该选项，将结束多段线的绘制，绘制完两条及两条以上多段线选择该项时，则会闭合多段线。

- 【长度】：选择该选项后，可以通过指定多段线的长度来绘制多段线。如果上一步绘制的多段线是圆弧，则使用该项绘制的直线方向与上一步绘制的圆弧相切，如果上一步绘制的是直线，则使用该项绘制的直线方向与上一步绘制的直线方向一致。

其他选项的含义与选择【圆弧】命令后出现的选项含义相同，这里不再赘述。

提 示

绘制多段线过程中，使用了【闭合】选项后，形成的闭合图形是一个整体，是真正的闭合，如果通过在多段线起点处单击闭合多段线，形成的图形不是真正的闭合，在闭合点处是断开的。

当绘制宽度大于 0 的多段线时，闭合时一定要选择在命令行中输入，否则，起点和终点闭合处会出现缺口。

3.1.9 【上机操作】使用多段线绘制圆角矩形

下面将通过实例来练习绘制多段线的方法，具体操作如下：

01 启动 AutoCAD 2016，在命令行中输入 PLINE 命令，按【Enter】键确认，指定起点为 (0,0)，如图 3-32 所示。

02 根据命令行的提示，在命令行中执行 W 命令，指定起点宽度为 5，按【Enter】键确认，然后将端点宽度设置为 5，按【Enter】键确认，如图 3-33 所示。

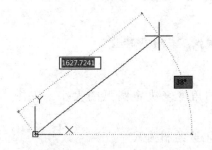

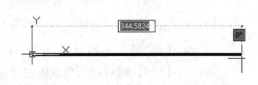

图 3-32 指定起点 　　　　　　　图 3-33 设置起点与端点宽度

03 根据命令行的提示，输入下一个点坐标（@150,0），按【Enter】键确认，如图 3-34 所示。

04 根据命令行的提示，在命令行中执行 A 命令，并按【Enter】键确认该操作，将圆弧的端点指定为（@0,75），如图 3-35 所示。

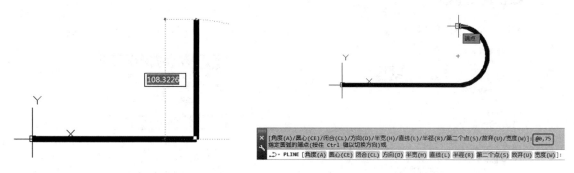

图 3-34　指定下一点　　　　　　　　　　图 3-35　指定圆弧端点

05 在命令行中执行 L 命令，指定直线另一点为（@－150,0），如图 3-36 所示。

06 在命令行中执行 A 命令，将圆弧的端点指定为（@0,－75），完成后的效果如图 3-37 所示。

图 3-36　继续指定下一点　　　　　　　　　图 3-37　完成效果

3.1.10　样条曲线的绘制

在 AutoCAD 2016 中，通过编辑多段线可以生成平滑多段线，与样条曲线相类似，但与之相比，样条曲线具有以下三方面的优点。

- 平滑拟合：当对曲线路径上的一系列点进行平滑拟合后，可以创建样条曲线。在绘制二维图形或三维图形时，使用该方法创建的曲线边界比多段线精确。
- 编辑样条曲线：使用 SPLINEDIT 命令或添加夹点可以很方便地编辑样条曲线。如果使用 PEDIT 命令编辑就会丢失这些定义，成为平滑多段线。
- 占用较小空间和内存：带有样条曲线的图形比带有平滑多段线的图形占用的空间和内存小。

调用【样条曲线】命令的方法有如下几种。

- 在菜单栏中选择【绘图】|【样条曲线】|【拟合点】或【控制点】命令，如图 3-38 所示。
- 在【默认】选项卡的【绘图】选项组中单击【绘图】按钮 ⬚⬚⬚⬚ 绘图 ▼ ⬚⬚，然后在弹出的面板中单击【样条曲线拟合】按钮 🖊 或【样条曲线控制点】按钮 🖊，如图 3-39 所示。
- 在命令行中输入 SPLINE 或 SPL 命令，按【Enter】键确认。

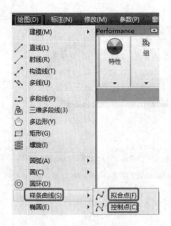 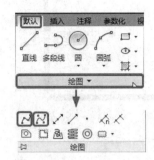

图 3-38 在菜单栏中调用【样条曲线】命令 **图 3-39 在【默认】选项卡中调用【样条曲线】命令**

在 AutoCAD 中，可以通过使用拟合点和控制点两种方法绘制样条曲线，如图 3-40 所示。每种方法有不同的选项，使用拟合点绘制样条曲线时命令行提示如图 3-41 所示，使用控制点绘制样条曲线时命令行提示如图 3-42 所示。

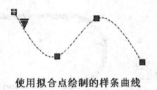 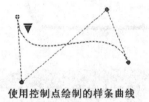

使用拟合点绘制的样条曲线 使用控制点绘制的样条曲线

图 3-40 使用拟合点和控制点绘制的样条曲线

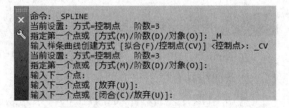

图 3-41 使用拟合点绘制样条曲线时的命令行提示 **图 3-42 使用控制点绘制样条曲线时的命令行提示**

使用拟合点绘制样条曲线时命令行提示中各项含义如下所示。

- 【方式】：选择该项后，命令行将提示用户【输入样条曲线创建方式［拟合（F）/控制点（CV）］】，即用户可以选择下一步绘制样条曲线的方式。
- 【节点】：选择该项后，命令行将提示【输入节点参数化［弦（C）/平方根（S）/统一（U）］】，用户可以选择其中的一种方式来绘制样条曲线。
- 【对象】：将样条曲线拟合多段线转换为等价的样条曲线。
- 【起点切向】：指定样条曲线第一点和最后一点的切线方向。
- 【公差】：设置样条曲线的拟合公差。该项应用于除起点和端点外的所有拟合点。
- 【端点相切】：该项用于停止基于切向创建曲线，选择该项后，可通过指定拟合点继续创建样条曲线。
- 【放弃】：放弃上一步绘制的样条曲线。

- 【闭合】：将绘制的样条曲线起点和端点闭合。
- 【阶数】：该选项用于设置样条曲线的最大折弯数。有效值为 1～11。使用控制点绘制样条曲线时，命令行中只有此项与使用拟合点绘制样条曲线的命令行不同。

> **提 示**
>
> 在菜单栏选择【修改】|【对象】|【多段线】命令，然后根据命令提示选择绘图区绘制的多段线，然后根据命令提示输入 S，按【Enter】键确认，即可将选择的多段线转换为样条曲线拟合多段线。在执行【样条曲线】命令后，选择【对象（O）】命令，即可将样条曲线拟合的多段线转换为样条曲线。

3.1.11 【上机操作】绘制样条曲线

下面将讲解如何绘制样条曲线，具体操作步骤如下。

01 启动 AutoCAD 2016，在功能区选项板中切换至【默认】选项卡，在【绘图】面板上单击按钮
[绘图 ▼]，然后在弹出的面板上单击【样条曲线拟合】按钮，如图 3-43 所示。

02 根据命令行提示，指定第一个点为（0,0），按【Enter】键进行确认，指定下一点为（50,100），按【Enter】键确认，在命令行中输入（100,0），按【Enter】键进行确认，如图 3-44 所示。

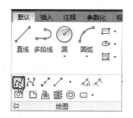

图 3-43 单击【样条曲线拟合】按钮

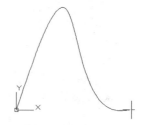

图 3-44 指定 3 个点

03 在命令行中输入（150,100），按【Enter】键进行确认，如图 3-45 所示。

04 在命令行中输入（200,0），按两次【Enter】键进行确认，如图 3-46 所示。

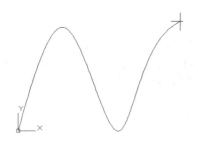

图 3-45 指定下一点

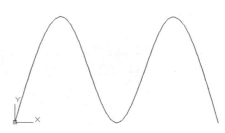

图 3-46 绘制完成后的效果

3.1.12 修订云线的绘制

在 AutoCAD 2016 中，用户在检查或用红线圈阅图形时经常用到修订云线功能，以提高工作效率，调用该命令的方法如下。

- 在菜单栏中选择【绘图】|【修订云线】命令，如图 3-47 所示。执行此命令后，将使用【徒手画】命令绘制修订云线。
- 在【默认】选项卡的【绘图】组中单击【绘图】按钮 [____绘图 ▼____]，然后在弹出的面板中单击【修订云线】按钮 [▭·] 上的倒三角，在弹出的面板中选择绘制修订云线的方式，如图 3-48 所示。
- 在命令行中输入 REVCLOUD 命令，按【Enter】键确认。

图 3-47　在菜单栏中调用【修订云线】命令

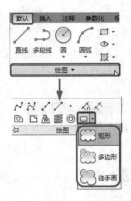

图 3-48　在【默认】选项卡中调用【修订云线】命令

　　在 AutoCAD 2016 中，绘制修订云线有 3 种方式，分别是【矩形】、【多边形】、【徒手画】，使用【矩形】命令绘制时，命令行提示如图 3-49 所示；使用【多边形】命令绘制修订云线时，命令行提示如图 3-50 所示；使用【徒手画】命令绘制修订云线时，命令行提示如图 3-51 所示。

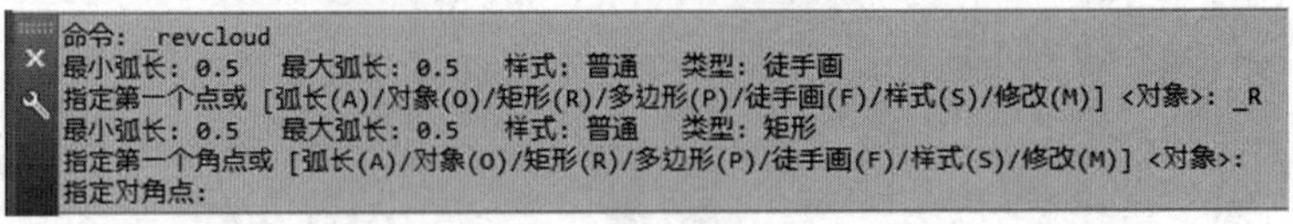

```
命令: _revcloud
最小弧长: 0.5   最大弧长: 0.5   样式: 普通   类型: 徒手画
指定第一个点或 [弧长(A)/对象(O)/矩形(R)/多边形(P)/徒手画(F)/样式(S)/修改(M)] <对象>: _R
最小弧长: 0.5   最大弧长: 0.5   样式: 普通   类型: 矩形
指定第一个角点或 [弧长(A)/对象(O)/矩形(R)/多边形(P)/徒手画(F)/样式(S)/修改(M)] <对象>:
指定对角点:
```

图 3-49　使用【矩形】命令绘制修订云线时的命令行提示

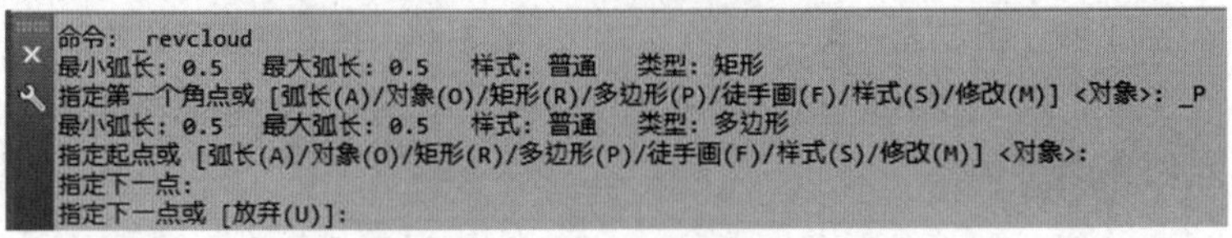

```
命令: _revcloud
最小弧长: 0.5   最大弧长: 0.5   样式: 普通   类型: 矩形
指定第一个角点或 [弧长(A)/对象(O)/矩形(R)/多边形(P)/徒手画(F)/样式(S)/修改(M)] <对象>: _P
最小弧长: 0.5   最大弧长: 0.5   样式: 普通   类型: 多边形
指定起点或 [弧长(A)/对象(O)/矩形(R)/多边形(P)/徒手画(F)/样式(S)/修改(M)] <对象>:
指定下一点:
指定下一点或 [放弃(U)]:
```

图 3-50　使用【多边形】命令绘制修订云线时的命令行提示

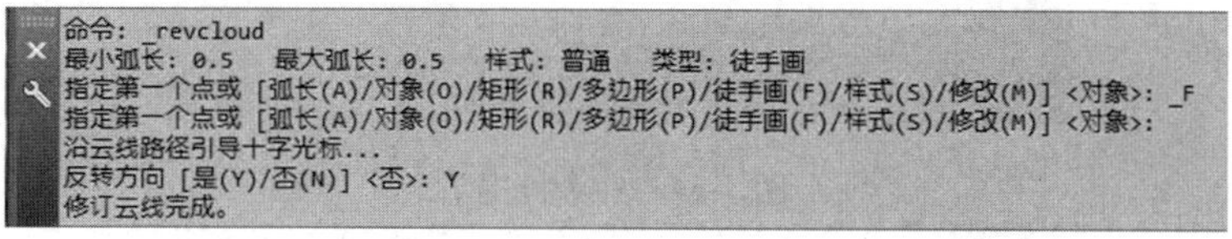

命令: _revcloud
最小弧长: 0.5 最大弧长: 0.5 样式: 普通 类型: 徒手画
指定第一个点或 [弧长(A)/对象(O)/矩形(R)/多边形(P)/徒手画(F)/样式(S)/修改(M)] <对象>: _F
指定第一个点或 [弧长(A)/对象(O)/矩形(R)/多边形(P)/徒手画(F)/样式(S)/修改(M)] <对象>:
沿云线路径引导十字光标...
反转方向 [是(Y)/否(N)] <否>: Y
修订云线完成。

图 3-51 使用【徒手画】命令绘制修订云线时的命令行提示

命令行中主要选项的含义如下所示。

- 【最大弧长】和【最小弧长】：自动显示圆弧的最大弧长和最小弧长。选择【修订云线】命令后，在绘图区右击，在弹出的快捷菜单中选择【弧长】命令，可以对弧长重新进行设置。也可以根据命令提示重新设置弧长。
- 【弧长】：选择该命令后，可以对弧长重新进行设置。
- 【对象】：选择该命令后，用户可以根据命令提示在绘图区选择要转化为修订云线的对象。
- 【反转方向［是（Y)/否（N)］＜否＞】：该选项只有在使用【徒手画】命令绘制修订云线时才会出现，如果选择【否】绘制的为外凸形的云线，如果选择【是】则可以反转圆弧的方向。

3.2 绘制矩形和正多边形

矩形和正多边形在 AutoCAD 绘图过程中也是经常用到的。矩形是由 4 条边组成的相邻边成 90°的四边形，由 3 条及 3 条以上长度相等的边组成的多边形为正多边形，相邻边之间的角度也是相等的。

3.2.1 矩形的绘制

矩形包括长方形和正方形。调用【矩形】命令的方法有如下几种。

- 在菜单栏中选择【绘图】|【矩形】命令，如图 3-52 所示。
- 在【默认】选项卡的【绘图】选项组中单击【矩形】按钮，如图 3-53 所示。
- 在命令行中输入 RECTANG 或 REC 命令，按【Enter】键确认。

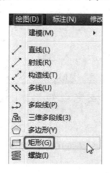

绘图(D)
标注(N)
建模(M)
直线(L)
射线(R)
构造线(T)
多线(U)
多段线(P)
三维多段线(3)
多边形(Y)
矩形(G)
螺旋(I)

图 3-52 在菜单栏中调用【矩形】命令

默认
插入
注释
参数化
直线
多段线
圆
圆弧
绘图

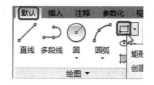

图 3-53 在【默认】选项卡中调用【矩形】命令

调用【矩形】命令后，命令行提示如图 3-54 所示。

图 3-54　命令行提示

命令行中各选项的含义如下所示。

- 【倒角】：选择该选项后，命令行将提示【指定矩形的第一个倒角距离】、【指定矩形的第二个倒角距离】，对矩形的倒角距离设置完成后，用户可以绘制倒角矩形。
- 【标高】：用于指定矩形在三维绘图中的基面高度，即矩形在 Z 轴上的高度，其效果只有在三维视图中才能显示出来。
- 【圆角】：选择该选项后，命令行将提示"指定矩形的圆角半径"，对矩形的圆角半径设置完成后，用户可以绘制圆角矩形。
- 【厚度】：该选项用于设置矩形的厚度，在三维绘图中才能用到，相当于绘制一个立方体。
- 【宽度】：该选项用于设置矩形的宽度。
- 【面积】：选择该选项后，用户可以根据命令提示输入要绘制的矩形面积和长度或宽度中的一项来绘制矩形。即矩形的面积是一定的，确定长度或宽度后，系统将根据面积和设置的长度或宽度自动进行计算从而绘制出矩形。
- 【尺寸】：选择该项后，用户可以根据命令行提示输入矩形的长度和宽度来绘制矩形。
- 【旋转】：选择该项后，用户需要指定矩形的旋转角度后再绘制矩形。

3.2.2　【上机操作】绘制倒角矩形

下面将讲解如何绘制倒角矩形，具体操作步骤如下。

⓵ 在【默认】选项卡中，单击【绘图】面板中的【矩形】按钮▢。

⓶ 根据命令提示在命令行输入 C，按【Enter】键确认，根据命令提示输入 10，按【Enter】键确认，设置矩形的第一个倒角距离，这时命令行提示显示系统默认矩形第二个倒角距离为 10，直接按【Enter】键确认。

⓷ 根据命令提示在命令行输入 W，按【Enter】键确认，然后根据命令提示输入 5，按【Enter】键确认，设置矩形的线宽。在绘图区域指定任一点作为第一点，命令行提示【指定另一个角点或［面积（A）/尺寸（D）/旋转（R）］：】。

⓸ 在命令行输入 D，按【Enter】键确认，根据命令提示输入 200，按【Enter】键确认，设置矩形的长度，根据命令提示输入 100，按【Enter】键确认，设置矩形的宽度，单击绘图区的任意一点完成矩形的绘制，如图3-55所示。

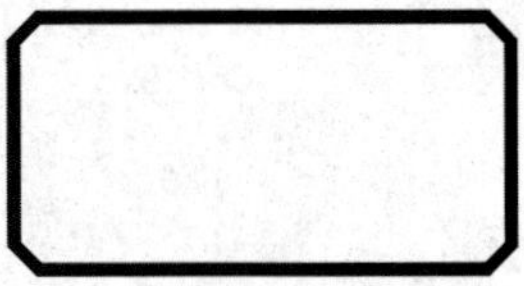

图 3-55　绘制矩形

3.2.3　正多边形的绘制

正多边形最多的边数为 1 024 条，系统默认边数为 4 条，用户可以根据命令行提示对多边形边数进行设置。

调用【正多边形】命令的方法有如下几种。

- 选择菜单栏中的【绘图】|【正多边形】命令，如图 3-56 所示。
- 在【默认】选项卡的【绘图】选项组中单击【正多边形】按钮◯▪，如图 3-57 所示。

- 在命令行中输入 POLYGON 或 POL 命令，按【Enter】键确认。

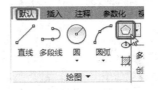

图 3-56　在菜单栏中调用　　　　图 3-57　在【默认】选项卡中
　　【正多边形】命令　　　　　　　调用【正多边形】命令

调用【正多边形】命令后，命令行提示如图 3-58 所示。

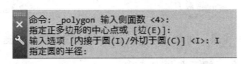

图 3-58　调用【正多边形】命令后命令行提示

命令行提示中各选项的含义如下所示。

- 【边】：选择该项后，用户可以通过在绘图区指定两点确定多边形的一条边来绘制正多边形。
- 【内接于圆】：选择该项后，命令行将提示【指定圆的半径】，圆的半径设置完成后，绘制的正多边形将内接于圆。
- 【外切于圆】：选择该项后，命令行将提示【指定圆的半径】，圆的半径设置完成后，绘制的正多边形将外切于圆。

内接于圆与外切于圆的区别如图 3-59 所示，圆的半径设置是相同的。

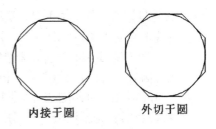

图 3-59　内接于圆与外切于圆

3.3　绘制圆类图形

在 AutoCAD 中，圆类图形包括圆、圆弧、椭圆、椭圆弧和圆环。下面我们就来学习这些圆类图形的绘制方法。

3.3.1　圆的绘制

圆在 AutoCAD 中同样很重要，用到的频率也特别高。调用【圆】命令的方法如下。

- 选择菜单栏中的【绘图】|【圆】命令，在弹出的子菜单中选择相应的绘制方法，如图 3-60所示。
- 在【默认】选项卡的【绘图】选项组中单击【圆】按钮⊙，如图 3-61 所示。

- 在命令行中输入 CIRCLE 或 C 命令，按【Enter】键确认。

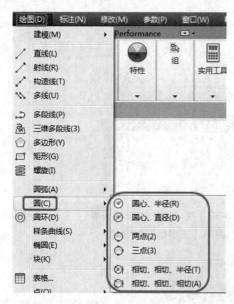

图 3-60　在菜单栏中调用【圆】命令　　　**图 3-61　在【默认】选项卡中调用【圆】命令**

调用【圆】命令后，命令行提示如图 3-62 所示。

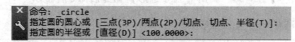

图 3-62　命令行提示

在【圆】命令的子菜单中，系统提供了 6 种绘制圆的方法，每种方法的具体含义如下所示。

- 【圆心、半径】：用户可以通过指定圆的圆心和半径来绘制圆，或者根据命令行提示，选择通过指定圆心和直径来绘制圆。
- 【圆心、直径】：用户可以根据命令行提示通过指定圆的圆心和直径来绘制圆。和【圆心、半径】的用法基本相同。
- 【两点】：选择该项后，用户可以通过指定通过圆的两点来绘制圆，两点距离即为圆的直径长度。
- 【三点】：选择该项后，用户可以通过指定通过圆的三点来绘制圆。
- 【相切、相切、半径】：选择该项后，用户可以通过选择与圆相切的两个对象，并设置圆的半径来绘制圆。
- 【相切、相切、相切】：通过指定和圆相切的三个对象来绘制圆。

3.3.2　【上机操作】绘制煤气灶

下面将讲解如何绘制煤气灶，其操作步骤如下：

在命令行中输入 LINE 命令，按【Enter】键确认，按【F8】键开启【正交】功能，在绘图区任意位置单击指定一点，向右引导鼠标，在命令行中输入 1 500，按【Enter】键确认，绘制一条水平直线，用鼠标捕捉直线的中点，不单击的情况下向上引导鼠标，出现垂直引导线的情况下输入 750，按【Enter】键确认，如图 3-63 所示。然后向下引导鼠标，输入 1 500，按

【Enter】键确认，绘制两条互相垂直的直线，如图 3-64 所示。

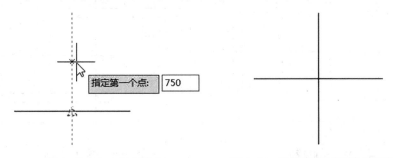

图 3-63　向上引导鼠标　　　　　图 3-64　绘制两条互相垂直的直线

⑫ 在命令行中输入 OFFSET 命令，按【Enter】键确认，将垂直线段分别向左和向右偏移 160，如图 3-65 所示。在命令行中输入 RECTANG 命令，按【Enter】键进行确认，在绘图区中任意单击一点，在命令行中输入 D，将矩形的长度设置为 650，将宽度设置为 320，在命令行输入 MOVE 命令，捕捉矩形的中心点，然后将其移动至垂直线段的交点处，如图 3-66 所示位置。

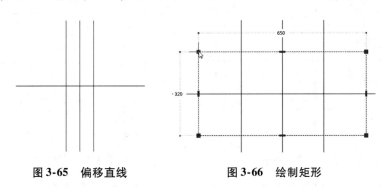

图 3-65　偏移直线　　　　　　　图 3-66　绘制矩形

⑬ 在命令行中输入 OFFSET 命令，按【Enter】键确认，将矩形向内偏移 30，如图 3-67 所示。

⑭ 选中最外侧的矩形，在命令行中输入 EXPLODE 命令，将矩形分解，在命令行中输入 OFFSET 命令，选择要偏移的对象，将底边向下偏移 70，如图 3-68 所示。

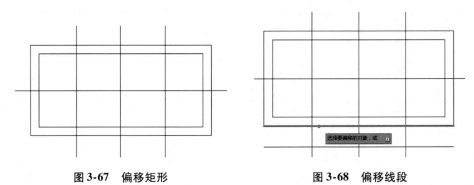

图 3-67　偏移矩形　　　　　　　图 3-68　偏移线段

⑮ 在命令行中输入 LINE 命令，按【Enter】键确认，绘制两条如图 3-69 所示线段。

⑯ 在命令行中输入 POLYGON 命令，按【Enter】键确认，绘制一个内接于圆，半径为 75 的六边形，如图 3-70 所示。

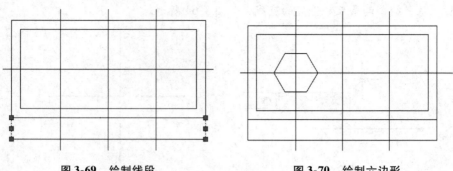

图 3-69 绘制线段   图 3-70 绘制六边形

07 在命令行中输入 OFFSET 命令，按【Enter】键确认，设置偏移距离为 10，选择创建的六边形，将六边形向内偏移 10，如图 3-71 所示。

08 在命令行中输入 CIRCLE 命令，按【Enter】键确认，绘制一个半径为 25 的圆，如图 3-72 所示。

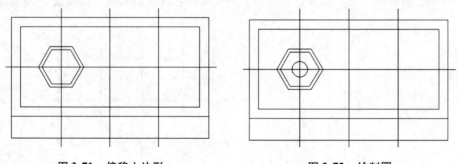

图 3-71 偏移六边形   图 3-72 绘制圆

09 在命令行中输入 OFFSET 命令，按【Enter】键确认，将偏移的距离设置为 5，选择要偏移的对象，将圆向内偏移 5，如图 3-73 所示。

10 将水平辅助线删除，在命令行中输入 LINE 命令，按【Enter】键确认，绘制 3 条辅助线，如图 3-74 所示。

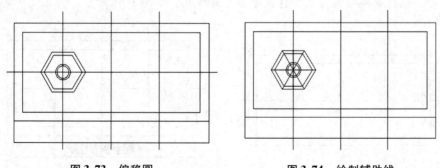

图 3-73 偏移圆   图 3-74 绘制辅助线

11 在命令行中输入 TRIM 命令，按【Enter】键确认，将多余的线段进行修剪，如图 3-75 所示。

12 在命令行中输入 CIRCLE 命令，按【Enter】键确认，指定圆的圆心，绘制一个半径为 20 的圆，如图 3-76 所示。

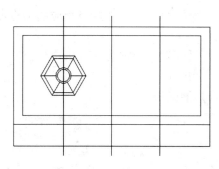

图 3-75 修剪线段

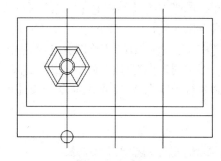

图 3-76 绘制圆

⓭ 在命令行中输入 MOVE 命令，按【Enter】键确认，以圆的中心点作为基点，向上引导鼠标，将圆向上移动 35，如图 3-77 所示。

⓮ 在命令行中输入 RECTANG 命令，按【Enter】键确认，在空白位置处单击指定任意一点，在命令行中输入 D，指定矩形的长度为 5，宽度为 50，然后使用【移动】工具将绘制的矩形移动至如图 3-78 所示位置。

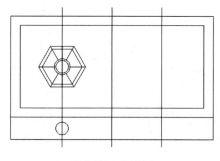

图 3-77 移动圆

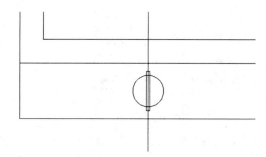

图 3-78 绘制矩形并移动其位置

⓯ 在命令行中输入 MIRROR 命令，按【Enter】键进行确认，以中间垂直辅助线为镜像轴镜像图形，如图 3-79 所示。

⓰ 最后将辅助线删除，绘制煤气灶完成后的效果如图 3-80 所示。

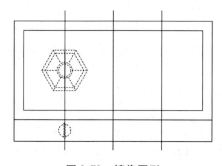

图 3-79 镜像图形

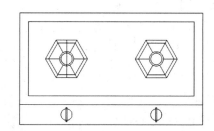

图 3-80 完成后的效果

3.3.3 圆弧的绘制

圆弧在图形绘制中也使用较多，例如绘制建筑图形中的门。

调用【圆弧】命令的方法如下。

- 选择菜单栏中的【绘图】|【圆弧】命令，在弹出的子菜单中选择相应的命令绘制圆弧，如图 3-81 所示。
- 在【默认】选项卡的【绘图】选项组中单击【圆弧】按钮 下方的 按钮，然后在弹出的下拉列表中选择相应的方法绘制圆弧，如图 3-82 所示。
- 在命令行中输入 ARC 或 A 命令，按【Enter】键确认。

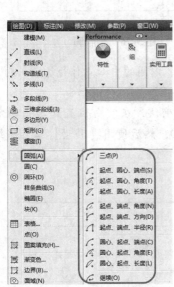

图 3-81 在菜单栏中调用【圆弧】命令

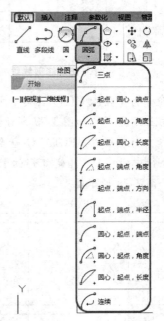

图 3-82 在【默认】选项卡中调用【圆弧】命令

下面讲解【圆弧】子菜单中常用选项的含义。

1. 三点

本选项可以通过在绘图区指定三个点来绘制圆弧，该选项的用法和三点法绘制圆相似。三点的顺序决定了是顺时针还是逆时针绘制圆弧。确定了三点后，系统自动计算圆弧的圆心位置和半径大小从而绘制出圆弧。绘制过程中命令行提示如图 3-83 所示。

2. 起点、圆心、端点

选择该选项后，用户可以通过指定圆弧的起点、圆心、端点来绘制圆弧。选定圆弧的起点、圆心后，圆弧的半径就已经确定，然后指定端点时，就指定了圆弧的长度。使用该项绘制圆弧时命令行提示如图 3-84 所示。

图 3-83 命令行提示

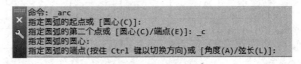

图 3-84 命令行提示

> **提示**
>
> 以起点、圆心、端点绘制圆弧时，从几何角度来说，可以确定顺时针方向和逆时针方向两段圆弧，在 AutoCAD 绘图中系统默认以逆时针方向绘制圆弧，按住【Ctrl】键可以切换方向。

3．起点、圆心、角度

选择该选项后，用户可以通过指定圆弧的起点、圆心和角度绘制圆弧。同样，选定圆弧的起点、圆心后，圆弧的半径就已经确定，然后指定角度时，就指定了圆弧的长度。可以通过根据命令行提示输入角度值指定角度，也可以在绘图区某一点单击来确定角度。

根据命令行提示输入角度值时，如果输入的是正值，圆弧将从起始点绕圆心逆时针方向绘出，如果输入的是负值，圆弧将从起始点绕圆心顺时针方向绘出，角度为正值绘制的圆弧和命令行提示如图 3-85 所示，角度为负值绘制的圆弧和命令行提示如图 3-86 所示。

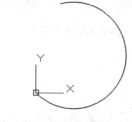

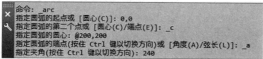

图 3-85 角度为正值绘制的圆弧及命令行提示

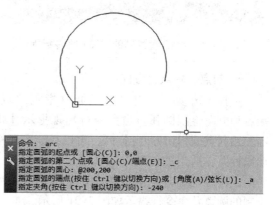

图 3-86 角度为负值绘制的圆弧及命令行提示

4．起点、圆心、长度

选择该选项后，用户可以通过指定起点、圆心和长度绘制圆弧。使用该项绘制圆弧时，弦的长度值不能大于圆弧的直径。弦长为圆弧起点和端点之间的距离。弦长为正值时，圆弧的角度小于180°，为劣弧，弦长为负值时，绘制的圆弧角度将大于180°，为优弧。弦长为正值的圆弧和命令行提示如图 3-87 所示，弦长为负值和命令行提示如图 3-88 所示。

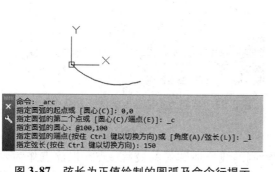

图 3-87 弦长为正值绘制的圆弧及命令行提示

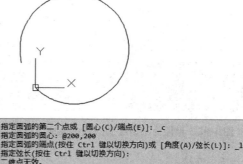

图 3-88 弦长为负值绘制的圆弧及命令行提示

5．起点、端点、角度

选择该选项后，圆弧可以通过指定起点、端点和圆弧的角度绘制圆弧，如果角度为正值，则以逆时针方向绘制圆弧，如果角度为负值，则以顺时针方向绘制圆弧，如果输入一个点的坐标，起点与该点的连线方向角为角度值。角度为正值绘制的圆弧及命令行提示如图 3-89 所示，角度为负值绘制的圆弧及命令行提示如图 3-90 所示。

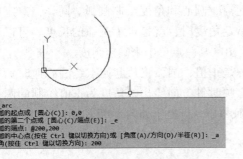

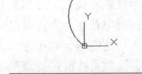

图 3-89　角度为正值绘制的圆弧及命令行提示　　　　图 3-90　角度为负值绘制的圆弧及命令行提示

6.起点、端点、方向

选择该选项后，用户可以通过指定起点、端点和方向绘制圆弧。当命令行出现提示【指定圆弧起点的相切方向：】时，可以在绘图区拖动鼠标并在适当的位置单击来确定圆弧起点的切向，同时也确定了圆弧的大小。使用该命令绘制的圆弧及命令行提示如图 3-91 所示。

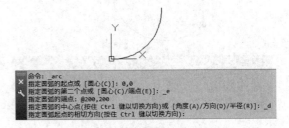

图 3-91　圆弧及命令行提示

7.起点、端点、半径

选择该选项后，用户可以通过指定起点、端点和半径绘制圆弧。指定半径时可以根据命令行提示输入长度值，也可以通过在绘图区顺时针或逆时针移动鼠标，并在合适的位置单击确定一段距离来指定半径，如果输入值为正值，则绘制的圆弧角度小于 180°，为劣弧，如果输入的值为负值，则绘制的圆弧角度大于 180°，为优弧。半径值为正值时绘制的圆弧及命令行提示如图 3-92 所示，半径为负值时绘制的圆弧及命令行提示如图 3-93 所示。

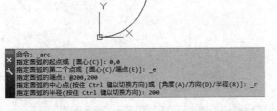

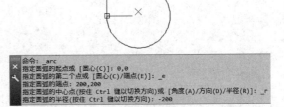

图 3-92　半径为正值绘制的圆弧及命令行提示　　　　图 3-93　半径为负值绘制的圆弧及命令行提示

8.连续

选择该选项后，系统将自动连接到最后一次绘制的线段或圆弧的最后一点，以此点作为新圆弧的起点，再指定一点即可绘制一段圆弧，新的圆弧将以上一步所绘制线段的方向或圆弧终点处的切向方向作为起点切向。

本节主要讲解了 8 种绘制圆弧的方法，在【圆弧】子菜单中还提供了另外 3 种方法：【圆心、起点、端点】、【圆心、起点、角度】和【圆心、起点、长度】，这 3 种方法分别与前面介绍的其中一种方法操作相似，这里不再做详细介绍。

3.3.4 【上机操作】绘制槽轮

下面将讲解如何绘制槽轮，其具体操作步骤如下：

01 打开随书附带光盘中的 CDROM\素材\第 3 章\槽轮.dwg 图形文件，按【F3】键开启捕捉模式，在命令行中输入 CIRCLE 命令，并按【Enter】键进行确认，根据命令行提示进行操作，拾取垂直直线与中心线的交点为圆的基点，在命令行中输入 12，绘制圆，如图 3-94 所示。

02 在命令行中输入 CIRCLE 命令，按【Enter】键进行确认，捕捉垂直直线与中心线的交点，向上引导鼠标，在命令行中输入 30，确认为圆心，在命令行中输入 10，绘制圆，如图 3-95 所示。

03 在命令行中输入 LINE 命令并按【Enter】键进行确认，根据命令行的提示进行操作，捕捉半径为 12 的圆心，向上引导鼠标，输入 80，确认为直线的第二点，向右引导鼠标，输入 80，确认为第二条直线的端点，向下引导鼠标，在命令行中输入 80，设置完成后，按两次【Enter】键完成操作，如图 3-96 所示。

图 3-94　绘制圆　　　　　图 3-95　绘制多个圆　　　　　图 3-96　绘制直线

04 在命令行中输入 CIRCLE 命令，按【Enter】键进行确认，根据命令行的提示进行操作，拾取上一步绘制直线的交点，确认为圆心，输入 50，绘制圆，如图 3-97 所示。

05 在命令行中输入 LINE 命令，按【Enter】键进行确认，根据命令行的提示进行操作，捕捉半径为 10 的圆右端的象限点，确认为直线的第一点，向上引导鼠标，输入 50，确认为直线的第二点，绘制直线，效果如图 3-98 所示。

06 在命令行中输入 MIRROR 命令并按【Enter】键进行确认，根据命令行的提示进行操作，选择需要镜像的部分，按【Enter】键进行确认，指定镜像线的第一点为半径 12 的圆的中心点，指定镜像线的的第二点为半径 50 的圆的中心点，对其进行镜像处理，效果如图 3-99 所示。

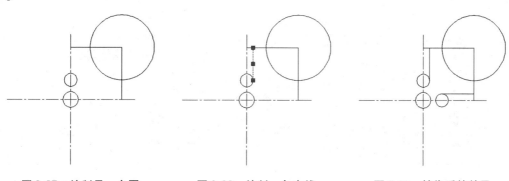

图 3-97　绘制另一个圆　　　　图 3-98　绘制一条直线　　　　图 3-99　镜像后的效果

07 在命令行中输入 TRIM 命令并按【Enter】键进行确认。根据命令行的提示进行操作，按【Enter】键进行确认，修剪线段，效果如图 3-100 所示。

08 在命令行中输入 ARRAYPOLAR 命令，按【Enter】键进行确认，选择要阵列的对象，按【Enter】键进行确认，指定圆的基点作为阵列的中心点，弹出【阵列创建】选项卡，将【项目数】和【填充】分别设置为 4 和 360，效果如图 3-101 所示。

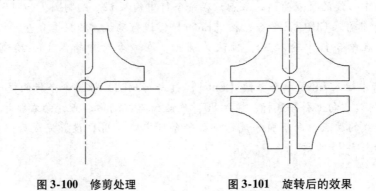

图 3-100　修剪处理　　　　　　　图 3-101　旋转后的效果

3.3.5　椭圆的绘制

椭圆也是在 AutoCAD 绘图过程中经常用到的图形。椭圆的绘制由长轴、短轴和椭圆的中心点三个参数决定。

调用【椭圆】命令的方法有如下几种：
- 选择菜单栏中的【绘图】|【椭圆】命令，在弹出的子菜单中选择相应的命令，如图3-102所示。
- 在【默认】选项卡的【绘图】选项组中单击【圆心】按钮 右侧的 按钮，在弹出的菜单中选择相应的命令，如图 3-103 所示。
- 在命令行中输入 ELLIPSE 或 EL 命令，按【Enter】键确认。

图 3-102　在菜单栏中调用【椭圆】命令

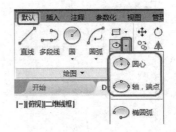

图 3-103　在【默认】选项卡中调用【椭圆】命令

选择【圆心】命令绘制圆弧后，命令行提示如图 3-104 所示。选择【轴、端点】绘制椭圆时命令行提示如图 3-105 所示。

图 3-104 【圆心】命令行提示   图 3-105 【轴、端点】命令行提示

命令行中各选项的含义如下所示。

- 【圆弧】：选择该项后，用户可以在绘图区绘制椭圆弧。
- 【中心点】：选择该项后，用户可以通过指定椭圆的中心点、轴的端点和另一条半轴长度绘制椭圆。
- 【旋转】：通过指定绕第一条轴旋转的角度确定椭圆的大小和位置。当输入值为 0 或 180 时，绘制的图形是正圆。

3.3.6 【上机操作】绘制坐便器

坐便器主要应用于室内卫生间，下面将介绍坐便器平面图的绘制方法，其操作步骤如下：

01 首先使用【直线】工具，在绘图区绘制两条长度为 2 000 并相互垂直的直线，如图3-106 所示。

02 在命令行中输入 ELLIPSE 命令，指定辅助线的交叉点为中心点，绘制长半轴为 600，短半轴为 400 的椭圆，如图 3-107 所示。

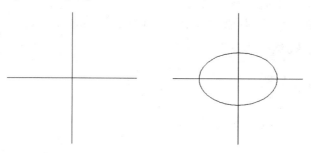

图 3-106 绘制相交的直线   图 3-107 绘制椭圆

03 使用【偏移】工具，将椭圆向内偏移 50，如图 3-108 所示。

04 使用【矩形】工具，在绘图区中空白位置绘制一个长度为 800、宽度为 1 500 的矩形，然后将其移动到如图 3-109 所示位置。

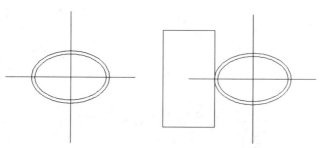

图 3-108 偏移椭圆形   图 3-109 绘制矩形

05 选中绘制的矩形，在功能区中使用【分解】工具，选择上一步绘制的矩形，将矩形进行

分解。使用【偏移】工具，将矩形右侧的线段向右偏移 110，如图 3-110 所示。

06 使用【修剪】工具，将多余的线段进行修剪，并将多余的线段删除，如图 3-111 所示。

07 使用【圆弧】工具，绘制两个圆弧，使用【修剪】（TRIM）命令，并将多余的辅助线删除，坐便器完成后的效果如图 3-112 所示。

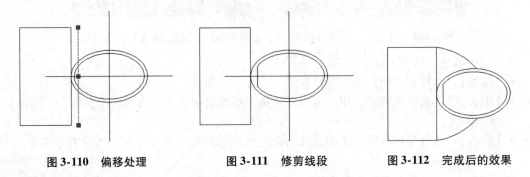

图 3-110　偏移处理　　　　　图 3-111　修剪线段　　　　　图 3-112　完成后的效果

3.3.7　椭圆弧的绘制

椭圆弧是椭圆的一部分。

调用【椭圆弧】命令的方法有如下几种：

- 选择菜单栏中的【绘图】|【椭圆】|【圆弧】命令，如图 3-113 所示。
- 在【默认】选项卡的【绘图】选项组中单击【圆心】按钮⊙·右侧的·按钮，在弹出的菜单中选择【椭圆弧】命令，如图 3-114 所示。
- 在命令行中输入 ELLIPSE 或 E 命令，按【Enter】键确认。

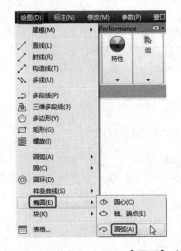

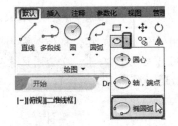

图 3-113　在菜单栏中调用【圆弧】命令　　　　图 3-114　在【默认】选项卡中调用【椭圆弧】命令

执行上述操作后，命令行提示如图 3-115 所示。

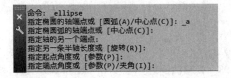

图 3-115　命令行提示

命令行中各选项含义如下所示。

- 【指定椭圆的轴端点】：此项默认为圆弧，直接执行下一步指定椭圆弧的轴端点即可。
- 【中心点】：选择该选项后，用户可以通过【指定椭圆弧的中心点】、【指定轴的端点】、【指定另一半轴长度或旋转】的方式来绘制椭圆弧。
- 【旋转】：通过指定绕长轴旋转的角度来确定椭圆弧所在椭圆的大小，然后通过指定起点角度和终点角度绘制椭圆弧。
- 【参数】：选择该选项后需要输入椭圆弧的起点参数和端点参数绘制椭圆弧。
- 【夹角】：通过指定椭圆弧的夹角大小来确定椭圆弧的大小。

3.3.8 圆环的绘制

在 AutoCAD 中绘制的圆环可以有任意的内径和外径。如果内接和外径相等，绘制的圆环就是一个普通的圆；如果内径为 0，外径为大于 0 的任意数值，圆环就是一个实心圆。

调用【圆环】命令的方法如下：

- 选择菜单栏中的【绘图】|【圆环】命令，如图 3-116 所示。
- 在【默认】选项卡的【绘图】选项组中单击【绘图】按钮 [绘图 ▾]，在弹出的列表中单击【圆环】按钮 ◎，如图 3-117 所示。
- 在命令行中输入 DONUT 或 DO 命令，按【Enter】键确认。

调用【圆环】命令后，命令行提示如图 3-118 所示。

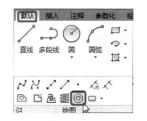

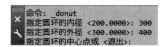

图 3-116　在菜单栏中调用【圆环】命令　　图 3-117　在【默认】选项卡中调用【圆环】命令　　图 3-118　命令行提示

命令行中各选项的含义很简单，这里不再详细解释，需要注意的是，提示输入的内径和外径都是指直径，绘制圆环时可以连续绘制。

3.4 绘制点

点是 AutoCAD 中组成图形对象最基本的元素，在图形设计中是非常有用的。在 AutoCAD 中，用户可以像绘制直线、圆和圆弧一样绘制点和编辑点。AutoCAD 2016 提供了多种点的绘制方法，用户可以根据自己的需要选择相应的绘制方式。

3.4.1 设置点的样式和大小

为了便于对点进行定位和查找，在绘制点之前最好先设置点的样式和大小。AutoCAD 2016 提供了 20 种点的样式可供用户选择。

调用【点样式】的方法主要有以下 3 种：

- 在菜单栏中选择【格式】|【点样式】命令，如图 3-119 所示。
- 将鼠标放在【默认】选项卡下的【实用工具】按钮上，在自动弹出的面板中单击【点样式】按钮，如图 3-120 所示。
- 在命令行中执行 DDPTYPE 命令。

图 3-119　利用菜单栏调
用【点样式】命令

图 3-120　在【默认】选项卡中调用【点样式】命令

调用【点样式】命令后，弹出【点样式】对话框，如图3-121所示。用户可以在该对话框中选择一种点样式后单击【确定】按钮，然后在绘图区中进行绘制。

下面介绍【点样式】对话框中各选项的含义。

- 【点大小】：在该文本框中输入数值指定点的大小，可以相对于屏幕设置尺寸，也可以按绝对单位设置大小。
- 【相对于屏幕设置大小】：选中该单选按钮后，绘制点时点大小的百分比是相对于屏幕尺寸而言，此时点的大小不随视图的缩放而改变。
- 【按绝对单位设置大小】：选中该单选按钮后，所绘制点的大小为绝对尺寸，点的大小将随视图的缩放而改变。

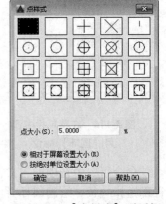

图 3-121　【点样式】对话框

> **提示**
>
> 点样式是针对一个图形文件中所有点而言的。一个图形中只会有一种点样式，更改一个点样式后，该文件中所有的点样式都会发生变化。

3.4.2 绘制点的操作

绘制点的操作很简单。要在绘图区中绘制一个点，只需要使用【单点】或【多点】命令。调用【点】命令的方法有如下几种：

- 在菜单栏中选择【绘制】|【点】|【单点】或【多点】命令，如图 3-122 所示。
- 在【默认】选项卡中单击【绘图】组中的【绘图】按钮 ⌐   绘图 ▼   ⌐，在弹出的面板中单击【多点】按钮 ·，如图 3-123 所示。
- 在命令行中执行 POINT 命令。

图 3-122　在菜单栏中调用【点】命令

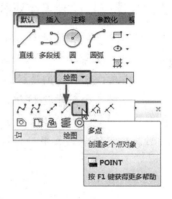

图 3-123　在【默认】选项卡中调用【多点】命令

调用【点】命令后，就可以在绘图区中相应的位置绘制点了。命令行中提示如图 3-124 所示。

- 【当前点模式】：系统自动显示的内容。
- 【指定点】：提示时可以输入点坐标或者用鼠标在绘图区拾取需要绘制点的位置。

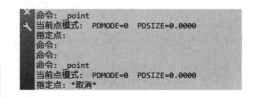

图 3-124　命令行提示

提　示

绘制点的操作完成后，按【Esc】键结束操作，按【Enter】键不能结束操作。

3.4.3 单点的绘制

在菜单栏中选择【绘图】|【点】|【单点】命令，或者在命令行中执行【POINT】命令后，即可在绘图区中绘制单点对象。

命令行提示与操作如下：

```
命令:_ point                              //执行命令
当前点模式:PDMODE = 0   PDSIZE = 0.0000   //系统自动显示的内容,为当前的点样式和点大小
```

指定点　　　　　　　　//在绘图区需要绘制点的位置单击鼠标左键绘制单点,或者输入点的坐标来绘制点

用户可以在菜单栏中输入 PDMODE 命令,按【Enter】键确认后,通过输入数值来重新设置点样式。输入的数值必须为 0 ~ 4、32 ~ 36、64 ~ 68、96 ~ 100 其中的一个数值,该四个范围的数值分别对应【点样式】对话框中第 1 行至第 4 行中的点样式,例如输入 32,设置的是第 2 行第一个点样式;输入 36 设置的为第 2 行第 4 个点样式;输入数值为 0 时,选择的是第 1 行第 1 个点样式;输入 1 后,绘制单点时不显示任何图形,但是光标可以捕捉到绘制的这个点。系统默认的点样式为 0,即第 1 行第 1 个点样式。

同样,用户可以通过在命令行中输入 PDSIZE 命令,按【Enter】键确认后,通过输入数值来重新设置点的大小。系统默认的点大小数值为 0,即为屏幕大小的 5% 。当输入的数值为负值时,绘制的点大小为点的相对尺寸大小,相当于选择了【点样式】对话框中的【相对于屏幕设置大小】单选按钮;当输入的数值为正数时,绘制的点大小为点的绝对尺寸大小,相当于选择了【点样式】对话框中的【按绝对单位设置大小】单选按钮。

3.4.4 【上机操作】绘制单点对象

下面将讲解如何绘制单点对象,其具体操作步骤如下:

01 启动软件后,在菜单栏中选择【格式】|【点样式】命令,弹出【点样式】对话框,在该对话框中选择点样式,这里我们选择第 2 行第 4 个点样式,在【点大小】文本框中输入 15,选择【按绝对单位设置大小】单选按钮,设置完成后单击【确定】按钮,如图 3-125 所示。

02 在菜单栏中执行【绘图】|【点】|【单点】命令,如图 3-126 所示。

03 在绘图窗口中任意位置单击,即可完成绘制单点的操作,如图 3-127 所示。按【Esc】键结束操作。

图 3-125　设置点样式

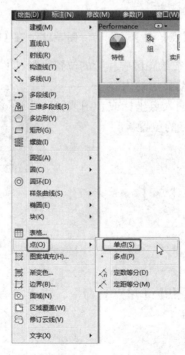

图 3-126　选择【单点】命令

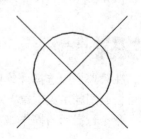

图 3-127　完成后的效果

3.4.5 绘制多点

如果想在绘图区中一次绘制多个点,可以执行【多点】命令,调用【多点】命令的方法有如下几种:

- 在菜单栏中选择【绘图】|【点】|【多点】命令,如图 3-128 所示。
- 在【默认】选项卡的【绘图】选项组中单击【绘图】按钮[绘图 ▼   ],在弹出的面板中单击【多点】按钮[·],如图 3-129 所示。

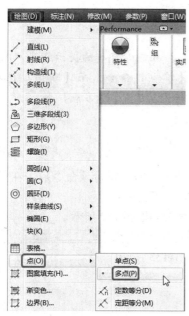

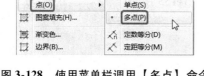

图 3-128　使用菜单栏调用【多点】命令　　图 3-129　在【默认】选项卡中调用【多点】命令

提 示

【单点】和【多点】的区别在于:选择【单点】命令后,在绘图区中一次只能绘制一个点,绘制完成后直接完成操作;选择【多点】命令后一次能绘制多个点,不用重复选择命令,绘制完成后按【Esc】键结束操作。

3.4.6 【上机操作】绘制多点对象

下面将讲解如何绘制多点对象,其操作步骤如下:

01 打开随书附带光盘中的 CDROM\素材\第 3 章\绘制多点对象 .dwg 图形文件,在功能区选项板中单击【默认】选项卡,单击【绘图】面板上的【绘图】按钮[绘图 ▼   ],在弹出的面板中单击【多点】按钮[·],如图 3-130 所示。

02 在绘图窗口中任意位置单击,可以绘制一个多点对象,多次单击,即可连续绘制多个点对象。这里我们选择三角形的三个角点进行单击,即可绘制多点,如图 3-131 所示。

03 绘制完成后,按【Esc】键结束操作。

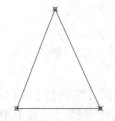

图 3-130　单击【多点】按钮　　　图 3-131　完成后的效果

提 示

在 AutoCAD 2016 中，虽然【单点】命令和【多点】命令在命令行的提示都是 POINT，但输入 POINT 命令对应的是菜单栏中的【绘图】|【点】|【单点】命令，而【默认】选项卡中【绘图】组中的【多点】按钮·对应的是菜单栏中的【绘图】|【点】|【多点】命令。

3.4.7　定数等分点的绘制

定数等分就是将对象分为一定的份数，每份的距离是一样的，执行该命令后，在每两份之间都会绘制一个点。调用【定数等分】命令的方法主要有以下几种：

- 在菜单栏中选择【绘图】|【点】|【定数等分】命令，如图 3-132 所示。
- 在【默认】选项卡的【绘图】选项组中单击【绘图】按钮 ⬛绘图▾⬛，在弹出的面板中单击【定数等分】按钮🔲，如图 3-133 所示。
- 在命令行中输入 DIVIDE，按【Enter】键确定。

图 3-132　在菜单栏中调用　　　图 3-133　在【默认】选项卡中
　　　【定数等分】命令　　　　　　调用【定数等分】命令

调用【定数等分】命令后，命令行提示如图 3-134 所示。

- 【选择要定数等分的对象】：用户需要拾取需要定数等分的对象。
- 【输入线段数目或［块（B）］】：输入要将选定的对象进行等分的数目。

- 【块】：在命令行提示【输入线段数目或［块（B）］】时，输入 B 选项，按【Enter】键确认，命令行提示如图 3-135 所示。输入要插入的块名后，按【Enter】键确认，根据命令提示输入 N 或 Y，如果输入 Y，块将围绕它的插入点旋转，使它的水平线与被定数等分的对象对齐并相切；如果输入 N，块就会以零度旋转角插入。使用该命令时，块的插入点在定数等分点上。

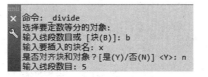

图 3-134　命令行提示　　　　图 3-135　执行命令后命令行提示

提示

使用【定数等分】命令时，需要注意以下几点：

（1）被等分的对象可以是直线、圆、多段线、圆弧等，但是只能是一个对象，不能是一组对象。

（2）针对于对象设置的等分数目必须是 2～32767 范围内的整数。

（3）对于非闭合图形，输入的等分数不是点的个数。如果等分数是 N，则点的个数是 N-1。

例如，将一条线段进行 4 等分，即将【输入线段数目或［块（B）］】设置为 4，点的数目将是 3 个，线段被分成了 4 条相等长度的线段，如图 3-136 所示。

图 3-136　将一条线段定数等分设置为 4 的效果

3.4.8 【上机操作】定数等分

下面将讲解如何定数等分对象，具体操作步骤如下：

⓵ 启动 AutoCAD 2016 后，打开随书附带光盘中的 CDROM\素材\第 3 章\定数等分线段 . dwg 图形文件，如图 3-137 所示。

⓶ 在菜单栏中选择【绘图】|【点】|【定数等分】命令，如图 3-138 所示。

⓷ 执行完该命令后，此时光标处于 ▫ 状态下，在绘图区选择多边形，在【输入线段数目】文本框中输入 5，如图 3-139 所示。

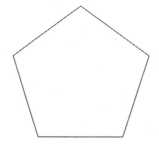

图 3-137　打开图形文件

图 3-138　选择【定数等分】命令

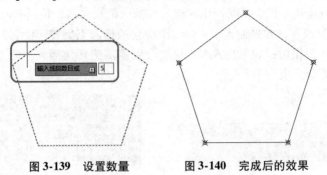

04 设置完成后按【Enter】键确认该操作，完成后的效果如图 3-140 所示。

图 3-139　设置数量　　　　　图 3-140　完成后的效果

3.4.9　【上机操作】在定数等分点上插入块

下面讲解如何在定数等分点上插入块：

01 打开随书附带光盘中的 CDROM\素材\第 3 章\在定数等分点上插入块.dwg 图形文件，在此图形文件中有一个【块】，此块的基点在平行直线的最右侧点上，如图 3-141 所示。

02 在命令行中输入命令 CIRCLE，按【Enter】键确认，在绘图区中任意位置单击，指定圆心，根据命令提示输入 500，按【Enter】键确认，绘制一个半径为 500 的圆，如图 3-142 所示。

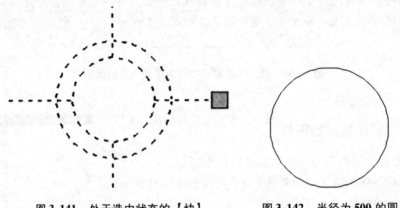

图 3-141　处于选中状态的【块】　　　图 3-142　半径为 500 的圆

03 在命令行中输入命令 DIVIDE，按【Enter】键确认，在绘图区中选择绘制的圆，根据命令提示输入 B，按【Enter】键确认，根据命令提示输入块的名称【块】，按【Enter】键确认，然后根据命令提示输入 Y，按【Enter】键确认，最后根据命令提示输入 5，按【Enter】键确认，命令行提示如图 3-143 所示，效果如图 3-144 所示。

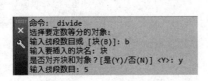

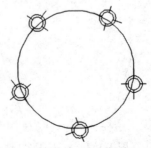

图 3-143　命令行提示　　　　　图 3-144　选择 Y 命令定数等分效果

④ 输入块的名称【块】并按【Enter】键确认后，根据命令提示输入 N，按【Enter】键确认，输入 5，按【Enter】键确认，命令行提示如图 3-145 所示，效果如图 3-146 所示。

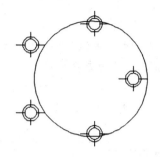

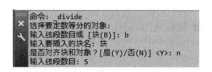

图 3-145　命令行提示　　　　图 3-146　选择 N 命令定数等分效果

3.4.10　定距等分点的绘制

所谓定距等分点，是指按指定距离在被选对象的一定范围内绘制多个点，相邻两个点之间的距离就是指定的距离。

调用【定距等分】命令的方法有如下几种：

- 在菜单栏中选择【绘图】|【点】|【定距等分】命令，如图 3-147 所示。
- 在【默认】选项卡中选择【绘图】选项组中的【绘图】按钮 ⬚⬚⬚ 绘图 ▼ ，在弹出的面板中单击【定距等分】按钮 ⬚，如图 3-148 所示。
- 在命令行中输入 MEASURE 或 ME 命令，按【Enter】键确认。

图 3-147　在菜单栏中选择　　　　图 3-148　在【默认】选项卡中
　　　　【定距等分】命令　　　　　　　选择【定距等分】命令

提 示

使用定距等分点时，需注意：AutoCAD 从被选对象上距离选取点较近的端点处开始计算长度。如果被选取的对象总长不能被指定的距离整除，则最后一个点到端点的距离将小于指定的距离。

3.4.11 【上机操作】定距等分直线

定距等分点可以从选定对象的一个端点划分出相等长度的线段。下面将讲解如何定距等分直线，具体操作步骤如下：

01 打开随书附带光盘中的 CDROM\素材\第 3 章\定距等分直线.dwg 图形文件，在菜单栏中选择【绘图】|【点】|【定距等分】命令，当光标处于 口 状态时，在绘图区选择绘制的直线，根据命令提示指定线段长度为 150，如图 3-149 所示。

02 设置完成后单击【Enter】键确认，完成后的效果如图 3-150 所示。

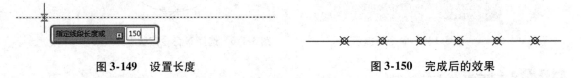

图 3-149　设置长度　　　　　　　　　　　　　　图 3-150　完成后的效果

3.5　项目实践——绘制洗衣机

下面将讲解如何绘制洗衣机，从而巩固本章所讲解的内容。

01 启动软件后，新建一个文件，在命令行中输入 RECTANG 命令，在绘图区任意位置处单击，在命令行中输入 D，绘制一个长度为 690、宽度为 710 的矩形，效果如图 3-151 所示。

02 选择绘制的矩形，在命令行中输入 EXPLODE 命令，将矩形分解，然后在命令行中输入 OFFSET 命令，将矩形上侧边向下分别偏移 36、66、145，如图 3-152 所示。

03 继续执行偏移命令，使用同样的方法将左侧边向右偏移 38、43、126，效果如图 3-153 所示。

04 在命令行中输入 TRIM 命令，选择要修剪的对象，将偏移出的直线进行修剪，效果如图 3-154 所示。

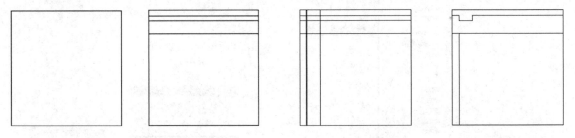

图 3-151　绘制矩形　　　图 3-152　向下偏移直线　　　图 3-153　向右偏移直线　　　图 3-154　修剪直线

05 在命令行中输入 OFFSET 命令，将矩形的下侧边向上偏移 55，右侧边向左偏移 38，效果如图 3-155 所示。

06 在命令行中输入 FILLET 命令，按【Enter】键进行确认，在命令行中输入 R，将圆角半径设置为 100，将绘制的矩形下侧两个角和偏移出的两个角进行圆角处理，并使用修剪工具将多余的线段删除，效果如图 3-156 所示。

07 绘制完成后，使用直线命令以偏移出的矩形的对角绘制直线，在菜单栏中选择【绘图】|【椭圆】|【轴、端点】命令，在绘图区中绘制一个长半径为 166、短半径为 38 的椭圆，并将其移动到适当位置，使用矩形工具，在椭圆中绘制一个长度为 65、宽度为 17 的矩形，效果如图 3-157所示。具体操作步骤如下：

```
命令：_ellipse                                    //在命令行中执行 ELLIPSE 命令
指定椭圆的轴端点或［圆弧(A)│中心点(C)］：        //在命令行中指定任意一点
指定轴的另一个端点：166                           //指定轴的长半径为 166
指定另一条半轴长度或［旋转(R)］:38                //指定轴的短半径为 38
命令：_move                                       //在命令行中执行 MOVE 命令
命令：_move 找到 1 个                             //选择要移动的对象
指定基点或［位移(D)］＜位移＞:                    //指定基点
指定第二个点或 ＜使用第一个点作为位移＞:
命令：_rectang                                    //在命令行中执行 RECTANG 命令
指定第一个角点或［倒角(C)│标高(E)│圆角(F)│厚度(T)│宽度(W)］://指定任意一点作为起点
指定另一个角点或［面积(A)│尺寸(D)│旋转(R)］:D     //在命令行中输入 D
指定矩形的长度 ＜690.0000＞:65                    //指定矩形的长度为 65
指定矩形的宽度 ＜710.0000＞:17                    //指定矩形的宽度为 17
指定另一个角点或［面积(A)│尺寸(D)│旋转(R)］:      //按【Enter】键进行确认
```

08 在菜单栏中选择【绘图】│【圆弧】│【起点、端点、方向】命令，在图形中绘制两个圆弧，效果如图 3-158 所示。

   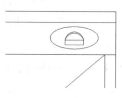

图 3-155　偏移直线　　　图 3-156　圆角处理　　图 3-157　绘制完成后的效果　　图 3-158　偏移直线

09 在命令行中输入 CIRCLE 命令，在绘图区绘制一个半径为 17 的圆，并复制两个等大的圆，效果如图 3-159 所示。

10 在命令行中输入 RECTANG 命令，在绘图区绘制一个长度为 13、宽度为 30 的矩形，效果如图 3-160 所示。

11 选择绘制的矩形，再复制出 5 个矩形，效果如图 3-161 所示。

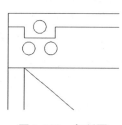 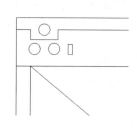 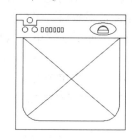

图 3-159　复制圆　　　图 3-160　绘制矩形　　　图 3-161　完成后的效果

3.6　本章小结

本章对各种基本图形元素的绘制方法进行了详细介绍，读者可以参考实例操作，运用已经学过的知识绘制一些简单的图形，如直线、多段线、圆、圆弧、矩形、椭圆等。这样有利于尽快熟练掌握这些操作。

编辑与操作二维图形

04 Chapter

本章导读：

基础知识 选择图形对象

重复、放弃和重做图形对象

重点知识 编辑二维图形

编辑特殊图形对象

提高知识 使用夹点编辑图形对象

通过实例进行学习

　　本章介绍了如何选择图形对象以及重复、放弃和重做图形对象。重点讲解了编辑二维图形的方法并附加【上机操作】进行详细的操作和使用夹点编辑图形对象等内容。

4.1 选择图形对象

　　要对图形对象进行操作之前必须先选择对象。选择图形对象是 AutoCAD 最基本的操作，同时也提供了多种选择对象的方法，例如选择单个对象、框选、围选、栏选对象和快速选择对象等，下面分别进行讲解。

4.1.1 选择单个对象方式

　　如果指定了【单个对象】（SINGLE）选择方式，在进行了一次选择操作后，命令行将不再继续出现选择的提示。无论此次选择的是一个对象还是一组对象，只能进行一次选择操作。

　　在选择单个图形对象时，可以使用点选的方式，即直接在绘图区中单击图形对象选择该图形，如图 4-1 所示。如果连续单击其他对象则可同时选择多个对象，在编辑图形之前，首先需要选择要编辑的对象。AutoCAD 用虚线高亮显示所选的对象，如图 4-2 所示，这些对象构成了选择集，选择集可以包含单个对象，也可以包含复杂的对象编组。

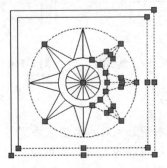

图 4-1　选择一条直线　　　　图 4-2　选择多个对象

94

知识链接

在系统默认情况下，被选中的图形对象显示状态为蓝色，并且在选中线段上呈现许多蓝色的夹点。

4.1.2 窗交方式

窗交方式是指从左上角向右下角拖动鼠标，形成一个矩形窗口，凡是被窗口完全包围的对象将被选中。这种方式可以一次性选择多个对象，如图 4-3 所示。

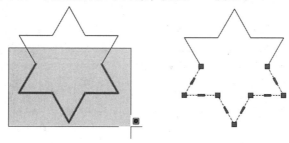

图 4-3 窗交方式选择对象

4.1.3 交叉窗口方式

交叉窗口方式也是通过窗口来选择对象，但是要从右下角向左上角拖动鼠标。这时不但可以选择窗口内的所有对象，而且与窗口边界相交的对象也被选中，因此这种方式选取的范围更大，如图 4-4 所示。

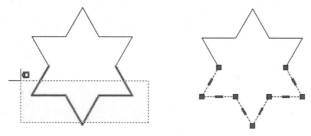

图 4-4 交叉窗口方式选择对象

知识链接

不在【选择对象】提示下，即没有执行任何命令之前，也可以使用窗口方式或交叉窗口方式选择对象，最终的选择结果是相同的。

窗口方式选择对象时，从左上角向右下角拖动鼠标；交叉窗口方式的鼠标拖动方向相反。

窗口方式的选择框是实线，呈淡蓝色；交叉窗口方式的选择框为虚线，呈淡绿色。

4.1.4 栏选方式

在复杂图形中，可以使用选择栏。选择栏的外观类似于多段线，仅选择其经过的对象。在系统提示选择对象时，输入 F 并按【Enter】键，则命令行提示如下：

命令：指定对角点或［栏选(F)/圈围(WP)/圈交(CP)］：F　　　//输入 F
指定下一个栏选点或［放弃(U)］：　　　　　　　　　　　//指定栏选点
指定下一个栏选点或［放弃(U)］：　　　　　　　　　　　//指定栏选第二点
指定下一个栏选点或［放弃(U)］：　　　　　　　　　　　//指定栏选第三点
指定下一个栏选点或［放弃(U)］：　　　　　　　　　　　//指定栏选第四点
指定下一个栏选点或［放弃(U)］：　　　　　　　　　　　//指定栏选第五点

　　依次输入各点，使其成为一条不闭合甚至可以彼此相交的折线，执行结果凡是与折线相交的对象均被选中，如图 4-5 所示。

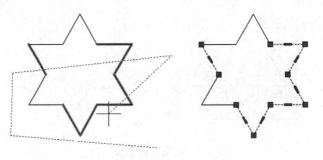

图 4-5　栏选对象

4.1.5　圈围方式

　　圈围方式就是选择所有落在窗口多边形内的图形。
　　在【选择对象：】提示后输入 WP 并按【Enter】键，命令行执行过程如下：

命令：指定对角点或［栏选(F)/圈围(WP)/圈交(CP)］：WP　　　//输入 WP
指定直线的端点或［放弃(U)］：　　　　　　　　　　　//指定直线的端点
指定直线的端点或［放弃(U)］：　　　　　　　　　　　//继续指定下一个端点
指定直线的端点或［放弃(U)］：　　　　　　　　　　　//继续指定下一个端点
指定直线的端点或［放弃(U)］：　　　　　　　　　　　//继续指定下一个端点
指定直线的端点或［放弃(U)］：　　　　　　　　　　　//继续指定下一个端点并按【Enter】键

　　如图 4-6 所示，通过鼠标拾取 5 个点来确定一个多边形窗口，完全落在窗口内的 6 条边就会被选中。

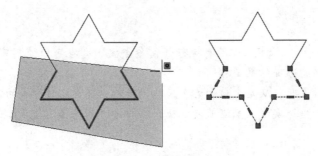

图 4-6　圈围方式选择对象

4.1.6 圈交方式

　　圈交方式就是选择所有落在多边形以及与多边形相交的图形对象。其操作方法同圈围方式一样。

　　在【选择对象：】提示后输入 CP 并按【Enter】键，命令行执行过程如下：

命令：指定对角点或 [栏选(F)/圈围(WP)/圈交(CP)]：CP　　//输入 CP
指定直线的端点或 [放弃(U)]：　　　　　　　　　　//指定直线的端点
指定直线的端点或 [放弃(U)]：　　　　　　　　　　//继续指定下一个端点
指定直线的端点或 [放弃(U)]：　　　　　　　　　　//继续指定下一个端点
指定直线的端点或 [放弃(U)]：　　//继续指定下一个端点并按【Enter】键，如图 4-6 所示

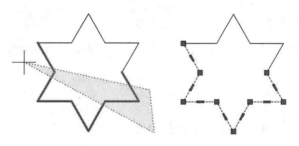

图 4-6　圈交方式选择对象

4.1.7 快速选择方式

　　快速选择是指一次性选择图中所有具有相同属性的图形对象。用户可以使用对象特性或对象类型来将对象包含在选择集中或排除对象。其操作方便，提供的选择集构造方法功能强大，尤其在图形复杂时，能快速地构造所需要的选择集，使制图的效率大大提高。

　　在 AutoCAD 2016 中，执行【快速选择】命令的常用方法有以下几种：

● 在菜单栏中选择【工具】|【快速选择】命令，如图 4-7 所示。

- 在绘图区右击，在弹出的快捷菜单中选择【快速选择】命令，打开【快速选择】对话框，如图 4-8 所示。
- 在命令行中执行 QSELECT 命令。

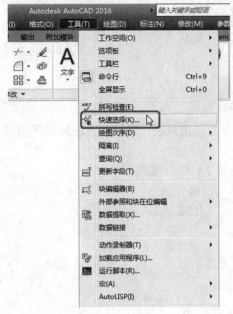

图 4-7　选择【快速选择】命令　　　　　　　　　图 4-8　【快速选择】对话框

知识链接

　　在菜单栏中选择【工具】|【快速选择】命令，将弹出如图 4-8 所示的【快速选择】对话框。

　　在该对话框中可以设置选择条件，从而选择符合条件的对象。个选项主要功能如下所示：

　　【应用到】：用于设置过滤范围，也就是说在什么范围内选择对象。当选择【整个图形】选项时，表示在整个图形文件内查找符合条件的对象；当选择【当前选择】选项时，表示在已经选择的对象内查找符合条件的对象。

　　【对象类型】：用于指定要查找的对象类型。如果过滤条件应用于整个图形，则【对象类型】列表中包含全部的对象类型；否则，只包含选定对象的对象类型。

　　【特性】：用于设置要过滤的对象特性，实际上就是选择对象的条件。该列表中列出了所有可用的特性参数，如图层、颜色、线型等。选定的特性参数决定【运算符】和【值】中的可用选项。

　　【运算符】：用于设置过滤的运算条件，根据选定的特性，选项可包括【等于】、【不等于】、【大于】、【小于】和【＊ 通配符匹配】。对于某些特性，【大于】和【小于】选项不可用。【＊ 通配符匹配】只能用于可编辑的文字字段。使用【全部选择】选项将忽略所有特性过滤器。

　　【值】：用于设置筛选过滤的条件值。如果选定对象的已知值可用，则【值】成为一个列表，可以从中选择一个值。否则，请输入一个值。

【如何应用】：指定是将符合给定过滤条件的对象包括在新选择集内或是排除在新选择集之外。选择【包括在新选择集中】单选按钮，将创建其中只包含符合过滤条件的对象的新选择集。选择【排除在新选择集之外】单选按钮，将创建其中只包含不符合过滤条件的对象的新选择集。

【附加到当前选择集】：选择该选项，控制是否将所选对象添加到当前的选择集中。

4.1.8 【上机操作】快速选择对象

下面使用【快速选择】对话框选择图形中相同图层的对象，具体操作如下：

01 首先打开随书附带光盘中的 CDROM\素材\第 4 章\快速选择对象.dwg 文件，如图 4-9 所示。

02 在命令行中执行 QSELECT 命令，并按【Enter】键确认。在弹出的【快速选择】对话框中将【对象类型】设置为【圆】，将【值】设置为【ByLayer】，其他设置默认不变，单击【确定】按钮，如图 4-10 所示。

03 返回绘图区，则图中所有符合设置的线都会被选取，如图 4-11 所示。

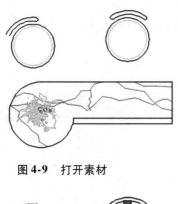

图 4-9　打开素材

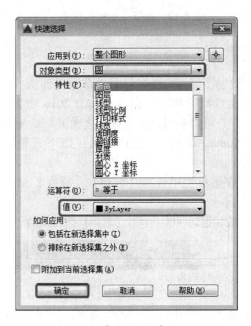

图 4-10　【快速选择】对话框

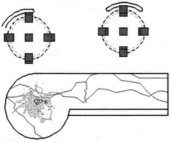

图 4-11　返回到绘图区

4.2 重复、放弃和重做图形对象

在 AutoCAD 中，可以方便地对图形对象重复执行同一个命令，也可以放弃正在执行的命令，在执行过的命令被放弃后，还可以通过重做来恢复操作。

4.2.1 重复命令

如果在执行完一个命令后，后面紧接着需要重复使用，这时用户直接按【Enter】键或空格键，也可以在绘图窗口中右击，在弹出的快捷菜单中选择【重复】命令，如图 4-12 所示。用户还可以在该快捷菜单中选择【最近的输入】命令，在该命令的子菜单栏中选择用户需要的命令进行操作，如图 4-13 所示。

图 4-12 选择【重复】命令

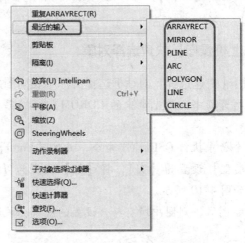

图 4-13 【最近的输入】命令

4.2.2 放弃命令

在绘制图形对象的过程中经常会遇到操作上的错误。为了避免用户操作错误，在 AutoCAD 2016 中提供了【放弃】命令，用户可以利用该命令放弃之前进行的操作命令。

在 AutoCAD 中，为用户提供了以下几种方法执行【放弃】命令。

- 在菜单栏中选择【编辑】|【放弃】命令，如图 4-14 所示。
- 在快速访问区中单击【放弃】按钮，如图 4-15 所示。

图 4-15 单击【放弃】按钮

- 在命令行中执行 UNDO 命令，如图 4-16 所示。
- 按【Ctrl + Z】组合键。

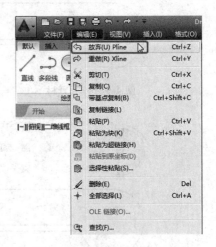

图 4-14 选择【放弃】命令

图 4-16 命令行提示信息

当使用命令行方式进行【放弃】操作时，不但可以放弃上一步的操作，也可以放弃前面多次进行的操作。执行该命令后，用户可以根据命令行中系统提示输入要放弃的操作数目。

命令：UNDO　　　　　　　　　　　　　　　　　//在命令行中执行 UNDO 命令
当前设置：自动 = 开，控制 = 全部，合并 = 是，图层 = 是　　//系统提示
输入要放弃的操作数目或［自动(A)/控制(C)/开始(BE)/结束(E)/标记(M)/后退(B)］<1>：4
　　　　　　　　　　　　　　　　　　　　　　//设置将要放弃的操作数目为 4
ARC GROUP CIRCLE PLINE　　　　　　　　　　//显示放弃的操作

知识链接

　　许多命令自身包含【放弃】选项，用户不用退出此命令即可更正错误。例如，使用 ARC 命令创建圆弧时，输入 U 即可放弃上一个圆弧。

4.2.3　重做命令

　　如果用户在前面使用了【放弃】命令，想要恢复之前使用的命令，这时可以执行【重做】命令，恢复执行上一步操作。

　　在 AutoCAD 中，用户可以使用以下几种方法执行【重做】命令。

● 在菜单栏中选择【编辑】|【重做】命令，如图 4-17 所示。
● 在快速访问区中单击【重做】按钮，如图 4-18 所示。

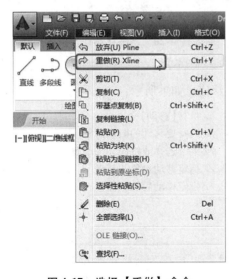

图 4-17　选择【重做】命令

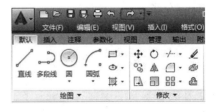

图 4-18　单击【重做】按钮

● 在命令行中执行 MREDO 命令。
● 按【Ctrl + Y】组合键。

4.3　编辑改变位置类二维图形

　　改变位置类命令主要改变图形对象的位置，主要命令包括移动命令、旋转命令、缩放命令。

4.3.1 图形的移动

用户在绘制图形对象的过程中，对图形对象的位置不是很满意，这时用户可以调用【移动】命令，将图形对象移动到合适的位置上。移动过程只改变图形对象的位置并不改变图形对象的方向和大小。移动图形对象时，可以通过坐标和对象捕捉的移动图形对象。

在 AutoCAD 2016 中执行【移动】命令的方法有以下几种：

- 在菜单栏中选择【修改】|【移动】命令，如图 4-19 所示。
- 在【默认】选项卡中，单击【修改】选项组中的【移动】按钮 ✛，如图 4-20 所示。

图 4-19　选择【移动】命令

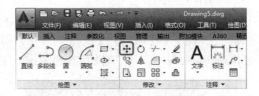

图 4-20　单击【移动】按钮

- 在命令行中执行 MOVE。

在命令行中执行 MOVE 命令后，命令行的提示信息如下所示：

命令: MOVE	//执行【移动】命令
选择对象: 找到 1 个	//选择要移动的图形对象
选择对象:	//继续选择或按【Enter】键结束选择
指定基点或 [位移(D)] <位移>:	//指定移动对象的基点
指定第二个点或 <使用第一个点作为位移>:	//指定移动后的新位置

知识链接

当用户使用命令行方式执行【移动】命令时，用户在两个提示行后指定两个点，那么该两点的连线便是选定对象的位移向量，如果在第一个提示符后输入一个点，而在第二个提示符后按【Enter】键，则 AutoCAD 便把该点向量作为选定对象的位移向量。

在绘图时，经常需要精确地移动图形对象，用户可以通过极轴捕捉来确定要移动的方向，然后在命令行中执行用户将要移动的距离，精确地移动图形对象可以提高绘图效率。

4.3.2 【上机操作】移动图形对象

下面将通过实例讲解如何使用【移动】命令，具体操作如下：

01 打开随书附带光盘中的 CDROM\素材\第 4 章\移动图形 . dwg 图形文件，如图 4-21 所示。

02 在命令行中执行 MOVE 命令，选择圆图形，将其移到如图 4-22 的位置处。

03 移动完成后效果如图 4-23 所示。

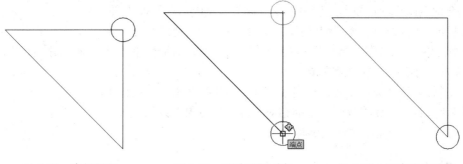

图 4-21　素材图形　　　图 4-22　移动图形对象　　　图 4-23　完成后的效果

4.3.3　图形的旋转

旋转命令就是将选定的图形对象围绕指定的基点进行旋转，在进行旋转时可以设置旋转角度、复制旋转和参照方式旋转对象。默认的旋转方向为逆时针方向，输入负的角度值时则按顺时针方向旋转对象。

在 AutoCAD 2016 中，用户可以通过以下几种方式执行【旋转】命令。

● 在菜单栏中选择【修改】|【旋转】命令，如图 4-24 所示。

● 在【默认】选项卡中，单击【修改】选项组中的【旋转】按钮◎，如图 4-25 所示。

● 在菜单栏中执行 ROTATE 命令。

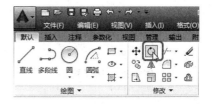

图 4-24　选择【旋转】命令　　　图 4-25　单击【旋转】按钮

用户启用【旋转】命令，【旋转】命令操作过程如下：

命令：ROTATE　　　　　　　　　　　　　　　　　　　　　//执行 ROTATE 命令

UCS 当前的正角方向：ANGDIR = 逆时针 ANGBASE = 0   // 系统自动提示
选择对象：指定对角点：找到 1 个   // 选择将要旋转的图形对象
选择对象：   // 结束图形对象的选择
指定基点：   // 指定旋转基点
指定旋转角度，或［复制(C)/参照(R)］<0>： 45   // 输入旋转角度

下面介绍在执行旋转命令过程中命令行提示信息中出现的各选项。

- **【指定旋转角度】**：输入旋转角度，系统将自动按逆时针方向转动。输入正角度值后是逆时针或顺时针旋转对象，这取决于【图形单位】对话框中的【方向控制】设置，系统默认为正角度值为逆时针旋转。
- **【复制】**：选择该选项后，相当于复制一个选择对象，再进行旋转。
- **【参照】**：该选项将按照指定的相对角度旋转对象。按照系统的提示指定参照角和新角度后，将以两个角度的差值旋转对象。

知识链接

【旋转】命令可以输入 0°～360° 之间的任意角度来旋转图形对象，以逆时针为正，顺时针为负，也可以指定基点，拖动对象到第二点来旋转对象。

4.3.4 【上机操作】旋转桌椅

下面将通过实例讲解如何执行【旋转】命令，具体操作如下：

01 打开随书附带光盘中的 CDROM\素材\第 4 章\旋转桌椅 . dwg 图形文件。

02 在命令行中执行 ROTATE 命令，在绘图区中使用鼠标选择左下角的的椅子，如图4-26所示。在绘图区中选择椅子右上角的端点，将鼠标向下移动，然后输入180°（作为旋转的角度），按【Enter】键进行确认。

03 设置完成后效果如图4-27所示。

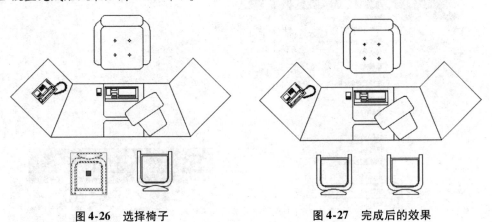

图 4-26 选择椅子   图 4-27 完成后的效果

4.4 编辑复制类二维图形

复制类命令一般用在绘制相同的图形对象，使用复制类命令提高了用户的绘图效率。复制类命令包括复制命令、偏移命令、阵列命令。

4.4.1 复制图形

复制对象命令支持对简单的单一对象（集）的复制，如直线、圆、圆弧、多段线、样条曲线和单行文字等，同时也支持对复杂对象（集）的复制，例如关联填充、块和多行文字等。通过复制命令可以复制单个或多个已有图形对象到指定的位置，调用该命令的方法如下：

* 在菜单栏中选择【修改】|【复制】命令，如图 4-28 所示。
* 在【默认】选项卡中单击【修改】选项组中的【复制】按钮，如图 4-29 所示。
* 在命令行中执行 COPY 命令，并按【Enter】键。

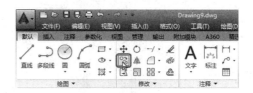

图 4-28 选择【复制】命令   图 4-29 单击【复制】按钮

4.4.2 【上机操作】复制对象

下面将通过实例讲解如何执行【复制】命令，具体操作步骤如下：

01 打开随书附带光盘中的 CDROM\素材\第 4 章\复制图形对象.dwg 图形文件，如图 4-30 所示。

02 在命令行中执行 COPY 命令并按【Enter】键确认。根据命令行的提示选择要复制的图形对象并确定，如图 4-31 所示。根据命令行提示指定如图 4-32 所示的基点，将其移至到合适的位置单击鼠标即可。命令行具体操作步骤如下：

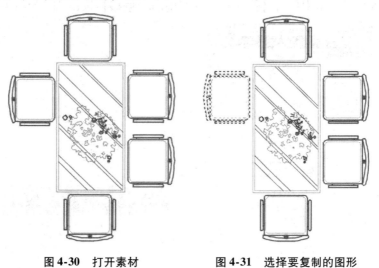

图 4-30 打开素材   图 4-31 选择要复制的图形

命令：COPY	//执行 COPY 命令
选择对象：指定对角点：找到 1 个	//选择要复制的图形对象
选择对象：	//确定所选图形对象
当前设置：复制模式 = 多个	//系统自动提示
指定基点或 [位移(D)/模式(O)] <位移>：	//指定基点,如图 4-32 所示
指定第二个点或 [阵列(A)] <使用第一个点作为位移>：	//指定移动到的位置点
指定第二个点或 [阵列(A)/退出(E)/放弃(U)] <退出>：	//按【Enter】键确认,完成效果如图 4-33 所示

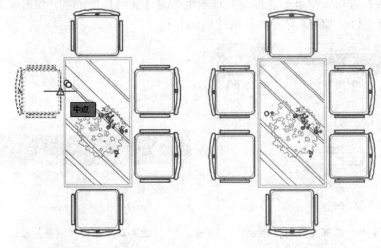

图 4-32　指定基点　　　　　　图 4-33　复制效果

4.4.3　偏移图形

【偏移】命令是指保持所选择的图形对象的形状，在不同的位置以不同的尺寸大小创建的与原始对象平行的新对象。能够偏移的对象可以是直线、圆弧、圆、椭圆和椭圆弧、多段线、构造线、射线和样条曲线等。但是点、图块、属性和文本不能被偏移。

在 AutoCAD 2016 中执行【偏移】命令的方法有以下几种方式：

- 在菜单栏中选择【修改】|【偏移】命令，如图 4-34 所示。
- 在【默认】选项卡中单击【修改】选项组中的【偏移】按钮 ，如图 4-35 所示。

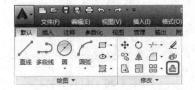

图 4-34　选择【偏移】命令　　　　　图 4-35　单击【偏移】按钮

● 在命令行中执行 OFFSET 命令。

在命令行中执行 OFFSET 命令，具体操作步骤如下：

```
命令：OFFSET                                              //执行 OFFSET 命令
当前设置：删除源＝否　图层＝源　OFFSETGAPTYPE＝0          //系统自动提示信息
指定偏移距离或［通过(T)/删除(E)/图层(L)］<1010.0000＞：    //指定偏移距离
选择要偏移的对象,或［退出(E)/放弃(U)］<退出＞：            //选择偏移对象
指定要偏移的那一侧上的点,或［退出(E)/多个(M)/放弃(U)］<退出＞：  //指定偏移方向
选择要偏移的对象,或［退出(E)/放弃(U)］<退出＞：            //按【Enter】键确认偏移
```

在执行该命令的过程中，命令行中出现的选项解释如下：

● 【指定偏移距离】：选择要偏移的对象后，输入偏移距离以复制对象。
● 【选择要偏移的对象】：只能选择以拾取方式选择对象，并且一次只能选择一个对象。
● 【通过】：选择该选项后，用户可以根据指定的点来偏移对象。
● 【删除】：该选项用来定义偏移完成后是否删除源对象。
● 【图层】：该选项用来帮助用户将偏移得到的对象创建在当前图层上还是源对象所在的图层上。

知识链接

对于多段线和样条曲线进行偏移时，如果偏移距离大于可调整的距离，系统将自动修剪偏移对象，如图4-36所示。如果偏移的对象是直线，则偏移后的直线大小不变；如果偏移的对象是圆或矩形等，则偏移后的对象将被放大或缩小，在实际应用中此命令一般用来偏移直线。

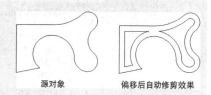

源对象　　　　偏移后自动修剪效果

图 4-36　偏移后自动修剪

4.4.4　【上机操作】偏移对象

下面通过实例讲解如何执行【偏移】命令。具体操作步骤如下：

01 按【Ctrl＋O】组合键，在弹出的对话框中打开随书附带光盘中的 CDROM\素材\第4章\偏移对象.dwg 图形文件，如图4-37所示。

02 在功能区选择【默认】选项卡，并在其【修改】选项组中单击【偏移】按钮，根据命令行的提示，输入偏移距离为100并按【Enter】键确认，然后选择要偏移的图形对象，移动鼠标到图形内部单击，并按【Enter】键确认即可完成偏移，偏移效果如图4-38所示。命令行的具体操作步骤如下：

```
命令：OFFSET                                              //执行 OFFSET 命令
当前设置：删除源＝否　图层＝源　OFFSETGAPTYPE＝0          //系统提示当前设置状态
指定偏移距离或［通过(T)/删除(E)/图层(L)］<通过＞：100    //输入偏移距离100,按空格键
选择要偏移的对象,或［退出(E)/放弃(U)］<退出＞：          //选择对象
指定要偏移的那一侧上的点,或［退出(E)/多个(M)/放弃(U)］<退出＞：  //向内侧移动鼠标并单击
选择要偏移的对象,或［退出(E)/放弃(U)］<退出＞：          //按空格键结束命令
```

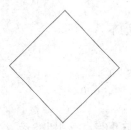

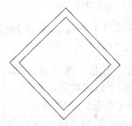

图 4-37 打开素材文件   图 4-38 偏移后的效果

4.4.5 镜像图形

【镜像】命令用来创建对称对象，就是将选择的对象以一条镜像线为对称轴，创建出完全对称的镜像对象。

在 AutoCAD 2016 中执行【镜像】命令的方法有以下几种方式：

- 在菜单栏中选择【修改】|【镜像】命令，如图 4-39 所示。
- 在【默认】选项卡中单击【修改】选项组中的【镜像】按钮，如图 4-40 所示。
- 在命令行中执行 MIRROR 命令。

图 4-39 选择【镜像】命令

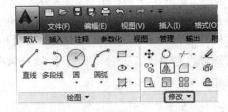

图 4-40 单击【镜像】按钮

4.4.6 【上机操作】镜像对象

下面通过实例讲解如何执行【镜像】命令，具体操作步骤如下：

01 打开随书附带光盘中的 CDROM\素材\第 4 章\镜像椅子.dwg 图形文件。

⑫ 在命令行中执行 MIRROR 命令并按【Enter】键确认。根据命令行的提示选择在绘图区中选择左侧的椅子作为源对象，然后指定镜像线的第一点和第二点，如图 4-41 所示。命令行的具体操作过程如下：

命令:MIRROR	//执行 MIRROR 命令
选择对象：指定对角点：找到 20 个，一个编组	//选择绘图区中左侧的椅子
选择对象：	//按【Enter】键确定对象的选择
指定镜像线的第一点：	//单击如图 4-41 所示的 A 点
指定镜像线的第二点：	//单击如图 4-41 所示的 B 点
是否删除源对象？［是(Y)/否(N)］<N>：	//直接按【Enter】键确认即可

⑫ 按【Enter】键确认即可完成镜像操作，完成后的效果如图 4-42 所示。

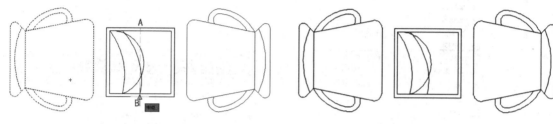

图 4-41　指定镜像线　　　　　　　　图 4-42　完成后的效果

知识链接

　创建文字、属性和属性定义的镜像时，与创建图形对象的镜像不同。创建文字、属性和属性定义的镜像也是按对称轴规则进行，但镜像结果是被反转或倒置的图像。为了避免这种结果，用户需要将系统变量 MIRRTEXT 设置为 0（关）。这样文字的对齐和对正方式在镜像前后才相同，如图 4-43 ~ 图 4-45 所示。

图 4-43　源图形对象　　　　图 4-44　系统变量为 1　　　　图 4-45　系统变量为 0

4.4.7　阵列对象

【阵列】就是将图形对象进行有规律的多次复制。与复制不同的是它能够一次性创建多个对象。在 AutoCAD 中提供了矩形阵列、环形阵列和路径阵列 3 种阵列方式。下面将对这 3 种阵列方式进行详细的介绍。

1. 矩形阵列

【矩行阵列】就是指定一定的行数、列数、行间距和列间距将图形对象整齐排列组成纵横对称的图案。

在 AutoCAD 2016 中执行【矩形阵列】命令有以下几种方式：

- 在菜单栏中选择【修改】|【阵列】|【矩形阵列】命令，如图 4-46 所示。
- 在【默认】选项卡中单击【修改】选项组中的【矩形阵列】按钮，如图4-47所示。
- 在命令行中执行 ARRAYRECT 命令。

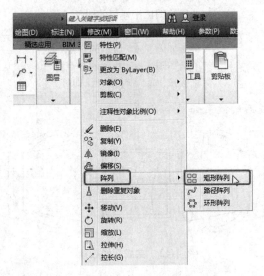

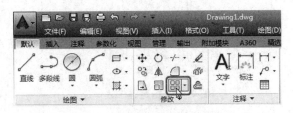

图 4-46　选择【矩形阵列】命令　　　　　图 4-47　单击【矩形阵列】按钮

在命令行中执行 ARRAYRECT 命令，具体操作步骤如下：

命令：ARRAYRECT　　　　　　　　　　　　//执行 ARRAYRECT 命令
选择对象：指定对角点：　　　　　　　　　//选择要阵列的图形对象
选择对象：　　　　　　　　　　　　　　　//按【Enter】键确认所选图形
类型 = 矩形　关联 = 是　　　　　　　　　//系统自动提示
选择夹点以编辑阵列或［关联(AS)/基点(B)/计数(COU)/间距(S)/列数(COL)/行数(R)/层数(L)/退出(X)］<退出>：

在执行该命令的过程中，命令行中出现的选项解释如下所示。

- 【选择夹点以编辑阵列】：执行【矩形阵列】命令后，选择的阵列对象会出现如图 4-48 所示的蓝色夹点，单击其中任意一个夹点并拖动就可以调整阵列的列数、行数、列间距和行间距等参数。

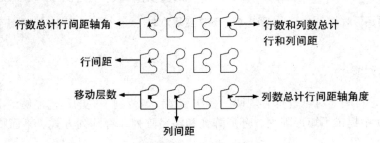

图 4-48　夹点编辑阵列

- 【关联】：选择该选项用于设置阵列所生成的对象是否具有关联。
- 【计数】：指定行数和列数并且用户可以在移动光标的时候观察动态结果。

- 【间距】：指定间距和列距，在移动光标时用户可以动态观察结果。
- 【列数】：设置阵列中的列数。
- 【行数】：设置阵列中的行数。
- 【层数】：用于指定三维阵列的层数和层间距。

2. 环形阵列

【环形阵列】就是将图形对象以某一点为中心点或旋转轴进行环形复制，如图 4-49 所示。

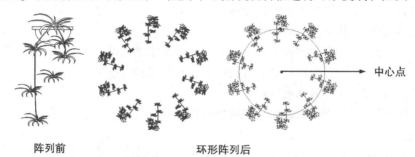

阵列前　　　　　　　　　　　　环形阵列后

图 4-49　环形阵列效果

在 AutoCAD 2016 中执行【环形阵列】命令有以下几种方式：

- 在菜单栏中选择【修改】|【阵列】|【环形阵列】命令，如图 4-50 所示。
- 在【默认】选项卡中单击【修改】选项组中的【矩形阵列】按钮，如图4-51所示。
- 在命令行中执行 ARRAYPOLAR 命令。

图 4-50　选择【环形阵列】命令

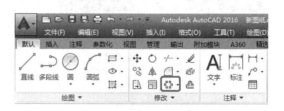

图 4-51　单击【环形阵列】按钮

在命令行中执行 ARRAYPOLAR 命令，具体操作步骤如下：

命令：ARRAYPOLAR　　　　　　　　　　　　//在命令行中执行 ARRAYPOLAR
选择对象：　　　　　　　　　　　　　　　　//选择要环形阵列的图形对象
选择对象：　　　　　　　　　　　　　　　　//按【Enter】键确认选择的图形对象
类型 = 极轴　关联 = 是　　　　　　　　　　//系统自动提示
指定阵列的中心点或［基点(B)/旋转轴(A)］：　//指定环形阵列的中心点

选择夹点以编辑阵列或 ［关联(AS)/基点(B)/项目(I)/项目间角度(A)/填充角度(F)/行(ROW)/层(L)/旋转项目(ROT)/退出(X)］ <退出 >：　　　　　　　　　　　//按【Enter】键确认完成环形阵列

在执行该命令的过程中，命令行中出现的主要选项解释如下所示。

- 【指定阵列的中心点】：中心点是指环形阵列的中心点。
- 【旋转轴】：由鼠标指定两个指定点的连线作为环形阵列的旋转轴。
- 【基点】：指定用于在阵列中放置对象的基点。
- 【项目】：用来指定阵列中的项目数量。
- 【项目间角度】：用来指定阵列各对象之间的角度。
- 【填充角度】：用来指定阵列效果中第一个图形对象与末端的图形对象之间的角度。
- 【行】：用来指定阵列中的行数、行间距和它们之间的增量标高。
- 【层级】：用来指定层数和层间距。
- 【旋转项目】：主要用来决定在排列项目时是否旋转项目。

3. 路径阵列

路径阵列就是将图形对象沿指定的路径均匀分布。指定的路径包括直线、多段线、三维多段线、样条曲线、螺旋、圆弧、圆或椭圆，如图 4-52 所示。

阵列前　　　　　　　　　　路径阵列后

图 4-52　路径阵列效果

在 AutoCAD 2016 中执行【路径阵列】命令有以下几种方式：

- 在菜单栏中选择【修改】|【阵列】|【路径阵列】命令，如图 4-53 所示。
- 在【默认】选项卡中单击【修改】选项组中的【路径阵列】按钮，如图 4-54 所示。
- 在命令行中执行 ARRAYPATH 命令。

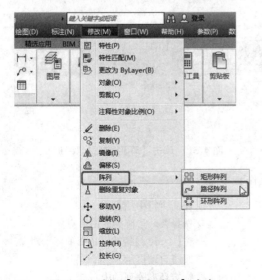

图 4-53　选择【路径阵列】命令

图 4-54　单击【路径阵列】按钮

在命令行中执行 ARRAYPATH 命令，具体操作步骤如下：

```
命令：ARRAYPATH                                    //在命令行中执行 ARRAYPATH 命令
选择对象：                                          //选择将要路径阵列的图形对象
选择对象：                                          //按【Enter】键确认选择的图形对象
类型 = 路径  关联 = 是                              //系统自动提示
选择路径曲线：                                      //选择阵列的路径
选择夹点以编辑阵列或［关联(AS)/方法(M)/基点(B)/切向(T)/项目(I)/行(R)/层(L)/对齐项目
(A)/z 方向(Z)/退出(X)］<退出 >：                   //按【Enter】键确认即可
```

在执行该命令的过程中，命令行中出现的主要选项解释如下。

- 【选择路径曲线】：指定图形对象将要阵列的路径。
- 【方法】：设置阵列图形对象的排列方式。
- 【切向】：将阵列的图形对象沿路径的起始方向对齐。
- 【对齐项目】：将阵列完的图形对象之间保持相切或平行方向。
- 【方向】：是否将阵列中的所有阵列图形对象保持 Z 方向。

4.4.8 【上机操作】阵列图形

下面通过实例讲解如何阵列图形对象，具体操作步骤如下：

01 打开随书附带光盘中的 CDROM\素材\第 4 章\阵列对象.dwg 图形文件，在命令行中执行 ARRAYPATH 命令。根据命令行的提示选择如图 4-55 所示的图形对象。

02 按【Enter】键结束对象的选择，以圆的中点为阵列的中心点，将【项目数】设置为 8，将【介于】设置为 45，将【填充】设置为 360，按【Enter】键结束命令，如图 4-56 所示。

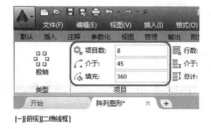

图 4-55 选择图形对象　　　　　图 4-56 完成后的效果

4.5 改变几何特性类二维图形

改变几何特性类的编辑命令在选择图形对象进行编辑后，被编辑的图形对象的几何特性发生了改变。这类编辑命令包括图形的缩放、拉伸、拉长、延伸、删除、修剪、打断、倒圆角、倒角、合并和分解，下面对其进行详细介绍。

4.5.1 图形的缩放

【缩放】命令是将已有图形对象以基点为参照，将图形对象进行比例缩放。【缩放】命令可以调整图形对象的大小，使图形对象在一个方向上按比例要求增大或缩小。

在 AutoCAD 2016 中执行【缩放】命令有以下几种方式：

- 在菜单栏中选择【修改】|【缩放】命令，如图 4-57 所示。
- 在【默认】选项卡中单击【修改】选项组中的【缩放】按钮，如图 4-58 所示。
- 在命令行中执行 SCALE 命令。

图 4-57 选择【缩放】命令

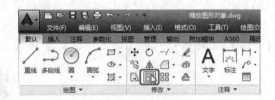

图 4-58 单击【缩放】按钮

在命令行中执行 SCALE 命令，具体操作步骤如下：

命令：SCALE	//执行 SCALE 命令
选择对象：	//选择要缩放的图形对象
选择对象：	//确认选项
指定基点：	//选择缩放的基准点
指定比例因子或［复制(C)/参照(R)］：	//输入缩放比例值

在命令行中出现的选项解释如下所示。

- 【指定比例因子】：选择图形对象指定基点之后，从基点到当前光标位置会出现一条线段，线段的长度指定比例的大小。如果输入的比例值大于 1，用户所选择的图形对象将被放大；如果用户输入的比例因子小于 1，则所选择的图形对象将被缩小。
- 【复制】：选择该选项，用户在缩放图形对象时，既缩放了所选择的图形对象，同时也保留了源对象。
- 【参照】：选择该选项，可以按照系统的提示输入参照长度和新长度，以两个长度的比值作为缩放的比例因子。若新长度值大于参考长度值，则放大对象；否则，缩小对象。

知识链接

当用户在指定对象的缩放基准点时，建议用户做好选取对象的几何中心点或图形对象上、对象周围的某些特殊点，这样在缩放后的图形对象比较容易受用户控制，不至于在执行完【缩放】命令后找不到图形对象。

4.5.2 【上机操作】缩放对象

下面通过实例讲解如何执行【缩放】命令，具体操作步骤如下：

01 打开随书附带光盘中的 CDROM\素材\第 4 章\缩放图形对象.dwg 图形文件，如图 4-59 所示。

02 在命令行中执行 SCALE 命令。根据命令行的提示信息选择将要缩放的图形对象，并按【Enter】键确认，选择图形对象如图 4-60 所示。

03 然后指定图形对象最下面的中心点为缩放的基准点，如图 4-61 所示。

04 根据命令行的提示信息输入比例值为 0.5，并按【Enter】键确认即可完成图形对象的缩放，缩放效果如图 4-62 所示。

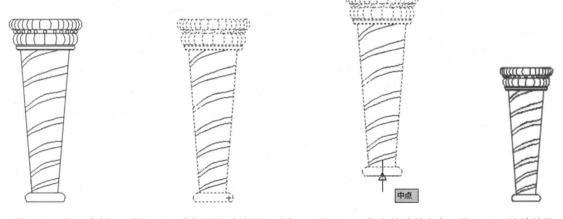

图 4-69　打开素材　　图 4-60　选择要缩放的图形对象　　图 4-61　指定缩放基准点　　图 4-62　缩放效果

4.5.3 图形的拉伸

【拉伸】命令是指将选定的对象进行拉伸或移动，使图形的形状发生改变，而不改变没有选定的部分。拉伸时图形的选定部分被移动，但同时仍保持与原图形中的不动部分相连。

在 AutoCAD 2016 中，用户可以通过以下几种方式执行【拉伸】命令。

* 在菜单栏中选择【修改】|【拉伸】命令，如图 4-63 所示。
* 在【默认】选项卡中，单击【修改】选项组中的【拉伸】按钮，如图 4-64 所示。
* 在命令行中执行 STRETCH 命令。

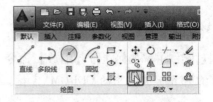

图 4-63　选择【拉伸】命令　　　　　　图 4-64　单击【拉伸】按钮

在命令行中执行 STRETCH 命令，具体操作步骤如下：

命令：STRETCH	// 执行 STRETCH 命令
以交叉窗口或交叉多边形选择要拉伸的对象…	// 系统自动显示内容
选择对象：指定对角点：找到 2 个	// 选择要拉伸的图形对象
选择对象：	// 按【Enter】键确认
指定基点或 [位移(D)] <位移>：	// 指定拉伸的基点
指定第二个点或 <使用第一个点作为位移>：	// 指定拉伸的目标点

4.5.4　【上机操作】拉伸柱子

下面通过实例讲解如何执行【拉伸】命令，具体操作步骤如下：

⓵ 打开随书附带光盘中的 CDROM\素材\第 4 章\拉伸柱子 . dwg 图形文件。

⓶ 在命令行中执行 STRETCH 命令，利用鼠标使用框选方式选择如图 4-65 所示的对象。

⓷ 按【Enter】键确认，然后选择对象上方的中点，并向上拖动鼠标，拉伸完成后效果如图 4-66 所示。

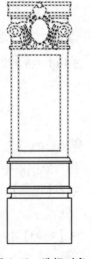

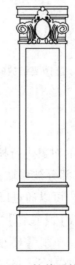

图 4-65　选择对象　　　　　图 4-66　拉伸后的效果

知识链接

执行【拉伸】命令必须通过框选或围选的方式才能进行，如果在选择中有组成图形的直线、圆弧、椭圆弧、多段线、构造线以及样条曲线等与选择框选相交，那么只有落在框内的线条端点才能被拉伸移动，而落在框外的端点则仍保持不动，并且整个图形的连接拓扑关系不变。使用【拉伸】命令既可以拉伸实体，又可以移动实体。若选择的对象全部在选择窗口内，则拉伸命令可以将对象从基点移动到终点；若选择对象只有部分在选择窗口内，则拉伸命令可以对实体进行拉伸。

4.5.5 图形的拉长

使用【拉长】命令可以改变直线的长度、圆弧的弧长或圆心角的大小。

用户可以通过直接指定一个长度增量、角度增量（对于圆弧）、总长度或者相对于原长的百分比增量来改变源对象的长度，也可以通过动态拖动的方式来直观地改变源对象的长度。不过对于多段线来讲则只能缩短其长度，却不能增加其长度。

在 AutoCAD 2016 中，用户可以通过以下几种方式执行【拉长】命令。

* 在菜单栏中选择【修改】|【拉长】命令，如图 4-67 所示。
* 在【默认】选项卡中单击【修改】选项组中的【拉长】按钮，如图 4-68 所示。
* 在命令行中执行 LENGTHEN 命令。

图 4-67　选择【拉长】命令　　　　　　图 4-68　单击【拉长】按钮

在命令行中执行 LENGTHEN 命令，具体操作步骤如下：

命令：LENGTHEN　　　　　　　　　　　　　　　//执行 LENGTHEN 命令
选择要测量的对象或［增量(DE)/百分比(P)/总计(T)/动态(DY)］<增量(DE)>：DE
　　　　　　　　　　　　　　　　　　　　　　//选择要拉长的图形对象
输入长度增量或［角度(A)］<44.7940>：　　　　//输入长度增量

选择要修改的对象或〔放弃(U)〕：　　　　　　　　　　　//选择要拉长的图形对象，进行拉长操作
选择要修改的对象或〔放弃(U)〕：　　　　　　　　　　　//结束拉长操作

在执行该命令的过程中，命令行中出现的选项解释如下所示。

- 【增量】：选择该选项可以按给定增量的方式拉长方式拉长图形对象。如果增量为负值，则缩短图形对象。
- 【百分数】：选择该选项可以通过输入百分比来改变对象的长度或圆心角大小。
- 【全部】：选择该选项可以通过设置新的总长度或总圆心角来改变图形对象的长度或角度。
- 【动态】：选择该选项可以用动态模式拖动对象的一个端点来改变对象的长度或角度。

4.5.6 【上机操作】拉长图形对象

下面通过实例讲解如何对图形对象执行【拉长】命令，具体操作步骤如下：

01 打开随书附带光盘中的 CDROM\素材\第 4 章\拉长图形对象.dwg 图形文件，如图 4-69 所示。

02 在命令行中执行 LENGTHEN 命令并按【Enter】键确定，根据命令行的提示在命令行中执行 DE 并按空格键，然后在命令行中执行长度增量为 220，并按【Enter】键确定。

03 根据命令行的提示，选择要修改的图形对象，如图 4-70 所示，最后按【Enter】键确定即可。拉长后的效果如图 4-71 所示。

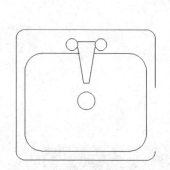

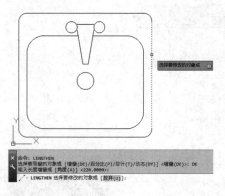

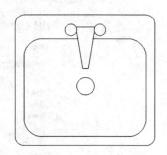

图 4-69　打开素材文件　　　　图 4-70　选择需要拉长的直线　　　　图 4-71　拉长后的效果

4.5.7 图形的延伸

【延伸】命令就是通过拉长对象，将对象延伸到另一个对象的边界，或者延伸到三维空间中与其实际相交的对象，这些边界可以是直线、圆弧等。

在 AutoCAD 2016 中执行【延伸】命令有以下几种方式：

- 在菜单栏中选择【修改】|【延伸】命令，如图 4-72 所示。
- 在【默认】选项卡中，单击【修改】选项组中的【延伸】按钮，如图 4-73 所示。
- 在命令行中执行 EXTEND 命令。

图 4-72　选择【延伸】命令

图 4-73　单击【延伸】按钮

执行【延伸】命令后，在命令行中的具体操作步骤如下：

命令: EXTEND　　　　　　　　　　　　　　　　　　//执行 EXTEND 命令
当前设置:投影 = UCS,边 = 无　　　　　　　　　　//系统自动提示
选择边界的边...
选择对象或 <全部选择>:　　　　　　　　　　　　//选择图形对象
选择对象:　　　　　　　　　　　　　　　　　　　//确认选择操作
选择要延伸的对象,或按住 Shift 键选择要修剪的对象,或
[栏选(F)/窗交(C)/投影(P)/边(E)/放弃(U)]:　　//选择要延伸的对象即可

知识链接

　　如果用户将要进行延伸的图形对象是适配样条多段线，在延伸后则会在多段线的控制框上增加新节点。如果要延伸的对象是锥形的多段线，系统则会自动修正延伸端的宽度，使多段线从起始端平滑地延伸至新的终止端。如果延伸操作导致新终止端的宽度为负值，宽度值取 0，如图 4-74 所示。

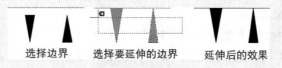

选择边界　　　选择要延伸的边界　　　延伸后的效果

图 4-74　延伸过程

　　用户在选择时，如果按住【Shift】键拾取图形对象，系统将自动将【延伸】命令转换为【修剪】命令。应用【修剪】或【延伸】命令时，往往提示先选取边界，再选取【修剪】或【延伸】图形对象。当用户在选取边界时直接按下【Enter】键，就可以直接选取修剪会延伸对象，修剪或延伸边界就是离它最接近的实体。但是，如果用户选择的实体完全不在当前视图内，将不会被视为边界。

4.5.8 【上机操作】延伸对象

下面讲解如何使用【延伸】命令延伸对象,其操作步骤如下:

01 打开随书附带光盘中的 CDROM\素材\第 4 章\延伸图形对象 .dwg 图形文件,如图 4-75 所示。

02 在命令行中执行 STRETCH 命令并按【Enter】键确认,然后选择边界线并按【Enter】键 确认,如图 4-76 所示。

图 4-75　打开素材文件

图 4-76　选择边界线

03 选择将要延伸的图形对象,如图 4-77 所示。按【Enter】键确认即可完成延伸图形对象 的操作,完成效果如图 4-78 所示。

图 4-77　选择要延伸的图形对象

图 4-78　延伸效果

4.5.9 删除图形

在绘制图形的过程中经常会出现错误的时候,这时用户可以使用【删除】命令将错误或多 余的不再需要的图形对象删除。

在 AutoCAD 2016 中执行【删除】命令有以下几种方式:

* 在菜单栏中选择【修改】|【删除】命令,如图 4-79 所示。
* 在【默认】选项卡中单击【修改】选项组中的【删除】按钮，如图 4-80 所示。
* 在命令行执行 ERASE 命令。

在命令行中执行【ERASE】命令,具体操作步骤如下所示:

```
命令：ERASE              //执行 ERASE 命令
选择对象：              //选择将要删除的图形对象
选择对象：              //按【Enter】键确认删除图形对象
```

图 4-79　选择【删除】命令

图 4-80　单击【删除】按钮

知识链接

　　当需要删除某个图形对象时，可以先选择图形对象再调用【删除】命令；也可以先调用
【删除】命令，再选择要删除的图形对象；还可以直接选择要删除的图形对象，然后直接按
【Delete】键删除。

4.5.10 【上机操作】删除对象

　　下面通过实例讲解如何使用【删除】命令，具体操作步骤如下：

01 首先打开随书附带光盘中的 CDROM\素材\第 4 章\删除图形对象.dwg 图形文件，如图 4-81 所示。

02 在命令行中执行 ERASE 命令并按【Enter】键确认，根据命令行的提示选择将要删除的图形对象，如图 4-82 所示。

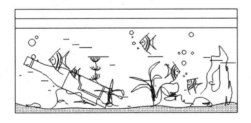

图 4-81　打开素材

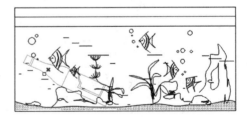

图 4-82　选择要删除的对象

03 选中之后按【Enter】键确认即可将其删除，删除效果如图 4-83 所示。

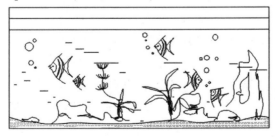

图 4-83　删除效果

4.5.11　修剪图形

在绘制图形时有些图形线段是多余的，为了使绘制的图形完整又美观，需对其进行修剪。在使用【修剪】工具时，需选择要修剪的图形线段，且进行修剪的图形对象必须与其边界相连，方可对其执行【修剪】命令。

在 AutoCAD 2016 中执行【修剪】命令有以下几种方式：

- 在菜单栏中选择【修改】|【修剪】命令，如图 4-84 所示。
- 在【默认】选项卡中单击【修改】选项组中的【修剪】按钮，如图 4-85 所示。
- 在命令行中执行 TRIM 命令。

图 4-84　选择【修剪】命令

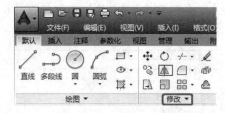

图 4-85　单击【修剪】按钮

在命令行中执行 TRIM 命令，具体操作步骤如下：

```
命令：TRIM                                          //执行 TRIM 命令
当前设置：投影 = UCS,边 = 延伸                       //系统自动提示
选择剪切边…                                         //选择需要修剪的线段
选择对象或 <全部选择>：                              //选择一个或多个对象作为修剪边
选择要修剪的对象,或按住 Shift 键选择要延伸的对象,或[栏选(F)/窗交(C)/投影(P)/边(E)/删除
(R)/放弃(U)]：                                      //选择要修剪的对象
```

在执行【修剪】命令过程中，命令行提示信息中出现的主要选项的解释如下所示。

- 【投影】：选择该选项，用户可以在三维空间中以投影模型来修剪图形对象，即将对象和边投影到当前 UCS 的 XY 平面上进行剪切。
- 【边】：选择该选项，用户可以确定剪切边界与待剪切图形对象时直接相交还是延伸相

交。当两者处于相交时才可对其剪切，当两者在延伸后才相交则不能进行剪切。

- 【全部选择】：按空格键可快速选择所有可见的几何图形，用作剪切边或边界边。
- 【栏选】：使用栏选方式一次性选择多个需进行修剪的对象。
- 【窗交】：使用窗交方式一次性选择多个需进行修剪的对象。
- 【删除】：直接删除选择的对象。
- 【放弃】：撤销上一步的修剪操作。

知识链接

当用户在修剪图案填充时，不要将【边】设置为【延伸】。否则，修剪图案填充时将不能填充边界中的间隙，即使将允许的间隙设置为正确的值。

在命令行中执行 TRIM 命令的过程中，按住【Shift】键可转换为执行【延伸】（EXTEND）命令，如在选择要修剪的对象时，某线段未与修剪边界相交，则按住【Shift】键后单击该线段，可将其延伸到最近的边界。

4.5.12 【上机操作】绘制开口销钉

下面将讲解如何绘制开口销钉，以便巩固上面所学习的知识，其操作步骤如下：

01 启动 AutoCAD 2016，在命令行中执行 CIRCLE 命令，在绘图区中指定起点，依次输入 4.5、5.5，绘制同心圆，如图 4-86 所示。

02 使用【直线】工具，捕捉圆心，向右引导鼠标，拾取与半径为 5.5 的圆的交点，向右引导鼠标，输入 30，绘制直线，如图 4-87 所示。

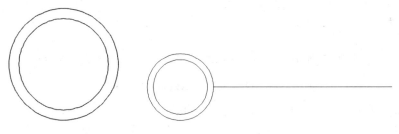

| 图 4-86　绘制同心圆 | 图 4-87　绘制直线 |

03 使用【偏移】命令，选择水平直线，向上依次偏移 0.5、1，选择水平直线向下偏移 1，效果如图 4-88 所示。

04 在命令行中执行 STRETCH 命令并按【Enter】键进行确认，选择下方的两条水平直线，以其右端点为指定基点，输入 5，进行拉伸处理，如图 4-89 所示。

| 图 4-88　偏移处理 | 图 4-89　拉伸处理 |

05 使用【直线】命令，选择水平直线的端点，如图 4-90 所示。

06 使用【延伸】命令，再次对其进行延伸，并运用修剪命令进行修剪处理，如图 4-91 所示。

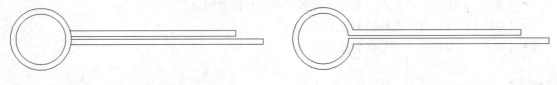

图 4-90 绘制直线　　　　　　　　　　　　　　图 4-91 延伸并修剪处理

4.5.13 打断图形

【打断】命令就是将一个图形对象打断成两个或多个图形对象，被打断的图形对象之间可以有间隙也可以没有间隙。被打断的图形对象有直线、圆弧、圆、多段线、椭圆、样条曲线和圆环等。但块、标注和面域等对象不能进行打断。

在执行【打断】命令时可以通过指定两点进行打断；也可以选择将要打断的图形对象后再指定两点进行打断。

1. 将对象打断于点

【打断于点】命令是由【打断】命令衍生出来的，该命令就是将图形对象在一点处打断成两个图形对象。打断之后看上去图形对象没有什么变化，当用户选择它时可以看到该图形对象已经变成两个图形对象了，如图 4-92 所示。

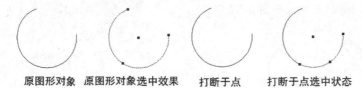

原图形对象　原图形对象选中效果　　打断于点　　打断于点选中状态

图 4-92 打断于点效果对比图

在 AutoCAD 2016 中执行【打断于点】命令有以下几种方式：

- 在菜单栏中选择【修改】|【打断于点】命令，如图 4-93 所示。
- 在【默认】选项卡中单击【修改】选项卡中的【打断】按钮 ，如图4-94所示。
- 在命令行中执行 BREAK 命令。

在【默认】选项卡中单击【修改】选项卡中的【打断于点】按钮，命令行的具体操作步骤如下：

```
命令：_break                          //执行【打断于点】命令
选择对象：                            //选择要打断的图形对象
指定第二个打断点 或 [第一点(F)]：_f   //系统自动执行该选项命令
指定第一个打断点：                    //用鼠标单击打断点的位置
指定第二个打断点：@                   //系统自动生成
```

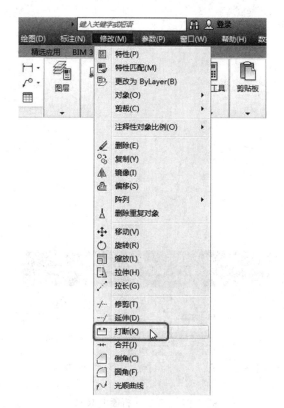

图 4-93　选择【打断】命令

图 4-94　单击【打断于点】按钮

2．以两点方式打断对象

以两点方式打断图形对象就是在图形对象上指定两点来创建间隔，从而将图形对象打断为两个图形对象，如图 4-95 所示。如果指定的两个点不在打断的图形对象上，系统则会自动投影到该图形对象上。

原图形对象　　选中原图形对象　　打断图形对象　　选中打断后的图形

图 4-95　打断图形效果对比

在 AutoCAD 2016 中执行【打断】命令有以下几种方式：

- 在菜单栏中选择【修改】|【打断】命令，如图 4-96 所示。
- 在【默认】选项卡中单击【修改】选项卡中的【打断】按钮，如图 4-97 所示。
- 在命令行中执行 BREAK 命令。

在【默认】选项卡中单击【修改】选项卡中的【打断】按钮，命令行的具体操作步骤如下：

```
命令：_break                            //执行【打断】命令
选择对象：                              //选择要打断的图形对象
指定第二个打断点 或［第一点(F)］：       //直接在图形对象上指定第二点位置即可
```

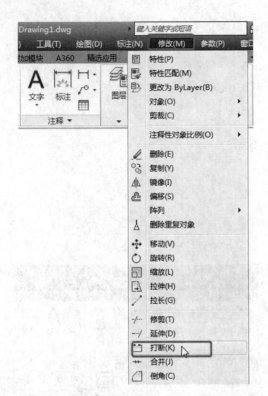

图 4-96　选择【打断】命令　　　　　　图 4-97　单击【打断】按钮

4.5.14 圆角

【圆角】命令就是用指定的半径将两个图形对象以光滑的曲线连接起来。在 AutoCAD 中能够执行【圆角】命令的对象有直线段、射线、双向无限长线、非圆弧的多段线、样条曲线、圆、圆弧和椭圆等。

在 AutoCAD 2016 中执行【圆角】命令有以下几种方式：

- 在菜单栏中选择【修改】|【圆角】命令，如图 4-98 所示。
- 在【默认】选项卡中单击【修改】选项组中的【圆角】按钮，如图 4-99 所示。
- 在命令行中执行 FILLET 命令。

在命令行中执行 FILLET 命令，具体操作步骤如下：

```
命令：FILLET                              //在命令行中执行 FILLET 命令
当前设置：模式 = 修剪,半径 = 10.0000      //系统提示
选择第一个对象或 [放弃(U)/多段线(P)/半径(R)/修剪(T)/多个(M)]: //选择第一个对象
选择第二个对象,或按住 Shift 键选择对象以应用角点或 [半径(R)]:    //选择第二个对象
```

在执行该命令的过程中，命令行中出现的选项解释如下所示。

- 【放弃】：取消圆角操作。
- 【多段线】：如果要倒圆角的图形对象是多段线时，选择该选项后系统会将多段线顶点用平滑曲线连接。
- 【半径】：圆角半径大小。

图 4-98　选择【圆角】命令

图 4-99　单击【圆角】按钮

- 【修剪】：就是在倒圆角之后，是否将连接两条边修剪，如图 4-100 所示。
- 【多个】：选择该选项，用户可以同时对多个图形进行圆角处理，而不用重复操作【圆角】命令。

修剪方式　　　　　　　　　不修剪方式

图 4-100　是否修剪对比效果

知识链接

　　当倒圆角图形对象为两条不相交的平行线时，不论用户指定的圆角半径为多少，最终所形成的圆角半径为两条平行线间距的一半，如图 4-101 所示。

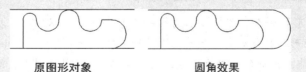

原图形对象　　　　　　　　圆角效果

图 4-101　平行线圆角效果

　　当要倒圆角对象是两条相交或不相交线段时，可以创建合适半径倒圆角，可以将两条相交或不相交的线段进行修剪连接操作，如图 4-102 和图 4-103 所示，

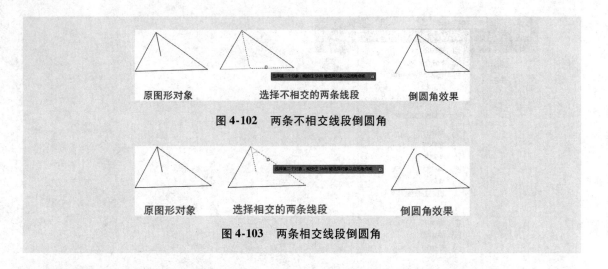

原图形对象   选择不相交的两条线段   倒圆角效果

图 4-102   两条不相交线段倒圆角

原图形对象   选择相交的两条线段   倒圆角效果

图 4-103   两条相交线段倒圆角

4.5.15 【上机操作】绘制插座

下面讲解如何绘制插座，该例将使用【矩形】工具绘制插座的轮廓，然后使用【旋转】和【镜像】等命令对绘制的图形进行编辑。具体操作步骤如下：

01 启动 AutoCAD 并进入工作界面，新建一个图形文件。在命令行中执行 RECTANG 命令并按【Enter】键确认，根据命令行提示进行操作，在命令行中执行 F，设置矩形的圆角半径为 10，指定第一个矩形角点为（140,200），指定第二个矩形角点为（220,120），按【Enter】键进行确认，重复执行【矩形】命令，在命令行中执行 F，设置矩形的圆角半径为 0，指定第一个矩形角点为（157.5,192.5），指定第二个矩形角点为（202.5,127.5），按【Enter】键进行确认，绘制矩形，如图 4-104 所示。具体操作步骤如下：

```
命令：RECTANG                                                    //执行 RECTANG
当前矩形模式：圆角 = 0.0000
指定第一个角点或［倒角(C)/标高(E)/圆角(F)/厚度(T)/宽度(W)］：F        //在命令行中执行 F
指定矩形的圆角半径 <10.0000>：10                                  //将圆角半径设置为 10
指定第一个角点或［倒角(C)/标高(E)/圆角(F)/厚度(T)/宽度(W)］：140,200  //指定第一个角点
指定另一个角点或［面积(A)/尺寸(D)/旋转(R)］：220,120                 //指定第二个角点
命令：RECTANG                                                    //执行 RECTANG 命令
当前矩形模式：圆角 = 10.0000
指定第一个角点或［倒角(C)/标高(E)/圆角(F)/厚度(T)/宽度(W)］：F        //在命令行中执行 F
指定矩形的圆角半径 <10.0000>：0                                   //将圆角半径设置为 0
指定第一个角点或［倒角(C)/标高(E)/圆角(F)/厚度(T)/宽度(W)］：157.5,192.5 //指定第一个角点
指定另一个角点或［面积(A)/尺寸(D)/旋转(R)］：202.5,127.5              //指定第二个角点
```

02 重复执行【矩形】命令，指定矩形的第一角点为（173,182.5），指定矩形的第二角点为（175,174.5），绘制矩形。在命令行中执行 CIRCLE（圆）命令并按【Enter】键进行确认，根据命令行的提示进行操作，在命令行中执行（173,178.5）作为圆的圆心，绘制半径为 3 的圆，然后使用 TRIM（修剪）命令并按【Enter】键进行确认，选择绘图区中需要修剪的部分，对其进行修剪，如图 4-105 所示，具体操作步骤如下：

```
命令：RECTANG                                                    //执行 RECTANG 命令
指定第一个角点或［倒角(C)/标高(E)/圆角(F)/厚度(T)/宽度(W)］：173,182.5 //指定第一个角点
```

指定另一个角点或［面积(A)/尺寸(D)/旋转(R)］: 175,174.5　　　//指定第二个角点
命令: CIRCLE　　　　　　　　　　　　　　　　　　　　　　　　　//执行 CIRCLE 命令
指定圆的圆心或［三点(3P)/两点(2P)/切点、切点、半径(T)］:173,178.5 //指定圆心基点
指定圆的半径或［直径(D)］:3

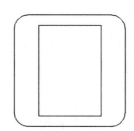 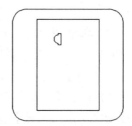

图 4-104　绘制矩形　　　图 4-105　绘制图形并进行修剪

⑬ 在命令行中执行 RECTANG 命令并按【Enter】键确认，根据命令行的提示，在命令行中执行（179,159.5）和（@2，-7），按【Enter】键进行确认，再次执行该命令，在命令行中执行（172.5,150）和（@2，-7），按【Enter】键进行确认，确定矩形的角点和对角点绘制两个矩形，如图 4-106 所示，具体操作步骤如下:

命令: RECTANG　　　　　　　　　　　　　　　　　　　　　　//执行 RECTANG 命令
指定第一个角点或［倒角(C)/标高(E)/圆角(F)/厚度(T)/宽度(W)］:179,159.5 //指定第一个角点
指定另一个角点或［面积(A)/尺寸(D)/旋转(R)］: @2,-7　　　　　//指定第二个角点
命令:RECTANG
指定第一个角点或［倒角(C)/标高(E)/圆角(F)/厚度(T)/宽度(W)］:172.5,150 //指定第一个角点
指定另一个角点或［面积(A)/尺寸(D)/旋转(R)］: @2,-7　　　　　//指定第二个角点

⑭ 在命令行中执行 ROTATE 命令并按【Enter】键进行确认，根据命令行的提示进行操作，选择左下角的矩形，并按【Enter】键进行确认，拾取矩形的左下角的端点为基点，输入30，进行旋转处理，如图 4-107 所示。

⑮ 按【F3】键开启捕捉模式，在命令行中执行 MIRROR 命令，按【Enter】键进行确认，根据命令行的提示进行操作，在绘图区中选择对象，拾取上下两条边的中点连线为镜像的轴线，按【Enter】键确认，进行镜像处理，如图 4-108 所示。

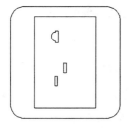 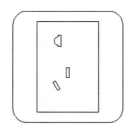 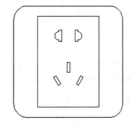

图 4-106　绘制两个矩形　　　图 4-107　旋转处理　　　图 4-108　完成后的效果

命令: MIRROR
选择对象:找到 1 个
选择对象:指定对角点:找到 2 个 (1 个重复),总计 2 个
选择对象:指定对角点:找到 1 个,总计 3 个
选择对象:　　　　　　　　　　　　　　　　　　　　　　//选择要镜像的对象

指定镜像线的第一点：	//指定镜像线的第一点
指定镜像线的第二点：	//指定镜像线的第二点
要删除源对象吗？［是(Y)/否(N)］＜否＞：	//按【Enter】键进行确认

4.5.16 倒角

【倒角】就是指用斜线连接两条不平行的线段，可以连接的图形对象有直线段、双向无限长线、射线和多段线等。但是不能对圆弧、椭圆弧等进行倒角。

在 AutoCAD 2016 中执行【倒角】命令有以下几种方式：

- 在菜单栏中选择【修改】|【倒角】命令，如图 4-109 所示。
- 在【默认】选项卡中单击【修改】选项组中的【倒角】按钮，如图 4-110 所示。
- 在命令行中执行 CHAMFER 命令。

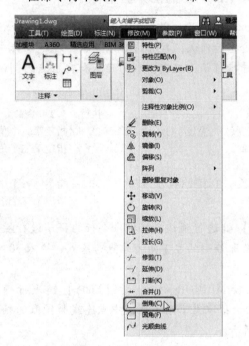

图 4-109 选择【倒角】命令

图 4-110 单击【倒角】按钮

在命令行中执行 CHAMFER 命令，具体操作步骤如下：

命令：CHAMFER   //在命令行执行 CHAMFER 命令
（【修剪】模式）当前倒角距离 1 = 500.0000,距离 2 = 500.0000
选择第一条直线或［放弃(U)/多段线(P)/距离(D)/角度(A)/修剪(T)/方式(E)/多个(M)］：
                                                       //选择第一条直线
选择第二条直线,或按住 Shift 键选择直线以应用角点或［距离(D)/角度(A)/方法(M)］：
                                                       //选择第二条直线

在执行该命令的过程中，命令行中出现的选项解释如下所示。

- 【放弃】：放弃倒角命令的执行。
- 【多段线】：当倒角对象是多段线时，选择该选项可以对图形对象的多个交叉点进行编辑倒角处理。

- 【距离】：用来设置倒角两边的距离。
- 【角度】：用来设置倒角边的倾斜度数。
- 【修剪】：在倒角之后，是否将连接两条边修剪（同倒圆角相同）。
- 【方式】：在【倒角】命令中提供了两种倒角方式，即距离和角度。
- 【多个】：选择该选项可以同时对多个图形倒角。

4.5.17 【上机操作】绘制电源插头

下面讲解如何绘制电源插头，该例将使用【矩形】工具绘制电源插头的轮廓，然后使用【圆角】、【偏移】、【移动】和【阵列】等命令对绘制的图形进行编辑。其具体操作步骤如下：

01 启动 AutoCAD 2016 并进入工作界面，新建一个图形文件。在命令行中执行 RECTANG 命令，按【Enter】键确认，在绘图区中指定任意一点，根据命令行提示进行操作，在命令行中执行 D，指定矩形的长度为 30，指定矩形的宽度为 -18，按【Enter】键进行确认，如图 4-111 所示，具体操作步骤如下：

命令：RECTANG   //执行 RECTANG 命令
指定第一个角点或［倒角(C)/标高(E)/圆角(F)/厚度(T)/宽度(W)］：   //指定第一个角点
指定另一个角点或［面积(A)/尺寸(D)/旋转(R)］：D   //在命令行中输入 D
指定矩形的长度 <30.0000>：30   //指定矩形的长度为 30
指定矩形的宽度 < -18.0000>：-18   //指定矩形的宽度为 -18
指定另一个角点或［面积(A)/尺寸(D)/旋转(R)］：   //按【Enter】键进行确认

02 在命令行中继续执行 RECTANG 命令，按【Enter】键确认，在绘图区中指定任意一点，根据命令行提示进行操作，在命令行中输入 D，指定矩形的长度为 40，指定矩形的宽度为 28，按【Enter】键进行确认，将其移至合适的位置，然后在命令行中执行 CHAMFER 命令，在命令行中输入 D，设置第一个倒角距离为 5，设置第二个倒角距离为 10，使用同样的方法设置另一条倒角边，如图 4-112 所示，具体操作步骤如下：

命令：RECTANG   //执行 RECTANG 命令
指定第一个角点或［倒角(C)/标高(E)/圆角(F)/厚度(T)/宽度(W)］：   //指定第一个角点
指定另一个角点或［面积(A)/尺寸(D)/旋转(R)］：D   //在命令行中输入 D
指定矩形的长度 <30.0000>：40   //指定矩形的长度为 40
指定矩形的宽度 < -18.0000>：28   //指定矩形的宽度为 28
指定另一个角点或［面积(A)/尺寸(D)/旋转(R)］：   //按【Enter】键进行确认
命令：CHAMFER   //执行 CHAMFER 命令
（【修剪】模式）当前倒角距离 1 = 5.0000,距离 2 = 10.0000
选择第一条直线或［放弃(U)/多段线(P)/距离(D)/角度(A)/修剪(T)/方式(E)/多个(M)］：D
                                                                  //在命令行中输入 D
指定第一个 倒角距离 <5.0000>：5   //将第一个倒角距离设置为 5
指定第二个 倒角距离 <5.0000>：10   //将第二个倒角距离设置为 10
选择第一条直线或［放弃(U)/多段线(P)/距离(D)/角度(A)/修剪(T)/方式(E)/多个(M)］：
选择第二条直线,或按住 Shift 键选择直线以应用角点或［距离(D)/角度(A)/方法(M)］：

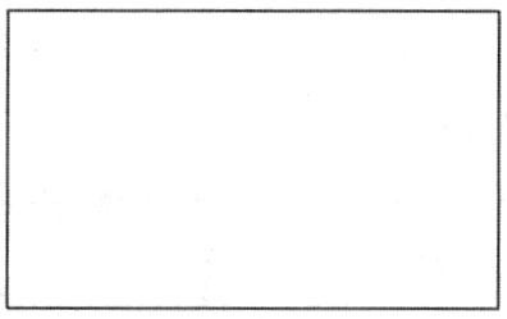

图 4-111　绘制矩形 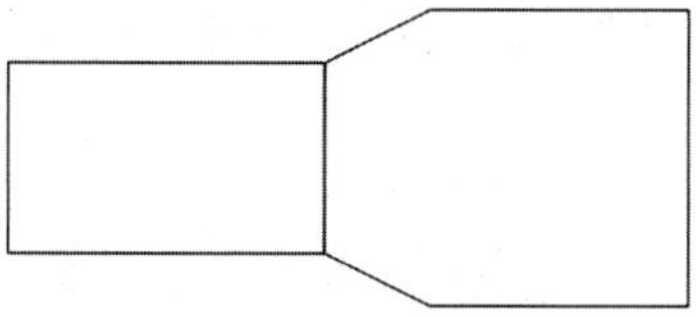　　　　图 4-112　对绘制的矩形进行倒角

03 在命令行中使用【偏移】命令，输入偏移命令为 5，选择要偏移的倒角矩形，向内侧偏移，单击鼠标，然后按【Enter】键进行确认，如图 4-113 所示。具体操作步骤如下：

命令：OFFSET	//执行 OFFSET 命令
当前设置：删除源 = 否　图层 = 源　OFFSETGAPTYPE = 0	
指定偏移距离或［通过(T)/删除(E)/图层(L)］<20.0000>：5	//将偏移距离设置为 5
选择要偏移的对象，或［退出(E)/放弃(U)］<退出>：	//按【Enter】键进行确认
指定要偏移的那一侧上的点，或［退出(E)/多个(M)/放弃(U)］<退出>：	
选择要偏移的对象，或［退出(E)/放弃(U)］<退出>：	

04 在命令行中执行 RECTANG 命令，按【Enter】键进行确认，根据命令行的提示，绘制一个长度为 5，宽度为 −35 的矩形，并使用移动工具将其移动至合适的位置，使用同样的方法绘制两条长度为 20，宽度为 −2 的矩形，并使用移动工具将其移动至合适的位置，如图 4-114 所示。具体操作步骤如下：

命令：RECTANG	//执行 RECTANG 命令
指定第一个角点或［倒角(C)/标高(E)/圆角(F)/厚度(T)/宽度(W)］：	//指定第一个角点
指定另一个角点或［面积(A)/尺寸(D)/旋转(R)］：D	//在命令行中执行 D
指定矩形的长度 <35.0000>：5	//将矩形的长度设置为 5
指定矩形的宽度 <28.0000>：−35	//将矩形的宽度设置为 −35
指定另一个角点或［面积(A)/尺寸(D)/旋转(R)］：	//按【Enter】键进行确认
命令：_move 找到 1 个	//选择对象
指定基点或［位移(D)］<位移>：	//设置基点
指定第二个点或 <使用第一个点作为位移>：	//按【Enter】键进行确认
命令：RECTANG	//执行 RECTANG 命令
指定第一个角点或［倒角(C)/标高(E)/圆角(F)/厚度(T)/宽度(W)］：	//指定第一个角点
指定另一个角点或［面积(A)/尺寸(D)/旋转(R)］：D	//在命令行中输入 D
指定矩形的长度 <35.0000>：20	//将矩形的长度设置为 20
指定矩形的宽度 <28.0000>：−2	//将矩形的宽度设置为 −2
指定另一个角点或［面积(A)/尺寸(D)/旋转(R)］：	//按【Enter】键进行确认
命令：_move 找到 1 个	//选择对象
指定基点或［位移(D)］<位移>：	//设置基点
指定第二个点或 <使用第一个点作为位移>：	//按【Enter】键进行确认

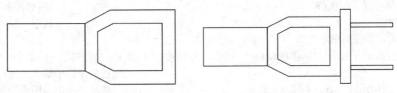

图 4-113　偏移对象　　　　　　图 4-114　绘制矩形

05 在命令行中执行 LINE 命令并按【Enter】键进行确认，根据命令行提示进行操作，在适当的位置处绘制一条长度为 14 的直线，在命令行中执行 OFFSET 命令并按【Enter】键确认，根据命令行的提示进行操作，输入 0.5，拾取上步绘制的直线，向右偏移，进行偏移处理，效果如图 4-115 所示。

06 在命令行中执行 ARRAY 命令并按【Enter】键确认，选择上一步偏移的两条直线，按空格键进行确认，将阵列的类型设置为矩形，在阵列创建选项卡中将【列数】设置为 5，将【介于】设置为 6，将【行数】设置为 1，按两次【Enter】键进行确认，如图 4-116 所示。

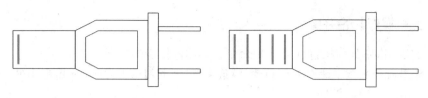

图 4-115　偏移对象	图 4-116　阵列矩形

07 在命令行中执行 LINE 命令并按【Enter】键确认，根据命令行的提示进行操作，分别绘制两条水平长度为 15 的直线，如图 4-117 所示。

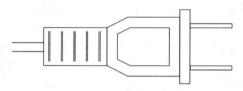

图 4-117　设置完成后的效果

4.5.18　图形的合并

【合并】命令就是将单个的图形对象合并成一个完整的对象，即在其公共端点处合并一系列有限的线性和开放的弯曲对象，以创建单个二维或三维对象。产生的对象类型取决于选定的对象类型，即首先选定的对象类型以及对象是否共面。

在 AutoCAD 2016 中执行【合并】命令有以下几种方式：

- 在菜单栏中选择【修改】|【合并】命令，如图 4-118 所示。
- 在【默认】选项卡中单击【修改】选项组中的【合并】按钮，如图 4-119 所示。
- 在命令行中执行 JOIN 命令。

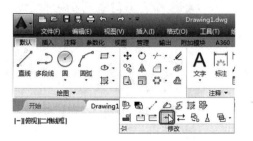

图 4-118　选择【合并】命令　　　　图 4-119　单击【合并】按钮

4.5.19 【上机操作】合并图形

下面通过实例讲解如何执行【合并】命令，具体操作步骤如下：

01 打开随书附带光盘中的 CDROM\素材\第 4 章\合并图形对象 . dwg 图形文件。如图 4-120 所示。

02 在命令行中执行 JOIN 命令，根据命令行的提示选择将要合并的对象，如图 4-121 所示，选择完成后按【Enter】键确认即可。命令行的操作步骤如下：

命令：JOIN   //执行 JOIN 命令
选择源对象或要一次合并的多个对象：找到 1 个   //选择源对象
选择要合并的对象：找到 1 个,总计 2 个   //选择要合并的对象
选择要合并的对象：找到 1 个,总计 3 个   //选择要合并的对象
选择要合并的对象：找到 1 个,总计 4 个   //选择要合并的对象
选择要合并的对象：找到 1 个,总计 5 个   //选择要合并的对象
选择要合并的对象：   //最后按【Enter】键确认即可
5 条圆弧已合并为 1 条圆弧   //系统自动显示,完成效果如图 4-122 所示

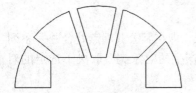
图 4-120 打开素材

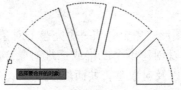
图 4-121 选择对象

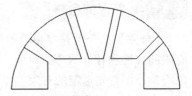
图 4-122 完成效果

4.5.20 图形的分解

【分解】命令就是将一个组合而成的图形对象分解成若干个单独的图形对象。

在 AutoCAD 2016 中执行【分解】命令有以下几种方式：

- 在菜单栏中选择【修改】|【分解】命令，如图 4-123 所示。
- 在【默认】选项卡中单击【修改】选项组中的【分解】按钮，如图 4-124 所示。
- 在命令行中执行 EXPLODE 命令。

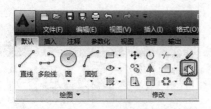
图 4-124 单击【分解】按钮

图 4-123 选择【分解】命令

4.5.21 【上机操作】分解图形

下面通过实例讲解如何执行【分解】命令，具体操作步骤如下：

01 首先打开随书附带光盘中的 CDROM\素材\第 4 章\分解图形对象.dwg 图形文件。

02 在命令行中执行 EXPLODE 命令。根据命令行的提示选择要分解的图形对象，在这选择上面的花，如图 4-125 所示，然后按【Enter】键确认即可将其分解。命令行的操作步骤如下：

命令：EXPLODE	//在命令行中执行 EXPLODE 命令
选择对象：指定对角点：找到 1 个	//选择要分解的图形对象
选择对象：	//按【Enter】键确认完成,效果如图 4-126 所示

选择分解图形对象

图 4-125 选择图形对象

分解后选中效果

图 4-126 分解后的选中效果

4.6 编辑特殊图形对象

在编辑图形对象的过程中，有时需要对多线、多段线、样条曲线等图形对象进行编辑，下面分别进行讲解。

4.6.1 编辑多线

多线绘制完成后，一般需要对多线进行编辑才能达到用户的要求，对多线进行编辑是指对多线的交点进行修改。在 AutoCAD 2016 中，用户可以在【多线编辑工具】对话框中选择相应的工具，然后对多线进行修改。

调用编辑多线命令的方式有如下两种：

- 在命令行中输入命令 MLEDIT，按【Enter】键确认。
- 在菜单栏中选择【修改】|【对象】|【多线】命令，如图 4-127 所示。

执行上述命令之一后，会弹出【多线编辑工具】对话框，如图 4-128 所示。

用户可以在弹出的对话框中选择一种多线编辑工具，然后在绘图窗口中单击多线交点处的两条多线，即可对多线进行修改。

下面介绍各多线编辑工具的含义及使用方法。

- 【十字闭合】：使用该工具可以将两条相交的多线修改为闭合的十字交点。选择该工具后，在绘图区中选择多线时，选择的第一条多线被切断，第二条多线不变，如图 4-129 所示。

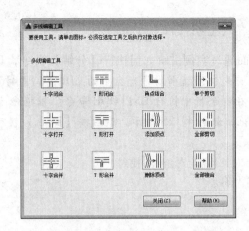

图 4-127　在菜单栏中调用编辑多线命令　　　图 4-128　【多线编辑工具】对话框

- 【十字打开】：使用该工具可以将相交的两条多线修改为打开的十字交点。选择该工具后，在绘图区中选择多线时，选择的第一条多线的内部线和外部线都被打断，选择的第二条多线的外部线被打断，内部线不变，如图 4-129 所示。
- 【十字合并】：使用该工具可以将相交的两条多线修改为合并的十字交点。选择该工具后，在绘图区中选择多线时，选择的第一条多线和第二条多线的外部线和内部线都被打断，如图 4-129 所示。

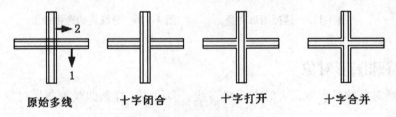

图 4-129　多线的十字编辑效果

- 【T 形闭合】：使用该工具可以将两条相交的多线修改为闭合的 T 形交点。选择该工具后，在绘图区中选择多线时，选择的第一条多线被修剪，第二条多线不变，如图 4-130 所示。
- 【T 形打开】：使用该工具可以将两条相交的多线修改为打开的 T 形交点。选择该工具后，在绘图区中选择多线时，选择的第一条多线的内部线和外部线都被修剪，第二条多线的外部线被修剪，内部线不变，如图 4-130 所示。
- 【T 形合并】：使用该工具可以将相交的两条多线修改为合并的 T 形交点。选择该工具后，在绘图区中选择多线时，选择的第一条多线的外部线和内部线都被修剪，第二条多线以中心线为界限，靠近第一条多线被鼠标单击的一侧的外部线和内部线被修剪，如图 4-130 所示。

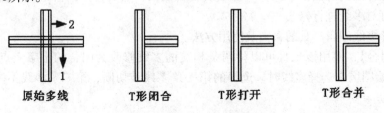

图 4-130　多线的 T 形编辑效果

- 【角点结合】：使用该工具可以将两条相交的多线交点进行修剪，使之形成一个顶点，鼠标点击顺序不同，形成的顶点也不同，如图 4-131 所示。

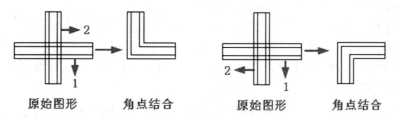

图 4-131　角点结合

- 【添加顶点】：使用该工具可以在多线上添加一个顶点，通过顶点可以对多线进行修改，如图 4-132 所示。

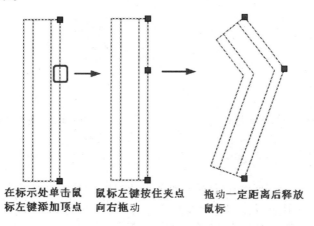

在标示处单击鼠标左键添加顶点　　鼠标左键按住夹点向右拖动　　拖动一定距离后释放鼠标

图 4-132　添加顶点

- 【删除顶点】：使用该工具可以将多线上的一个顶点删除，如图 4-133 所示。

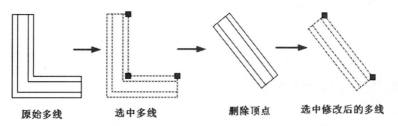

原始多线　　选中多线　　删除顶点　　选中修改后的多线

图 4-133　删除顶点

- 【单个剪切】：使用该工具可以通过选择两点将多线的一条线剪切，如图 4-134 所示。
- 【全部剪切】：使用该工具可以通过选择两点将多线的所有线在选择的两点之间进行剪切，如图 4-134 所示。
- 【全部结合】：使用该工具可以将剪切的多线进行连接，如图 4-134 所示。

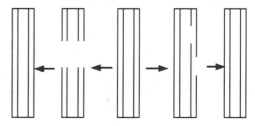

全部结合　全部剪切　原始多线　单个剪切　全部结合

图 4-134　单个剪切、全部剪切和全部结合

4.6.2 【上机操作】编辑图形

下面讲解如何编辑图形，其具体操作步骤如下：

01 启动软件后，新建一个文件，在菜单栏中执行【绘图】|【多线】命令，在绘图区中绘制一个如图 4-135 所示的三角形。

02 在命令行中输入 MLEDIT 命令，弹出【多线编辑工具】对话框，选择【角点结合】编辑工具。命令操作步骤如下：

```
命令：                       //MLEDIT 弹出【多线编辑工具】对话框，选择【角点结合】编辑工具
选择第一条多线：             //选择要编辑的多线，单击纵向多余的多线 A
选择第二条多线：             //选择要编辑的多线，单击横向多余的多线 B
选择第一条多线 或［放弃(U)］： //按空格键结束该命令，完成后的效果如图 4-136 所示
```

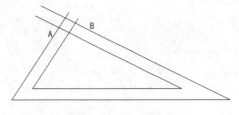

图 4-135　绘制三角形

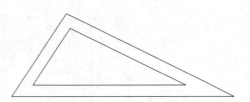

图 4-136　完成后的效果

4.6.3 编辑多段线

编辑多段线主要用于对多段线进行编辑满足用户对图形对象的要求。

在 AutoCAD 2016 中执行【编辑多段线】命令有以下几种方式：

- 在菜单栏中选择【修改】|【对象】|【多段线】命令，如图 4-137 所示。
- 选中将要编辑的多段线并单右击，在弹出的下拉菜单中选择【多段线】|【编辑多段线】命令，如图 4-138 所示。

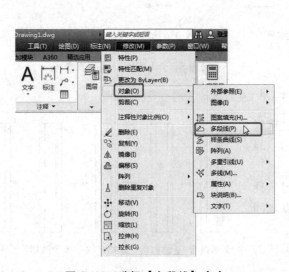

图 4-137　选择【多段线】命令

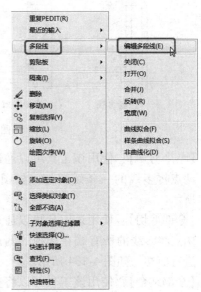

图 4-138　选择【编辑多段线】命令

- 在【默认】选项卡中单击【修改】|【编辑多段线】按钮，如图 4-139 所示。
- 在命令行中执行 PEDIT 命令。

图 4-139　单击【编辑多段线】按钮

在命令行中执行 PEDIT 命令，具体操作步骤如下：

命令：PEDIT　　　　　　　　　　　　　　　//执行 PEDIT 命令
选择多段线或 [多条(M)]：　　　　　　　　　//选择要编辑的多段线
输入选项 [闭合(C)/合并(J)/宽度(W)/编辑顶点(E)/拟合(F)/样条曲线(S)/非曲线化(D)/线型生成
(L)/反转(R)/放弃(U)]：　　　　　　　　　//根据实际情况设置选项

在执行该命令的过程中，命令行中出现的选项解释如下所示。
- 【闭合】：选择该选项，可以将多段线进行闭合处理。
- 【合并】：选择该选项，可以将多段线合并成一条图形对象。
- 【宽度】：选择该选项，可以将选择的多段线设置成新的宽度。
- 【编辑顶点】：利用该选项可以编辑顶点。
- 【拟合】：使用拟合命令可以将多段线以光滑的曲线显示。
- 【样条曲线】：使用该命令可以将多段线创建成拟合样条曲线。
- 【非曲线化】：将前面的拟合样条曲线还原成多段线，和【样条曲线】选项正好相反。
- 【线型生成】：该选项用来设置多段线的线型生成方式开关。
- 【反转】：选择该选项，可以将多段线定点的顺序反转。
- 【放弃】：放弃上一次对多段线的编辑。

4.6.4　编辑样条曲线

【编辑样条曲线】命令可以控制点数量、权值和拟合公差，还可以打开、闭合样条曲线及调整始末端点的切线方向。

在 AutoCAD 2016 中执行【编辑样条曲线】命令有以下几种方式：
- 在菜单栏中选择【修改】|【对象】|【样条曲线】命令，如图 4-140 所示。
- 在【默认】选项卡中单击【修改】|【编辑样条曲线】按钮，如图 4-141 所示。
- 在命令行中执行 SPLINEDIT 命令。

在命令行中执行 SPLINEDIT 命令，具体操作步骤如下：

命令：SPLINEDIT　　　　　　　　　　　　//执行 SPLINEDIT 命令
选择样条曲线：　　　　　　　　　　　　　//选择将要编辑的样条曲线
输入选项 [闭合(C)/合并(J)/拟合数据(F)/编辑顶点(E)/转换为多段线(P)/反转(R)/放弃(U)/退出
(X)] <退出>：　　　　　　　　　　　　　//根据实际情况选择选项进行设置

图 4-140 选择【样条曲线】命令   图 4-141 单击【编辑样条曲线】按钮

在执行该命令的过程中，命令行中出现的选项解释如下所示。

- 【闭合】：将选择的样条曲线进行闭合处理。
- 【合并】：选择该选项可以将选择的图形对象合并到当前样条曲线。
- 【拟合数据】：选择该选项可以对带有拟合数据点的样条曲线进行编辑。
- 【编辑顶点】：该选项用于控制样条曲线上的顶点。
- 【转换为多段线】：该选项可以将样条曲线转换成多段线。
- 【反转】：该选项可以将样条曲线反向反转。

4.7 使用夹点编辑对象

当用户选择某个图形对象时，被选中图形的状态会显示蓝色小方块，如图 4-142 所示。这些蓝色小方块被称为夹点。利用夹点可以修改多段线和样条曲线。下面将详细介绍如何编辑这些夹点。

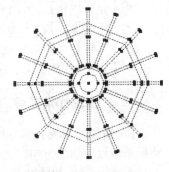

4.7.1 夹点

在图形对象选中的情况下，当十字光标经过夹点时，光标会自动与夹点对齐，由此可对图形对象的位置进行精确的确认。

夹点在默认的情况下共有 3 种显示形式，各显示形式的解释如下所示。

图 4-142 夹点

- 未选中夹点：将图形对象选中不做任何处理的情况下，夹点以蓝色小方块的形式显示，如图 4-143 所示。
- 悬停夹点：将鼠标放置在选中图形上的任意夹点上时，该夹点呈现为粉红色，并弹出如图 4-144 所示的面板。
- 选中夹点：用鼠标单击该夹点时，该夹点又会变成深红色，如图 4-145 所示，此时可对其进行编辑。

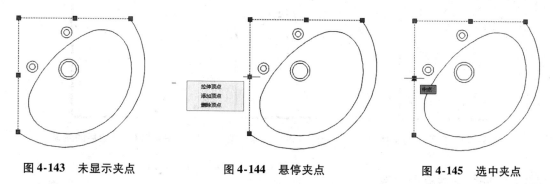

图 4-143　未显示夹点	图 4-144　悬停夹点	图 4-145　选中夹点

当用户选中夹点后，此时命令行提供的编辑信息如图 4-146 所示。按一次空格键或【Enter】键，命令行显示的是【拉伸】编辑，按第 2 次显示的是【移动】编辑；按第 3 次显示的是【旋转】编辑；按第 4 次显示的是【比例缩放】编辑；按第 5 次显示的是【镜像】编辑。再敲便是循环命令编辑。

图 4-146　命令行显示【拉伸】命令

4.7.2　使用夹点拉伸对象

进行【拉伸】编辑将选择图形对象的夹点移动到一个新的位置进行拉伸。在编辑【拉伸】命令时命令行显示如图 4-146 所示。在命令行中出现的选项解释如下所示。

- 【基点】：该选项用来重新指定图形对象的基点。
- 【复制】：选择该选项时，可多次进行复制并生成多个副本，而且源对象不发生改变，如图 4-147 所示。

原图形对象　　　　不复制进行拉伸　　　　复制后拉伸

图 4-147　拉伸是否复制对比效果图

- 【放弃】：当用户进行多次复制操作时，该选项可将复制取消。
- 【退出】：退出编辑状态。

4.7.3　【上机操作】拉伸对象

下面讲解如何拉伸对象，其具体操作步骤如下：

01 打开随书附带光盘中的 CDROM\素材\第 4 章\箭头.dwg 图形文件，如图 4-148 所示。

02 选择图形文件的箭头，选中如图 4-149 所示的 A 夹点进行拉伸，垂直向上移动鼠标并输入拉伸距离 100，按【Esc】键确认并退出命令，完成后的效果如图 4-150 所示。

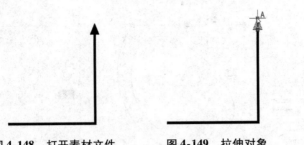
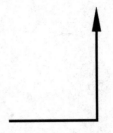

| **图 4-148** 打开素材文件 | **图 4-149** 拉伸对象 | **图 4-151** 完成后的效果 |

4.7.4 使用夹点移动对象

移动夹点就是选中夹点利用鼠标将其按指定的下一点位置移动一定的距离和方向。

在 AutoCAD 2016 中执行夹点移动命令的方法有以下几种方式：

- 当用户选中夹点之后，在绘图区右击，在弹出的快捷菜单中选择【移动】命令，如图 4-151 所示。
- 当用户选中夹点之后，在命令行中执行 MO 命令。

4.7.5 【上机操作】移动对象

下面通过实例练习【移动】命令的使用方法，具体操作步骤如下：

图 4-151 选择【移动】命令

01 打开随书附带光盘中的 CDROM\素材\第 4 章\使用夹点移动对象.dwg 图形文件，如图 4-152 所示。

02 选择图形文件中的台灯，并单击如图 4-153 所示的夹点，按一次【Enter】键，根据命令行提示指定移动点，如图 4-154 所示。最后按【Esc】将退出，完成效果如图 4-155 所示。

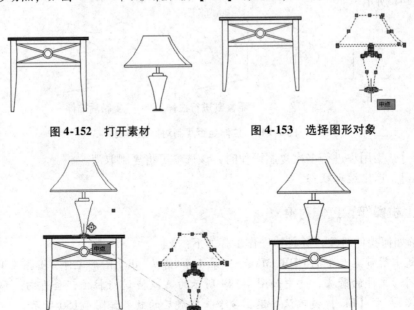

| **图 4-152** 打开素材 | **图 4-153** 选择图形对象 |

| **图 4-154** 指定移动点 | **图 4-155** 移动效果 |

4.7.6　使用夹点旋转对象

利用夹点旋转就是将选中的夹点通过鼠标拖动和指定点位置围绕基点进行旋转，在旋转时可以用鼠标单击确定位置，也可以输入指定的旋转角度。

在 AutoCAD 2016 中执行夹点旋转命令的方法有以下几种：

- 当用户选中夹点之后，在绘图区右击，在弹出的快捷菜单中选择【旋转】命令，如图 4-156 所示。
- 当用户选中夹点之后，在命令行中执行 ROTATE 命令。

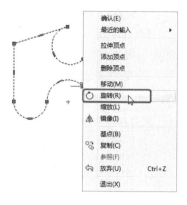

图 4-156　选择【旋转】命令

4.7.7　【上机操作】旋转对象

下面通过实例练习【旋转】命令的使用，具体操作步骤如下：

01 打开随书附带光盘中的 CDROM\素材\第 4 章\灯 .dwg 图形文件，选择如图 4-157 所示的灯并单击夹点。

02 选中夹点后，连续按 2 次【Enter】键，根据命令行提示输入旋转角度 180°，然后按【Esc】键退出，完成的旋转效果如图 4-158 所示。

图 4-157　单击夹点　　　图 4-158　旋转后的效果

4.7.8　使用夹点缩放对象

利用夹点将图形对象进行缩放时，将选择的夹点作为基点向外拖动鼠标可以增大图形对象的尺寸，向内拖动将缩小图形对象的尺寸；用户还可以输入指定的比例因子进行精确的缩放。

在 AutoCAD 2016 中执行夹点缩放命令有以下几种方式：

- 当用户选中夹点之后，在绘图区右击，在弹出的快捷菜单中选择【缩放】命令，如图 4-159 所示。
- 当用户选中夹点之后，在命令行中执行 SC 命令。

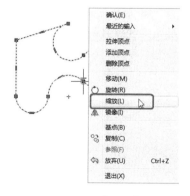

图 4-159　选择【缩放】命令

4.7.9 【上机操作】缩放图形

下面通过实例练习该命令的使用，具体操作步骤如下：

01 打开随书附带光盘中的 CDROM\素材\第 4 章\书.dwg 图形文件，选择装饰画图形对象并单击如图 4-160 所示的 A 夹点。

02 选中夹点之后按 3 次【Enter】键，根据命令行中的提示输入比例因子 2，然后按【Esc】键退出，完成缩放效果，如图 4-161 所示。

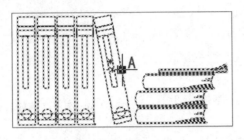

图 4-160　单击夹点

图 4-161　完成后的效果

4.7.10 使用夹点镜像对象

夹点镜像就是将图形对象沿指定的镜像线创建对称形式的复制。

在 AutoCAD 2016 中执行夹点镜像命令有以下几种方式：

- 当用户选中夹点之后，在绘图区右击，在弹出的快捷菜单中选择【镜像】命令，如图 4-162 所示。
- 当用户选中夹点之后，在命令行中执行 MIRROR 命令。

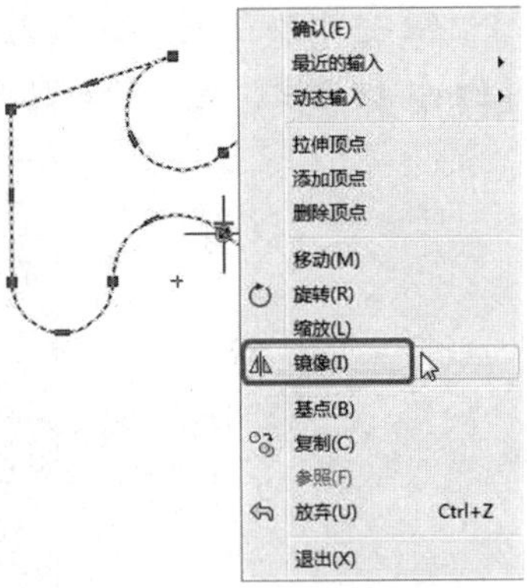

4.7.11 【上机操作】镜像图形

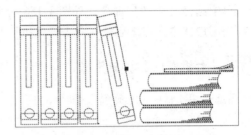

图 4-162　选择【镜像】命令

下面讲解如何镜像图形，其具体操作步骤如下：

01 打开随书附带光盘中的 CDROM\素材\第 4 章\镜像图形.dwg 图形文件，选择整个图形对象，如图 4-163 所示。

02 单击夹点 A，选中夹点 A 之后按 3 次【Enter】键，根据命令行中的提示输入字母 C，然后指定镜像线的第二点 B，最后按【Esc】键退出，完成镜像效果，如图 4-164 所示。

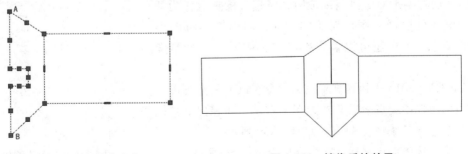

图 4-163　单击夹点

图 4-164　镜像后的效果

4.8 综合应用——绘制回转器

本例将讲解如何绘制回转器，操作步骤如下：

01 打开随书附带光盘中的 CDROM\素材\第4章\回转器.dwg 图形文件，如图4-165所示。

02 在命令行中执行 CIRCLE 命令，拾取 A 点、B 点为圆心，依次输入5.5、3.5，拾取 C 点为圆心，依次输入27.5、13，绘制多个圆，如图4-166所示。

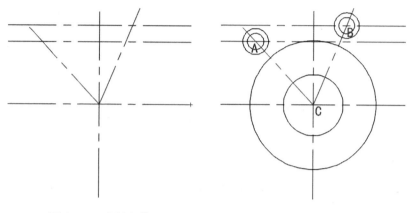

图4-165　素材文件　　　　　　图4-166　绘制多个圆

03 在命令行中执行 OFFSET 命令，拾取最下方的水平辅助线，分别向上和向下偏移2，拾取垂直辅助线，向左偏移34，拾取直线 AC、直线 BC，分别向左向右偏移5.5，并将偏移处理的直线转化至【轮廓】图层，如图4-167所示。

04 在命令行中执行 TRIM 命令，修剪绘图区中需要修剪的部分，如图4-168所示。

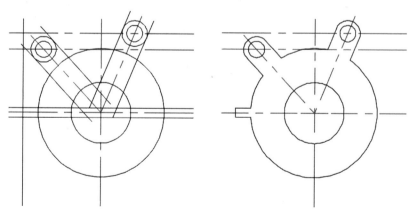

图4-167　偏移处理　　　　　　图4-168　修剪处理

05 使用【直线】命令，绘制两条通过圆心的直线，将绘制的直线颜色修改为红色，并删除绘图区中不需要的线段，如图4-169所示。

06 在命令行中执行 ARRAYPOLAR 命令，选择要阵列的对象，按【Enter】键进行确认，指定圆的基点作为阵列的中心点，在【阵列创建】选项卡中，设置【项目总数】为13，【填充角度】为190，按【Enter】键进行确认，并将阵列的对象进行分解，然后对其进行修剪，如

图 4-170所示。

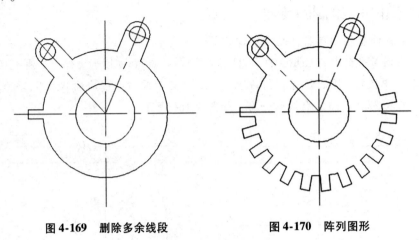

图 4-169 删除多余线段   图 4-170 阵列图形

4.9 本章小结

　　本章介绍的知识在 AutoCAD 绘图过程中比较常用，也非常重要，如复制、移动命令等。使用这些命令，可以修改已有图形或通过已有图形构造新的复杂图形。熟练掌握和使用二维图形编辑命令，可以减少重复操作，保证绘图的准确性，从而提高绘图效率。

图　层

05
Chapter

本章导读：

基础知识 ◆ 图层概述
◆ 图层的优点和缺点

重点知识 ◆ 创建新图层
◆ 图层特性的设置

提高知识 ◆ 图层管理的高级功能
◆ 保存与恢复图层状态

　　本章介绍了图层的概述、优点、特点以及图层特性管理器。重点讲解了如何创建图层和设置图层特性的方法，以及图层管理的高级功能。

5.1　图层概述

　　图层相当于图纸绘图中使用的重叠图纸，可以创建和编辑图层，并为这些图层指定通用特性。通过将对象分类放到各自的图层中，可以快速有效地控制对象的显示以及对其进行更改。

　　图层是 AutoCAD 提供的一个管理图形对象的工具，用户可以根据图层对图形几何对象、文字、标注等进行归类处理，使用图层来管理它们，不仅能使图形的各种信息清晰、有序，便于观察，而且也会给图形的编辑、修改和输出带来很大的方便。

5.2　图层优点

　　通过使用图层，我们可以把类型相同或者是相似的对象，指定给同一图层，以方便对这些对象进行统一的管理和修改。AutoCAD 2016 图层具有以下优点：

- 节省存储空间。
- 控制图形颜色、线条和宽度及线型等属性。
- 统一控制同类图形实体的显示、冻结等特性。
- 设置是否打印某图层上的对象，以及如何打印。
- 某图层上的对象是否可见，是否能被选中。
- 在各个布局视口中显示不同的图层。
- 统一修改某图层上的对象。

5.3 图层特点

用户可以在一幅图中指定任意数量的图层，AutoCAD 2016 对图层的数量没有限制，对图层上的对象数量也没有任何限制。

一般情况下，同一图层上的对象应具有相同颜色、线型和线宽，这样做便于管理图形对象、提高绘图效率，可以根据需要改变图层颜色、线型以及线宽等特性。

虽然 AutoCAD 2016 允许建立多个图层，但用户只能在当前图层上绘图。因此，如果要在某一图层上绘图，必须将该图层设为当前层。

各图层具有相同的坐标系、图形界限、显示缩放倍数，可以对位于不同 AutoCAD 2016 图层上的对象同时进行编辑操作（如移动、复制等）。

可以对各图层进行打开、关闭、冻结、解冻、锁定与解锁等操作，以决定各图层可见性与可操作性。

5.4 图层特性管理器

AutoCAD 2016 对图层的管理是在【图层特性管理器】选项板中进行的。

打开【图层特性管理器】选项板的方法如下：

- 在菜单栏中，选择【工具】|【选项板】|【图层】命令，如图 5-1 所示。
- 在菜单栏中，选择【格式】|【图层】命令，如图 5-2 所示。
- 在【默认】选项卡的【图层】选项组中单击【图层特性】按钮，如图 5-3 所示。
- 在命令行输入 LAYER 命令并按【Enter】键。

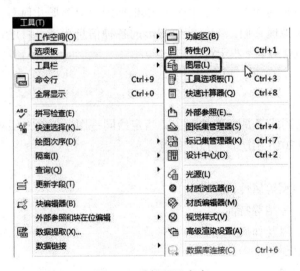

图 5-1 选择图层命令

图 5-2 选择图层命令

执行以上任意命令都将弹出【图层特性管理器】选项板，如图 5-4 所示。【图层特性管理器】选项板分为两部分，一部分为过滤器列表，另一部分为图层列表。

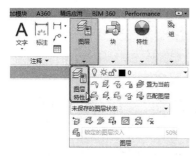

图 5-3　单击【图层特性】按钮　　　**图 5-4　【图层特性管理器】选项板**

【图层特性管理器】选项板各含义如下所示。

- 【新建特性过滤器】按钮：单击该按钮将弹出【图层过滤器特性】对话框，从中可以根据图层的一个或多个特性创建图层过滤器，如图 5-5 所示。
- 【新建组过滤器】按钮：单击该按钮将创建组过滤器，其中包含选择并添加到该过滤器的图层。
- 【图层状态管理器】按钮：单击该按钮将弹出【图层状态管理器】对话框，如图 5-6 所示。

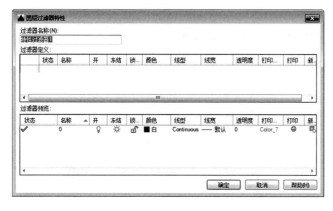

图 5-5　【图层过滤器特性】对话框　　**图 5-6　【图层状态管理器】对话框**

- 【新建图层】按钮：单击该按钮将在当前图层下新建一个图层，新图层与所选择图层的所有特性相同。
- 【在所有视口中都被冻结的新图层视口】按钮：单击该按钮将创建一个新图层，但会在所有现有的布局视口中将其冻结。
- 【删除图层】按钮：用于删除当前选择的图层。只能删除未被参照的图层。参照的图层包括图层 0 和 DEFPOINTS、包含对象（包含块定义中的对象）的图层、当前图层以及依赖外部参照的图层。
- 【置为当前】按钮：将选定图层设置为当前图层。将在当前图层上绘制创建的对象。
- 【状态】：显示图层状态。如果是当前图层，将显示 ✔ 标记；如果不是当前图层，将显示 ⊘ 标记。
- 【名称】：显示图层的名称。
- 【开】：打开或关闭图层的可见性，打开时按钮呈 💡 显示，此时图层中包含的对象在绘图区显示，并且可以被打印；关闭时按钮呈 💡 显示，此时图层中包含的对象在绘图区隐藏，并且无法被打印。

- 【冻结】：用于在所有视口中冻结或解冻图层，冻结时按钮呈 ❄ 显示，此时图层中包含的对象无法显示、打印、消隐、渲染或重生成；解冻时按钮呈 ☀ 显示。

- 【锁定】：用于锁定或解锁整个图形中的图层，锁定图层中的对象将无法进行修改，锁定时按钮呈 🔒 显示，解锁后按钮呈 🔓 显示。

图 5-7 【选择颜色】对话框

- 【颜色】：用于更改图形中的颜色，单击颜色名将打开【选择颜色】对话框，如图 5-7 所示。
  - ➤ 【索引颜色】：【索引颜色】选项卡中提供了一系列标准颜色、灰度阴影和全色调色板。AutoCAD 索引颜色提供的原始颜色是最常用的颜色。这些颜色拥有自己的名称和编号。如 1（红）、2（黄）、3（绿）、4（青）、5（蓝）、6（洋红）、7（白）等。
  - ➤ 【真彩色】：在【真彩色】选项卡中可以设置任意颜色，设置颜色前需要从【颜色模式】下拉列表中选择颜色模式（HSL、RGB），如图 5-8 所示。
  - ➤ 【配色系统】：在【配色系统】选项卡中显示了配色系统中的所有颜色，如图 5-9 所示。

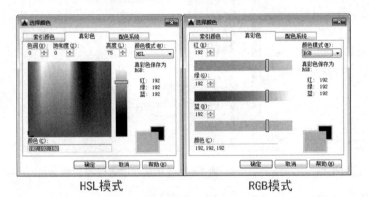

HSL模式　　　　　　RGB模式

图 5-8 【真彩色】选项卡

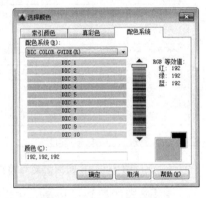

图 5-9 【配色系统】选项卡

- 【线型】：更改图形中的线型，单击线型名将打开【选择线型】对话框，如图 5-10 所示。在该对话框中用户可选择需要的线型，如果没有需要的线型，单击 加载(L)... 按钮加载线型。

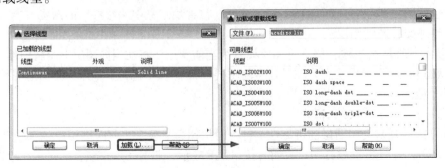

图 5-10 加载线型

- 【线宽】：更改图形中线型的宽带，单击线宽名将打开【线宽】对话框，如图 5-11 所示。
- 【透明度】：用于设置图形的透明度。单击透明度名将打开【图层透明度】对话框，取值范围在 0~90，如图 5-12 所示。

图 5-11 　【线宽】对话框 　　　　图 5-12 　【图层透明度】对话框

- 【打印样式】：在 AutoCAD 2016 中，可以使用一个称为【打印样式】的新的对象特性。打印样式控制对象的打印特性。使用打印样式给用户提供很大的灵活性，因为用户可以设置打印样式来替代其他对象特性，也可以按用户需要关闭这些替代设置。
- 【打印】：设置是否打印图层中的对象，允许打印时按钮呈 ⊖ 显示，禁止打印时呈 ⊜ 显示。
- 【新视口冻结】：控制在当前视口中图层的冻结和解冻。不解冻图形中设置为【关】或【冻结】的图层，对于模型空间视口不可用。

5.5　创建新图层

开始绘制新图形时，AutoCAD 将自动新建一个名为 0 的特殊图层。默认情况下，0 图层将被指定使用 7 号颜色、CONTINUOUS 线型、【默认】线宽以及 NORMAL 打印样式，不能删除或重命名 0 图层。

在绘图过程中，如果要使用更多的图层来组织图形，就需要先创建新图层。在【图层特性管理器】选项板中新建图层的方法如下：

- 单击【新建】按钮 新建图层。
- 在 0 图层上右击，在弹出的快捷菜单中选择【新建图层】命令，如图 5-13 所示。
- 选择图层名称按【Enter】键。

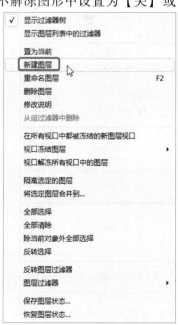

图 5-13 　新建图层

提示

　　如果要建立多个图层，无须重复单击【新建】按钮，更有效的方法是：在建立一个新的图层【图层1】后，按【Enter】键，这样就会又自动建立一个新图层【图层2】，依次建立多个图层。

5.6　图层特性的设置

　　图层特性设置包括设置图层颜色特性、线型特性及线宽特性等，对图层的特性进行设置后，该图层上所有图形对象的特性将会随之发生变化。

5.6.1　图层颜色特性

　　在绘图过程中，整个图形包含多种不同功能的图形对象，如墙体、辅助线、尺寸标注等，为了便于区分它们，就有必要针对不同的图形对象使用不同的颜色。

　　设置【图层颜色】的方法如下所示。

- 在菜单栏中选择【格式】|【颜色】命令，如图 5-14 所示。
- 打开【图层特性管理器】选项板，在该选项板的【颜色】列中单击该图层对应的颜色【白】，弹出【选择颜色】对话框，对其进行设置，如图 5-15 所示。
- 打开【特性】选项组中的【对象颜色】下拉列表框，选择【更多颜色】选项，如图5-16所示。
- 在命令行中输入 COLOR 命令，并按【Enter】键。

图 5-14　选择颜色命令　　　　图 5-15　【选择颜色】对话框　　　图 5-16　选择【更多颜色】选项

5.6.2　【上机操作】使用图层改变图形颜色

　　下面通过图层改变图形颜色，具体操作步骤如下：

01 打开随书附带光盘中的 CDROM\素材\第 5 章\壁画 .dwg 图形文件，选择所有图形的边框，打开【图层】选项组中的【图层】下拉列表框，单击【图层 1】的【图层颜色】按钮，如图 5-17 所示。

02 弹出【选择颜色】对话框，在该对话框中选择【蓝色】，然后单击 确定 按钮，返回绘图区，按【Esc】键退出选择，即可看到图形有所改变，如图 5-18 所示。

图 5-17　单击图层颜色按钮

图 5-18　改变图形颜色

5.6.3 【上机操作】使用特性改变图形颜色

下面通过特性改变图形颜色，具体操作步骤如下：

01 打开随书附带光盘中的 CDROM\素材\第 5 章\台灯 .dwg 图形文件，选择所有的图形对象，打开【特性】选项组中的【对象颜色】下拉列表框，选择【更多颜色】选项，如图 5-19 所示。

02 弹出【选择颜色】对话框，在该对话框中选择【青色】，然后单击 确定 按钮，返回绘图区，按【Esc】键退出选择，即可看到图形有所改变，如图 5-20 所示。

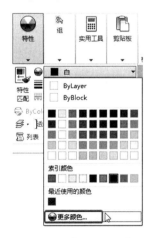
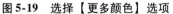

图 5-19　选择【更多颜色】选项

图 5-20　改变图形颜色

5.6.4 设置图层线型特性

线型是指作为图形基本元素的线条的组成和显示方式，如粗实线、虚线与点画线等。在许多绘图过程中，常常以线型划分图层，为某一个图层设置合适的线型，在绘图时，只需要将该图层设为当前图层，即可绘制出符合线型要求的图形对象。

在默认情况下，新建图层的线型特性是 Continuous，但是在绘制图形时，经常需要使用不同的线型来表示不同的对象，设置图层【线型】的方法如下：

- 在菜单栏中选择【格式】|【线型】命令，如图 5-21 所示。
- 打开【图层特性管理器】选项板，在该选项板的【线型】列中单击该图层对应的线型【Continuous】，弹出【选择线型】对话框，对其进行设置，如图 5-22 所示。
- 打开【特性】选项组中的【线型控制】下拉列表框，选择【其他】选项，如图 5-23 所示。
- 在命令行中输入 LINETYPE 命令，并按【Enter】键。

图 5-21　选择【线型】命令　　图 5-22　【选择线型】对话框　　图 5-23　在【特性】选项组中设置线型

执行以上方法将弹出【线型管理器】对话框，如图 5-24 所示，在该对话框中可以加载线型和设置线型比例。

图 5-24　【线型管理器】对话框

1．加载线型

加载线型的具体操作步骤如下：

01 显示菜单栏，选择【格式】|【图层】命令，打开【图层特性管理器】选项板，如图5-25所示。

02 选择要修改线型特性的图层，单击中间列表框中【线型】栏下的 Continuous 图标。

03 弹出【选择线型】对话框，在该对话框中列出了当前已加载的线型，若列表框中没有所需线型，则单击 加载(L)... 按钮，如图5-26所示。

图 5-25　【图层特性管理器】选项板　　　　图 5-26　【选择线型】对话框

04 弹出【加载或重载线型】对话框，选择需要加载的线型，这里选择 ACAD_ ISO02W100 线型，单击 确定 按钮完成加载，如图5-27所示。

05 返回【选择线型】对话框，选择刚才加载的线型，这里选择 ACAD_ ISO02W100 线型，单击 确定 按钮完成加载，如图5-28所示。

图 5-27　【加载或重载线型】对话框　　　　图 5-28　【选择线型】对话框

06 返回【图层特性管理器】选项板，即可看到线型由原来的 Continuous 变成了刚才设置的线型，如图5-29所示。

图 5-29　完成后的效果

2. 设置线型比例

在 AutoCAD 线型文件中通常只定义一个线型单位的长度，但由于图纸尺寸差别很大，在不同图纸中要显示虚线效果，需要把线型单位放大或缩小，就需要设置线型比例。线型比例过大或过小都可能使虚线显示为实线，比例过大，可能图中的线只显示了虚线的第一段实线，比例过小，间隔部分看不到了，也会显示为实线，不停放大视图，才可以看到线实际上仍是虚线。

通过在【线型管理器】对话框中，用户可以通过【全局比例因子】或【当前对象缩放比例】来改变线型的相对比例，从而正确显示所使用的线型，如图 5-30 所示。

通过【全局比例因子】更改全部对象或更改每个对象的线型比例，可以以不同的比例使用同一种线型。默认情况下，【全局比例因子】和【当前对象缩放比例】的线型对象设置为1.0000。比例越小，每个绘图单位中生成的重复图案数越多。

图 5-30 【线型管理器】对话框

在【线型管理器】对话框中，各选项的作用如下所示。

- 【线型过滤器】：该下拉列表中有 3 种过滤方式，即【显示所有线型】、【显示所有使用的线型】和【显示所有依赖外部参照的线型】，它们的作用是控制哪些线型可以在线型列表中显示。
- 【反转过滤器】：勾选该复选框后，线型列表中将显示不满足过滤器要求的全部线型。
- 【与前线型】：显示当前线型的名称。
- 【线型】：显示了满足过滤条件的线型及其基本信息，包括线型名称、外观和说明等信息。
- 【加载】：该按钮的作用是加载其他可用的线型。单击该按钮，则弹出【加载或重载线型】对话框。
- 【删除】：单击该按钮，可以删除选择的线型。注意，Bylayer、Byblock、Continuous 与当前线型、被引用的线型以及依赖于外部参照的线型等都不能被删除。
- 【当前】：单击该按钮，可以将线型列表中选择的线型设置为当前线型。
- 【显示细节】：单击该按钮，将显示选定线型的更多信息，如名称、说明、全局比例因子等，此时该按钮变为【隐藏细节】按钮。

5.6.5 【上机操作】使用图层改变图像线型

下面讲解如何使用图层改变图像的线型特性，具体操作步骤如下：

01 打开随书附带光盘中的 CDROM\素材\第 5 章\煤气灶 .dwg 图形文件，选择【格式】|【图层】命令，打开【图层特性管理器】选项板，如图 5-31 所示。

02 单击【图层1】的线型栏，弹出【选择线型】对话框，如图 5-32 所示。

图 5-31　【图层特性管理器】选项板　　　　图 5-32　【选择线型】对话框

03 单击【加载】按钮，弹出【加载或重载线型】对话框，选择 BATTING 线型，单击【确定】按钮，如图 5-33 所示。

04 返回【选择线型】对话框，在【已加载的线型】列表框中选择刚加载的线型 BATTING，单击【确定】按钮，如图 5-34 所示。

图 5-33　选择 BATTING 线型　　　　　　图 5-34　选择刚加载的线型

05 返回绘图区，即可看到图形对象的线型发生改变，如图 5-35 所示。

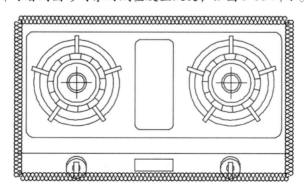

图 5-35　设置线型后的效果

5.6.6 【上机操作】使用特性改变图像线型

下面讲解如何使用特性改变图像的线型特性，具体操作步骤如下：

⓵ 打开随书附带光盘中的 CDROM\素材\第 5 章\素材 1.dwg 图形文件，打开【特性】选项组中的【线型控制】下拉列表框，选择【其他】选项，如图 5-36 所示。

⓶ 弹出【线型管理器】对话框，单击【加载】按钮，弹出【加载或重载线型】对话框，在该对话框中选择需要的线型 CENTER，如图 5-37 所示，单击【确定】按钮。

图 5-36 选择【其他】选项 图 5-37 选择需要的线型

⓷ 返回【线型管理器】对话框，在该对话框中选择刚加载的线型 CENTER，单击【确定】按钮，如图 5-38 所示。

⓸ 返回绘图区，选择如图 5-39 所示的椭圆，打开【特性】选项组中的【线型控制】下拉列表框，单击 CENTER 选项，如图 5-40 所示。

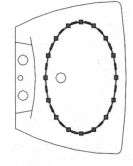

图 5-38 选择刚加载的线型 图 5-39 选择椭圆

⓹ 返回绘图区，即可看到图形对象的线型有所改变，如图 5-41 所示。

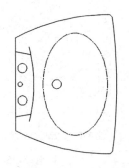

图 5-40 选择线型 图 5-41 设置线型后的效果

5.6.7　设置图层线宽特性

在 AutoCAD 中，用户可以为每个图层的线型设置实际线宽。线宽设置就是指改变线条的宽度。在 AutoCAD 中，使用不同宽度的线条表现对象的大小或类型，可以提高图形的表达能力和可读性。

设置图层【线宽】的方法如下：

- 在菜单栏中选择【格式】|【线宽】命令，如图 5-42 所示。
- 打开【图层特性管理器】选项板，在该选项板的【线宽】列中单击该图层对应的线宽【默认】，将弹出【线宽】对话框，如图 5-43 所示。
- 打开【特性】选项组中的【线宽控制】下拉列表框，选择【线宽设置】选项，如图5-44所示。
- 在命令行中输入 LWEIGHT 命令，并按【Enter】键。

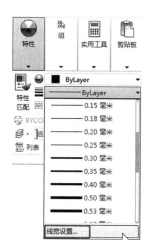

图 5-42　在菜单栏中选择线宽命令　　图 5-43　【线宽】对话框　　图 5-44　选择【线宽设置】选项

执行以上命令将弹出【线宽设置】对话框，如图 5-45 所示。在【线宽设置】对话框中不仅可以设置线宽，还可以设置其单位和显示比例等参数。

- 【线宽】：该列表中显示了可用的线宽值，可以根据需要选择其中一项作为当前线宽。
- 【当前线宽】：显示当前线宽。
- 【列出单位】：用于指定线宽的单位，可以是【毫米】或【英寸】。
- 【显示线宽】：勾选该复选框，可以使设置的线宽在当前图形的模型空间中显示出来。
- 【默认】：用于设置【默认】项的取值。
- 【调整显示比例】：通过拖动滑块，可以设置线宽的显示比例。

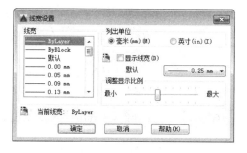

图 5-45　【线宽设置】对话框

通过设置线宽可以有效地显示图层对象，具体操作步骤如下：

⓪1 显示菜单栏，选择【格式】|【图层】命令，打开【图层特性管理器】选项板。

⓪2 选择要修改的线宽特性的图层，单击中间列表框中的【线宽】栏下的 —— 默认 图标，弹出
【线宽】对话框，在【线宽】列表框中选择需要的线宽，这里选择 0.00 mm 线宽，然后单击
确定 按钮，如图 5-46 所示。

⓪3 返回【图层特性管理器】选项板，即可看到线宽由原来的【默认】变成了 0.00 毫米，
如图 5-47 所示。

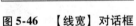

图 5-46　【线宽】对话框

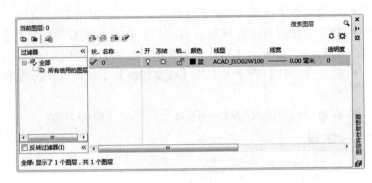

图 5-47　完成后的效果

5.6.8　【上机操作】使用图层改变图形线宽

下面通过图层改变图形线宽特性，具体操作步骤如下：

⓪1 打开随书附带光盘中的 CDROM\素材\第 5 章\煤气灶.dwg 图形文件，选择【格式】|【图
层】命令，打开【图层特性管理器】选项板。单击【图层 1】的线宽列，弹出【线宽】对话
框，在该对话框中选择需要的线宽，这里选择【0.35mm】线宽，单击【确定】按钮，如图 5-
48 所示。

⓪2 关闭【图层特性管理器】选项板，返回绘图区即可看到图形的线宽发生更改，如图 5-49
所示。

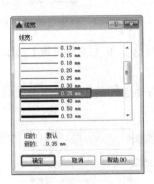

图 5-48　选择【0.35mm】线宽

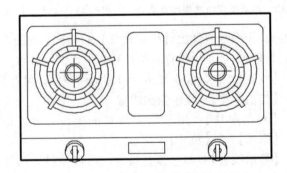

图 5-49　改变线宽后的效果

5.6.9　【上机操作】使用特性改变图形线宽

下面通过特性改变图形线宽特性，具体操作步骤如下：

⓪1 打开随书附带光盘中的 CDROM\素材\第 5 章\素材 1.dwg 图形文件，选择所有图形对象。

⑫ 打开【特性】选项组中的【线宽控制】下拉列表框,选择【0.35 毫米】选项,如图 5-50 所示。

⑬ 返回绘图区,按【Esc】键退出选择,即可看到图形的线宽发生了更改,如图 5-51 所示。

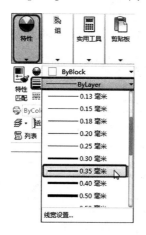

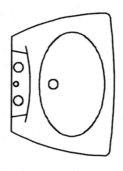

图 5-50　选择线宽　　　　图 5-51　改变线宽后的效果

5.6.10　设置当前图层

当前图层就是当前的绘图层,用户只能在当前图层上绘制图形,而且所绘制的图形属性是当前图层的属性。

调用【当前图层】的方法如下所示。

- 在【图层特性管理器】选项板中选择需要的图层,单击【置为当前】按钮 ,如图5-52所示。
- 打开【图层特性管理器】选项板,在需要的图层上右击,在弹出的快捷菜单中选择【置为当前】命令,如图 5-53 所示。

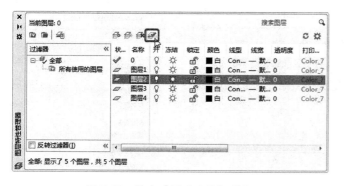

图 5-52　单击【置为当前】按钮　　　　5-53　选择【置为当前】命令

- 单击【图层】选项组上的 置为当前 按钮，然后选择某个图形，即可将该图形所在的图层设置为当前图层，如图 5-54 所示。
- 在【图层】选项组的【图层】下拉列表中，单击所需图层，即可将其置为当前图层，如图 5-55 所示。
- 在命令行中输入 CLAYER 命令，并按【Enter】键，如图 5-56 所示。

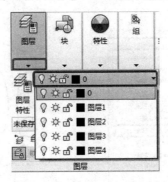

5-54 在【图层】选项组中单击　　**5-55 在【图层】下拉列表中选择**　　**图 5-56 在命令行输入命令**

5.6.11 删除图层

用户在整理图层过程中，若发现一些不需要的图层，这时可以通过【图层特性管理器】选项板来删除图层，删除图层的方法如下所示。

- 在【图层特性管理器】选项板中选择需要删除的图层，单击【删除图层】按钮，如图 5-57 所示。
- 在选择的图层上右击，在弹出的快捷菜单中选择【删除图层】命令，如图 5-58 所示。
- 选择需要删除的图层，按【Alt + D】组合键。

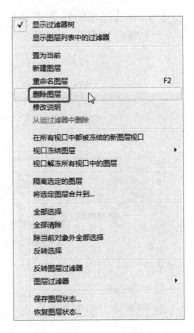

图 5-57 单击【删除】按钮　　　　　　**图 5-58 选择【删除图层】命令**

5.6.12 转换图层

使用【图层转换器】可以实现图层之间的转换，【图层转换器】可以转换当前图形中的图层，使其与其他图层的图层结构或 CAD 标注文件相互匹配。

调用【图层转换器】对话框的方法如下所示。

- 在菜单栏中选择【工具】|【CAD 标准】|【图层转换器】命令，如图 5-59 所示。
- 在命令行中输入 LAYTRANS 命令并按【Enter】键。

执行以上任意命令后都将弹出【图层转换器】对话框，如图 5-60 所示。

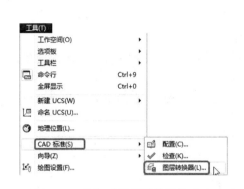

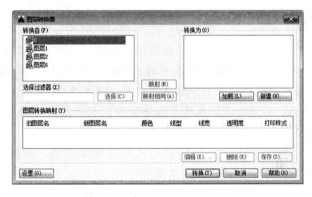

图 5-59　选择【图层转换器】命令　　　**图 5-60　【图层转换器】对话框**

在【图层转换器】对话框中，各选项具体说明如下所示。

- 【转换自】此列表框用于显示当前图形中即将被转换的图层结构，用户可以在列表框中选择，也可以通过【选择过滤器】来选择。
- 【转换为】此列表框用于显示可以将当前图形的图层转换成的图层名称。单击【加载】按钮，打开【选择图形文件】对话框，用户可以从中选择作为图层标注的图层文件，并将该图层结构显示在【转换为】列表框中。单击【新建】按钮，打开【新图层】对话框，如图 5-61 所示，用户可从中创建新的图层作为转换匹配图层，新建的图层也将显示在【转换为】列表框中。
- 【映射】按钮：可以把【转换自】列表框中名称相同的图层进行转换映射。
- 【映射相同】按钮：用于把【转换自】列表框和【转换为】列表框中名称相同的图层进行转换映射。
- 【图层转换映射】此列表框用于显示已经映射的图层名称和其相关的特性值，【编辑】按钮：选择一个图层，单击【编辑】按钮，打开【编辑图层】对话框，如图 5-62 所示。用户可以从中修改转换后的图层特性。
- 【删除】按钮：可以取消该图层的转换映射。
- 【保存】按钮：可打开【保存图层映射】对话框，用来将图层转化关系保存到一个标准配置文件 . dwg 中。
- 【设置】按钮：用来打开【设置】对话框，如图 5-63 所示。可在此设置图层的转换规则。
- 【转换】按钮：单击此按钮开始转换图层，打开【图层转换】对话框。

图 5-61　【新图层】对话框　　　图 5-62　【编辑图层】对话框　　　图 5-63　【设置】对话框

5.6.13 【上机操作】改变图形所在图层

下面讲解改变图形所在图层的方法，具体操作步骤如下：

01 打开随书附带光盘中的 CDROM\素材\第 5 章\螺母.dwg，在绘图区中选择需要改变图层的图形对象，这里选择绿色的内圆，如图 5-64 所示。

02 在【默认】选项卡的【图层】组中单击【图层】下拉按钮 ▼，在弹出的下拉列表中选择【外部轮廓】图层，如图 5-65 所示。

03 按【Esc】键取消图形对象的选择状态，如图 5-66 所示。此时绿色的内圆已被更改到【外部轮廓】图层上。

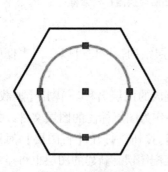

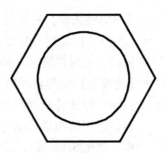

图 5-64　选择内圆　　　　图 5-65　选择【外部轮廓】图层　　　　图 5-66　完成后的效果

5.7 图层管理的高级功能

除了前面介绍图层的一些基本功能外，AutoCAD 还提供了一系列图层管理的高级功能，包括排序图层、过滤图层及保存和恢复图层状态等。

5.7.1 排序图层

创建图层后，可以按名称或其他特性对其进行排序。在图层特性管理器中，单击列标题就会按该列中的特性排列图层。图层名可以按字母的升序或降序排列。用户可以按图层中的任意属性进行排序，包括状态、名称、可见性等。

需要对图层进行排序，只需单击属性名称即可，排序后属性名称后面会出现一个 ▼ 或 ▲ 图标，再次单击将反向排序，如图 5-67 所示。

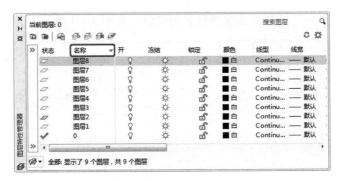

图 5-67　排序图层

5.7.2　过滤图层

【图层特性管理器】选项板的左侧为过滤器列表，其作用就是控制右侧的图层列表中如何显示图层，既可以按图层名称或图层特性排序显示，也可以仅显示要处理的图层，过滤器的类型有如下两种。

- 图层特性过滤器：包括名称或其他特性相同的图层。
- 图层组过滤器：包括在定义时放入过滤器的图层，而不考虑其名称或特性。通过将选定的图层拖动到过滤器，可以从图层列表中添加选定的图层。

图层特性管理器中的树状图显示了默认的图层过滤器，以及在当前图形中创建并保存的所有命名过滤器。图层过滤器旁边的图标指示过滤器的类型。

- 全部：显示当前图形中的所有图层。（始终显示过滤器）
- 所有使用的图层：显示在当前图形中绘制的对象上的所有图层。（始终显示过滤器）
- 外部参照：如果图形附着了外部参照，将显示从其他图形参照的所有图层。
- 视口替代：如果存在具有当前视口替代的图层，将显示包含特性替代的所有图层。
- 未协调的新图层：如果自上次打开、保存、重载或打印图形后添加了新图层，将显示未协调的新图层的列表。

提　示

不能重命名、编辑或删除默认过滤器。

命名并定义了图层过滤器之后，可以在树状图中选择该过滤器，以在列表视图中显示图层。也可以将过滤器应用于【图层】工具栏，以便【图层】控件仅显示当前过滤器中的图层。

在树状图中选择一个过滤器并右击时，可以使用快捷菜单中的选项删除、重命名过滤器，如图5-68所示。

1. 图层特性过滤器

要创建特性过滤器，可以单击【新建

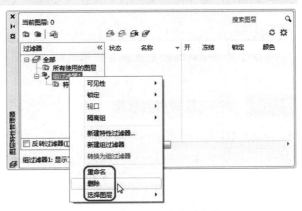

图 5-68　删除、重命名过滤器

特性过滤器】按钮，打开【图层过滤器特性】对话框，如图 5-69 所示。

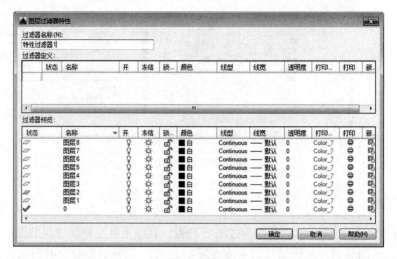

图 5-69 【图层过滤器特性】对话框

可以在【图层过滤器特性】对话框中定义图层特性过滤器，从该对话框中可以选择要包括在过滤器定义中的以下任何特性：

- 图层名、颜色、线型、线宽和打印样式。
- 图层是否正在使用。
- 打开还是关闭图层。
- 在处于激活状态的视口或所有视口中冻结图层还是解冻图层。
- 锁定图层还是解锁图层。
- 是否将图层设定为打印。
- 使用通配符按名称过滤图层。
- 图层特性过滤器中的图层可能会随图层特性的更改而变化。
- 图层特性过滤器可以嵌套在其他特性过滤器或组过滤器下。

2. 图层组过滤器

图层组过滤器只包括明确指定给过滤器的那些图层。即使更改了指定给过滤器的图层的特性，此类图层仍属于该过滤器。图层组过滤器只能嵌套在其他图层组过滤器下。

> **提 示**
>
> 通过单击选定的图层并将其拖动到过滤器，可以使过滤器中包含来自图层列表的图层。

5.7.3 保存与恢复图层状态

AutoCAD 允许将当前图层状态进行保存，在绘图的不同阶段或打印的过程中可以随时恢复保存过的图层状态，这样可以为用户的工作带来很大的方便。

图层设置包括图层状态的设置和图层特性的设置，用户可以选择要保存的图层状态和图层特性。

1. 保存图层状态

如果要保存图层状态，可以在【图层特性管理器】右侧的图层列表中的图层上右击，在弹出的快捷菜单中选择【保存图层状态】命令，打开【要保存的新图层状态】对话框，如图 5-70 所示。在【新图层状态名】文本框中输入相关的说明文字，然后单击【确定】按钮即可。

2. 恢复图层状态

改变了图层的显示状态以后，还可以恢复以前保存的图层状态。在【图层特性管理器】中单击左上角的【图层状态管理器】按钮，打开【图层状态管理器】对话框，选择需要恢复的图层状态，然后单击【恢复】按钮即可，如图 5-71 所示。

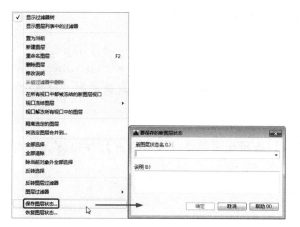

图 5-70　打开【要保存的新图层状态】对话框

图 5-71　恢复图层

5.8　项目实践——创建室内设计图层

下面讲解创建室内设计图层的方法，操作步骤如下：

01 显示菜单栏，选择【格式】|【图层】命令，打开【图层特性管理器】选项板。

02 单击【新建图层】按钮，新建图层将以临时名称【图层1】显示在图层列表框中。在反白显示的【图层1】位置上输入【墙线】作为新图层的名称，创建一个名为【墙线】的新图层，如图 5-72 所示。

03 在 ——— 默认 图标上单击，弹出【线宽】对话框，选择【0.30mm】作为【墙线】图层线宽，如图 5-73 所示。

图 5-72　创建【墙线】图层

图 5-73　选择【0.30mm】线宽

④ 重复执行第 2 步，分别创建【轴线】、【尺寸标注】、【门窗】图层，如图 5-74 所示。

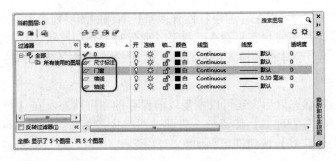

图 5-74　创建其他图层

> **提示**
>
> 　　用户可以通过连续按【Enter】键创建多个图层。在创建新图层时，所创建的新图层将继承先前图层的一切特性（如线型、颜色和线宽）。

⑤ 选择【墙线】图层，在【图层特性管理器】选项板中单击【置为当前】按钮，完成图层的基本设置。

5.9　本章小结

本章较为详细地讲解了图层的创建、设置和控制等方面的内容。

图层就像透明的覆盖层，类似电影胶片。AutoCAD 2016 的用户可以通过图层自由地组织和编组图形中的对象。在设计行业，图层就是设计及绘图所用的透光纸。用户可以利用各种不同层的组合构成一个工程项目所需的各个专业的设计图，如建筑工程所用的各楼层的建筑结构图、给排水管道设计图、动力和照明路线设计图等。

图层在 AutoCAD 建筑图形文件的绘制中意义十分重大。学会了关于图层的各种操作，即可掌握控制图形文件的方法，这样在处理复杂的图形文件时，就可以做到游刃有余。

06 Chapter

图块与外部参照

本章导读：

基础知识 ◆ 了解图块

◆ 图块的创建与插入

重点知识 ◆ 图块的基本操作

◆ 图块的属性

提高知识 ◆ 外部参照图形

◆ 设计中心

AutoCAD 提供了图块、外部参照等组织管理图形和提高绘图速度的工具，本章将详细介绍它们的创建和使用，为用户全面掌握图形的绘制和管理提供帮助。

6.1 了解图块

【图块】又可以简称为【块】，块是由若干图形元素组合而成并由【块】命令定义的。通过建立块，用户可以将多个对象作为一个整体来操作，可以随时将块作为单个对象插入到当前图形中的指定位置上，而且在插入时可以指定不同的缩放系数和旋转角度。

除此之外，在 AutoCAD 中使用图块还可以提高绘图的速度，节省存储空间，并且便于修改图形，如图 6-1 所示为非图块与图块的区别。

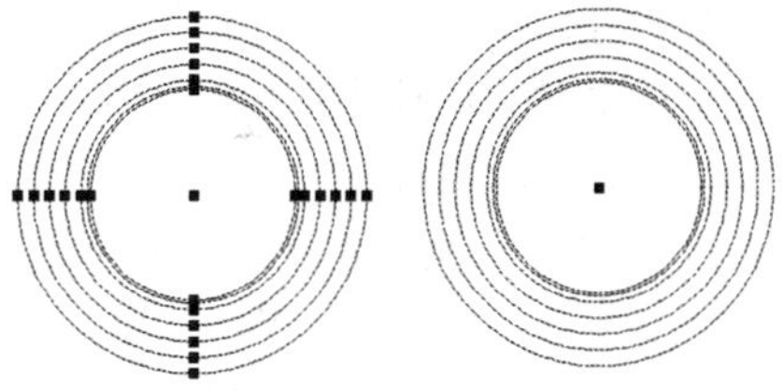

下面简单介绍一下图块的特性。

非图块　　　　图块

图 6-1　非图块与图块的区别

1. 图块的唯一性

块分为保存块与非保存块，无论哪一种图块都是用名称来标识的，并且是与其他图块区分的关键。因此，在一个图形文件中，不允许出现相同的图块名称。图块的名称最好简单易记，既便于操作，又容易与其他图块区分开来。

2. 提高绘图速度

在设计工作中，经常有一些重复出现的图形，如一些符号、标准件、部件等。我们可以把它们定义成图块，保存在图像文件或磁盘中，也以建成一个图块库，需要时把某个图块插入图形中即可。对于重复出现较多的图形，使用图块可以避免大量重复性的工作，这样显然有助于提高绘图的速度和质量。

3．节省存储空间

图形文件中虽然保存了【块定义】中各图形元素的所有构造信息，但对于【块引用】来说，它只保留引用图块的名称、插入点坐标以及比例与角度等信息，从而大大节省了存储空间。图块越复杂，插入的次数越多，图块的这种优越性就越显著。

4．便于修改图形

一张工程图纸往往要经过多次修改，如果使用了图块，只要修改被定义为【图块】的图形或重新选择另一组图形来代替，再用相同的名称重新定义该图块，则图形中插入的关于该图块的【块引用】就自动更新为新图块，这样就省去了逐一修改的麻烦。

5．赋予图块属性

属性，即是对图块的文字说明，是图块中不可或缺的一部分，属性值可随着引用图块的环境改变而改变。

6.2　图块的创建与插入

在 Auto CAD 中，一旦将对象组合成块，就可以根据作图需要将这组对象插入到图中任意指定位置，还可以按不同的比例和旋转角度插入。作为一个整体图形单元，块可以是绘制在几个图层上的不同颜色、线型和线宽特性对象的组合。各个对象可以有自己独立的图层、颜色和线型等特性。在插入块时，块中的每个对象的特性都可以被保留，本节将简单介绍图块的创建与插入。

6.2.1　创建内部图块

所谓内部块，就是在 AutoCAD 文件中创建一个图块并将其存储在该文件中，下面将介绍如何创建内部图块，其具体操作步骤如下：

01 启动 AutoCAD 2016，新建一个空白场景文件，在命令行中执行 C 命令，按【Enter】键确认，在绘图区中创建一个半径为 100 的圆形，如图 6-2 所示。

02 选中绘制的圆形，在命令行中输入 O 命令，按【Enter】键确认，在绘图区将选中的圆形分别向外偏移 30、60、90、120、150，偏移后的效果如图 6-3 所示。

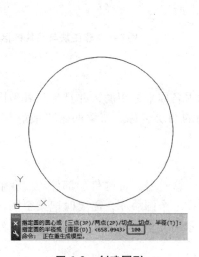

图 6-2　创建圆形

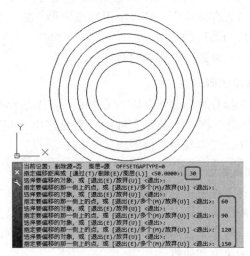

图 6-3　偏移圆形后的效果

⑱ 在绘图区中选中所有的圆形，选择【默认】选项卡，在【块】选项组中单击【创建】按钮 ⬚ 创建，如图 6-4 所示。

⑭ 在弹出的对话框中将【名称】设置为【圆】，然后单击【拾取点】按钮 ⬚，如图 6-5 所示。

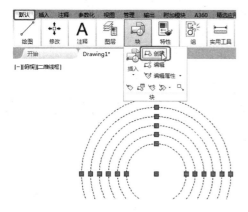

图 6-4 单击【创建】按钮

图 6-5 设置名称并单击按钮

⑮ 单击该按钮后，在绘图区中拾取圆的圆心为基点，如图 6-6 所示。

提 示

创建图块时指定的图块插入基点，就像平时手提物体时的抓握点。通过这个抓握点，可以把手里抓取的物体放置在其他任意位置。基点的选择要考虑将来图块插入时定位的便利性。

⑯ 再在返回的对话框中单击【确定】按钮，即可将选中的对象定义为块，效果如图 6-7 所示。

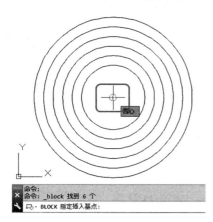

图 6-6 拾取块的点

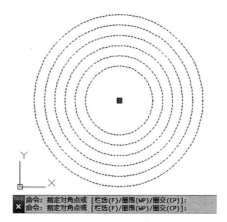

图 6-7 定义块后的效果

知识链接

【块定义】对话框中各个选项的功能如下所示。

【名称】：输入块的名称。块的创建不是目的，目的在于块的引用。块的名称为日后提取该块提供了搜索依据。块的名称可以长达 255 个字符。

　　【基点】：设置块的插入基点位置。为日后将块插入到图形中提供参照点。此点可任意指定，但为了日后使块的插入一步到位，减少【移动】等工作，建议将此基点定义为与组成块的对象集具有特定意义的点，比如端点、中点等。

　　【对象】：设置组成块的对象。其中，单击【选择对象】按钮，可切换到绘图窗口选择组成块的各对象；单击【快速选择】按钮，可以在弹出的【快速选择】对话框中设置所选择对象的过滤条件；选择【保留】单选按钮，创建块后仍在绘图窗口上保留组成块的各对象；选择【转换为块】单选按钮，创建块后将组成块的各对象保留，并把它们转换成块；选择【删除】单选按钮，创建块后删除绘图窗口组成块的源对象。

　　【方式】：设置组成块的对象的显示方式。选择【按统一比例缩放】复选框，设置对象是否按统一的比例进行缩放；选择【允许分解】复选框，设置对象是否允许被分解。

　　【设置】：设置块的基本属性。

　　【说明】：用来输入当前块的说明部分。

6.2.2 创建外部图块

　　在 AutoCAD 中，图块分为内部和外部图块。通过定义块所创建的图块为内部图块，也就是说，这种方法创建的块只能在对应的一个 AutoCAD 文件中使用。通过写块所创建的图块为外部图块，也就是说，这种方法创建的块能在任一个 AutoCAD 文件中使用。

　　在命令行中输入 WBLOCK 命令并按【Enter】键，系统会弹出如图 6-8 所示的【写块】对话框。通过该对话框即可将已定义的图块或所选定的对象以文件的形式保存在磁盘上。【写块】对话框中各选项的作用如下所示。

图 6-8　【写块】对话框

1. 【源】选项组
指定块和对象，将其另存为文件并指定插入点。
- 【块】：用于从下拉列表中选择一个已定义的块名。
- 【整个图形】：将绘图区中所有图形保存为图块。
- 【对象】：以用户选定的图形对象作为图块保存。

2. 【基点】选项组
指定块的基点，默认值是 (0,0,0)。
- 【拾取点】：暂时关闭对话框以使用户能在当前图形中拾取插入基点。
- 【X】：指定基点的 X 坐标值。
- 【Y】：指定基点的 Y 坐标值。
- 【Z】：指定基点的 Z 坐标值。

3. 【对象】选项组
设置对象上的块创建的效果。
- 【保留】：将选定对象另存为文件后，在当前图形中仍保留它们。
- 【转换为块】：将选定对象另存为文件后，在当前图形中将它们转换为块。块指定为【文件名】中的名称。

- 【从图形中删除】：将选定对象另存为文件后，从当前图形中删除它们。
- 【选择对象】按钮⊕：单击该按钮临时关闭该对话框以便可以选择一个或多个对象以保存至文件。
- 【快速选择对象】按钮：单击该按钮打开【快速选择】对话框，从中可以过滤选择集。

4. 【目标】选项组

指定文件的新名称和新位置，以及插入块时所用的测量单位。在【文件名和路径】中指定文件名和保存块或对象的路径。

5. 插入单位

指定从 DesignCenter（设计中心）拖动新文件，或将其作为块插入到使用不同单位的图形中时，用于自动缩放的单位值。如果希望插入时不自动缩放图形，请选择【无单位】选项。

6.2.3 【上机操作】创建外部块

下面介绍如何创建外部块，其具体操作步骤如下：

01 启动 AutoCAD 2016，按【Ctrl + O】组合键，在弹出的对话框中选择 001. dwg 素材文件，如图 6-9 所示。

02 单击【打开】按钮，按【Ctrl + A】组合键，在绘图区中选中所有的对象，如图 6-10 所示。

图 6-9　选择素材文件

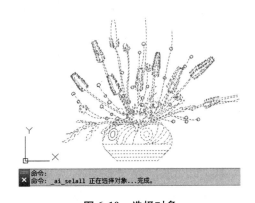

图 6-10　选择对象

03 在命令行中执行 WBLOCK 命令，按【Enter】键确认，在弹出的对话框中单击【拾取点】按钮，在绘图区中执行块的基点，如图 6-11 所示。

04 在【写块】对话框中单击【显示标准文件选择对话框】按钮，如图 6-12 所示。

05 在弹出的对话框中指定保存路径，将【文件名】设置为【新块. dwg】，将【文件类型】设置为【AutoCAD 2013 图形（＊. dwg)】，如图 6-13 所示。

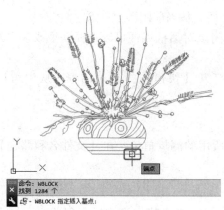

图 6-11　拾取基点　　　　　　　　　　图 6-12　单击按钮

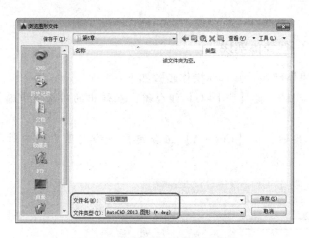

图 6-13　设置图块的名称及类型

06 设置完成后，单击【保存】按钮，在返回的对话框中单击【确定】按钮，即可完成创建外部块的操作。

6.2.4 插入单个图块

在定义好块以后，无论是外部块还是内部块，用户都可以重复插入块从而提高绘图效率。插入块或图形文件时，一般需要确定块的 4 组特征参数：插入的块名、插入的位置、插入比例系数和旋转角度。图块的重复使用是通过插入块的方式实现的，通过插入块，即可将已经定义的块插入到当前的图形文件中，下面将介绍如何插入单个图块，其具体操作步骤如下：

01 新建一个空白场景文件，选择【默认】选项卡，在【块】选项组中单击【插入】按钮，如图 6-14 所示。

02 在弹出的【插入】对话框中单击【浏览】按钮 浏览(B)... ，如图 6-15 所示。

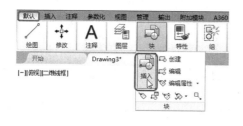

图 6-14 单击【插入】按钮

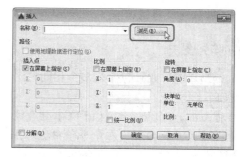

图 6-15 单击【浏览】按钮

03 在弹出的对话框中选择要插入的图块文件，如图 6-16 所示。

04 单击【打开】按钮，在返回的【插入】对话框中单击【确定】按钮，在绘图区中执行块的位置，效果如图 6-17 所示。

图 6-16 选择图块文件

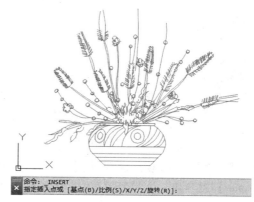

图 6-17 插入块后的效果

知识链接

下面介绍【插入】对话框中主要选项的含义。

【插入点】：用于设置块的插入点位置。可直接在 X、Y、Z 文本框中输入点。

【X、Y、Z】：可以输入值，也可以通过选择【在屏幕上指定】复选框，在屏幕上指定插入点位置。

【比例】：用于设置块的插入比例。可直接在 X、Y、Z 文本框中输入块在 3 个方向的比例，也可以通过选择【在屏幕上指定】复选框，在屏幕上指定。此外，该选项组中的【统一比例】复选框用于确定所插入块在 X、Y、Z 三个方向的插入比例是否相同。选择该复选框，表示比例将相同，用户只需在 X 文本框中输入比例值即可。

【旋转】：用于设置块插入时的旋转角度。可直接在【角度】文本框中输入角度值，也可以选择【在屏幕上指定】复选框，在屏幕上指定旋转角度。

【分解】：选择该复选框，可以将插入的块分解成组成块的各基本对象。

6.3 图块的基本操作

在 AutoCAD 2016 中，除了可以创建块、插入块之外，用户还可以对块进行简单的操作，例如阵列块、删除块、分解块等。

6.3.1 阵列图块

在 AutoCAD 中，如果想插入多个相同的图块，可以利用阵列命令将图块进行阵列，其具体操作步骤如下：

01 启动 AutoCAD 2016，按【Ctrl + O】组合键，在弹出的对话框中选择素材文件，如图 6-18 所示。

02 单击【打开】按钮，在命令行中输入 MINSERT 命令，按【Enter】键确认，在绘图区中以灯上方的端点为插入点，如图 6-19 所示。

图 6-18 选择素材文件

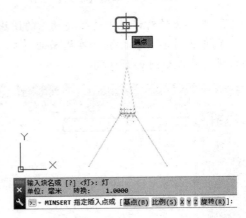

图 6-19 指定插入点

03 指定完成后，按 3 次【Enter】键确认，输入 1，按【Enter】键确认，输入 3，按【Enter】键确认，输入 550，按【Enter】键确认，阵列后的效果如图 6-20 所示。

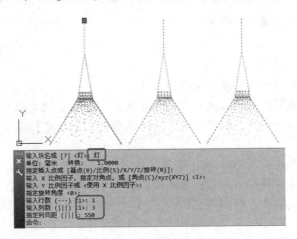

图 6-20 阵列图块后的效果

6.3.2 定数等分图块

定数等分可以沿对象的长度或周长创建等间距排列的点对象或块，下面介绍如何定数等分图块，其具体操作步骤如下：

01 再次打开 002.dwg 素材文件，在命令行中输入 L 命令，按【Enter】键确认，在绘图区中以灯上方的端点为起点，根据命令提示输入（@1580,0），按两次【Enter】键完成绘制，效果如图 6-21 所示。

02 在命令行中输入 DIVIDE 命令，按【Enter】键确认，在绘图区中选择新绘制的直线，如图 6-22 所示。

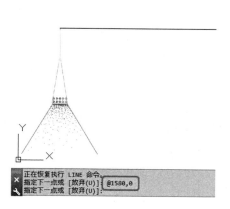

图 6-21　绘制直线

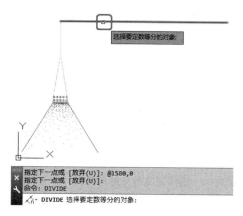

图 6-22　选择定数等分的对象

03 根据命令提示输入 B，按【Enter】键确认，输入【灯】，按【Enter】键确认，输入 Y，按【Enter】键确认，输入 6，按【Enter】键确认，效果如图 6-23 所示。

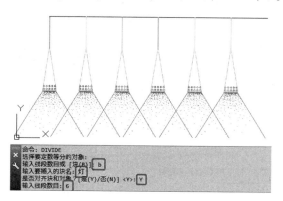

图 6-23　定数等分后的效果

6.3.3　定距等分图块

定数等分可以沿对象的长度或周长指定间隔创建点对象或块，下面介绍如何定距等分图块，其具体操作步骤如下：

01 再次打开 002.dwg 素材文件，在命令行中输入 L 命令，按【Enter】键确认，在绘图区中以灯上方的端点为起点，根据命令提示输入（@1580,0），按两次【Entcr】键完成绘制，效果如图 6-24 所示。

02 在命令行中输入 MEASURE 命令，按【Enter】键确认，在绘图区中选择新绘制的直线，如图 6-25 所示。

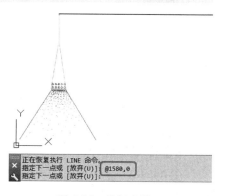

图 6-24　绘制直线

03 根据命令提示输入 B，按【Enter】键确认，输入【灯】，按【Enter】键确认，输入 Y，按【Enter】键确认，输入 100，按【Enter】键确认，效果如图 6-26 所示。

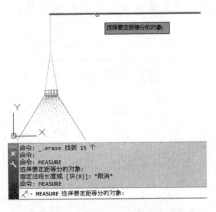

图 6-25　选择定距等分的对象

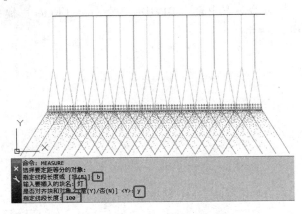

图 6-26　定距等分后的效果

6.3.4　重命名图块

在 AutoCAD 中，用户可以根据需要对创建的图块进行重命名，下面对其进行简单的介绍，其具体操作步骤如下：

01 启动 AutoCAD 2016，按【Ctrl + O】组合键，在弹出的对话框中选择 003.dwg 素材文件，如图 6-27 所示。

02 单击【打开】按钮，在命令行中输入 RENAME 命令，按【Enter】键确认，在弹出的对话框中的左侧列表框中选择【块】，在右侧列表框中选择 001，在文本框中输入【沙发】，如图 6-28 所示。

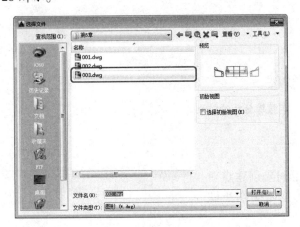

图 6-27　选择素材文件

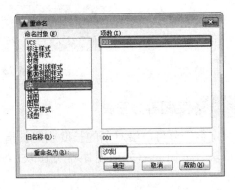

图 6-28　设置块名称

03 设置完成后，单击【确定】按钮，即可完成对块的重命名。

6.3.5　分解图块

在 AutoCAD 中，由于插入的块是一个整体，有时会因为工作需要对块进行分解，在本节中，将介绍如何分解图块，其具体操作步骤如下：

01 继续上面的操作，在命令行中输入 EXPLODE 命令，按【Enter】键确认，在绘图区中选择要进行分解的块对象，如图 6-29 所示。

02 选择完成后，按【Enter】键即可将选中的块进行分解，分解后的效果如图 6-30 所示。

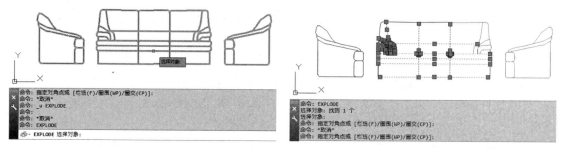

图 6-29 选择要分解的块对象   图 6-30 分解块后的效果

6.4 图块的属性

为了增强图块的通用性，用户可以根据需要为图块添加一些必要的文字说明，通常这些文字说明会被称为属性，它是块的一个组成部分，主要是由属性标记与属性值组成的。

6.4.1 定义块属性

下面介绍如何定义块属性，其具体操作步骤如下：

01 打开 003.dwg 素材文件，在命令行中输入 ATTDEF 命令，按【Enter】键确认，在弹出的对话框中将【标记】设置为【沙发】，【提示】设置为【沙发】，【默认】设置为【沙发】，将【文字高度】设置为 100，如图 6-31 所示。

02 设置完成后，单击【确定】按钮，在绘图区中指定起点，完成后的效果如图 6-32 所示。

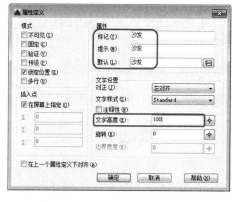

图 6-31 设置块属性

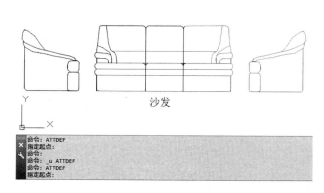

图 6-32 定义块属性后的效果

知识链接

下面介绍在【属性定义】对话框中的各个选项的功能。

【模式】：用于设置块属性的模式。

- 【不可见】：选择该复选框，表示插入图块时不显示或打印属性值。

- 【固定】：选择该复选框，表示属性值为一固定的常量。常量属性在插入图块时，不会提示用户输入属性值，并且不能修改，除非重新定义块。
- 【验证】：选择该复选框，表示在插入图块时，两次提示输入属性值，以验证它的正确性，并可以在此时更改属性值。
- 【预设】：选择该复选框，表示在定义属性时系统指定一个初始默认值，当要求输入属性值时，可以直接按【Enter】键用缺省值代替，也可以重新输入新的属性值。
- 【锁定位置】：选择该复选框，将锁定块参照中的属性位置。
- 【多行】：选择该复选框，可以指定属性值包含多行文字。

【属性】选项区：用于设置属性值。在每个文本框中，AutoCAD 允许输入不超过 256 个字符。

- 【标记】：用于输入属性的标志名称。每一个属性都有各自的标记，用来显示属性值的字符样式、角度、位置等外观特征。可以用除空格、【"】和【!】以外的任何字符做标记，并且 AutoCAD 会自动把小写字母转换成大写字母。
- 【提示】：用于输入属性的提示信息。在插入含有属性的块时，命令行上会出现提示信息，提示用户输入属性值。如果没有设置"提示"，则系统会用"标记"作为提示。
- 【默认】：用于输入属性的默认值。

【插入点】：用于确定属性文字的位置，可以在插入块时由用户在图形中确定文本的位置，也可以在 X、Y、Z 文本框中输入属性文字的坐标值。

【文字设置】：用于设置属性文字的对齐方式、文字样式、文字高度和倾斜角度。

6.4.2 为块附加属性

在 AutoCAD 中，用户可以根据需要为块附加属性，其具体操作步骤如下：

⓵ 继续上面的操作，在绘图区选中所有的对象，如图 6-33 所示。

⓶ 在命令行中执行 Block 命令，按【Enter】键确认，在弹出的对话框中将【名称】设置为 002，单击【拾取点】按钮，在绘图区中指定基点，如图 6-34 所示。

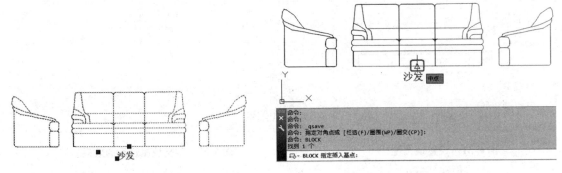

图 6-33 选中所有对象 　　　　　图 6-34 在绘图区中指定基点

⓷ 在返回的对话框中单击【确定】按钮，在弹出的对话框中的第一个文本框中输入【多人沙发】，如图 6-35 所示。

⓸ 设置完成后，单击【确定】按钮，完成后的效果如图 6-36 所示。

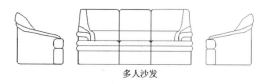

多人沙发

图 6-35　编辑属性　　　　　　　　　　图 6-36　附加属性后的效果

6.4.3 插入带属性的图块

下面介绍如何插入带属性的块，其具体操作步骤如下：

01 打开随书附带光盘中的 CDROM\素材\第 6 章\插入带属性的图块.dwg 图形文件，在命令行中执行 INSERT 命令。

02 弹出【插入】对话框，在【名称】下拉列表中选择要插入的图块【插入带属性的图块】，如图 6-37 所示。

03 单击 确定 按钮，返回绘图区，在绘图区中指定要插入的位置，执行该操作后，即可插入带属性图块，效果如图 6-38 所示。

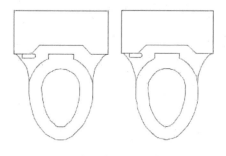

图 6-37　选择要插入的图块　　　　　　图 6-38　插入带属性图块的效果

6.4.4 【上机操作】定义并编辑桌子属性

下面讲解定义并编辑桌子属性，其具体操作步骤如下：

01 打开随书附带光盘中的 CDROM\素材\第 6 章\桌子.dwg，如图 6-39 所示。用定义内部块的方法将其定义为内部图块。

02 在命令行中输入 ATTDEF 命令，按【Enter】键，弹出【属性定义】对话框，在【属性】选项组的【标记】文本框中输入【桌子】，在【提示】文本框中输入【桌子】，在【默认】文本框中输入【桌子】。

03 在【文字设置】选项组的【对正】下拉列表中选择【居中】选项，在【文字高度】文本框中输入100，然后单击 确定 按钮，如图 6-40 所示。

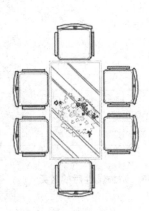

图 6-39　打开素材　　　　　　　　　图 6-40　【属性定义】对话框

04 返回绘图区，在图块下方的中间位置单击，定义属性后的图块效果如图 6-41 所示。

05 用定义内部块的方法将属性与图块重新定义为一个新的图块，图块名为【餐桌】，如图 6-42 所示，在拾取点时随意选择一点作为基点。

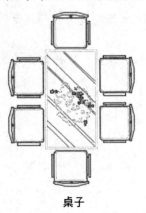

桌子

图 6-41　定义属性后的图块效果　　　　　　图 6-42　设置图块名为【餐桌】

06 单击 确定 按钮，弹出【编辑属性】对话框，在第一个文本框中输入【餐桌】，单击 确定 按钮，如图 6-43 所示。

07 返回绘图区即可看到编辑后的效果，如图 6-44 所示。

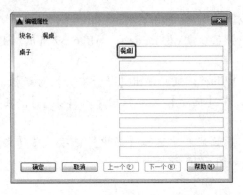

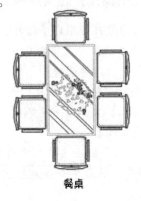

餐桌

图 6-43　【编辑属性】对话框　　　　　　图 6-44　完成后的效果

6.5 外部参照图形

外部参照是指一个图形文件对另一个图形文件的引用，即把自己已有的其他图形文件链接到当前图形文件中，但所生成的图形并不会显著增加图形文件的大小。

外部参照与块有相似的地方，但它们的主要区别是：一旦插入了块，该块就永久性地成为当前图形的一部分，而以外部参照方式将图形插入到某一图形（称之为主图形）后，被插入图形文件的信息并不直接加入到主图形中，主图形只是记录参照的关系。

6.5.1 外部参照与外部块

在前面的内容中，我们介绍了如何以图块的形式将一个图形插入到另外一个图形之中，并且把图形作为块插入时，块定义和所有相关联的几何图形都将存储在当前图形的数据库中，修改原图形后，块不会随之更新。与这种方式相比，外部参照提供了一种更为灵活的图形引用方法。使用外部参照可以将多个图形链接到当前图形中，并且作为外部参照的图形会随着原图形的修改而更新。此外，外部参照不会明显地增加当前图形文件的大小，可以节省磁盘空间，也有利于保持系统的性能。

当一个图形文件被作为外部参照插入到当前图形中时，外部参照中每个图形的数据仍然分别保存在各自的源图形文件中，当前图形中所保存的只是外部参照的名称和路径。无论一个外部参照文件多么复杂，AutoCAD 都会把它作为一个单一对象来处理，而不允许进行分解。用户可以对外部参照进行比例缩放、移动、复制、镜像或旋转等操作，还可以控制外部参照的显示状态，但这些操作都不会影响到原图形文件。

AutoCAD 允许在绘制当前图形的同时显示多达 32 000 个外部参照，并且可以对外部参照进行嵌套，嵌套的层次可以为任意多层。当打开或打印附着有外部参照的图形文件时，AutoCAD 将自动对每一个外部参照图形文件进行重新加载，从而确保每个外部参照文件反映的都是它们的最新状态。

6.5.2 外部参照的命名对象

外部参照中除了包含图形对象以外，还包括图形的命名对象，如块、标注样式、图层、线型和文字样式等。为了区别外部参照与当前图形中的命名对象，AutoCAD 将外部参照的名称作为其命名对象的前缀，并用符号【|】来分隔。

例如，外部参照素材 1. dwg 中名称为 CENTER 的图层，在引用它的图形中名称为【素材 1 | CENTER】。

在当前图形中不能直接引用外部参照中的命名对象，但可以控制外部参照图层的可见性、颜色和线型。

6.5.3 管理外部参照

AutoCAD 图形可以参照多种外部文件，包括图形、文字、打印配置等。这些参照文件的路径保存在每个 AutoCAD 图形中。如果要将图形文件或它们参照的文件移动到其他文件夹或磁盘驱动器中，则需要更新保存的参照路径，这时可以使用【参照管理器】窗口进行处理。

在桌面上单击【开始】|【所有程序】|【Autodesk】|【AutoCAD 2016-简体中文（simplified Chinese）】|【参照管理器】命令，可以打开【参照管理器】窗口，用户可以在其中查看参照文

件的文件名、参照名、保存路径等，也可以对参照文件进行路径更新处理。

在 AutoCAD 中还提供了【外部参照】选项板，利用它也可以对外部参照进行管理操作，如打开、附着、重载等。单击菜单栏中的【插入】|【外部参照】命令，可以打开【外部参照】选项板，如图 6-45 所示。在选项板上方的【文件参照】列表框中显示了当前图形中各个参照文件的名称。选择一个参照文件以后，在下方的【详细信息】列表框中将显示外部参照的名称、加载状态、大小、类型等内容。当用户附着多个外部参照后，在【文件参照】列表框中的某个参照文件上右击，如图 6-46 所示，在弹出的快捷菜单中选择不同的命令，可以对其进行不同的操作。

图 6-45 【外部参照】选项板　　图 6-46 弹出的快捷菜单

6.5.4 外部参照管理器

AutoCAD 参照管理器提供了多种工具，列出了选定图形中的参照文件，可以修改保存的参照路径而不必打开 AutoCAD 中的图形文件。

下面讲解如何使用参照管理器，其具体操作步骤如下：

01 单击【开始】按钮，选择【所有程序】|AutoDesk|AutoCAD 2016-简体中文版（Simplified Chinese）|【参照管理器】命令，如图 6-47 所示。

02 打开【参照管理器】窗口，在左窗格右击，在弹出的快捷菜单中选择【添加图形】命令，如图 6-48 所示。选择要进行参照管理的主图形后，单击【打开】按钮，即可进入【参照管理器】进行参照路径修改管理的设置。

图 6-47 选择【参照管理器】命令

图 6-48 选择【添加图形】命令

在已经打开主文件的【参照管理器】中，展开图形文件特性树，单击要修改的参照路径。

6.5.5 附着外部参照

附着外部参照的目的是帮助用户用其他形状来补充当前图形。与插入块不同，将图形附着为外部参照，就可以在每次打开主图形时更新外部参照图形，即主图形时刻反映参照图形的最新变化。附着外部参照的过程与插入块的过程类似。

调用【附着外部参照】命令的方法如下：

- 执行【插入】|【DWG 参照】命令。
- 单击【参照】工具栏中的【附着外部参照】按钮。
- 输入 XA 或者 XATTACH 命令。

执行上述命令之一后，弹出【选择参照文件】对话框，提示用户指定外部参照文件，如图 6-49 所示。在该对话框中选择作为外部参照的图形文件，单击【打开】按钮，则弹出【附着外部参照】对话框，如图 6-50 所示。

图 6-49 【选择参照文件】对话框

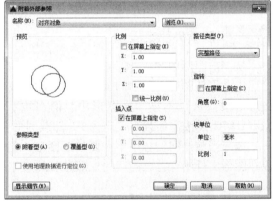

图 6-50 【附着外部参照】对话框

在【附着外部参照】对话框中，【插入点】、【比例】和【旋转】等选项与插入块时的【插入】对话框选项相同，其他选项的作用如下所示。

- 【路径类型】：用于设置是否保存外部参照的完整路径，包括【完整路径】、【相对路径】和【无路径】3 种类型。
    - • 【完整路径】：选择该选项，外部参照的精确位置将保存到主图形中。此选项的精确度最高，但灵活性最小。如果移动了工程文件夹，AutoCAD 将无法融入任何使用完整路径附着的外部参照。
    - 【相对路径】：选择该选项，将保存外部参照相对于主图形的位置。此选项的灵活性最大。如果移动了工程文件夹，AutoCAD 仍可以融入使用相对路径附着的外部参照，只要此外部参照相对图形的位置未发生变化即可。
    - 【无路径】：选择该选项，则不使用路径附着外部参照。此时，AutoCAD 首先在主图形的文件夹中查找外部参照。当外部参照文件与主图形位于同一个文件夹时，此选项非常有用。
- 【参照类型】：用于指定外部参照是【附着型】还是【覆盖型】。
    - 【附着型】：选择该选项，在图形中附着附着型外部参照时，如果其中嵌套有其他外部参照，则将嵌套的外部参照包含在内。

> 【覆盖型】：选择该选项，在图形中附着覆盖型外部参照时，任何嵌套在其中的覆盖型外部参照都将被忽略，而且本身也不能显示。

6.6　提高使用大型参照图形时的显示速度

当使用的外部参照图形太大时，会影响显示速度，读者可以用以下几种功能来改善处理大型参照图形时的性能。

6.6.1　按需加载

程序使用【按需加载】和保存包含索引的图形，以改善使用大型参照图形时系统的性能。这些外部参照在使用程序时的剪裁，或是其冻结层上具有许多对象。

使用按需加载时，程序仅将参照图形的数据加载到内存中，这些数据是重生成当前图形所必需的。换句话说，被参照的材料是根据需要读取的。按需加载需与 INDEXCTL、XLOADCTL 和 XLOADPATH 系统变量配合使用。

6.6.2　卸载外部参照

从当前图形中卸载外部参照后，图形的打开速度将大大加快，内存占用量也会减少。外部参照定义将从图形文件中卸载，但指向参照文件的指针仍然保留。这时，不显示外部参照，非图形对象信息也不显示在图形中。但当重载该外部参照时，所有信息都可以恢复。如果将 XLOADCTL（按需加载）设定为 1，卸载图形会解锁原始文件。

如果当前绘图任务中不需要参照图形，但可能会用于最终打印，应该卸载此参照文件。可以在图形文件中保持已卸载的外部参照的工作列表，在需要时加载。

6.6.3　使用图层索引

图层索引是一个列表，显示哪些对象处在哪些图层上。在程序按需加载参照图形时，将根据这一列表判断需要读取和显示哪些对象。如果参照图形具有图层索引并被按需加载，则不用读取参照图形中位于冻结图层上的对象。

6.6.4　使用空间索引

空间索引根据对象在三维空间中的位置来组织对象。在按需加载图形并将其作为外部参照剪裁时，这种组织方法可以有效地判断需要读取哪些对象。如果打开按需加载，而图形作为外部参照附着并且被剪裁，程序使用外部参照图形中的空间索引确定哪些对象位于剪裁边界内部。程序只将那些对象读入当前任务。

如果图形将用作其他图形的外部参照，并且启用了按需加载，那么在该图形中使用空间和图层索引最为适宜。如果并不打算把图形用作外部参照或将其部分打开，使用图层和空间索引或者按需加载就不会带来什么好处。

6.6.5　插入 DWF 和 DGN

在 AutoCAD 2016 中插入 DWG、DWF、DGN 参照底图的功能和附着外部参照功能相同，用户可以在【插入】菜单栏中选择相关命令。下面简单讲解一下如何插入 DWF 和 DGN 底图。

插入 DWF 参考底图的方法与插入块或附着外部参照的方法相似，其操作步骤如下：

① 执行【插入】|【DWF 参考底图】菜单命令。

② 在弹出的【选择参考文件】对话框中选择要插入的 DWF 文件，然后单击【打开】按钮。

③ 在【附着 DWF 文件】对话框中，从 DWF 文件选择一个表。

④ 从【路径类型】下拉列表中选择路径类型。

⑤ 指定插入点、比例和旋转，取消选中对话框中各自的复选框；否则，在屏幕上指定它们。

⑥ 单击【确定】按钮，附着 DWF 参考底图。

6.7　设计中心

AutoCAD 的设计中心为用户提供了一个直观且高效的工具，它与 Windows 资源管理器类似。

设计中心可以管理图块、外部参照、光栅图像以及来自其他源文件或应用程序的内容，还可以将位于本地计算机、局域网或 Internet 上的图块、图层、外部参照和用户自定义的图形复制并粘贴到当前绘图窗口中。设计中心提供了观察和重用设计内容的强大工具，图形中的任何内容几乎都可以通过设计中心实现共享，通过设计中心还可以浏览系统内部的资源、网络驱动器的内容，还可以下载有关内容。

6.7.1　设计中心的结构

【设计中心】选项板分为两部分，左边为树状图，右边为内容区。可以在树状图中浏览内容的源，而在内容区显示内容，可以在内容区中将项目添加到图形或工具选项板中。

打开 AutoCAD 设计中心窗口的方法如下：

- 执行【工具】|【选项板】|【设计中心】命令。
- 单击【视图】选项卡【选项板】工具栏中的【设计中心】按钮。
- 输入 ADCENTER 命令。

执行上述命令之一后，可以打开【设计中心】选项板，如图 6-51 所示。

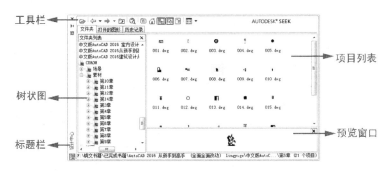

图 6-51　【设计中心】选项板

该选项板的左侧包含【文件夹】、【打开的图形】和【历史记录】3 个选项卡。

- 【文件夹】：该选项卡用来显示设计中心的资源。它是一个树状图结构，与 Windows 资源管理器类似，显示导航图标的层次结构，包含网络和计算机、Web 地址（URL）、计算机驱动器、文件夹、图形和相关的支持文件、外部参照、布局、填充样式和命名对象。
- 【打开的图形】：该选项卡用来显示当前已打开的所有图形，其中包括最小化的图标。单击某个图形文件图标，就可以在右侧的项目列表中打开该图形的有关设置，如标注样式、布局、块、图层、外部参照等，如图 6-52 所示。

- 【历史记录】：该选项卡用来显示设计中心中以前打开过的文件列表，包括这些文件的具体路径，如图 6-53 所示。双击列表中的某个图形文件，可以在【文件夹】选项卡中的树状图中定位此图形文件，并将其内容加载到项目列表中。

图 6-52　【打开的图形】选项卡

图 6-53　【历史记录】选项卡

6.7.2　在设计中心搜索内容

使用 AutoCAD 2016 设计中心搜索功能在本地磁盘或局域网中的网络驱动器上按指定搜索条件在图形中查找图形、块和非图形对象。

用户可以单击设计中心工具栏中的【搜索】按钮，或者在树状图目录中右击，在弹出的快捷菜单中选择【搜索】命令，弹出【搜索】对话框，如图 6-54 所示。

1.【搜索】下拉列表

该下拉列表用来指定要搜索的内容类型，用来指定的内容类型将决定在【搜索】对话框中显示哪些选项卡及其搜索字段。只有在下拉列表中选择【图形】选项时，才显示【修改日期】和【高级】选项卡。选择其他选项时只显示该选项对应的选项卡，如图 6-55 所示。

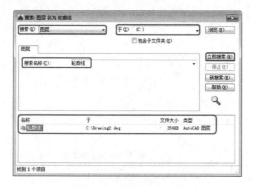

图 6-54　【搜索】对话框

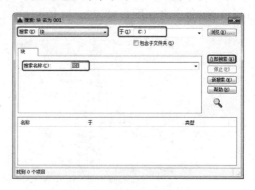

图 6-55　【搜索】对话框

> **提示**
>
> 给定的搜索条件可以是文件的最后修改日期，包括某一特定名称的图层或图块定义、图块定义的文本说明或者是其他在设计中心的【搜索】对话框中给定的条件。

2.【图形】选项卡

【图形】选项卡用来显示与【搜索】下拉列表中指定的内容类型相对应的搜索字段，【搜索文字】用来指定要在指定字段中搜索的字符串。使用【＊】和【？】通配符可扩大搜索范围，【位于字段】用来指定要搜索的特性字段。

3.【修改日期】选项卡

【修改日期】选项卡用来查找在一段特定时间内创建或修改的内容，如图6-56所示。【所有文件】用来查找满足其他选项卡上指定条件的所有文件，不考虑创建或修改日期。【找出所有已创建的或已修改的文件】用来查找在特定时间范围内创建或修改的文件，查找的文件同时满足该选项卡和其他选项卡上指定的条件。【间距】……和……，用来查找在指定的日期范围内创建或修改的文件。【在前……月】用来查找在指定的月数内创建或修改的文件，【在前……日】用来查找在指定的天数内创建或修改的文件。

4.【高级】选项卡

【高级】选项卡用来查找图形中的内容，如图6-57所示。【包含】用来指定要在图形中搜索的文字类型，例如，可以搜索包含在块属性中的文字，【包含文字】用来指定要搜索的文字，【大小】用来指定文件大小的最小值或最大值。

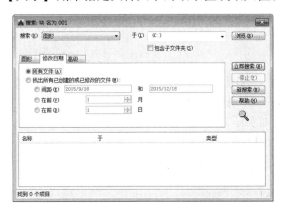
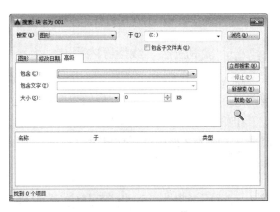

图 6-56　【修改日期】选项卡　　　　　图 6-57　【高级】选项卡

6.7.3　通过设计中心打开图形

如果要在 AutoCAD 的设计中心中打开图形文件，可以使用以下两种方法：

● 在项目列表区中选择要打开的图形文件并右击，在弹出的快捷菜单中选择【在应用程序窗口中打开】命令，即可打开该文件，如图6-58所示。

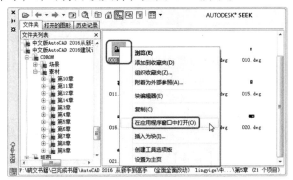

图 6-58　打开图形文件

- 在【搜索】对话框中找到要打开的图形文件后右击，在弹出的快捷菜单中选择【在应用程序窗口中打开】命令。

6.7.4 通过设计中心插入图块

如果要向当前图形文件中插入图块，可以使用以下两种方法：

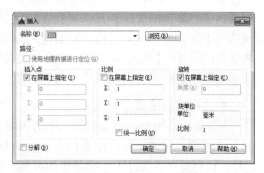

- 在项目列表中选择要插入的图块，按住鼠标左键，将其拖动至当前图形文件的绘图窗口中，释放鼠标，则命令行中给出提示，根据系统提示依次设置插入点、比例、方向等选项即可。
- 在项目列表中选择要插入的图块右击，将其拖动到当前图形文件的绘图窗口中，释放鼠标，在弹出的快捷菜单中选择【插入为块】命令，弹出【插入】对话框，后面的操作与插入图块完全相同，如图 6-59 所示。这里不再赘述。

图 6-59 【插入】对话框

6.7.5 复制图层、线型等内容

在 AutoCAD 的设计中心，可以将一个图形文件中的图层、线型、标注样式、表格样式等复制给另一个图形文件。这样既节省了时间，又保持了不同图形文件结构的一致。

在项目列表中选择要复制的图层、线型、标注样式、表格样式等，然后按住鼠标左键拖动至另一个图形文件中，释放鼠标，即可完成复制操作。在复制图层之前，必须确保当前打开的图形文件中没有与被复制图层重名的图层。

6.8 项目实践——将餐桌定义成块

下面讲解如何将餐桌定义成块，其具体操作步骤如下：

01 打开随书附带光盘中的 CDROM\素材\第 6 章\餐桌.dwg 图形文件，如图 6-60 所示。

02 切换至【默认】选项卡，单击【块】选项，在弹出的下拉菜单中单击【创建】按钮，如图 6-61 所示。

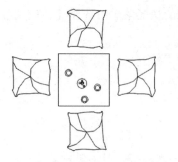

图 6-60 打开素材

图 6-61 创建块

03 弹出【块定义】对话框，将【名称】设置为【餐桌】，单击【选择对象】按钮，选择餐桌对象，然后拾取点，单击【确定】按钮，如图 6-62 所示。

04 返回到绘图区，此时，餐桌对象已创建成块，如图 6-63 所示。

图 6-62 【块定义】对话框

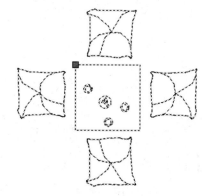

图 6-63 创建完成后的效果

6.9 本章小节

本章介绍了如何创建块及在图形中使用图块和属性的方法。另外，还讲解了将已有的图形文件以参照的形式插入到当前图形中，以及外部参照的应用。

07 Chapter
三维图形的绘制

本章导读:

基础知识
- ◈ 三维图形的分类
- ◈ 三维坐标

重点知识
- ◈ 通过二维图形创建三维对象
- ◈ 三维图形的绘制

提高知识
- ◈ 观察三维图形
- ◈ 通过实例进行学习

使用三维绘图工具,可以创建精细、真实的三维对象。本章主要介绍如何创建三维图形,其中包括长方体、楔体、圆柱体、圆环体、球体的绘制方法,以及如何通过二维图形创建三维图形。

7.1 对三维模型的分类

三维模型主要分为线框模型、曲面模型和实体模型。

线框模型是由直线和曲线来表示的真实三维图形的边缘或框架,它没有关于表面和实体的信息,因此不能对线框模型进行消隐和渲染等操作。

曲面模型除了边界以外还有表面,可以对它进行消隐和渲染操作,但是不包括实体部分,所以不能对它进行布尔运算。

实体模型不仅包含边界和表面,还包含实体部分的各个特征,比如体积和惯性距等,因此实体之间可以进行布尔运算。

7.2 三维绘图术语

三维实体模型需要在三维坐标系下进行描述。在三维坐标系下,可以使用直角坐标系或极坐标来定义点。在绘制三维图形时,还可使用圆柱坐标和球面坐标来定义点。

在创建三维实体模型之前,我们先来了解一些基本术语。

- XY 平面:它是 X 轴垂直于 Y 轴组成的一个平面,此时 Z 轴的坐标为 0。
- Z 轴:Z 轴是三维坐标系中的第三轴,它总是垂直于 XY 平面。
- 高度:高度主要是 Z 轴上的坐标值。
- 厚度:表示 Z 轴的长度。
- 相机位置:在观察三维模型时,相机的位置相当于视点。
- 目标点:当用户的眼睛通过照相机看某物体时,用户聚焦在一个清晰点上,该点就是所谓的目标点。

- 视线：这是一种假想的线，它是将视点和目标点连接起来的线。
- 和 XY 平面的夹角：即视线与其在 XY 平面的投影线之间的夹角。
- XY 平面角度：即视线在 XY 平面的投影线与 X 轴之间的夹角。

7.3 三维坐标

在前面的章节中已经详细介绍过平面坐标系的使用，其所有变换和使用方法同样适用于二维坐标系。下面介绍关于三维坐标系的相关知识。

三维坐标，是指通过相互独立的 3 个变量构成的具有一定意义的点。它表示空间的点，在不同的三维坐标系下，具有不同的表达形式。三维坐标包括笛卡儿坐标、柱坐标和球坐标 3 种，下面分别进行讲解。

7.3.1 右手定则

AutoCAD 的三维坐标系由 3 个通过同一点且彼此垂直的坐标轴构成，这 3 个坐标轴分别称为 X 轴、Y 轴和 Z 轴，交点为坐标系的原点，也就是各个坐标轴的坐标零点。

在三维坐标系中，Z 轴的正方向是根据右手定则来确定的。右手定则也决定着三维空间中任一坐标轴的正旋转方向。

要确定 X、Y 和 Z 轴的正轴方向，可以将右手背对着屏幕放置，拇指即指向 X 轴的正方向，伸出食指和中指，食指指向 Y 轴的正方向，中指所指示的方向即是 Z 轴的正方向。

要确定轴的正旋转方向，用右手的大拇指指向轴的正方向，弯曲的手指（无名指和小拇指）所指示的方向即是轴的正旋转方向。

7.3.2 笛卡儿坐标系

三维笛卡儿坐标（X,Y,Z）与二维笛卡儿坐标（X,Y）相似，即在 X 和 Y 值基础上增加 Z 值。同样可以使用基于当前坐标系原点的绝对坐标值或基于上个输入点的相对坐标值。

在工作界面底部的状态栏左端所显示的三维坐标值，就是笛卡儿坐标系中的数值，它准确地反映了当前十字光标的位置。在默认情况下，坐标原点在绘图区左下角，X 轴以水平向右为正方向，Y 轴以垂直向上为正方向，Z 轴以垂直屏幕向外为正方向。AutoCAD 默认采用笛卡儿坐标系来确定形体。在进入 AutoCAD 绘图区时，系统会自动进入笛卡儿坐标系（世界坐标系 WCS）第一象限，AutoCAD 就是采用这个坐标系来确定图形的矢量。在三维笛卡儿坐标系中，可以通过输入点的坐标值（X,Y,Z）来确定点的位置。在笛卡儿坐标系中，由于在绘图过程中需要不断进行视图的操作，判断坐标轴方向并不是很容易，因此 AutoCAD 提供了【右手定则】来确定 Z 轴方向。

7.3.3 柱坐标系

柱坐标与二维极坐标类似，但增加了从所要确定的点到 XY 平面的距离值，即三维点的圆柱坐标可以通过该点与 UCS 原点连线在 XY 平面上的投影长度、该投影与 X 轴正方向的夹角，以及该点在 Z 轴上的投影点的 Z 值来确定。

柱坐标使用 XY 平面的角和沿 Z 轴的距离来表示，其格式分别介绍如下。

- 绝对坐标：XY 平面距离＜XY 平面角度,Z 坐标。
- 相对坐标：@ XY 平面距离＜XY 平面角度,Z 坐标。

球坐标也类似于二维极坐标。在确定某点时，应分别指定该点与当前坐标原点的距离、二者连线在 XY 平面上的投影与 X 轴正方向的夹角以及二者连线与 XY 平面的夹角。

同样，球坐标的相对形式表明了某点与上个输入点的距离，二者连线在 XY 平面上的投影与 X 轴正方向的夹角，以及二者连线与 XY 平面的夹角。

使用球坐标确定点的方式是，通过指定某个距当前 UCS 原点的距离、在 XY 平面中与 X 轴所成的角度及其与 XY 平面所成的角度来指定该位置。球坐标的表示格式如下：

- XYZ 距离＜与 X 轴的夹角＜与 XY 平面的夹角。如球坐标点（4＜30＜30），表示该点与坐标原点的距离为 4，在 XY 平面中与 X 轴正方向的夹角为 30°，与 XY 平面的夹角为 30°。
- @ XYZ 距离＜与 X 轴的夹角＜与 XY 平面的夹角。如球坐标点（@ 4＜30＜30）表示该点相对于坐标原点的距离为 4，在 XY 平面中与 X 轴正方向的夹角为 30°，与 XY 平面的夹角为 30°。

7.4　创建并设置用户坐标系

为了绘图更加方便，用户可以重新定位和旋转用户坐标，以便于使用坐标输入、栅格显示、栅格捕捉、正交模式和其他图形工具。在创建后若不满足要求还可对其进行设置，以便达到需要的效果。

创建用户坐标系是使用单位坐标系绘图的关键，具体操作过程如下：

```
在绘图区中绘制一个圆      //绘制圆
命令:UCS              //在命令行中输入命令并按【Enter】键
当前 UCS 名称:＊世界＊   //系统提示当前 UCS 名称
指定 UCS 的原点或［面(F)/命名(NA)/对象(OB)/上一个(P)/视图(V)/世界(W)/X/Y/Z/Z 轴
(ZA)］＜世界＞:Z 轴(ZA)
指定圆的圆心作为新原点  //指定新原点
在正 Z 轴范围上指定点   //按【Enter】键保持默认设置
```

在执行命令的过程中，部分选项的含义如下所示。

- 【指定 UCS 的原点】：选择该选项，则使用一点、两点或三点定义一个新的 UCS。如果指定一个点，当前 UCS 的原点将会移动而不改变 X、Y 和 Z 轴的方向。
- 【面】：该选项使 UCS 与实体对象的一个面对齐。
- 【命名】：按名称保存并恢复通常使用的 UCS 方向。
- 【对象】：根据选定的三维对象定义新的 UCS。新 UCS 的拉伸方向为（即 Z 轴的正方向）与选定对象的拉伸方向相同。命令行提示如下：

选择对齐 UCS 的对象:(选择对象)

对于大多数对象，新 UCS 的原点位于离选定对象最近的顶点处，并且 X 轴与一条边对齐或相切；对于平面对象，UCS 的 XY 平面与该对象所在的平面对齐；对于复杂对象，将重新定位原点，但是轴的当前方向保持不变。

- 【上一个】：恢复上一个 UCS。
- 【视图】：以垂直于观察方向（平行于屏幕）的平面为 XY 平面，创建新的 UCS，UCS 的原点保持不变。
- 【世界】：将当前用户坐标系设置为世界坐标系。WCS 是所有用户坐标系的基准，不被重新定义。
- 【X/Y/Z】：绕指定的轴旋转当前 UCS。
- 【Z 轴】：利用特定的 Z 轴正半轴定义 UCS。

7.5　视觉样式

视觉样式是指在视图中显示的方式，利用视觉样式能够根据需要以不同的方式显示图形。有时，需要观察线框图；而其他时候，可能需要更真实的图形。

7.5.1　显示视觉样式

AutoCAD 2016 为用户提供了 10 种视觉样式，分别是二维线框形式、三维线框形式、三维隐藏形式等视觉样式。在绘制了三维图形后，可以为其设置视觉样式，以便更好地观察三维图形。在 AutoCAD 中执行【视觉样式】命令的方法有以下几种：

- 在菜单栏中选择【视图】|【视觉样式】命令，如图 7-1 所示。
- 在命令行中执行 VSCURRENT 命令，并按【Enter】键，命令行提示信息如图 7-2 所示。

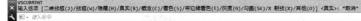

图 7-2　命令行提示信息　　　　图 7-1　选择【视觉样式】命令

执行 SHADEMODE 命令，命令行中提示信息中主要选项的解释说明如下所示。

- 【二维线框】：通过直线和曲线表示边界的方式显示对象，使用二维模型空间背景是默认的视觉样式，如图 7-3 所示。
- 【线框】：通过使用直线和曲线表示边界的方式显示对象，该样式与【二维线框】样式类似，如图 7-4 所示。
- 【消隐】：使用线框表示显示对象，并且隐藏表示背面的线，如图 7-5 所示。

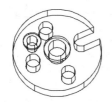 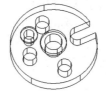 

图 7-3　【二维线框】视觉样式　　图 7-4　【线框】视觉样式　　图 7-5　【消隐】视觉样式

- 【真实】：使用平滑着色和材质显示对象，如图 7-6 所示。
- 【概念】：该样式给模型上色，但并不显示线框轮廓，显示着色后的多边形平面间的对象并使对象的边平滑化。该视觉样式缺乏真实感，但用户可以很方便地在该视觉样式中查看模型的细节，如图 7-7 所示。
- 【着色】：使用平滑着色显示对象，如图 7-8 所示。

图 7-6 【真实】视觉样式　　图 7-7 【概念】视觉样式　　图 7-8 【着色】视觉样式

- 【带边缘着色】：使用平滑着色和可见边显示对象，如图 7-9 所示。
- 【灰度】：使用平滑着色和单色灰度显示对象，如图 7-10 所示。
- 【勾画】：使用线延伸和抖动边修改器显示对象的手绘效果，如图 7-11 所示。
- 【X 射线】：以局部透明度显示对象，如图 7-12 所示。

图 7-9 【带边缘着色】　图 7-10 【灰度】　　　图 7-11 【勾画】　　　图 7-12 【X 射线】
　　　视觉样式　　　　　　　视觉样式　　　　　　　视觉样式　　　　　　　视觉样式

7.5.2 创建自定义视觉样式

如果用户需要创建自己的【视觉样式】，有以下两种方式：

- 在菜单栏中选择【视图】|【视觉样式】|【视觉样式管理器】命令，如图 7-13 所示。
- 在命令行中执行 VISUALSTYLES 命令，并按【Enter】键

执行以上任意命令后，将弹出【视觉样式管理器】选项板，如图 7-14 所示。在该选项板中单击【创建新的视觉样式】按钮，弹出【创建新的视觉样式】对话框，在【名称】文本框中输入文字说明，然后单击 确定 按钮，如图 7-15 所示。

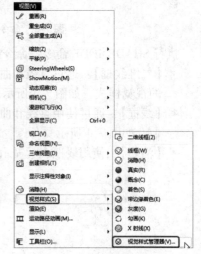

图 7-13 在菜单栏中选择
【视觉样式管理器】命令

此时在【图形中的可用视觉样式】列表中将看到新创建的视觉样式，如图 7-16 所示，可以通过选项板中的参数进行设置。

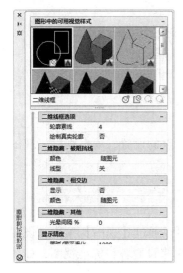

图 7-14 【视觉样式管理器】选项板 　　图 7-15 【创建新的视觉样式】对话框 　　图 7-16 新创建的视觉样式

- 【面设置】：控制面在视口中的外观，如图 7-17 所示。
  - 【面样式】：定义面上的着色。包含【真实】、【古氏】和【无】3 个选项。【真实】样式非常接近于面在现实中的表现方式，而【古氏】样式是使用冷色和暖色来增强面的显示效果。

图 7-17 面设置

  - 【光源质量】：设置为三维实体的面积和当前视口中的曲面插入颜色的方法。
  - 【颜色】：控制面上的颜色的显示。
  - 【不透明度】：使用【不透明度】按钮 将不透明的值从正直更改为负值，反之亦然。
  - 【材质显示】：控制面上的材质显示。
  - 【光源】：控制与光照相关的效果，如图 7-18 所示。
  - 【亮显强度】：使用【亮显强度】按钮 将光照强度的值从正值更改为负值，反之亦然。
  - 【阴影显示】：控制光照阴影的开关。
- 【环境设置】：控制背景是否显示，如图 7-19 所示。
- 【边设置】：控制如何显示边，如图 7-20 所示。

图 7-18 光源 　　　　　　　图 7-19 环境设置

  - 【显示】：将边显示设置为【镶嵌面边】、【素线】或【无】。

图 7-20 边设置

- ➢ 【行数】：设置边的密度。
- ➢ 【颜色】：设置边的颜色。
- ➢ 【被阻挡边】：控制应用到所有边模式的设置。
- ➢ 【相交边】：控制当边模式设置为【镶嵌面边】时应用到相交边的设置。
- ➢ 【轮廓边】：控制应用轮廓边的设置。轮廓边不显示在线框或透明对象上。
- ➢ 【边修改器】：控制应用到所有边模式的设置。

7.6 观察三维图形

在三维绘图中，观察三维图形是非常必要的，我们必须了解视点的设置、动态观察、视图控制器等内容。

7.6.1 标准视图

在 AtuoCAD 中，任何三维建模都可以从各个方向查看，用户可以通过【视图】菜单来设置各种标准视图，如图 7-21 所示；也可以通过【视图控件】快捷菜单来设置各种标准视图，如图 7-22 所示。

图 7-21 【三维视图】命令

图 7-22 【视图控件】快捷菜单

7.6.2 视点

视点是指观察图形的方向。在三维空间中，为便于观察模型，可以任意修改视点的位置。AutoCAD 系统默认的视点为（0,0,1），即从（0,0,1）点（Z 轴正向上）向原点（0,0,0）观察模型。利用视点预设功能，用户可以通过对话框设置观察角度及视点方向。

在菜单栏中选择【视图】|【三维视图】|【视点】命令，如图 7-23 所示，命令行提示如下：

命令：_-vpoint

当前视图方向： VIEWDIR＝0.0000,0.0000,1.0000
指定视点或［旋转(R)］＜显示指南针和三轴架＞：

命令行中提示信息中主要选项的解释说明如下所示。

- 【指定视点】：输入视点的 X、Y、Z 坐标值。该坐标值定义了观察视图的视点位置，观察者可以从空间中该视点向模型原点方向观察。
- 【旋转】：通过指定 XY 平面上自 X 轴的角度，以及自 XY 平面的角度定义视点。

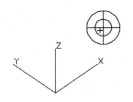

图 7-24 坐标球和三轴架

- 【显示指南针和三轴架】：在屏幕上显示坐标球和三轴架，如图 7-24 所示。当出现坐标球和三轴架后，用户移动鼠标时，十字线光标将在坐标球上移动，同时，三轴架将自动改变方向。

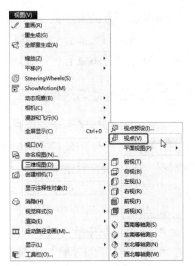

图 7-23 在菜单栏中选择【视点】命令

7.6.3 视点预设

利用视点预设功能，用户可以通过对话框设置观察角度，即视点方向。调用【视点预设】命令的方法如下：

- 在菜单栏中单击【视图】|【三维视图】|【视点预设】命令，如图 7-25 所示。
- 在命令行中输入 VPOINT 命令并按【Enter】键。

执行以上任意命令后将弹出【视点预设】对话框，如图 7-26 所示。

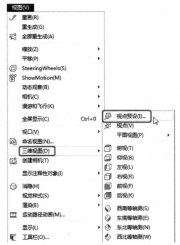

图 7-25 在菜单栏中单击【视点预设】命令

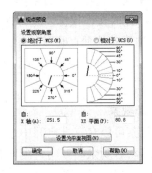

图 7-26 【视点预设】对话框

打开【视点预置】对话框时，黑色指针指示当前视图的角度。改变角度时，黑色指针会移动指向新值，但最初的指针还是仍然保持指示当前角度。这使得用户可以随时看到当前角度作为参考。

刻度盘下方的文本框可以反映用户所做的选择，也可以直接在文本框中输入所需的角度。

在对话框的底部有一个非常方便的【设置为平面视图】按钮 设置为平面视图(V) 。如果多次改变模型角度后感觉有些混乱时，单击该按钮可以快速地返回平面视图。

7.6.4 三维动态观察器

AutoCAD 提供了一个交互的三维动态观察器命令。该命令可以在当前视口中创建一个三维视图，用户可以使用鼠标来实时控制和改变这个视图，以得到不同的观察效果。使用三维动态观察器，既可以查看整个图形，也可以查看模型中的任意对象。动态观察分为 3 类：受约束的动态观察、自由动态观察和连续动态观察。

在 AutoCAD 2016 中调用【动态观察】命令的方法有以下几种：

- 在菜单栏中选择【视图】|【动态观察】命令。
- 单击【三维导航】工具栏中的【动态观察】下三角按钮。
- 在命令行中执行 3dorbit 命令并按【Enter】键。

1. 受约束的动态观察

受约束的动态观察可以在三维空间中旋转视图，但仅限于水平动态观察和垂直动态观察。

执行动态观察命令后，视图中的目标将保持静止，而视点将围绕目标移动，但是用户的视点看起来就像三维模型正在随着光标的移动而旋转，用户可以以此方式指定模型的任意视图。

2. 自由动态观察

自由动态观察可以在三维空间中自由地旋转视图而不受约束，从而保证可以从各个角度观察对象。观察时，绘图区域内会出现一个导航球，并且有 4 个指针影响模型的旋转方式。

使用导航球的方法有如下几种。

- 利用环形箭头光标滚动：将鼠标光标移动到导航球的外侧，它会变成一个环形的箭头⟳。此时按住鼠标左键并围绕转盘拖动，可以使视图围绕穿过转盘（垂直于屏幕）中心延伸的轴进行转动，称为滚动；将光标拖动到转盘内部时，它将变成⊕形状，同时视图可以随意移动；将鼠标光标向后移动到转盘外时，又可以恢复滚动。
- 利用水平椭圆光标绕垂直轴旋转：将鼠标光标移动到转盘左侧或右侧的小圆上时显示的形状⊕。此时按住鼠标左键并拖动，可以绕垂直轴通过转盘中心延伸的 Y 轴旋转视图。
- 绕水平轴旋转的垂直椭圆光标：将鼠标光标移动到转盘顶部或底部的小圆上时光标显示的形状⊕。此时按住鼠标左键并拖动，可以绕水平轴通过转盘中心延伸的 X 轴旋转视图。

3. 连续动态观察

连续动态观察可以在三维空间中连续旋转视图，在进行连续动态观察时，需要用户用鼠标拖动以指定连续动态观察的方向，当释放鼠标后，动态观察沿指定的方向连续移动。

连续观察使用户可以选择一个旋转方向，然后让图形自行旋转。三维动态观察将自动以同样的方向持续旋转，用户可以通过单击鼠标来停止连续的轨迹运动。如果重新拖动鼠标，则可以改变连续动态观察的方向。另外，在绘图区右击从快捷菜单中选择相关的命令，也可以修改连续动态观察的显示。

7.6.5 【上机操作】观察连接盘

下面讲解如何观察连接盘，具体操作步骤如下：

🔟 启动 AutoCAD，打开随书附带光盘中的 CDROM\素材\第 7 章\连接盘.dwg 图形对象，在命令行中输入 UCS 并按【Enter】键，将坐标移动至棘轮对象的中心处，具体操作过程如下：

命令:UCS	//输入命令并按【Enter】键
当前 UCS 名称:＊俯视＊	//系统提示当前 UCS 名称
指定 UCS 的原点或［面(F)/命名(NA)/对象(OB)/上一个(P)/视图(V)/世界(W)/X/Y/Z/Z 轴(ZA)］＜世界＞:ZA	//选择【Z轴】选项,并按【Enter】键
指定新原点或［对象(O)］＜0,0,0＞:	//单击如图 7-27 所示的点
在正 Z 轴范围上指定点 ＜2524.2827,1574.7973,1.0000＞:	//按【Enter】键完成操作,如图7-28所示

 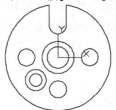

图 7-27　移动坐标　　　　图 7-28　移动坐标后的效果

🔟 在绘图区【视图控件】上右击，在快捷菜单中选择【东南等轴测】命令，将视图设置为东南等轴测，效果如图 7-29 所示。

🔟 在绘图区【视觉样式控件】上右击，在弹出快捷菜单中选择【概念】命令，将视觉样式设置为【概念】视觉样式，效果如图 7-30 所示。

🔟 在绘图区右侧单击【动态观察】下方的下拉按钮，选择【自由动态观察】命令，将光标移动到下边导航球上，如图 7-31 所示。向上方移动鼠标光标，得到如图 7-32 所示的效果。

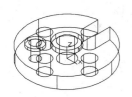   

图 7-29　执行【东南等　　　图 7-30　【概念】　　　图 7-31　将光标移动　　　图 7-32　得到的效果

轴测】命令　　　　　　　视觉样式　　　　　　到导航球上

7.7　三维图形的绘制

三维图形又称为实体模型，它比平面模型具有更多的特征信息。绘制三维图形时用户可以直接输入实体的控制尺寸，由系统自动生成实体，如长方体、圆柱体等。也可以将创建好的二维图形对象进行拉伸或旋转生成目标实体。

7.7.1 多段体的绘制

在 AutoCAD 中，使用多段体工具可以创建多段体，多段体工具对于要创建三维墙壁的建筑设计师很有用。除了直接创建多段体外，用户还可以将现有直线、二维多段线、圆弧或圆等转换为多段体。

绘制【多段体】的方法如下：

- 在菜单栏中，选择【绘图】|【建模】|【多段体】命令，如图 7-33 所示。
- 在命令行中输入 POLYSOLID 命令并按【Enter】键。

多段体的创建过程比较简单，执行以上任意命令后直接通过鼠标在绘图区拾取点或输入坐标即可进行创建，除了创建直线型的多段体外，用户还可以创建圆弧形的多段体。

图 7-33 在菜单栏中选择【多段体】命令

7.7.2 长方体的绘制

长方体是最常用的三维对象之一，一般是更复杂模型的基础。使用长方体工具可以创建长方体或立方体。在默认情况下，长方体的底面积与当前用户坐标系的 XY 平面平行。创建实心长方体时，可以通过指定长方体的中心点或一个角点来确定。

绘制【长方体】的方法如下：

- 在菜单栏中，选择【绘图】|【建模】|【长方体】命令。
- 在【常用】选项卡的【建模】选项组中单击【长方体】按钮 ☐。
- 在命令行中输入 BOX 命令并按【Enter】键。

执行以上任意命令后，具体操作过程如下：

```
命令：BOX                          //输入命令并按【Enter】键
指定第一个角点或［中心(C)］：        //指定要绘制的长方体的第一个角点
指定其他角点或［立方体(C)/长度(L)］：L //设置长方体的长度，按【Enter】键
指定长度：300                      //指定长方体长度为300，按【Enter】键
指定宽度：200                      //指定长方体宽度为200，按【Enter】键
指定高度或［两点(2P)］:50   //指定长方体高度为50，按【Enter】键完成操作，效果如图7-34所示
```

命令行中各选项的含义如下所示。

- 【指定第一个角点】：该选项为默认选项，用于输入长方体底面对角线的两点，再输入长方体的高 B 度。
- 【中心】：使用指定中心点的方式创建长方体。
- 【立方体】：选择该选项后将创建正方体，即长、宽、高同大小的长方体。
- 【长度】：选择该选项，可以根据长方体的长度、宽度和高度值创建长方体。

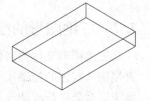

图 7-34 长方体的绘制

7.7.3 楔体的绘制

楔体是将长方体沿某一面的对角线方向切去一半，其斜面高度将沿 X 轴正方向减少，底面平行于 XY 平面。它的绘制方法与长方体类似。

绘制【楔体】的方法如下：

* 在菜单栏中选择【绘图】|【建模】|【楔体】命令。
* 在【常用】选项卡的【建模】选项组中单击【楔体】按钮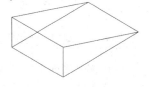。
* 在命令行中输入 WEDGE 命令并按【Enter】键。

执行以上任意命令后，具体操作过程如下：

图 7-35　楔体的绘制

```
命令:WEDGE                                    //输入命令并按【Enter】键
指定第一个角点或［中心(C)］:                    //指定第一个角点
指定其他角点或［立方体(C)/长度(L)］:L          //设置楔体的长度,按【Enter】键
指定长度:300                                  //设置楔体的长度为300,按【Enter】键
指定宽度:200                                  //设置楔体的宽度为200,按【Enter】键
指定高度:100              //设置楔体的高度为100,按【Enter】键,效果如图7-35所示
```

7.7.4 圆柱体的绘制

使用【圆柱体】工具可以绘制圆柱体、椭圆柱体，所生成的圆柱体、椭圆柱体的底面平行于 XY 平面，轴线与 Z 轴相平行，圆柱体是与拉伸圆或椭圆相似的一种基本实体，但它没有拉伸斜角。

绘制【圆柱体】的方法如下：

* 在菜单栏中选择【绘图】|【建模】|【圆柱体】命令。
* 在【常用】选项卡的【建模】选项组中单击【圆柱体】按钮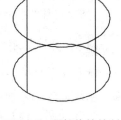。
* 在命令行中输入 CYL 或 CYLINDER 命令并按【Enter】键。

图 7-36　圆柱体的绘制

执行以上任意命令后，具体操作过程如下：

```
命令:CYL                                     //输入命令并按【Enter】键
指定底面的中心点或［三点(3P)/两点(2P)/切点、切点、半径(T)/椭圆(E)］://指定底面中心点,这里
在绘图区内任意拾取一点
指定底面半径或［直径(D)］:D                   //在命令行中输入D,按【Enter】键
指定直径:30                                  //设置圆柱体底面直径为30,按【Enter】键
指定高度或［两点(2P)/轴端点(A)］:20 //设置圆柱体高度为20,按【Enter】键完成操作,效果如图7-36所示
```

7.7.5 圆环体的绘制

圆环体由两个半径定义，一个是从圆环体中心到管道中心的圆环体半径，另一个是管道半径。随着管道半径和圆环体半径之间的相对大小的变化，圆环体的形状是不同的。圆环体与当前用户坐标系的 XY 平面平行且被此平面平分。

绘制【圆环体】的方法如下：

* 在菜单栏中，选择【绘图】|【建模】|【圆环体】命令。
* 在【常用】选项卡的【建模】选项组中单击【圆环体】按钮◎。
* 在命令行中输入 TORUS 或 TOR 命令并按【Enter】键。

执行以上任意命令后，具体操作过程如下：

命令：TORUS   //输入命令并按【Enter】键
指定中心点或［三点(3P)/两点(2P)/切点、切点、半径(T)］：
                              //在绘图区中单击鼠标，指定圆环体的中心点
指定半径或［直径(D)］:15 //设置圆环体的半径为15，按【Enter】键
指定圆管半径或［两点(2P)/直径(D)］:5
//设置圆管的半径为5，按【Enter】键完成操作，效果如图7-37所示

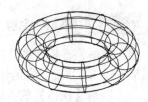

图7-37 圆环体的绘制

7.7.6 球体的绘制

球体是最简单的三维实体，球体工具可以按指定的球心、半径或直径绘制三维实心球体，球体的纬线与当前UCS的XY平面平行，其轴线与Z轴平行。

绘制【球体】的方法如下：

* 在菜单栏中，选择【绘图】|【建模】|【球体】命令。
* 在【常用】选项卡的【建模】选项组中单击【球体】按钮◯。
* 在命令行输入SPHERE命令并按【Enter】键。

执行以上任意命令后，具体操作过程如下：

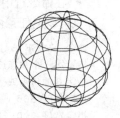

图7-38 球体的绘制

命令：SPHERE   //输入命令并按【Enter】键
指定中心点或［三点(3P)/两点(2P)/切点、切点、半径(T)］： //在绘图区指定球体的中心点
指定半径或［直径(D)］:15
//输入球体的半径并完成绘制，这里输入15，并按【Enter】键，效果如图7-38所示

7.7.7 圆锥体的绘制

圆锥体工具用于创建圆锥体或椭圆椎体。所生成的圆锥体和椭圆锥体的底面平行于XY平面，轴线平行于Z轴。

绘制【圆锥体】的方法如下：

* 在菜单栏中，选择【绘图】|【建模】|【圆锥体】命令。
* 在【常用】选项卡的【建模】选项组中单击【圆锥体】按钮△。
* 在命令行输入CONE命令并按【Enter】键。

执行以上任意命令后，具体操作过程如下：

命令：_cone   //输入命令并按【Enter】键
指定底面的中心点或［三点(3P)/两点(2P)/切点、切点、半径(T)/椭圆(E)］：
                                //在绘图区指定底面的中心点
指定底面半径或［直径(D)］<50.0000>:50   //输入半径并完成绘制，这里输入50，并按【Enter】键，
指定高度或［两点(2P)/轴端点(A)/顶面半径(T)］<50.0000>:100
          //输入高度并完成绘制，这里输入100，并按【Enter】键，
          //完成后的效果如图7-39所示

命令行中各选项的含义如下所示。

* 【三点】：通过指定3个点来定义圆锥体的底面周长和底面。
* 【两点】：通过指定两点来定义圆锥体的底面直径。
* 【切点、切点、半径】：定义具有指定半径且与两个对象相切的圆锥体底面。
* 【椭圆】：创建椭圆椎体。

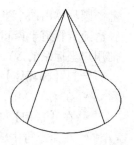

图7-39 圆锥体的绘制

- 【指定高度】：通过指定两点定义圆锥体的高度。
- 【轴端点】：指定圆锥体的顶点位置。
- 【顶面半径】：指定圆锥体顶面的半径。

7.7.8 棱锥体的绘制

棱锥体工具用于创建 1 个底面上有 3 ~ 32 个侧面的棱锥体。棱锥面可以只有 1 个顶点或者可以截断它，也可以使棱锥面倾斜。

绘制【棱锥体】的方法如下：

- 在菜单栏中，选择【绘图】|【建模】|【棱锥体】命令。
- 在【常用】选项卡的【建模】选项组中单击【棱锥体】按钮 ◇。
- 在命令行输入 PYRAMID 命令并按【Enter】键。

执行以上任意命令后，具体操作过程如下：

```
命令：_pyramid                           //输入命令并按【Enter】键
4 个侧面 外切
指定底面的中心点或 [边(E)/侧面(S)]：      //在绘图区指定底面的中心点
指定底面半径或 [内接(I)] <50.0000>：50   //输入半径并完成绘制，这里输入 50，并按【Enter】键，
指定高度或 [两点(2P)/轴端点(A)/顶面半径(T)] <100.0000>：100
//输入高度并完成绘制，这里输入 100，并按【Enter】键，完成后的效果如图 7-40 所示
```

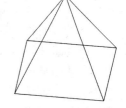

命令行中各选项的含义如下所示。

- 【边】：定义棱锥体底面多边形的边长。
- 【侧面】：定义棱锥体底面多边形的边数。
- 【顶面半径】：设置棱锥体顶面多边形的半径，默认设置为 0。

图 7-40 棱锥体的绘制

7.7.9 【上机操作】绘制珠环

下面来讲解如何绘制珠环，其操作步骤如下：

① 启动 AutoCAD 2016 程序，新建一个文件。

② 设置需要的绘图环境，设置视图为【俯视】，执行【圆】命令，在绘图区的任意位置绘制一个半径为 150 的辅助圆，如图 7-41 所示。

③ 选择【绘图】|【建模】|【球体】命令，以辅助圆的左象限点为球心，创建半径为 30 的球体，如图 7-42 所示。

④ 切换视图为【西南等轴测】，在命令行中输入 3DARRAY，选择球体，依次输入 P、6、360、Y，拾取辅助圆的圆心，指定第二点（@0,0,1），效果如图 7-43 所示。

⑤ 选择【绘图】|【建模】|【圆环体】命令，拾取辅助圆的圆心，依次输入 150、15，切换至【概念】视图查看效果，如图 7-44 所示。

图 7-41 绘制圆　　**7-42 绘制球体**　　**图 7-43 阵列后的效果**　　**图 7-44 完成后的效果**

7.7.10 拉伸

拉伸工具用于通过拉伸二维图形（圆、闭合的多段线、多边形、椭圆、闭合的样条曲线、圆环或面域）拉伸为三维实体对象。由于多段线可以是任意形状，因此使用拉伸工具可以创建不规则的实体。

调用【拉伸】命令的方法如下：

- 在菜单栏中，选择【绘图】|【建模】|【拉伸】命令。
- 在【常用】选项卡的【建模】选项组中单击【拉伸】按钮 。
- 在命令行中输入 EXTRUDE 命令并按【Enter】键。

执行以上任意命令后，具体操作过程如下：

```
命令：_extrude                                        //输入命令并按【Enter】键
当前线框密度：ISOLINES = 4,闭合轮廓创建模式 = 实体
选择要拉伸的对象或［模式(MO)］：_MO 闭合轮廓创建模式［实体(SO)／曲面(SU)］＜实体＞：_SO
                                                    //选择实体选项
选择要拉伸的对象或［模式(MO)］：找到 1 个             //选择要拉伸的对象
选择要拉伸的对象或［模式(MO)］：                       //按【Enter】键完成选择
指定拉伸的高度或［方向(D)／路径(P)／倾斜角(T)／表达式(E)］＜100.0000＞： //指定拉伸的高度
```

命令行中各选项的含义如下所示。

- 【方向】：可以通过指定的两点确定拉伸的长度和方向。
- 【路径】：可以使拉伸对象沿着指定的路径进行拉伸以创建实体。
- 【倾斜角】：可以设置拉伸的倾斜角度，取值范围为 − 90°～ + 90°。在默认情况下，倾斜角为 0°，表示创建的实体侧面垂直于 XY 平面并且没有锥度。若倾斜角度为正，将产生内锥度，创建的侧面向里靠；若倾斜角度为负，将产生外锥度，创建的侧面则向外。

下面使用路径拉伸图形，具体操作过程如下：

① 在【前视】视图中选择【绘图】选项组中的【正多边形】工具，然后在绘图区内绘制一个正六边形，如图 7-45 所示。

② 在菜单栏中选择【视图】|【三维视图】|【右视】命令，如图 7-46 所示，绘制一条直线，如图 7-47 所示，然后将视图切换至【前视图】，并调整直线的位置，如图 7-48 所示。

③ 在【建模】选项卡中选择【拉伸】工具，根据命令行提示选择正六边形，按【Enter】键，输入 p，选择绘制的直线作为路径，拉伸效果如图 7-49 所示。

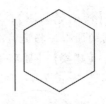

| 图 7-45 绘制正六边形 | 图 7-46 切换至【右视】视图 | 图 7-47 绘制直线 | 图 7-48 切换视图并调整直线的位置 | 图 7-49 拉伸图形 |

7.7.11 【上机操作】创建盖

下面讲解如何创建盖，具体操作步骤如下：

① 启动 AutoCAD 2016 程序，新建一个文件。

② 设置视图为【俯视】，运用【多段线】命令，在绘图区中的任意位置单击鼠标指定起点，向右引导鼠标，输入 70，向下引导鼠标，输入 50，向左引导鼠标，输入 70，输入 C，闭合多段线，如图 7-50 所示。

③ 运用【偏移】命令，输入 3，拾取多段线，向内偏移，如图 7-51 所示。

④ 运用【圆角】命令，设置圆角半径为 10，对图形的各个顶点倒圆角，如图 7-52 所示。

　图 7-50　绘制多段线　　　图 7-51　偏移多段线　　　图 7-52　执行圆角命令

⑤ 设置视图为【西南等轴测】，运用【拉伸】命令，拾取内侧多段线，向下拉伸 15，拾取外侧多段线，向下拉伸 20，如图 7-53 所示。

⑥ 运用 UCS 命令，将坐标原点移动至拉伸体左端面一条边上的中点处，如图 7-54 所示。

⑦ 运用【圆柱体】命令，分别以 (15,0)、(55,0) 为中心，绘制两个半径为 5、高为 20 的圆柱体，如图 7-55 所示。

⑧ 运用【差集】命令，选择外侧拉伸体，拾取内侧拉伸体与圆柱体，进行差集运算，按【Enter】完成操作，切换至【概念】视图查看效果，如图 7-56 所示。

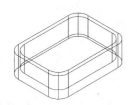
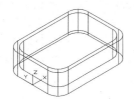
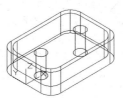

图 7-53　执行【拉伸】命令　　图 7-54　移动坐标点　　图 7-55　绘制圆柱体　　图 7-56　查看效果

7.7.12　旋转

旋转工具用于将二维图形（闭合的多段线、多边形、圆、椭圆、闭合的样条曲线、圆环或面域）旋转为三维实体对象，但不能旋转相交或自交的多段线。

调用【旋转】命令的方法有以下几种：

- 在菜单栏中，选择【绘图】|【建模】|【旋转】命令。
- 在【常用】选项卡的【建模】选项组中单击【旋转】按钮圆。
- 在命令行中执行 REVOLVE 或 REV 命令并按【Enter】键。

下面介绍如何旋转图形，来练习一下上面所讲内容，具体操作步骤如下：

① 使用【多边形】工具，在视图中绘制如图 7-57 所示的图形。然后在【常用】选项卡的【建模】选项组中单击【旋转】按钮圆，在绘图区选择如图 7-58 所示的图形，按【Enter】键确认。

② 在绘图区中指定旋转的轴起点和轴端点，分别是 A、B 两点，如图 7-59 所示。

③ 然后设置旋转角度为 360°，按【Enter】键确认，调整视图并切换至【概念】视图，完成后的效果如图 7-60 所示。

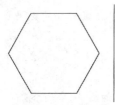

图 7-57 绘制图形

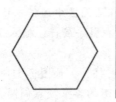

图 7-58 选择要旋
转的对象

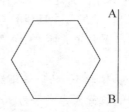

图 7-59 指定旋转的轴
起点和轴端点

图 7-60 旋转后的效果

7.7.13 扫掠

扫掠工具，可以沿开放或闭合的二维或三维路径扫掠开放或闭合的平面曲线创建新实体或曲面，并且可以扫掠多个对象，但是这些对象必须位于同一个平面中。

调用【扫掠】命令的方法如下：

- 在菜单栏中，选择【绘图】|【建模】|【扫掠】命令。
- 在【常用】选项卡的【建模】选项组中单击【扫掠】按钮🔄。
- 在命令行中执行 SWEEP 命令并按【Enter】键。

执行以上任意命令后，具体操作过程如下：

命令：_sweep   //输入命令并按【Enter】键
当前线框密度：ISOLINES = 4，闭合轮廓创建模式 = 实体
选择要扫掠的对象或［模式(MO)］：_MO 闭合轮廓创建模式［实体(SO)/曲面(SU)］<实体>：_SO
选择要扫掠的对象或［模式(MO)］：指定对角点：找到 1 个   //选择要扫掠的对象
选择要扫掠的对象或［模式(MO)］：   //按【Enter】键
选择扫掠路径或［对齐(A)/基点(B)/比例(S)/扭曲(T)］： //选择扫掠路径并按【Enter】键完成操作

命令行中各选项的含义如下：

- 【对齐】：可以指定是否对齐轮廓以使其作为扫掠路径切向的法相。默认情况下，轮廓是对齐的。
- 【基点】：指定要扫掠对象的基点。如果指定的点不在选定对象所在的平面上，则该点将被投影到该平面上，将投影点作为基点。
- 【比例】：指定比例因子进行扫掠操作。从扫掠路径开始到结束，比例因子将统一应用到扫掠的对象。
- 【扭曲】：设置被扫掠对象的扭曲角度，即扫掠对象沿指定路径扫掠时的旋转量。如果被扫掠的对象为圆，则无须设置扭曲角度。

下面介绍如何扫掠图形，来练习一下上面所讲内容，具体操作步骤如下：

🔟 切换至【前视】视图，在菜单栏选择【绘图】|【螺旋线】命令，参照图 7-61 所示的图形在绘图区中绘制螺旋线。

🔢 将视图转换为右视图，绘制一个直径为 10 的圆形，如图 7-62 所示。

🔢 在【建模】选项卡中选择【扫掠】工具，根据命令行提示选择圆形对象作为扫掠对象，选择螺旋线作为扫掠对象，选择螺旋线作为扫掠路径，如图 7-63 所示。

🔢 在命令行中将 ISOLINES 的参数更改为 20，然后选择菜单栏中的【视图】|【重生成】命令，将扫掠后的对象重新生成，切换至【概念】视图查看效果，如图 7-64 所示。

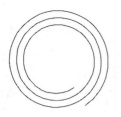
图 7-61　绘制螺旋线

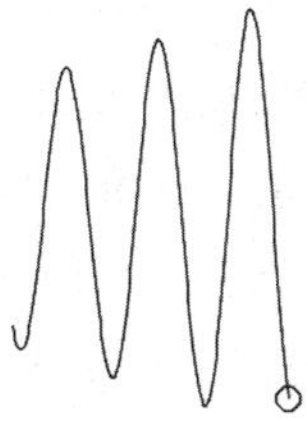

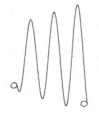
图 7-62　绘制圆

图 7-63　对圆进行扫掠

　　图 7-64　完成后的效果

7.7.14　放样

　　放样工具，可以通过指定一系列横截面来创建新的实体或曲面。横截面用于定义结果实体或曲面的截面轮廓，横截面可以是开放的，也可以是闭合的。

　　调用【放样】命令的方法如下：

- 在菜单栏中，选择【绘图】|【建模】|【放样】命令。
- 在【常用】选项卡的【建模】选项组中单击【放样】按钮。
- 在命令行中执行 LOFT 命令并按【Enter】键。

提　示

　　使用放样工具时，至少必须指定两个横截面，必要时还需要指定一个二维对象作为放样路径，用于定义放样对象的深度。

　　下面介绍如何放样图形，来练习一下上面介绍的内容，具体操作步骤如下：

　　01 打开随书附带光盘中的 CDROM\素材\第 7 章\杯子 .dwg 图形文件，如图 7-65 所示。在命令行中执行 LOFT 命令，具体操作过程如下：

```
命令:LOFT                                              //输入命令并按【Enter】键
按放样次序选择横截面或［点(PO)/合并多条边(J)/模式(MO)］:找到一个       //选择下方小圆
按放样次序选择横截面或［点(PO)/合并多条边(J)/模式(MO)］:找到 1 个,总计 2 个   //选择上方大圆
按放样次序选择横截面或［点(PO)/合并多条边(J)/模式(MO)］:   //按【Enter】结束对象的选择
输入选项［导向(G)/路径(P)/仅横截面(C)/设置(S)］<仅横截面 >:
//选择【设置】选项,弹出【放样设置】对话框,在对话框中选择【直纹】单选按钮,然后单击【确定】按钮,如
图 7-66 所示
```

　　02 放样后的效果如图 7-67 所示。

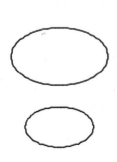
图 7-65　打开素材

图 7-66　【放样设置】对话框

图 7-67　放样完成后的效果

命令行中各选项的含义如下：

- 【设置】：选择该选项，弹出【放样设置】对话框，如图 7-66 所示。在该对话框中设置好放样参数，然后单击【确定】按钮，即可生成放样对象。对话框的几个主要选项意义如下所示。
  - ➤ 【直纹】：指定实体或曲面在横截面之间是直的，并且在横截面处具有鲜明边界。
  - ➤ 【平滑拟合】：指定在横截面之间绘制平滑实体或曲面，并且在起点和终点横截面处具有鲜明边界。
  - ➤ 【法线指向】：控制实体或曲面在通过横截面处的曲面法线。
  - ➤ 【拔模斜度】：控制放样实体或曲面的第一个和最后一个横截面的拔模斜度和幅值。
  - ➤ 【闭合曲面或实体】：闭合和开放曲面或实体，使用该选项时，横截面应该形成圆环形图案，以便放样曲面或实体可以形成闭合的圆管。
- 【路径】：指定一条路径，让横截面沿着路径进行放样，生成实体或曲面模型。
- 【导向】：指定控制放样实体或曲面形状的导向曲线。导向曲线是直线或曲线，可以使用导向曲线来控制点如何匹配相应的横截面，以防止出现不希望看到的效果。

7.7.15 【上机操作】绘制接头

下面讲解如何绘制接头，具体操作步骤如下：

01 启动 AutoCAD 2016 程序，新建一个文件。

02 设置视图为【俯视】，运用【圆柱体】命令，在绘图区中的任意位置指定中心点，绘制半径为 25、高为 100 的圆柱体，如图 7-68 所示。

03 运用【矩形】命令，拾取圆柱体顶面的下象限点，确认为第一个角点，输入（@ 20，50），如图 7-69 所示。

04 运用【移动】命令，以矩形下方水平边的中点为指定基点，以圆柱体顶面的下象限点为目标点，进行移动，如图 7-70 所示。

图 7-68 绘制圆柱体

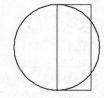
图 7-69 绘制矩形

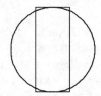
图 7-70 移动矩形

05 设置视图为【西南等轴测】，运用【复制】命令，拾取圆柱体顶面矩形，以圆柱体顶面圆心为指定基点，以圆柱体底面圆心为目标点，进行复制，如图 7-71 所示。

06 运用【旋转】命令，将顶面的矩形旋转 90°，效果如图 7-72 所示。

07 运用【拉伸】命令，拾取底面矩形，将其拉伸 40，如图 7-73 所示。

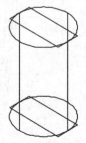
图 7-71 复制矩形

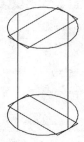
图 7-72 旋转矩形

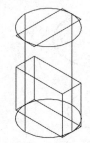
图 7-73 拉伸矩形

⓼ 运用【长方体】命令，拾取顶面矩形的左边角点，绘制长为 50、宽为 20、高为 − 40 的长方体，如图 7-74 所示。

⓽ 运用【复制】命令，将上步绘制的长方体进行对象复制，如图 7-75 所示。

⓾ 运用【差集】命令，将长方体从实体中减去，在【概念】视觉样式中图形显示效果如图 7-76 所示。

⑪ 运用【删除】命令，删除顶面矩形，调整观察位置，如图 7-77 所示。

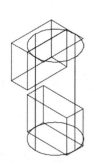 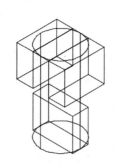 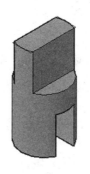 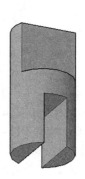

图 7-74　绘制长方体　　图 7-75　复制长方体　　7-76　在【概念】视图查看效果　图 7-77　删除矩形

7.8　项目实践——绘制轴固定座

下面讲解如何绘制轴固定座，具体操作步骤如下：

⓵ 启动 AutoCAD 2016 程序，新建一个文件。

⓶ 设置视图为【东北等轴测】，运用【长方体】命令，以（− 1.5,0,0）、（1.5,4,0.5）为角点，绘制长方体，以（− 1,1.5,0）、（1,2.5,6）为角点，绘制长方体，如图 7-78 所示。

⓷ 运用【圆角】命令，设置圆角半径为 0.5，对长方体的棱边进行圆角，如图 7-79 所示。

⓸ 运用 UCS 命令，将坐标系绕 Y 轴旋转 90°，运用【圆柱体】命令，以（− 5.5,2,− 1）为中心，绘制半径为 0.25、高为 2 的圆柱体，如图 7-80 所示。

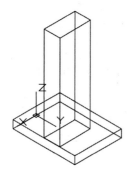

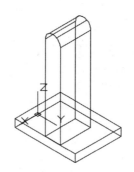 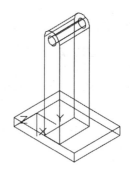

图 7-78　绘制长方体　　　　图 7-79　对方体进行圆角　　　图 7-80　绘制圆柱体

⓹ 运用【差集】命令，选择圆角长方体，拾取圆柱体，进行差集运算，并运用 UCS 命令，将坐标系绕 X 轴旋转 90°，运用【圆柱体】命令，以（− 3.5,0,− 3）为中心，绘制半径为 1.5、高位 2 的圆柱体，效果如图 7-81 所示。

⓺ 运用【并集】命令，拾取所有对象，进行并集运算，效果如图 7-82 所示。

⓻ 运用【圆柱体】命令，以（− 3.5,0,− 3）为中心，绘制半径为 1、高为 2 的圆柱体，如图 7-83 所示。

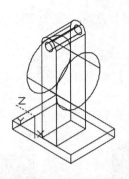 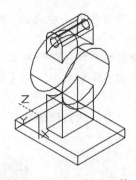 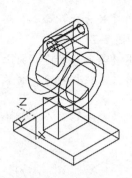

图 7-81 绘制圆柱体　　　　图 7-82 进行并集运算　　　　图 7-83 绘制圆柱体

⓼ 运用【差集】命令，选择实体，拾取上步绘制的圆柱体，进行差集运算，在【概念】视觉样式中图形显示效果如图 7-84 所示。

⓽ 运用【长方体】命令，以（-3.5，-0.5，-3）、（-6，0.5，-1）为角点，绘制长方体，如图 7-85 所示。

⓾ 运用【差集】命令，选择实体，拾取上步绘制的长方体，进行差集运算，在【概念】视觉样式中图形显示效果如图 7-86 所示。

7-84 切换至【概念】视图查看效果　　图 7-85 绘制长方体　　　图 7-86 差集后的效果

7.9 项目实践——绘制工字钉

下面讲解如何绘制工字钉，具体操作步骤如下：

⓵ 选择【文件】|【新建】命令，新建一个文件，设置视图为【西南等轴测】，运用【圆柱体】命令，以原点为中心，绘制半径为 50、高为 10 的圆柱体，如图 7-87 所示。

⓶ 运用【圆】命令，以原点为圆心，绘制半径为 25 的圆，并运用【拉伸】命令，设置倾斜角度为 -3，拉伸高度为 -120，进行拉伸处理，如图 7-88 所示。

⓷ 运用【球体】命令，以（0，0，-210）为球心，绘制半径为 100 的球体，如图 7-89 所示。

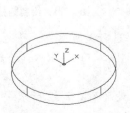 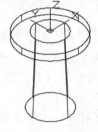 

图 7-87 绘制圆柱体　　　　图 7-88 绘制圆并拉伸　　　　图 7-89 绘制球体

04 运用【剖切】命令，以 XY 为剖切面，输入（0,0,−160），保留原点的一侧，如图7-90所示。

05 运用【并集】命令，拾取所有对象，进行并集运算。运用【圆柱体】命令，以（0,0,−160）为中心，绘制半径为5、高为−160的圆柱体，如图7-91所示。

06 运用【圆锥体】命令，以（0,0,−320）为中心，绘制半径为5，高为−40的圆锥体，并运用【并集】命令，选择圆柱体与圆锥体，进行并集运算，切换至【概念】视觉样式查看效果，如图7-92所示。

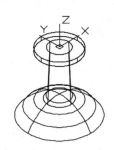 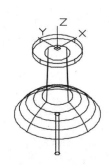 

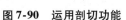

图 7-90　运用剖切功能　　　图 7-91　并集运算绘制圆柱体　　　图 7-92　完成后的效果

7.10　本章小结

本章介绍了三维模型的分类、三维坐标、观察三维图形及三维图形的绘制，通过对本章的学习可以轻松地绘制出需要的三维图形。

图8-1 在菜单栏中选择【并集】命令

08 Chapter

编辑三维图形

本章导读：

基础知识 ◈ 布尔运算

◈ 三维移动

重点知识 ◈ 对三维对象进行编辑

◈ 对三维对象进行布尔运算

学习了三维图形的绘制方法后，用户还可以使用系统提供的三维编辑命令来编辑三维对象，不但可以修改对象的尺寸和对象间的位置关系，还可以使用各种方法使对象更加真实与完美。

8.1 布尔运算

为了能够让用户在绘图过程中创建较为复杂的三维实体模型，AutoCAD 2016 提供了【并集】、【交集】和【差集】等运算命令。用户使用这些命令可以创建比较复杂的组合体。

8.1.1 并集运算

使用并集运算命令可以将两个及两个以上的图形对象进行合并，成为组合面域或复合实体。

调用【并集】命令的方法如下：

- 在菜单栏中，选择【修改】|【实体编辑】|【并集】命令，如图 8-1 所示。
- 在【常用】选项卡中单击【实体编辑】选项组中的【实体，并集】按钮，如图 8-2 所示。
- 在命令行中输入 UNION 命令并按【Enter】键。

执行 UNION 命令的操作过程如下：

命令：_union   //在命令行中输入命令并按【Enter】键
选择对象：指定对角点：找到 2 个 //选择如图 8-3 所示的图形
选择对象：   //按【Enter】键完成操作，如图 8-4 所示

图8-2　在选项卡中单击【实体，并集】按钮

并集工具不仅可以把相交的实体组合成一个实体，而且还可以把不相交的实体组合成一个对象。由不相交实体组成的对象，从表面上看各实体是分离的，单击编辑操作时，它会被作为一个对象来处理，如图8-5所示。

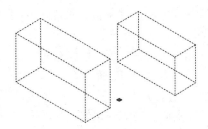

| 图 8-3 选择所有图形 | 图 8-4 并集后的效果 | 图 8-5 不相交实体组成的对象 |

8.1.2 差集运算

差集运算命令是将一个实体从另一个实体中减去，剩余的体积形成新的组合实体。调用【差集】命令的方法如下：

- 在菜单栏中，选择【修改】|【实体编辑】|【差集】命令，如图8-6所示。
- 在【常用】选项卡中单击【实体编辑】选项组中的【实体，差集】按钮，如图8-7所示。
- 在命令行中输入 SUBTRACT 命令并按【Enter】键。

执行 SUBTRACT 命令的操作过程如下：

命令：_subtract 选择要从中减去的实体、曲面和面域……
//在命令行中输入命令并按【Enter】键
选择对象：找到 1 个　　//选择如图8-8所示的圆柱体
选择对象：选择要减去的实体、曲面和面域……　　//按【Enter】键
选择对象：找到 1 个　　//选择如图8-8所示的球体
选择对象：　　//按【Enter】键完成操作，如图8-9所示

图 8-7 单击【实体，差集】按钮

图 8-6 在菜单栏中选择差集命令

图 8-8 选择图形　　　　图 8-9 差集后的效果

8.1.3　交集运算

使用交集运算命令可以将多个面域或实体进行交集运算，得到这些实体的公共部分，并将其创建为新的组合实体调用【交集】命令的方法如下：

- 在菜单栏中，选择【修改】|【实体编辑】|【交集】命令，如图 8-10 所示。
- 在【常用】选项卡中单击【实体编辑】选项组中的【实体，交集】按钮，如图 8-11 所示。
- 在命令行中输入 INTERSECT 或 IN 命令并按【Enter】键。

执行 INTERSECT 命令的操作过程如下：

```
命令：_intersect      //在命令行中输入命令并按【Enter】键
选择对象：指定对角点：找到 2 个 //选择如图 8-12 所示的图形
选择对象：            //按【Enter】键完成操作，如图 8-13 所示
```

图 8-11　单击【实体，交集】按钮

图 8-12　选择图形　　　**图 8-13　交集后的效果**

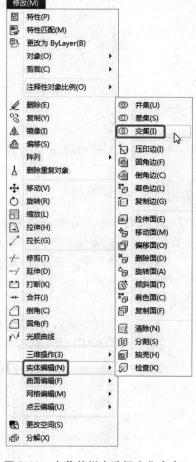

图 8-10　在菜单栏中选择交集命令

8.2　编辑三维图形对象

绘制完三维图形对象后，用户可以使用系统提供的三维编辑命令来编辑三维对象，不但可以修改对象的尺寸和位置，还可以使用各种方法使对象更加真实与完美。下面具体讲解编辑三维对象的方法。

8.2.1　选择三维子对象

用户可以通过选择三维模型的子对象（面、边和顶点），对其进行移动和旋转操作，从而改变模型的形状和大小等。

按住【Ctrl】键，将光标移动到相应的子对象上单击即可将其选中。用户还可以通过夹点来编辑三维实体，选中三维实体后模型将会显示出夹点，先选中一个夹点，然后移动该夹点，可以很方便地调整三维实体的大小。

8.2.2 三维移动

AtuoCAD 2016 提供了三维移动命令来编辑三维图形。使用该命令，可以在三维空间移动实体。它通过指定基点再指定第二点的方式来运行。调用【三维移动】命令的方法如下：

- 在菜单栏中，选择【修改】|【三维操作】|【三维移动】命令，如图 8-14 所示。
- 在【常用】选项卡中单击【修改】选项组中的【三维移动】按钮⊕，如图 8-15 所示。
- 在命令行中输入 3DMOVE 命令并按【Enter】键。

图 8-15 单击【三维移动】按钮

对图形对象进行三维移动的具体操作过程如下：

01 启动 AtuoCAD 2016，打开随书附带光盘中的 CDROM\素材\第 8 章\长方体.dwg 图形文件，如图 8-16 所示。

02 选择【修改】|【三维操作】|【三维移动】命令，选择长方体作为移动对象。

03 选择长方体的一个顶点作为基点，如图 8-17 所示。

图 8-14 选择【三维移动】命令

04 选择另一个点作为移动的点，如图 8-18 所示，然后单击鼠标左键，完成移动操作。

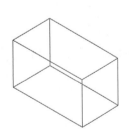

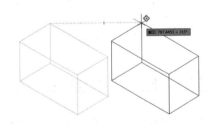

图 8-16 打开长方体   **图 8-17 指定移动基点**   **图 8-18 移动长方体**

8.2.3 三维旋转

在 AutoCAD 的三维空间中，三维旋转命令可以使三维对象围绕任意的三维空间轴线来旋转指定的对象。

调用【三维旋转】命令有以下几种方法：

- 在菜单栏中，选择【修改】|【三维操作】|【三维旋转】命令。
- 在【常用】选项卡中单击【修改】选项组中的【三维旋转】按钮⊕。
- 在命令行中执行 3DROTATE 命令并按【Enter】键。

8.2.4 【上机操作】三维旋转移动对象

下面讲解三维旋转移动对象，具体操作步骤如下：

01 打开随书附带光盘中的 CDROM\素材\第 8 章\工字钉.dwg 图形文件，如图 8-19 所示。

02 在命令行中输入 3DROTATE 命令，具体操作过程如下：

命令：3DROTATE   //在命令行中输入命令并按【Enter】键
UCS 当前的正角方向： ANGDIR = 逆时针   ANGBASE = 0
选择对象：找到 1 个   //选择需要进行旋转的图形对象，按【Enter】键完成操作
指定基点：   //指定圆锥的圆心作为指定基点
拾取旋转轴：   //在绘图区中选择三维对象的 Y 轴
指定角的起点或键入角度：180   //设置旋转角度为 180°，如图 8-20 所示

03 在命令行中输入 3DMOVE 命令，具体操作过程如下：

命令：3DMOVE   //在命令行中输入命令并按【Enter】键
选择对象：找到 1 个   //选择需要进行旋转的图形对象，按【Enter】键完成操作
指定基点或［位移(D)］＜位移＞：   //指定圆锥的圆心作为指定基点
指定第二个点或 ＜使用第一个点作为位移＞：
//指定圆柱体的圆心作为第二点，完成操作，切换至【概念】视觉样式查看效果，如图 8-21 所示

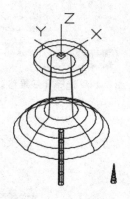 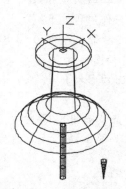 

图 8-19　打开素材　　　　　图 8-20　三维旋转对象　　　　　图 8-21　完成后的效果

8.2.5 【上机操作】绘制三通接头

下面讲解绘制三通接头，具体操作步骤如下：

01 启动 AutoCAD 2016 程序，新建一个文件。

02 设置视图为【西南等轴测】，运用 UCS 命令，将坐标系绕 Y 轴旋转 90°，运用【圆柱体】命令，以坐标原点为圆心，绘制半径为 50、高为 20，半径为 40、高为 100，及半径为 25、高为 100 的 3 个圆柱体，效果如图 8-22 所示。

03 运用【并集】命令，分别拾取半径为 50、40 的两个圆柱体，进行并集运算，如图 8-23 所示。

04 运用【差集】命令，选择并集的实体，拾取半径为 25 的圆柱体，进行差集运算，在【概念】视觉样式中查看图形效果，如图 8-24 所示。

05 运用【三维镜像】命令，输入 XY，拾取实体左面圆心，进行镜像处理，如图 8-25 所示。

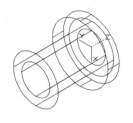
图8-22 绘制圆柱体

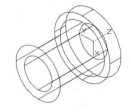
图8-23 并集运算

图8-24 差集运算

图8-25 镜像图形

06 运用【三维旋转】命令，拾取镜像的实体，以 Y 轴为旋转轴，指定基点，捕捉圆心，旋转90°，如图 8-26 所示。

07 运用【三维镜像】命令，选择实体，在命令行中输入 XY，拾取实体左面圆心，进行镜像处理，效果如图 8-27 所示。

08 运用【并集】命令，拾取所有对象进行并集运算，在【概念】视觉样式中查看效果，如图 8-28 所示。

图8-26 旋转图形

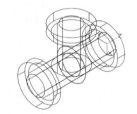
图8-27 对图形进行镜像

图8-28 完成后的效果

8.2.6 三维阵列

在 AutoCAD 的三维空间内，用户可以使用【三维阵列】命令来创建指定对象的三维阵列，三维阵列包括矩形阵列和环形阵列两种，同二维阵列图形对象一样，调用【三维阵列】命令的方法如下：

- 在菜单栏中，选择【修改】|【三维操作】|【三维阵列】命令，如图 8-29 所示。
- 在命令行中执行 3DARRAY 命令并按【Enter】键。

执行以上命令后，命令行将出现以下提示：

命令：3DARRAY　　//在命令行中输入命令并按【Enter】键
选择对象：指定对角点：找到 2 个　//选择绘图中的对象
选择对象：　　　　//按【Enter】键
输入阵列类型［矩形(R)/环形(P)］<矩形>：//选择三维阵列类型

其中各选项的功能如下。

- 【矩形】：通过在三维空间指定行数、列数和层数以及行距、列距和层距来阵列复制对象。
- 【环形】：通过指定阵列数目、填充角度和旋转轴来阵列复制对象。

图8-29 在菜单栏中选择【三维阵列】命令

219

8.2.7 【上机操作】绘制垫片

下面讲解如何使用【三维阵列】命令绘制垫片:

01 打开随书附带光盘中的 CDROM\素材\第 8 章\垫片.dwg 图形文件,在命令行中执行 L 命令,在长方体的表面对角绘制连接线,绘制完成后的效果如图 8-30 所示。

02 在命令行中执行 3DMOVE 命令,具体操作过程如下:

命令:3DMOVE // 在命令行中输入命令并按【Enter】键
选择对象:找到 1 个 // 选择右边的圆柱体,按【Enter】键完成操作
指定基点或 [位移(D)] <位移>: // 指定圆柱的圆心作为指定基点
指定第二个点或 <使用第一个点作为位移>: // 移动鼠标到长方体的右上角,按照对角线连接线的方向移动鼠标,并输入 5,然后按【Enter】键,绘制完成后的效果如图 8-31 所示

03 在命令行输入命令 3DARRAY,具体操作过程如下:

命令:3DARRAY // 在命令行中输入命令并按【Enter】键
选择对象:找到一个 // 选择圆柱体,按【Enter】键完成操作
输入阵列类型 [矩形(R)/环形(P)] <矩形>: // 按【Enter】键,保持默认选择
输入行数 (---) <1>:2 // 输入要阵列的行数 2,并按【Enter】键
输入列数 (|||) <1>:2 // 输入要阵列的列数 2,并按【Enter】键
输入层数 (...) <1>: // 按【Enter】键,保持默认选择
指定行间距 (---):-25 // 输入行间距 -25,并按【Enter】键
指定列间距 (|||):-42 // 输入列间距 -25,并按【Enter】键,然后删除刚绘
制的两条对角连接线,完成后的效果如图 8-32 所示

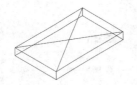 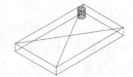 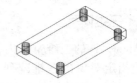

图 8-30 打开素材绘制直线　　图 8-31 移动圆柱体　　图 8-32 三维阵列对象

8.2.8 三维镜像

在 AutoCAD 的三维空间中,用户可以使用三维镜像命令将三维对象以指定的平面为镜像面,创建指定对象的镜像副本,源对象与镜像副本相对于镜像面彼此对称,调用【三维镜像】命令的方法如下:

- 在菜单栏中,选择【修改】|【三维操作】|【三维镜像】命令,如图 8-33 所示。
- 在命令行中执行 MIRROR3D 命令并按【Enter】键。

执行以上命令后,命令行将出现以下提示:

命令: MIRROR3D // 在命令行中输入命令并按【Enter】键
选择对象:找到 1 个 // 在绘图区选择需要镜像的对象
选择对象: // 按【Enter】键
指定镜像平面 (三点) 的第一个点或 // 指定镜像平面的第一点
[对象(O)/最近的(L)/Z 轴(Z)/视图(V)/XY 平面(XY)/YZ 平面(YZ)/ZX 平面(ZX)/三点(3)] <三点>:在镜像平面上指定第二点:在镜像平面上指定第三点: // 指定镜像平面的其他点
是否删除源对象? [是(Y)/否(N)] <否>: // 确认是否删除源对象,不删除的话则为镜像复制

其中各选项的功能如下所示。

- 【对象】：选择该选项，使用指定的平面对象作为镜像平面。
- 【最近的】：选择该选项，使用最后定义的镜像平面进行镜像处理。
- 【Z 轴】：选择该选项，将根据平面上的一个点和平面法线上的一个点来定义镜像平面。
- 【视图】：选择该选项，使用与当前视图平面平行的面作为镜像平面。
- 【XY 平面】：选择该选项，使用通过指定点并与 XY 平面平行的面作为镜像平面。
- 【YZ 平面】：选择该选项，使用通过指定点并与 YZ 平面平行的面作为镜像平面。
- 【ZX 平面】：选择该选项，使用通过指定点并与 ZX 平面平行的面作为镜像平面。
- 【三点】：选择该选项，通过指定的三个点来定义镜像平面。

图 8-33　在菜单栏中选择
【三维镜像】

三维镜像操作步骤如下：

⓵ 打开随书附带光盘中的 CDROM\素材\第 8 章\三维镜像.dwg 图形文件。

⓶ 在命令行中输入命令 MIRROR3D，按【Enter】键确认，选择镜像的平面，这里选择 XY 平面，单击如图 8-34 所示的三维中点，按空格键完成镜像操作，具体操作过程如下：

命令：3DMIRROR　　　　　　　　　　//在命令行中输入命令并按【Enter】键
选择对象：找到 1 个　　　　　　　　//选择绘图区中的对象，按【Enter】键确认对象的选择
指定镜像平面（三点）的第一个点或［对象(O)/最近的(L)/Z 轴(Z)/视图(V)/XY 平面(XY)/YZ 平面(YZ)/ZX 平面(ZX)/三点(3)]＜三点＞：XY　　//选择镜像的平面，这里选择 XY 平面
指定 XY 平面上的点＜0,0,0＞：　　　//单击如图 8-34 所示的三维中点
是否删除源对象？［是(Y)/否(N)]＜否＞:N　//按【Enter】键完成镜像操作，效果如图 8-35 所示

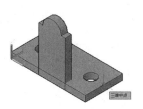

图 8-34　单击三维中点

图 8-35　三维镜像效果

8.2.9　三维对齐

在 AutoCAD 的三维空间内，用户可以使用三维对齐工具将两个对象按指定的方式对齐，AutoCAD 将根据用户指定的对齐方式改变对象的位置或进行缩放，以便能够与其他对象对齐。

调用该命令的方法如下：

- 在菜单栏中，选择【修改】|【三维操作】|【三维对齐】命令，如图 8-36 所示。
- 在命令行中执行 3DALIGN 命令并按【Enter】键。

AutoCAD 为用户提供了 3 种对齐方式，下面进行详细的介绍。

- **一点对齐**：当只设置一对点时，可实现点对齐。首先确定被调整对象的对齐点，然后确定基准对象的对齐点，被调整对象将自动平移位置与基准对象对齐。
- **两点对齐**：当设置两对点时，可实现线对齐。使用这种对齐方式，被调整对象将做两个运动，先按第一对点平移，作点对齐，然后旋转，使第一、第二起点的连线与第一、第二终点的连线共线。在进行共线操作时，还可以按第一、第二起点之间的线段与第一、第二终点之间的线段长度相等的条件，对被调整对象进行缩放。
- **三点对齐**：当选择三对点时，选定对象可在三维空间移动和旋转，并与其他对象对齐，每一对点一一对应。

图 8-36 在菜单栏中选择【三维对齐】命令

8.2.10 【上机操作】绘制轴支架

下面讲解如何绘制轴固定座，具体操作步骤如下：

01 启动 AutoCAD 2016 程序，新建一个文件。

02 设置视图为【西南等轴测】，运用【长方体】命令，捕捉原点，绘制长度为 100、宽为 200、高为 –15 的长方体，如图 8-37 所示。

03 运用【圆柱体】命令，分别以 (50,35)、(50,165) 为中心，绘制半径为 15、高为 –15 的圆柱体，如图 8-37 所示。

04 在命令行中输入 UCS，输入 3，捕捉长方体最左侧面上除了右上角点以外的 3 个角点，创建用户坐标系，如图 8-38 所示。

05 运用【长方体】命令，以坐标原点为长方体的角点，绘制长度为 120、宽度为 70、高为 16 的长方体，如图 8-39 所示。

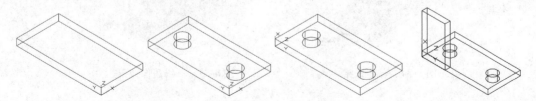

| 图 8-37 绘制长方体 | 图 8-38 绘制圆柱体 | 图 8-39 调整坐标系 | 图 8-40 绘制长方体 |

06 运用【圆柱体】命令，以上步绘制的长方体上表面中点为中点，绘制半径为 18、25，高度为 –16 的圆柱体，如图 8-41 所示。

07 运用【移动】命令，选择绘制的长方体与圆柱体，以原点为基点，沿底座边引导鼠标，输入 75，进行移动处理，如图 8-42 所示。

08 运用【三维镜像】命令，选择移动的实体，输入 XY，捕捉底座右侧边的中点，进行镜像处理，如图 8-43 所示。

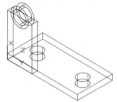 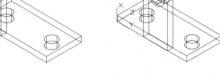

图 8-41　绘制圆柱体　　　图 8-42　移动图形　　　图 8-43　进行镜像处理

09 运用【并集】命令，拾取 3 个长方体以及两个半径为 25、18 的圆柱体，进行并集运算，在概念视觉样式中查看图形，如图 8-44 所示。

10 运行【差集】命令，选择并集的实体，拾取其他圆柱体，进行差集运算，效果如图 8-45 所示。

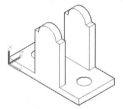 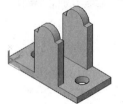

图 8-44　进行并集运算　　　图 8-45　进行差集运算

8.2.11　剖切

在 AutoCAD 的三维空间内，用户可以使用剖切工具切开实体，然后移去指定部分并生成新的实体。如果需要，可以保留切割实体的所有部分或指定的部分。切割后的实体保留原实体的图层和颜色特性。

调用【剖切】命令方法如下：

- 在菜单栏中，选择【修改】|【三维操作】|【剖切】命令，如图 8-46 所示。
- 在【常用】选项卡中单击【实体编辑】组中的【剖切】按钮，如图 8-47 所示。
- 在命令行中执行 SLICE 命令并按【Enter】键。

图 8-47　单击【剖切】按钮

图 8-46　在菜单栏中选择【剖切】命令

223

执行以上命令后，命令行将出现以下提示：

命令：SLICE   //在命令行中输入命令并按【Enter】键
选择要剖切的对象：指定对角点：找到 2 个 //选择对象
选择要剖切的对象：   //按【Enter】键
指定切面的起点或［平面对象(O)/曲面(S)/z 轴(Z)/视图(V)/xy(XY)/yz(YZ)/zx(ZX)/三点
(3)］＜三点＞：

其中各选项的功能如下所示。

- 【平面对象】：选择该选项，使用指定的平面对象作为剖切面。
- 【曲面】：选择该选项，将剖切平面与曲面对齐。
- 【Z轴】：选择该选项，通过平面上指定一点和在平面的 Z 轴上指定另一点来定义剖切面。
- 【视图】：选择该选项，以平行于当前视图的平面作为剖切面。
- xy（XY）/yz（YZ）/zx（ZX）：选择该选项，将剖切面与当前 UCS 的 XY/YZ/ZX 平面对齐。
- 【三点】：选择该选项，通过指定的 3 个点来定义剖切面。

8.3　项目实践——绘制弯月型支架

下面讲解如何绘制弯月型支架，具体操作步骤如下：

01 启动 AutoCAD 2016 程序，新建一个文件。

02 设置视图为【俯视】，使用【长方体】工具，以（0，－300，0）、（150，－200，0）为角点，高为 40，绘制长方体，如图 8-48 所示。

03 继续使用【长方体】工具，以（0，300，0）、（150，200，0）为角点，高为 40，绘制长方体，如图 8-49 所示。切换至【东南等轴测】，如图 8-50 所示。

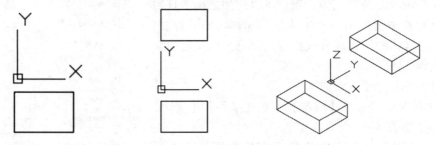

图 8-48　绘制长方体 图 8-49　继续绘制长方体 图 8-50　切换至【东南等轴测】

04 重复使用【长方体】工具，以（0，－220，0）、（60，440，0）为角点，高为 300，绘制长方体，如图 8-51 所示。

05 使用【圆柱体】工具，以（【150，－250，0】）为中心，绘制半径为 50、高为 40 的圆柱体，如图 8-52 所示。

06 继续使用【圆柱体】工具，以（150，250，0）为中心，绘制半径为 50、高为 40 的圆柱体，如图 8-53 所示。

07 重复使用【圆柱体】命令，以绘制的两个圆柱体底面中心为圆柱体的中心，绘制半径为 25、高为 40 的圆柱体，如图 8-54 所示。

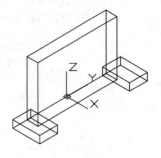

图 8-51　绘制长方体

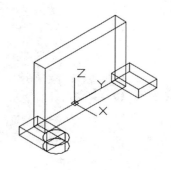
图 8-52 绘制圆柱体

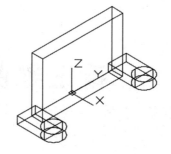
图 8-53 继续绘制圆柱体

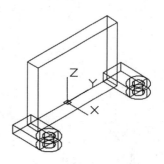
8-54 继续绘制两个圆柱体

08 运用 UCS 命令，使用坐标系绕 Y 轴旋转90°，并运用【圆柱体】命令，以（-400,0,0）为中心，绘制半径为200、高为20 的圆柱体，如图 8-55 所示。

09 继续使用【圆柱体】工具，拾取上步绘制的圆柱体顶面中心，绘制半径为230、高为40 的圆柱体，如图 8-56 所示。

10 使用【并集】工具，拾取长方体与半径为 50 的圆柱体，进行并集运算。使用【差集】命令，选择实体，拾取其他圆柱体，进行差集运算，在【概念】视觉样式中查看效果，如图 8-57所示。

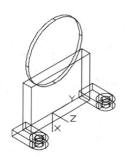
图 8-55 旋转坐标轴并绘制圆柱体

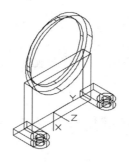
图 8-56 绘制圆柱体

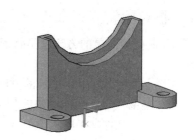
图 8-57 完成后的效果

8.4 本章小结

本章介绍了 AutoCAD 三维编辑命令，包括布尔运算、三维移动、三维旋转等命令，这些命令都是 AutoCAD 最主要、最常用的三维编辑命令。

09
Chapter

创建三维曲面模型

本章导读:

基础知识 ◆ 创建曲面

◆ 创建曲面模型

重点知识 ◆ 编辑曲面

◆ 创建图元网格

提高知识 ◆ 转换曲面

本章将介绍如何创建各种类型的曲面。与三维线框模型相比,曲面有突出的优点,如曲面可以用于创建特殊形状。

9.1 将对象转换成曲面

创建曲面最简单的方法就是将现有的对象转换成曲面,而【转换为曲面】工具正好能够做到这一点。

调用【转换为曲面】工具的方法如下:

- 在菜单栏中,选择【修改】|【三维操作】|【转换为曲面】命令,如图 9-1 所示。
- 在【常用】选项卡的【实体编辑】选项组中单击【转换为曲面】按钮,如图 9-2 所示。

图 9-2 单击【转换为曲面】按钮

- 在命令行输入 CONVTOSURFACE 命令并按【Enter】键。

执行以上任意命令后,具体操作过程如下:

命令:CONVTOSURFACE 网格转换设置为:平滑处理并优化。
//输入命令并按【Enter】键
选择对象:找到 1 个 //选择要转换为曲面的图形,如图 9-3 所示
选择对象: //按【Enter】键完成操作,完成后的效果如图 9-4 所示

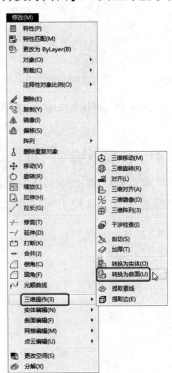

图 9-1 选择【转换为曲面】命令

图 9-3　选择要转换为曲面的图形　　图 9-4　完成后的效果

9.2　创建平面曲面

平面曲面工具用于创建 XY 平面上的曲面，并且受指定点的约束，也可以选择构成一个或多个封闭区域的一个或多个对象来创建平面曲面。

调用【平面曲面】工具的方法如下：

- 在菜单栏中，选择【绘图】|【建模】|【曲面】|【平面】命令，如图9-5 所示。
- 在【曲面】选项卡的【创建】选项组中单击【平面曲面】按钮，如图9-6 所示。
- 在命令行输入 PLANESURF 命令并按【Enter】键。

图 9-5　选择【平面】命令

图 9-6　单击【平面曲面】按钮

执行以上任意命令后，具体操作过程如下：

命令：_Planesurf　　　　　　　　//输入命令并按【Enter】键
指定第一个角点或［对象(O)］＜对象＞：//在绘图区任意位置单击,指定第一点
指定其他角点：　　//拖动鼠标在合适的位置单击,完成操作效果如图9-7 所示

图 9-7　完成后的效果

9.3　创建非平面曲面

创建非平面曲面，可以使用网络曲面工具或曲面过渡等命令。

9.3.1　创建网络曲面

网络曲面可以创建平面曲线，也可以在边对象、样条曲线和其他二维或三维曲线之间的空间中创建非平面曲线。网络曲面与放样曲面的相似之处在于，它们都在 U 和 V 方向几条曲线之间的空间中创建。

调用【网络曲面】工具的方法如下：

- 在菜单栏中，选择【绘图】|【建模】|【曲面】|【网络】命令，如图9-8 所示
- 在【曲面】选项卡的【创建】选项组中单击【网络曲面】按钮，如图9-9 所示。
- 在命令行输入 SURFNETWORK 命令并按【Enter】键。

图9-8　选择【网络】命令　　　　　图9-9　单击【网络曲面】按钮

执行以上任意命令后，具体操作过程如下：

命令：_SURFNETWORK　　　　　　　　　　//输入命令并按【Enter】键
沿第一个方向选择曲线或曲面边:找到 1 个　　//选择如图 9-10 所示的 A 曲线
沿第一个方向选择曲线或曲面边:找到 1 个,总计 2 个 //选择如图 9-10 所示的 B 曲线
沿第一个方向选择曲线或曲面边:　　　　　　//按【Enter】键
沿第二个方向选择曲线或曲面边:找到 1 个　　//选择如图 9-10 所示的 C 曲线
沿第二个方向选择曲线或曲面边:找到 1 个,总计 2 个 //选择如图 9-10 所示的 D 曲线
沿第二个方向选择曲线或曲面边:　　　　　　//按【Enter】键完成操作,效果如图 9-11 所示

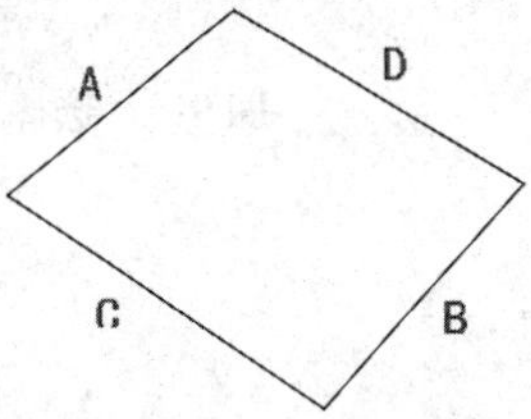

图9-10　选择曲线 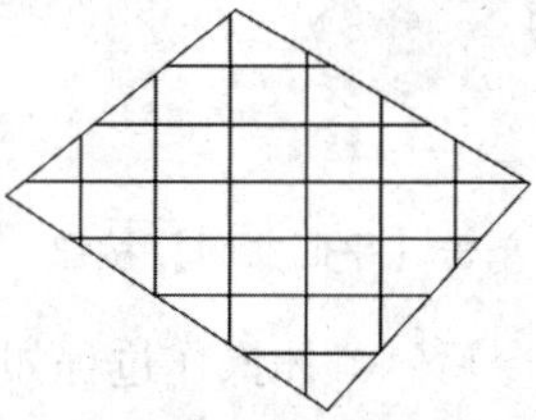　　　　　　图9-11　完成后的效果

9.3.2　创建曲面过渡

曲面过渡工具可以在现有曲面和实体之间创建一个过渡曲面，可以指定曲面的连续性和凸度幅值。

调用【曲面过渡】工具的方法如下：

- 在菜单栏中，选择【绘图】|【建模】|【曲面】|【过渡】命令，如图 9-12 所示。
- 在【曲面】选项卡的【创建】选项组中单击【过渡】按钮，如图 9-13 所示。
- 在命令行输入 SURFBLEND 命令并按【Enter】键。

图9-13　单击【过渡】按钮

图9-12　选择【过渡】命令

执行以上任意命令后，具体操作过程如下：

命令：SURFBLEND   //输入命令并按【Enter】键
连续性 = G1 - 相切,凸度幅值 = 0.5
选择要过渡的第一个曲面的边或［链(CH)］：找到 1 个   //选择如图 9-14 所示的 A 边
选择要过渡的第一个曲面的边或［链(CH)］：   //按【Enter】键
选择要过渡的第二个曲面的边或［链(CH)］：找到 1 个   //选择如图 9-14 所示的 B 边
选择要过渡的第二个曲面的边或［链(CH)］：   //按【Enter】键
按 Enter 键接受过渡曲面或［连续性(CON)/凸度幅值(B)］：//按【Enter】键完成操作,效果如图 9-15 所示

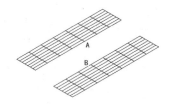 

图 9-14 选择曲面边   图 9-15 完成后的效果

命令行中各选项的含义如下所示。

- 【链】：选择连续的连接边。
- 【连续性】：设置曲面彼此融合的平滑程度。
- 【凸度幅值】：指定过渡曲面的边与选定边之间的圆度。

9.3.3 创建修补曲面

修补曲面可在作为另一个曲面的边的一条闭合曲线内创建曲线。
调用【修补曲面】工具的方法如下：

- 在菜单栏中，选择【绘图】|【建模】|【曲面】|【修补】命令，如图 9-16 所示。
- 在【曲面】选项卡的【创建】选项组中单击【修补】按钮 ，如图 9-17 所示。
- 在命令行输入 SURFPATCH 命令并按【Enter】键。

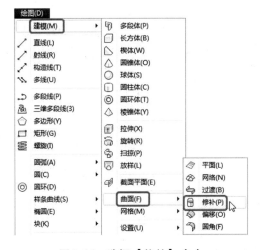 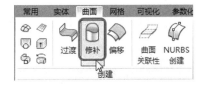

图 9-16 选择【修补】命令   图 9-17 单击【修补】按钮

执行以上任意命令后，具体操作过程如下：

命令：_SURFPATCH   //输入命令并按【Enter】键

连续性 = G0 - 位置,凸度幅值 = 0.5

选择要修补的曲面边或 [链(CH)/曲线(CU)] <曲线 >:找到 1 个   //选择如图 9-18 所示最上边的圆

选择要修补的曲面边或 [链(CH)/曲线(CU)] <曲线 >:   //按【Enter】键

按 Enter 键接受修补曲面或 [连续性(CON)/凸度幅值(B)/导向(G)]:

//按【Enter】键完成操作,效果如图 9-19 所示

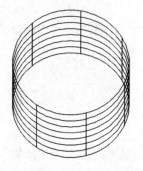 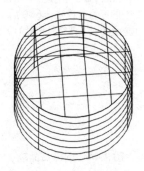

图 9-18　选择需要修补曲面的圆   图 9-19　完成后的效果

9.3.4　曲面偏移

曲面偏移工具可以指定偏移距离,设置偏移的法线方向偏移曲面。

调用【曲面偏移】工具的方法如下:

- 在菜单栏中,选择【绘图】|【建模】|【曲面】|【偏移】命令,如图 9-20 所示。
- 在【曲面】选项卡的【创建】选项组中单击【偏移】按钮 ,如图 9-21 所示。
- 在命令行输入 SURFOFFSET 命令并按【Enter】键。

图 9-20　选择【偏移】命令   图 9-21　单击【偏移】按钮

执行以上任意命令后,具体操作过程如下:

命令：_SURFOFFSET   //输入命令并按【Enter】键

连接相邻边 = 否

选择要偏移的曲面或面域:找到 1 个   //选择如图 9-22 所示的曲面

选择要偏移的曲面或面域: //按【Enter】键

指定偏移距离或 [翻转方向(F)/两侧(B)/实体(S)/连接(C)] <2519.1689 >:指定第二点：

//指定偏移距离,按【Enter】键完成操作,效果如图 9-23 所示

1 个对象将偏移

1 个偏移操作成功完成

图 9-22　选择需要偏移的曲面　　图 9-23　完成后的效果

命令行中各选项的含义如下所示。

- 【指定偏移距离】：指定偏移曲面和原始曲面之间的距离。
- 【翻转方向】：翻转偏移的方向。
- 【两侧】：沿两个方向偏移曲面，将创建两个曲面。
- 【实体】：在偏移曲面的同时将新曲面和原始曲面创建为一个实体模型。

9.4　编辑曲面

可以使用曲面圆角、曲面修剪等基本编辑工具编辑曲面。还可以通过拉伸控制点来重塑曲面的形状。

9.4.1　曲面圆角

曲面圆角工具跟圆角工具类似，曲面圆角是在两个曲面之间创建一个圆角曲面，曲面圆角具有固定半径轮廓与原始曲面相切的特点。

调用【曲面圆角】工具的方法如下：

- 在菜单栏中，选择【绘图】|【建模】|【曲面】|【圆角】命令，如图 9-24 所示。
- 在【曲面】选项卡的【编辑】选项组中单击【曲面圆角】按钮，如图 9-25 所示。
- 在命令行输入 SURFFILLET 命令并按【Enter】键。

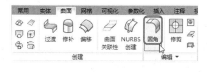

图 9-25　单击【圆角】按钮

图 9-24　选择【圆角】命令

执行以上任意命令后，具体操作过程如下：

命令：_SURFFILLET　　//输入命令并按【Enter】键
半径 = 1000.0000,修剪曲面 = 是
选择要圆角化的第一个曲面或面域或者[半径(R)/修剪曲面(T)]://选择如图9-26所示的一个曲面
选择要圆角化的第二个曲面或面域或者[半径(R)/修剪曲面(T)]://选择如图9-26所示的另一个曲面
按 Enter 键接受圆角曲面或[半径(R)/修剪曲面(T)]://按【Enter】键完成操作,的效果如图9-27所示

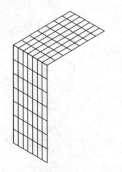

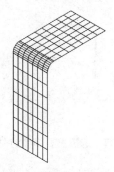

图 9-26　选择要圆角的曲面　　　图 9-27　圆角后的效果

9.4.2 曲面修剪

曲面建模工作中的一个重要步骤就是修剪曲面。可以在曲面与相交对象处修剪曲面，或者将几何图形作为修剪边投影到曲面上。

调用【曲面修剪】工具的方法如下：

- 在菜单栏中，选择【修改】|【曲面编辑】|【修剪】命令，如图 9-28 所示。
- 在【曲面】选项卡的【编辑】选项组中单击【修剪】按钮 ，如图 9-29 所示。
- 在命令行输入 SURFTRIM 命令并按【Enter】键。

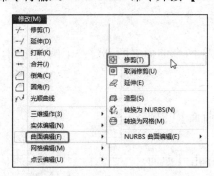

图 9-28　选择【修剪】命令

图 9-29　单击【修剪】按钮

执行以上任意命令后，具体操作过程如下：

命令：_SURFTRIM　　　　　　　　　　　　　//输入命令并按【Enter】键
延伸曲面 = 是,投影 = 自动
选择要修剪的曲面或面域或者[延伸(E)/投影方向(PRO)]:找到1 个　//选择如图9-30所示的A面
选择要修剪的曲面或面域或者[延伸(E)/投影方向(PRO)]:　　　//按【Enter】键
选择剪切曲线、曲面或面域:找到1 个　　　　//选择如图9-30所示的B面
选择剪切曲线、曲面或面域:　　　　　　　　//按【Enter】键
选择要修剪的区域[放弃(U)]:　　　　　　　//选择要减去的边,这里选择如图9-30所示的C面
选择要修剪的区域[放弃(U)]:　　　　　　　//按【Enter】键完成操作,效果如图9-31所示

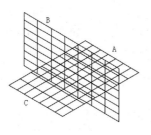

图 9-30 选择曲面　　　　　　　图 9-31 完成后的效果

9.4.3 取消曲面修剪

使用取消曲面修剪工具可将修剪后的曲面进行恢复。

调用取消曲面修剪工具的方法如下：

- 在菜单栏中，选择【修改】|【曲面编辑】|【取消修剪】命令，如图 9-32 所示。
- 在【曲面】选项卡的【编辑】选项组中单击【取消修剪】按钮回，如图 9-33 所示。
- 在命令行输入 SURFUNTRIM 命令并按【Enter】键。

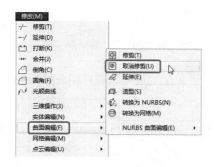

图 9-32 选择【取消修剪】命令　　　图 9-33 单击【取消修剪】按钮

执行以上任意命令后，具体操作过程如下：

命令：_SURFUNTRIM　　　　　　　　　　　　//输入命令并按【Enter】键
选择要取消修剪的曲面边或［曲面(SUR)］：指定对角点：找到 8 个
　　　　　　　　　　　　　//选择修剪后的曲面，这里选择如图 9-34 所示的所有图形
选择要取消修剪的曲面边或［曲面(SUR)］：　//按【Enter】键取消曲面修剪，效果如图 9-35 所示

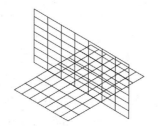

图 9-34 选择要取消的修剪曲面　　　　图 9-35 取消后的效果

9.4.4 曲面延伸

曲面延伸工具可将曲面延伸到与另一个对象的边相交或指定延伸长度来创建新曲面。

调用曲面延伸工具的方法如下：

- 在菜单栏中，选择【修改】|【曲面编辑】|【延伸】命令，如图 9-36 所示。
- 在【曲面】选项卡的【编辑】选项组中单击【延伸】按钮，如图 9-37 所示。
- 在命令行输入 SURFEXTEND 命令并按【Enter】键。

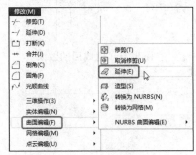

图 9-36　选择【延伸】命令

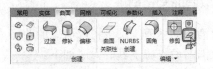

图 9-37　单击【延伸】按钮

执行以上任意命令后，具体操作过程如下：

命令：_SURFEXTEND　　　　　　　//输入命令并按【Enter】键
模式 = 延伸,创建 = 附加
选择要延伸的曲面边：找到 1 个　　//选择要延伸的曲,面这里选择如图 9-38 所示的 A 面
选择要延伸的曲面边：　　　　　　//按【Enter】键结束选择
指定延伸距离或 [模式(M)]：　　　//单击如图 9-38 所示的 B 点,完成操作,延伸后的效果如图 9-39 所示

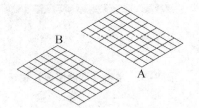

图 9-38　选择要延伸的曲面

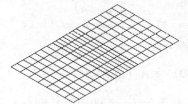

图 9-39　完成后的效果

9.5　创建图元网格

长方体网格、圆锥体网格、圆柱体网格、棱锥体网格和球体网格等图元网格就是标准形状的网格对象。

9.5.1　设置网格特性

用户可以在创建网格对象之前和之后设置用于控制各种网格特性的默认设置。

调用【网格图元选项】对话框的方法如下：

- 在【网格】选项卡的【图元】选项组中单击【网格图元选项】按钮，如图 9-40 所示。
- 在命令行输入 MESHPRIMITIVEOPTIONS 命令并按【Enter】键。

执行以上任意命令后，都将弹出【网格图元选项】对话框，如图 9-41 所示。在【网格图元选项】对话框中可以为创建的每种类型的网格对象设置每个标注的镶嵌密度（细分数）。

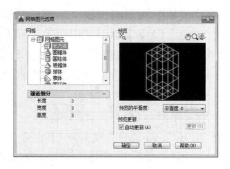

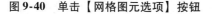

图 9-40　单击【网格图元选项】按钮　　图 9-41　【网格图元选项】对话框

调用【网格镶嵌选项】对话框的方法如下：

- 在【网格】选项卡的【网格】选项组中单击【网格镶嵌选项】按钮，如图 9-42 所示。
- 在命令行输入 MESHOPTIONS 命令并按【Enter】键。

执行以上任意命令后，都将弹出【网格镶嵌选项】对话框，如图 9-43 所示。在【网格镶嵌选项】对话框中可以为转换为网格的三维实体或曲面对象设置默认特性。

图 9-42　单击【网格镶嵌选项】按钮　　图 9-43　【网格镶嵌选项】对话框

【网格镶嵌选项】对话框中各选项和含义如下所示。

- 【选择要镶嵌的对象】：临时关闭该对话框以便选择要转换为网格对象的对象。可以选择三维实体、三维曲面、三维面、多边形或多面网格、面域以及闭合多段线。
- 【网格类型和公差】：指定转换为三维网格对象的默认特性。增加网格面数的设置可能降低程序性能。
- 【网格类型】：指定转换中要使用的网格类型。
  - ➢ 【平滑网格优化】：设置网格面的形状以适应网格对象的形状。
  - ➢ 【主要象限点】：将网格面的形状设置为大多数为四边形。
  - ➢ 【三角形】：将网格面的形状设定定量大多数为三角形。
- 【网格与原始面的距离】：设置网格面与原始对象的曲面或形状之间的最大偏差。值越小，偏差越小，但是会创建更多面，而且可能会影响程序性能。
- 【新面之间的最大角度】：设置两个相邻面的曲面法线之间的最大角度。增大该值会增加高曲率区域中网格的密度，同时降低较平整区域中的密度。如果【网格与原始面的距离】的值（FACETERDEVSURFACE）很大，则可以增大最大角度值。如果要优化小细节（例如孔或圆角）的外观，则此设置非常有用。

- 【新面的最大宽高比】：设置新网格面的最大宽高比（高度/宽度）。使用此值可避免出现狭长的面。可以指定以下值：
  - ➢ 0（零）：忽略宽高比限制。
  - ➢ 1：指定高度和宽度必须相同。
  - ➢ 大于 1：设置高度可以超出宽度的最大比例。
  - ➢ 大于 0 小于 1：设置宽度可以超出高度的最大比例，此选项不影响转换之前为平面的面。

- 【新面的最大边长】：设置在转换为网格对象过程中创建的任意边的最大长度。默认值为 0（零），模型的大小决定网格面的大小。设置的值越大，则面越少，且与原始形状之间附着精度越低，但能够提高程序性能。通过减少该值可以改善会导致狭长面的转换。

- 【为图元实体生成网格】：指定将三维实体图元对象转换为网格对象时要使用的设置。

- 【为三维图元实体使用优化的表示法】：指定将图元实体对象转换为网格对象时要使用的设置。选择此复选框可使用在【网格图元选项】对话框中指定的网格设置。清除此复选框可使用在【网格镶嵌选项】对话框中指定的设置。

- 【为图元生成网格】：打开【网格图元选项】对话框。此按钮仅在【为三维图元实体使用优化的表示法】处于选中状态时可用。

- 【镶嵌后平滑网格】：指定将对象转换为网格后要应用于该对象的平滑度。将【网格类型】选项设置为【主要象限点】或【三角形】时，转换的网格对象的平滑度为零。

- 【镶嵌后应用平滑度】：设置转换新网格对象后是否对这些对象进行平滑处理。选中此复选框可应用平滑度。

- 【平滑度】：为新网格对象设置平滑度，输入 0 以消除平滑度。输入一个正整数表示增加平滑度。此选项仅在【镶嵌后应用平滑度】处于选中状态时可用。

- 【预览】：在绘图区中显示当前设置的效果。按【Enter】键接受更改。要再次显示对话框，请按【Esc】键。

9.5.2 创建网格长方体

网格长方体表面是长方体的 6 个表面，其中也包括立方体表面。

创建网格长方体时，其底面始终与当前 UCS 的 XY 平面相平行，并且其初始位置的长度、宽度和高度分别与当前 UCS 的 X、Y 和 Z 轴平行。在指定长方体的长度、宽度和高度时，正值表示向相应的坐标值正向延伸，负值表示向相应的坐标值负向延伸。最后，需要指定长方体表面绕 Z 轴的旋转角度，确定其最终位置。

调用【网格长方体】工具的方法如下：

- 在菜单栏中，选择【绘图】|【建模】|【网格】|【图元】|【长方体】命令，如图 9-44 所示。
- 在【网格】选项卡的【图元】选项组中单击【网格长方体】按钮 ⊞，如图 9-45 所示。
- 在命令行输入 MESH 命令并按【Enter】键。

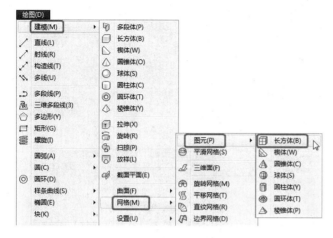

图 9-44　选择长方体工具

图 9-45　单击【网格长方体】按钮

执行以上任意命令后，具体操作过程如下：

命令：_MESH　　　　　　　　　　　//输入命令并按【Enter】键
当前平滑度设置为：0
输入选项［长方体(B)/圆锥体(C)/圆柱体(CY)/棱锥体(P)/球体(S)/楔体(W)/圆环体(T)/设置(SE)］
<长方体>：_BOX
指定第一个角点或［中心(C)］：　　　//在绘图区任意位置单击，指定底面的一个角点
指定其他角点或［立方体(C)/长度(L)］://拖动鼠标至合适的位置，指定底面的对角点
指定高度或［两点(2P)］<0.0001>：//向上拖动鼠标至合适的位置，指定高度，完成绘制，效果如图9-46所示

其中各选项含义如下所示。

- 【指定第一个角点】：设置网格长方体的一个角点。
- 【中心】：设置网格长方体的中心。
- 【立方体】：将长方体的所有边设置为长度相等。
- 【长度】：设置网格长方体沿 X 轴的长度。
- 【宽度】：设置网格长方体沿 Y 轴的宽度。
- 【高度】：设置网格长方体沿 Z 轴的高度。
- 【两点（高度）】：基于两点之间的距离设置高度。

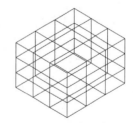

图 9-46　完成后的效果

9.5.3　创建网格圆锥体

网格圆锥体以圆或椭圆为底面，以对称方式形成锥体表面，最后交于一点，或交于一个平面。

调用【网格圆锥体】工具的方法如下：

- 在菜单栏中，选择【绘图】|【建模】|【网格】|【图元】|【圆锥体】命令，如图 9-47 所示。
- 在【网格】选项卡的【图元】选项组中单击【网格圆锥体】按钮 ⚠，如图 9-48 所示。
- 在命令行输入 MESH 命令并按【Enter】键。

图 9-47 选择圆锥体工具

图 9-48 单击【网格圆锥体】按钮

执行以上任意命令后，具体操作过程如下：

命令：_MESH   //输入命令并按【Enter】键
当前平滑度设置为：0
输入选项［长方体(B)／圆锥体(C)／圆柱体(CY)／棱锥体(P)／球体(S)／楔体(W)／圆环体(T)／设置(SE)］＜圆锥体＞：_CONE
指定底面的中心点或［三点(3P)／两点(2P)／切点、切点、半径(T)／椭圆(E)］：
                       //在绘图区任意位置单击，指定底面的圆心
指定底面半径或［直径(D)］＜1289.0980＞：   //拖动鼠标至合适的位置，指定底面的半径
指定高度或［两点(2P)／轴端点(A)／顶面半径(T)］＜2999.6444＞：
                       //向上拖动鼠标至合适的位置，指定高度，完成绘制，效果如图 9-49 所示

其中各选项的含义如下所示。

- 【底面的中心点】：设置网格圆锥体底面的中心点。
- 【三点（3P）】：通过指定 3 点设置网格圆锥体的位置、大小和平面。第三个点设置圆锥体底面的大小和平面旋转。
- 【两点（直径）】：根据两点定义网格圆锥体的底面直径。
- 【切点、切点、半径】：定义具有指定半径，且半径与对象上的两点相切的网格圆锥体的底面。如果指定的条件可生成多种结果，则将使用最近的切点。
    - ➤ 对象的第一个切点：设置对象上的点，用作第一个切点。
    - ➤ 对象的第二个切点：设置对象上的点，用作第二个切点。

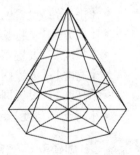

图 9-49 完成后的效果

    - ➤ 圆的半径：设置网格圆锥体底面的半径。
- 【椭圆】：指定网格圆锥体的椭圆底面。
    - ➤ 第一个轴的端点：设置网格圆锥体底面的第一个轴的起点，然后指定另一个轴的端点。
    - ➤ 中心：指定创建以底面中心点为起点的椭圆网格圆锥体底面的方法。然后可以将距离设置为第一个轴（半径）和第二个轴的端点。
- 【底面半径】：设置网格圆锥体底面的半径。
- 【直径】：设置圆锥体的底面直径。
- 【高度】：设置网格圆锥体沿与底面所在平面垂直的轴的高度。

- 【两点（高度）】：通过指定两点之间的距离定义网格圆锥体的高度。
- 【轴端点】：设置圆锥体的顶点位置，或圆锥体平截面顶面的中心位置。轴端点的方向可以为三维空间中的任意位置。
- 【顶面半径】：指定创建圆锥体平截面时圆椎体的顶面半径。

9.5.4 创建网格圆柱体

网格圆柱体工具用来创建以圆或椭圆为底面的网格圆柱体。

调用【网格圆柱体】工具的方法如下：

- 在菜单栏中，选择【绘图】|【建模】|【网格】|【图元】|【圆柱体】命令，如图 9-50 所示。
- 在【网格】选项卡的【图元】选项组中单击【网格圆柱体】按钮 ，如图 9-51 所示。
- 在命令行输入 MESH 命令并按【Enter】键。

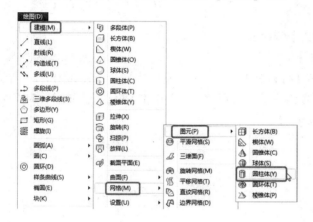

图 9-50 选择圆柱体工具　　　　图 9-51 单击【网格圆柱体】按钮

执行以上任意命令后，具体操作过程如下：

命令：_MESH 　　　　　//输入命令并按【Enter】键
当前平滑度设置为：0
输入选项［长方体(B)/圆锥体(C)/圆柱体(CY)/棱锥体(P)/球体(S)/楔体(W)/圆环体(T)/设置(SE)］<圆柱体>：_CYLINDER
　指定底面的中心点或［三点(3P)/两点(2P)/切点、切点、半径(T)/椭圆(E)］：
　　　　　　　　　　//在绘图区任意位置单击,指定底面的圆心
　指定底面半径或［直径(D)］<1361.4515>：　　//拖动鼠标至合适的位置,指定底面的半径
　指定高度或［两点(2P)/轴端点(A)］<2796.8125>：
　　　　　　　　　　//向上拖动鼠标至合适的位置,指定高度,完成绘制,效果如图 9-52 所示

其中各选项的含义如下所示。

- 【底面的中心点】：设置网格圆柱体底面的中心点。
- 【三点（3P）】：通过指定 3 点设置网格圆柱体的位置、大小和平面。第三个点设置网格圆柱体底面的大小和平面旋转。
- 【两点（直径）】：通过指定两点设置网格圆柱体底面的直径。
- 【两点（高度）】：通过指定两点之间的距离定义网格圆柱体的高度。
- 【切点、切点、半径】：定义具有指定半径，且半径与两个对象

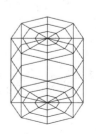

图 9-52 完成后的效果

相切的网格圆柱体的底面。如果指定的条件可生成多种结果，则将使用最近的切点。

- 【底面半径】：设置网格圆柱体底面的半径。
- 【直径】：设置圆柱体的底面直径。
- 【高度】：设置网格圆柱体沿与底面所在平面垂直的轴的高度。
- 【轴端点】：设置圆柱体顶面的位置。轴端点的方向可以为三维空间中的任意位置。
- 【椭圆】：指定网格圆柱体的椭圆底面。
  - ➢ 第一个轴的端点：设置网格圆锥体底面第一个轴的起点和端点，然后设置高度（第二个轴端点）。
  - ➢ 中心：指定用于创建以底面中心点为起点的椭圆网格圆锥体底面的方法并指定半径和高度。

9.5.5 创建网格棱锥体

网格棱锥体工具用来创建最多具有 32 个侧面的网格棱锥体。

调用【网格棱锥体】工具的方法如下：

- 在菜单栏中，选择【绘图】|【建模】|【网格】|【图元】|【棱锥体】命令，如图 9-53 所示。
- 在【网格】选项卡的【图元】选项组中单击【网格棱锥体】按钮 ⬚，如图 9-54 所示。
- 在命令行输入 MESH 命令并按【Enter】键。

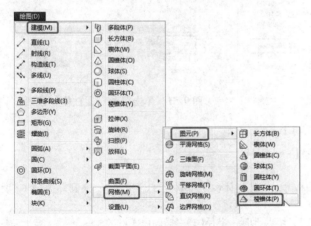

图 9-53 选择【棱锥体】命令

图 9-54 单击【网格棱锥体】按钮

执行以上任意命令后，具体操作过程如下：

命令：_MESH　　　　　　　　//输入命令并按【Enter】键
当前平滑度设置为：0
输入选项 [长方体(B)/圆锥体(C)/圆柱体(CY)/棱锥体(P)/球体(S)/楔体(W)/圆环体(T)/设置
(SE)] <棱锥体>：_PYRAMID
4 个侧面　外切
指定底面的中心点或 [边(E)/侧面(S)]：　　　//在绘图区任意位置单击，指定底面的圆心
指定底面半径或 [内接(I)] <1145.4758>：//拖动鼠标至合适的位置，指定底面的半径
指定高度或 [两点(2P)/轴端点(A)/顶面半径(T)] <2421.9820>：
　　　　　　　　　　　//向上拖动鼠标至合适的位置，指定高度，完成绘制，效果如图 9-55 所示

其中各选项的含义如下所示。

- 【底面的中心点】：设置网格棱锥体底面的中心点。
- 【边】：设置网格棱锥体底面一条边的长度，即指定的两点之间的长度。
- 【侧面】：设置网格棱锥体的侧面数。输入 3 ~ 32 之间的正值。
- 【底面半径】：设置网格棱锥体底面的半径。
- 【内接】：指定网格棱锥体的底面是内接的还是绘制在底面半径内。
- 【高度】：设置网格棱锥体沿与底面所在的平面垂直的轴的高度。
- 【两点（高度）】：通过指定两点之间的距离定义网格棱锥体的高度。

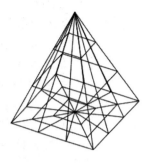

图 9-55　完成后的效果

- 【轴端点】：设置棱锥体顶点的位置，或棱锥体平截面顶面的中心位置。轴端点的方向可以为三维空间中的任意位置。
- 【顶面半径】：指定创建棱锥体平截面时网格棱锥体的顶面半径。
- 【外切】：指定棱锥体的底面是外切的，还是绕底面半径绘制。

9.5.6　创建网格球体

调用【网格球体】工具的方法如下：
- 在菜单栏中，选择【绘图】|【建模】|【网格】|【图元】|【球体】命令，如图 9-56 所示。
- 在【网格】选项卡的【图元】选项组中单击【网格球体】按钮 ⊕，如图 9-57 所示。
- 在命令行输入 MESH 命令并按【Enter】键。

图 9-56　选择【球体】命令

图 9-57　单击【网格球体】按钮

执行以上任意命令后，具体操作过程如下：

命令：_MESH　　　　　//输入命令并按【Enter】键
当前平滑度设置为：0
输入选项 [长方体(B)/圆锥体(C)/圆柱体(CY)/棱锥体(P)/球体(S)/楔体(W)/圆环体(T)/设置(SE)] <球体>：_SPHERE
指定中心点或 [三点(3P)/两点(2P)/切点、切点、半径(T)]：
　　　　　　　　//在绘图区任意位置单击，指定球心
指定半径或 [直径(D)] <1145.4758>：
　　　　　　　　//拖动鼠标至合适的位置，指定球的半径，效果如图 9-58 所示

241

其中各选项的含义如下所示。

- 【中心点】：设置球体的中心点。
- 【半径】：基于指定的半径创建网格球体。
- 【直径】：基于指定的直径创建网格球体。
- 【三点（3P）】：通过指定 3 点设置网格球体的位置、大小和平面。
- 【两点（直径）】：通过指定两点设置网格球体的直径。
- 【切点、切点、半径】：使用与对象上的两点相切的指定半径定义网格球体；如果指定的条件可生成多种结果，则将使用最近的切点。

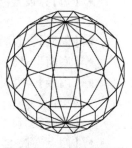

图 9-58　完成后的效果

9.5.7　创建网格楔体

网格楔体工具可以创建面为矩形或正方形的网格楔体。

调用【网格楔体】工具的方法如下：

- 在菜单栏中，选择【绘图】|【建模】|【网格】|【图元】|【楔体】命令，如图 9-59 所示。
- 在【网格】选项卡的【图元】选项组中单击【网格楔体】按钮 ，如图 9-60 所示。
- 在命令行输入 MESH 命令并按【Enter】键。

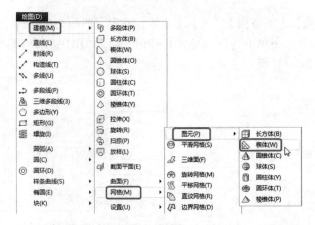

图 9-59　选择【楔体】命令

图 9-60　单击【网格楔体】按钮

执行以上任意命令后，具体操作过程如下：

命令：_MESH　　　　　　　　//输入命令并按【Enter】键
当前平滑度设置为：0
输入选项 [长方体(B)/圆锥体(C)/圆柱体(CY)/棱锥体(P)/球体(S)/楔体(W)/圆环体(T)/设置(SE)] <楔体>：_WEDGE
指定第一个角点或 [中心(C)]：//在绘图区任意位置单击,指定底面的一个角点
指定其他角点或 [立方体(C)/长度(L)]：
　　　　　　　　　　　　　//拖动鼠标至合适的位置,指定底面的对角点
指定高度或 [两点(2P)] <2299.9333>：
//向上拖动鼠标至合适的位置,指定高度,完成绘制,效果如图 9-61 所示

其中各选项的含义如下所示。

- 【第一个角点】：设置网格楔体底面的第一个角点。

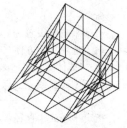

图 9-61　完成后的效果

- 【另一角点】：设置网格楔体底面的对角点，位于 XY 平面上。
- 【中心】：设置网格楔体底面的中心点。
- 【立方体】：将网格楔体底面的所有边设为长度相等。
- 【长度】：设置网格楔体底面沿 X 轴的长度。
- 【宽度】：设置网格楔体沿 Y 轴的宽度。
- 【高度】：设置网格楔体的高度。输入正值将沿当前 UCS 的 Z 轴正方向绘制高度。输入负值将沿 Z 轴负方向绘制高度。
- 【两点（高度）】：通过指定两点之间的距离定义网格楔体的高度。

9.5.8 创建网格圆环体

网格圆环体工具可以创建类似于轮胎内胎的环形实体。网格圆环体具有两个半径值，一个值定义圆管，另一个值定义路径，该路径相当于从圆环体的圆心到圆管的圆心之间的距离。

调用【网格圆环体】工具的方法如下：

- 在菜单栏中，选择【绘图】|【建模】|【网格】|【图元】|【圆环体】命令，如图 9-62 所示。
- 在【网格】选项卡的【图元】选项组中单击【网格圆环体】按钮，如图 9-63 所示。
- 在命令行输入 MESH 命令并按【Enter】键。

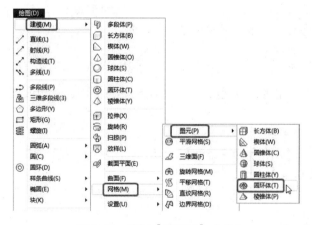

图 9-62 选择【圆环体】命令

图 9-63 单击【网格圆环体】按钮

执行以上任意命令后，具体操作过程如下：

命令：_MESH　　　　　//输入命令并按【Enter】键
当前平滑度设置为：0
输入选项 [长方体(B)/圆锥体(C)/圆柱体(CY)/棱锥体(P)/球体(S)/楔体(W)/圆环体(T)/设置(SE)]
<圆环体>：_TORUS
指定中心点或 [三点(3P)/两点(2P)/切点、切点、半径(T)]：
　　　　　　　　　　//在绘图区任意位置单击，指定圆环的圆心
指定半径或 [直径(D)] <1145.4758>：　　//拖动鼠标至合适的位置，指定圆环的半径
指定圆管半径或 [两点(2P)/直径(D)]：
　　　　　　　　　　//拖动鼠标至合适的位置，指定圆管的半径，完成后的效果如图 9-64 所示

其中各选项的含义如下所示。

- 【中心点】：设置网格圆环体的中心点。

- 【三点（3P）】：通过沿圆管穿过的路径指定 3 个点来设置网格圆环体的位置、大小和旋转。
- 【两点（圆环体直径）】：通过指定两点设置网格圆环体的直径。直径从圆环体的中心点开始计算，直至圆管的中心点。
- 【切点、切点、半径】：定义与两个对象相切的网格圆环体半径。指定的切点投影在当前 UCS 上。如果指定的条件可生成多种结果，则将使用最近的切点。
- 【半径（圆环体）】：设置网格圆环体的半径，从圆环体的中心点开始测量，直至圆管的中心点。

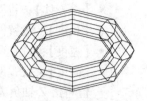

图 9-64　完成后的效果

- 【直径（圆环体）】：设置网格圆环体的直径，从圆环体的中心点开始测量，直至圆管的中心点。
- 【圆管半径】：设置沿网格圆环体路径扫掠的轮廓半径。
- 【两点（圆管半径）】：基于指定的两点之间的距离设置圆管轮廓的半径。
- 【圆管直径】：设置网格圆环体圆管轮廓的直径。

9.6 创建曲面模型

曲面模型又称为网格模型，因为它是由多边形网格定义的，只能近似于曲面。与线框模型相比，曲面模型更为复杂，不仅定义了三维对象的边界，而且定义了表面。

9.6.1 创建三维面

使用三维面工具可以创建一些三维面用于消隐与着色，可以在任意平面上创建三边或四边的曲面。

调用【网格三维面】工具的方法如下：

- 在菜单栏中，选择【绘图】|【建模】|【网格】|【三维面】命令，如图 9-65 所示。
- 在命令行输入 3DFACE 命令并按【Enter】键。

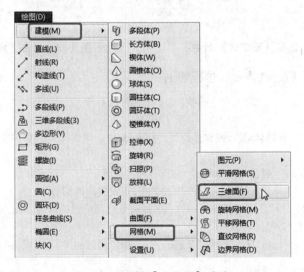

图 9-65　选择【三维面】命令

提 示

三维面工具只能创建曲面，不能给三维面添加厚度。

9.6.2 【上机操作】使用三维面工具创建立方体

通过本节的练习来熟悉一下三维面的使用，具体操作步骤如下：

01 启动 AutoCAD 2016，新建样板，将视图切换至【西南等轴侧】，在命令行中输入 3DFACE 命令并按【Enter】键。在绘图区绘制长和宽都为 100 的矩形，如图 9-66 所示。

02 继续使用【三维面】工具，绘制其他的矩形，完成后的效果如图 9-67 所示。

03 使用【三维旋转】工具，将上一步绘制的图形进行旋转处理，完成后的效果如图 9-68 所示。

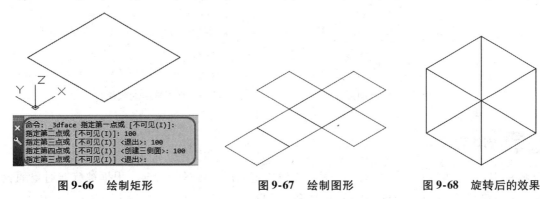

图 9-66　绘制矩形　　　　图 9-67　绘制图形　　　　图 9-68　旋转后的效果

9.6.3　创建平移网格

平移网格工具用于创建常规展示平曲面的网格，是由路径曲线按照指定的方向和距离定义的。

- 在菜单栏中，选择【绘图】|【建模】|【网格】|【平移网格】命令，如图 9-69 所示。
- 在【网格】选项卡的【图元】选项组中单击【建模，网格，平移曲面】按钮，如图 9-70 所示。
- 在命令行输入 TABSURF 命令并按【Enter】键。

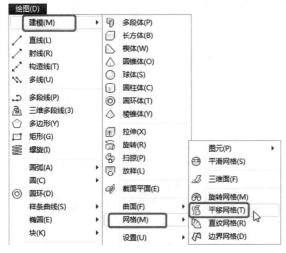

图 9-69　选择【平移网格】命令　　　　图 9-70　单击【建模，网格，平移曲面】按钮

9.6.4 【上机操作】使用平移网格工具创建立方体

通过本节的练习来熟悉一下平移网格的使用，具体操作步骤如下：

01 使用【矩形】工具在绘图区绘制长和宽都为 100 的矩形，然后使用【直线】工具捕捉一个角点沿 Z 轴绘制长度为 100 的直线，如图 9-71 所示。

02 在命令行输入 TABSURF 命令并按【Enter】键，选择矩形作为轮廓曲线的对象，然后选择直线作为方向矢量的对象，完成操作，效果如图 9-72 所示。

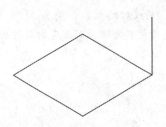

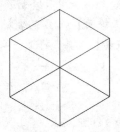

图 9-71　绘制图形　　　　　　图 9-72　平移网格后的效果

9.6.5 创建旋转网格

旋转网格工具可以将某些类型的线框对象绕指定的旋转轴进行旋转，根据被旋转对象的轮廓和旋转的路径形成一个与旋转曲面近似的多边形网格。

调用【旋转网格】工具的方法如下：

- 在菜单栏中，选择【绘图】|【建模】|【网格】|【旋转网格】命令，如图 9-73 所示。
- 在【网格】选项卡的【图元】选项组中单击【建模，网格，旋转曲面】按钮，如图 9-74 所示。
- 在命令行输入 REVSURF 命令并按【Enter】键。

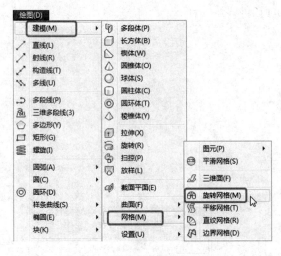

图 9-73　选择【旋转网格】命令

图 9-74　单击【建模，网格，旋转曲面】按钮

9.6.6 【上机操作】使用旋转网格工具创建哑铃

通过本节的练习来熟悉一下平移网格的使用，具体操作步骤如下：

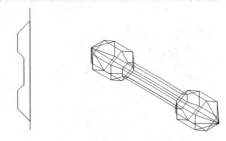

图 9-75 绘制图形　　图 9-76 完成后的效果

01 使用多段线工具绘制图形，然后使用直线工具绘制一条直线，如图 9-75 所示。

02 在命令行输入 REVSURF 命令并按【Enter】键，选择绘制的多段线作为要旋转的图形，然后选择直线作为旋转轴，旋转完成后将直线删除，完成后的效果如图 9-76 所示。

9.6.7 创建直纹网格

直纹网格工具用于在两条曲线间创建一个表示直纹曲面的 $2 \times N$ 的多边形网格。

调用【直纹网格】工具的方法如下：

- 在菜单栏中，选择【绘图】|【建模】|【网格】|【直纹网格】命令，如图 9-77 所示。
- 在【网格】选项卡的【图元】选项组中单击【建模，网格，直纹曲面】按钮，如图 9-78所示。
- 在命令行输入 RULESURF 命令并按【Enter】键。

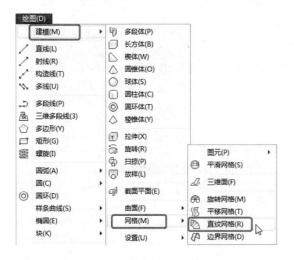

图 9-77 选择【直纹网格】命令

图 9-78 单击【建模，网格，直纹曲面】按钮

9.6.8 创建边界网格

边界网格是用 4 条边界线构建三维多边形网格，使用边界网格工具创建曲面网格时，只需要输入相应的四条边即可。

调用【边界网格】工具的方法如下：

- 在菜单栏中，选择【绘图】|【建模】|【网格】|【边界网格】命令，如图 9-79 所示。
- 在【网格】选项卡的【图元】选项组中单击【建模，网格，边界曲面】按钮，如图

9-80 所示。

- 在命令行输入 EDGESURF 命令并按【Enter】键。

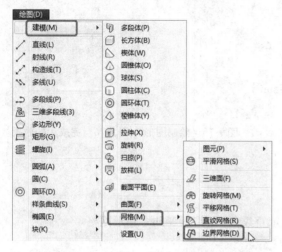

图 9-79 选择【边界网格】命令

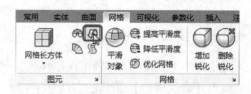

图 9-80 单击【建模，网格，边界曲面】按钮

执行以上任意命令后，具体操作过程如下：

命令：_edgesurf   //输入命令并按【Enter】键
当前线框密度：SURFTAB1 = 6   SURFTAB2 = 6
选择用作曲面边界的对象 1：   //选择如图 9-81 所示的 A 边
选择用作曲面边界的对象 2：   //选择如图 9-81 所示的 B 边
选择用作曲面边界的对象 3：   //选择如图 9-81 所示的 C 边
选择用作曲面边界的对象 4：   //选择如图 9-81 所示的 D 边，完成操作，效果如图 9-82 所示

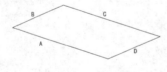

图 9-81 选择边

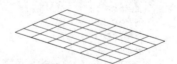

图 9-82 完成后的效果

9.7 项目实践——绘制车轮

下面讲解如何绘制车轮，具体操作步骤如下：

🔘1 启动 AutoCAD 2016，按【Ctrl + N】组合键，弹出【选择样板】对话框，选择 acadiso3D. dwt 样板，单击【打开】按钮，如图 9-83 所示。

🔘2 将视图切换至【俯视】，在【建模】选项组中选择【圆环体】工具，指定中心点为原点，设置半径为 200，指定圆管半径为 16，按【Enter】键确认，绘制的圆环体，如图 9-84 所示。

🔘3 选择【球体】，以坐标原点为球心，设置球体半径为 25，效果如图 9-85 所示。

🔘4 设置视图为【前视】，使用圆柱体，以原点作为圆柱体的中心，绘制半径为 10、高为 185 的圆柱体，效果如图 9-86 所示。

图 9-83 【选择样板】对话框

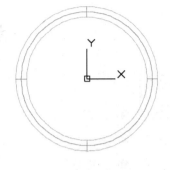

图 9-84 绘制圆环体

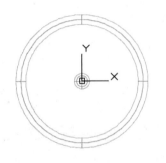

图 9-85 绘制球体

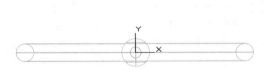

图 9-86 绘制圆柱体

⑤ 设置视图为【俯视】，使用【环形阵列】工具，拾取上步绘制的圆柱体为阵列对象，拾取中心点为基点，将【项目数】设为8，【填充角度】没为360°，进行环形阵列，效果如图9-87所示。

⑥ 使用【分解】工具，对阵列的对象进行分解，设置视图为【西南等轴测】，使用【并集】工具，拾取绘图区所有对象，进行并集运算，将视觉样式设为【真实】模式查看效果，如图9-88所示。

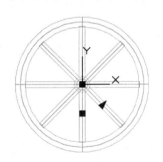

9-87 对图形进行环形阵列

图 9-88 完成后的效果

9.8 本章小结

本章介绍了创建三维曲面的相关知识以及曲面工具的应用方法。曲面模型应用非常广泛，尤其是绘制建筑物图的最佳选择。

填充图案的基础知识

10 Chapter

本章导读：

基础知识 ◆ 创建填充边界

◆ 编辑填充图案

重点知识 ◆ 设置填充图案

◆ 修剪填充图案

提高知识 ◆ 使用图案填充工具进行填充

◆ 通过实例进行学习

　　图案填充在建筑绘图和机械制图过程中应用非常广泛。通过对某个区域进行图案填充，可以表达该区域的特征。通过为绘制的图形对象填充相关的图案和渐变色，可以丰富图形对象，使绘制的图形对象更加自然，有时还需要通过图案填充来更直观地表达所填充图形对象的材质。

10.1　了解图案填充

　　在学习图案填充之前，我们先来简单了解一下图案填充。在某个封闭区域重复绘制某些图案对图形进行填充，以此来表达该区域的特征，这一操作过程称为图案填充。图案填充在绘图过程中应用非常多，例如，在机械绘图过程中，机械的剖面需要使用图案填充，这样可以增强图形的可读性；在建筑绘图过程中，往往需要通过对某些区域进行填充，来表达这一对象所用材料。

10.1.1　基本概念

　　在学习图案填充之前，先来学习一下与图案填充相关的一些基本概念，有利于我们在学习过程中对图案填充操作有更深的理解。

1. 边界

　　在填充图案之前，必须先确定将要填充区域的边界，并且边界对象在当前图层上必须全部可见。边界对象可以是多段线、样条曲线、圆弧、圆、直线、构造线、射线、椭圆、椭圆弧、面域等，也可以是这些对象定义的块。前提是，边界必须是封闭的。

2. 填充方式

　　在对封闭区域进行图案填充时，往往需要控制填充的范围。在 AutoCAD 2016 中，系统为用户提供了 3 种填充方式，分别为普通方式、外部方式、忽略方式。下面分别对其进行介绍。

　　•【普通方式】：该方式从最外层的边界开始向内部边界填充，对第一层封闭区域进行填充，第二层封闭区域不填充，第三层封闭区域填充，如此交替进行，直到总填充区域被填充完毕为止，如图 10-1 所示。

- 【外部方式】：该方式只填充从最外侧边界向内的第一层封闭区域，其他总填充区域内的所有区域都不填充，如图 10-1 所示。
- 【忽略方式】：该方式将忽略总填充区域内部的所有边界，最外层边界向内的整个填充区域将全部被填充，如图 10-1 所示。

3. 孤岛

在进行图案填充时，总填充区域内部的封闭区域称为孤岛，即一个大的封闭区域内部包含若干个小的封闭区域，如图 10-2 所示。用户在进行图案填充时，可以通过在需要填充的区域内任意一点单击来确定填充边界，系统将自动确定出填充边界。在单击鼠标左键确定填充之前，将出现图案填充的预览效果，用户可以根据预览效果决定是否进行最终的图案填充。

   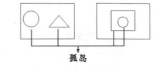

图 10-1　三种不同的填充方式　　　　　　图 10-2　孤岛

填充图案的主要特点

下面我们来了解一下填充图案的主要特点。

1. 填充图案是一个整体

填充图案是由系统自动组成的一个内部块，在处理填充图案时，可以把一个填充图案当作一个整体来进行操作。比如，对填充图案进行删除、移动等操作。填充图案作为块的定义和调用系统在内部自动进行，用户在操作时感觉和绘制一般的图形没有明显差别。

2. 填充图案和边界的关系

填充图案和边界的关系分为无关和相关两种。无关是指填充图案与其边界无关，当修改边界时，填充图案始终保持原来的状态，不会发生任何改变；相关是指填充图案与其边界相联系，修改边界时，填充图案也会随边界的变化而变化，重新填充新的边界。

3. 填充图案可见性控制

填充图案的可见性是可以控制的，即用户可以通过操作使填充图案显示出来，也可以使其不显示出来。用户可以使用 FILL 命令来控制填充图案是否可见。命令行提示如下：

```
命令:fill                    //执行命令
输入模式[开(ON)/关(OFF)]<关>:    //【开】表示显示填充图案,【关】表示不显示填充图案
```

显示与不显示填充图案是针对整个图形的填充图案进行操作的，即设置显示时整个图形中的填充图案都显示，设置不显示时，整个图形中的填充图案都不显示。

执行完 FILL 命令后，必须执行菜单栏中的【视图】|【重生成】命令才能显示出设置效果，如图 10-3 所示。

图 10-3　执行【重生成】命令

10.1.3 填充图案在不同制图中的应用

填充图案在不同的图形中表示不同的含义。

1. 填充图案在机械制图中的应用

为了分清机械零件上空心和实心部分，国标规定机械零件的剖切部分应设置填充图案，不同的材料应采用不同的填充图案。表 10-1 为机械制图中 4 种常用的填充图案及材料名称。

表 10-1   机械制图中 4 种常用填充图案及材料名称

序号	图例	材料名称
1	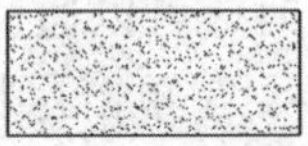	型砂、填砂、砂轮、陶瓷刀片、硬质合金刀片、粉末冶金等
2	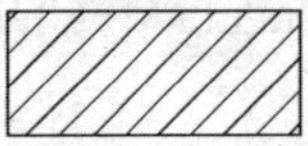	金属材料（已有规定剖面符号的除外）
3	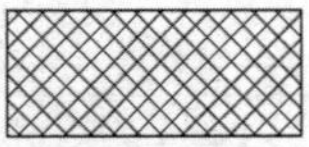	塑料、橡胶、油毡等非金属材料（已有规定剖面符号的除外）
4	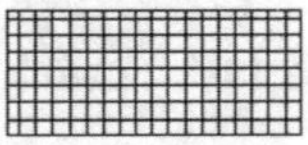	线圈绕组原件

2. 填充图案在建筑制图中的应用

在建筑制图中，填充图案主要表示各种建筑材料。在建筑剖面图中，为了清楚地表现建筑中被剖切部分，在横断面上往往需要设置表示建筑材料的填充图案。建筑制图中常用的填充图案如表 10-2 所示。

表 10-2   建筑制图中常用的填充图案

序号	名称	图例	备注
1	自然土壤		
2	素土夯实		
3	毛石	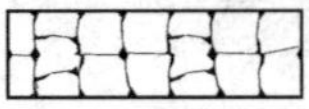	
4	普通砖	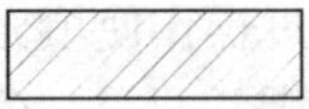	包括实心砖、多孔砖、砌块等砌体。断面较小不易绘出图例线时，可涂黑
5	混凝土	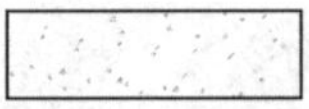	本图例指能承重的混凝土和钢筋混凝土。包括各种强度等级、材料、外加剂的混凝土
6	钢筋混凝土		在剖面图上画出钢筋时，不画图例线 断面图形小，不易画出图例线时，可涂黑
7	木材	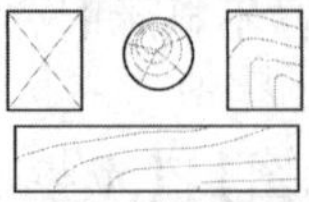	上图为横断面，上左图为垫木、木砖或木龙骨，下图为纵断面。
8	多孔材料	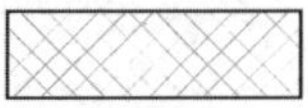	包括水泥珍珠岩、泡沫混凝土、软木等

（续）

序号	名称	图例	备注
9	金属		包括各种金属，图形小时，可涂黑
10	防水材料	▬ ▬ ▬	
11	粉刷		

10.2　设置填充图案

AutoCAD 2016 提供了实体填充及多种行业标准填充图案，用户可以根据需要选择合适的填充图案对对象进行填充。除了可以使用系统提供的填充图案，用户还可以自定义填充图案。

10.2.1　选择填充图案

对图案填充进行设置需要在【图案填充和渐变色】对话框中进行，包括选择填充图案、对填充图案的比例和角度进行设置等。打开【图案填充和渐变色】对话框需要先执行【图案填充】命令。

调用【图案填充】命令的方法如下：

- 选择菜单栏中的【绘图】|【图案填充】命令，如图 10-4 所示。
- 在【默认】选项卡的【绘图】选项组中单击【图案填充】按钮，如图 10-5 所示。
- 在命令行中输入 BHATCH 或 BH 命令，按【Enter】键确认。

执行上述命令后，根据命令行提示输入命令 T，按【Enter】键确认，弹出【图案填充和渐变色】对话框，系统将自动显示【图案填充】选项卡，如图 10-6 所示。

图 10-4　执行【图案填充】命令　　图 10-5　单击【图案填充】按钮　　图 10-6　【图案填充和渐变色】对话框

在【图案填充】选项卡下的【类型】下拉列表中有 3 种类型可供用户选择。

- 【预定义】：选择该项后，用户可以选择任何标准的填充图案，打开对话框时，该项为默认选项。
- 【用户定义】：选择该项后，用户可以通过设置角度和间距，使用当前线型自己定义图案填充。
- 【自定义】：选择该项后，用户可以选择 ACAD. PAT 图案文件或其他图案文件（. PAT 文件）中的填充图案。

通常情况下，系统预定义的填充图案已经可以满足用户需求，不需要另外创建新的填充图案。

单击【图案】右侧的标签 ，在弹出的下拉列表中可以选择标准图案文件中的填充图案，如图 10-7 所示。选择填充图案后，【颜色】下方的【样例】图像框中会显示选择的填充图案。只有当用户在【类型】下拉列表中选择了【预定义】选项后，才可以从【图案】下拉列表中选择标准填充图案。

在选择的【类型】是【预定义】的情况下，单击【图案】右侧的 按钮，弹出【填充图案选项板】对话框，如图 10-8 所示。

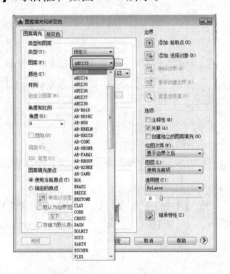

图 10-7 【图案】下拉列表

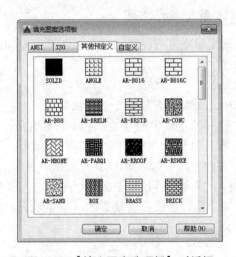

图 10-8 【填充图案选项板】对话框

在【填充图案选项板】对话框中有 4 个选项卡：【ANSI】、【ISO】、【其他预定义】、【自定义】。用户可以在任意一个选项卡中选择自己需要的填充图案。

10.2.2 设置填充图案的角度和比例

在【图案填充和渐变色】对话框的【角度和比例】选项组中可以设置填充图案的填充角度和比例。在【角度】下拉列表中可以设置填充图案相对于 X 轴的旋转角度，用户也可以通过在文本框中直接输入角度值来设置填充图案的填充角度。如图 10-9 所示，设置填充角度为 0 和 45，填充效果如图 10-10 所示。

在【比例】下拉列表中，用户可以设置填充图案的比例值，同时可以通过直接在文本框中输入数值来设置填充图案的填充比例，如图 10-11 所示。如果填充比例设置的太小，填充图案会看起来太紧密，达不到预期填充效果；如果填充比例设置的太大，有时会使填充区域一片空白，看不出填充效果，因此必须设置合适的填充比例。如图 10-12 所示为不同填充比例的填充效果。

图 10-9 【角度】下拉列表

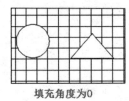 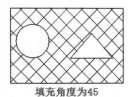

图 10-10 填充图案角度为 0 和 45 的不同效果

图 10-11 【比例】下拉列表

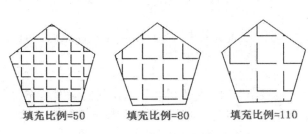

图 10-12 不同填充比例的填充效果

在【类型】下拉列表中选择了【用户定义】选项后，可以设置【间距】和勾选【双向】复选框。勾选【双向】复选框后，用户定义的填充图案变为互相垂直的两组平行线，如果没有勾选【双向】复选框，则用户定义的填充图案是一组平行线。在【间距】文本框中可以设置用户定义的填充图案中的线型间隔，如图 10-13 所示。

【ISO 笔宽】用于设置 ISO 填充图案的笔宽。设置该项之前，必须将【类型】设置为【预定义】，并且选择的填充图案必须为可用的 ISO 图案的一种。设置的【ISO 笔宽】相当于设置填充图案的填充比例，设置【ISO 笔宽】时填充比例也随之变化。如图 10-14 和图 10-15 为设置不同【ISO 笔宽】的填充效果。

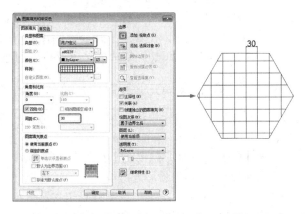

图 10-13 设置【双向】和【间距】后的填充效果

图 10-14 【ISO 笔宽】= 0.7   图 10-15 【ISO 笔宽】= 2.0

10.2.3 图案填充原点

有时在进行图案填充时，需要将填充图案对齐边界上的某一点，这时可以在【图案填充和渐变色】对话框的【图案填充原点】选项区中设置填充图案的原点位置，如图 10-16 所示。

【图案填充原点】选项组中有两个选项，下面分别讲解其含义。

- 【使用当前原点】：当前原点为坐标原点，即（0，0）。该项为默认设置。
- 【指定的原点】：选择该项后，可以通过对其下方的各个选项进行设置，来指定新的图案填充原点。单击【单击以设置新原点】按钮，将自动返回绘图区，用户可以在绘图区指定新的原点，然后返回绘图区对填充图案进行其他设置；勾选【默认为边界范围】复选框后，可以单击其下方的按钮，在其下拉列表中选择基于图案填充的矩形范围计算出的新的原点；勾选【存储为默认原点】复选框，可以将新的原点设置为默认原点。

图 10-16 【图案填充原点】选项组

10.2.4 指定图案填充区域或图案填充对象

在【图案填充和渐变色】对话框的【边界】选项组中可以指定图案填充区域或图案填充对象，如图 10-17 所示。下面讲解各选项的含义。

- 【添加：拾取点】按钮：单击该按钮后，用户可以利用拾取点的方式指定填充区域的边界，进而对图形进行填充。单击该按钮，返回绘图区，在绘图区需要填充的区域内任意一点单击，系统将自动计算包含选取点的封闭区域进行填充，如图 10-18 所示。如果包含拾取点的区域内没有封闭区域，将会显示错误信息，单击【关闭】按钮重新选择填充区域即可，如图 10-19 所示。选取点后，可以按【Enter】键确认完成图案填充，也可以继续拾取其他封闭区域的内部点进行图案填充，或者输入 T 命令，按【Enter】键确认返回【图案填充和渐变色】对话框。还可以输入命令 U，按【Enter】键确认放弃操作。

图 10-17 【边界】选项区

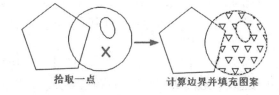

图 10-18 使用【添加：拾取点】按钮填充图案

- 【添加：选择对象】按钮：可以通过选择封闭对象的方式指定填充区域的边界。单击该按钮，返回绘图区，在绘图区选择需要填充的封闭区域，可以进行连续选择，如图10-20 所示。其他操作和使用【添加：拾取点】按钮的操作过程相同，这里不再赘述。

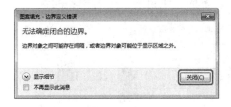

图 10-19 错误信息

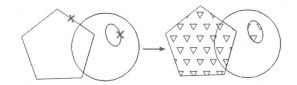

图 10-20 使用【添加：选择对象】按钮填充图案

- 【删除边界】按钮：单击该按钮，返回绘图区，单击需要删除的边界，系统将重新计算填充边界。
- 【重新创建边界】按钮：单击该按钮，可以围绕选定的图案填充区域创建多段线或面域，并使其与图案填充对象相关联。该按钮只有在编辑图案填充时才可以用。
- 【查看选择集】按钮：单击该按钮可以查看已定义的填充边界。该按钮只有在使用【拾取点】和【选择对象】的方式进行了图案填充后才可用。

用户也可以通过【选项】选项组的选项对图案填充的一些特性进行相关设置，如图 10-21 所示。下面介绍一下该选项组的主要选项含义。

- 【关联】：填充边界和填充图案之间有关联和无关两种关系。关联填充图案是指填充图案和填充边界为一个整体，相互联系，当填充边界发生改变时，填充图案也随之更新，重新填充新的边界；无关填充图案是指填充图案不会随着填充边界的变化而发生改变。该项一般为默认设置。
- 【创建独立的图案填充】：勾选该复选框后，用户在进

图 10-21 【选项】选项组

257

行图案填充时，如果同时进行了多个封闭区域的填充，那么每个封闭区域内的填充图案是独立的图案填充对象；如果取消该复选框的勾选，用户同时填充的多个封闭区域内的填充图案是一个整体对象，可以对其进行统一的编辑修改。

- 【绘图次序】：该选项为填充图案或填充指定放置次序，填充图案或填充可以放在所有对象之前、所有对象之后、填充边界之前、填充边界之后，其下拉列表中有多个选项可以选择，用户根据需要进行设置，系统默认设置为填充图案置于边界之后。
- 【图层】：为图层指定新图案填充对象，替代当前图层。
- 【透明度】：设置图案填充的透明度，替代当前图案透明度，当在其下拉列表中选择【指定值】时，用户可以通过在其下方的文本框中输入数值或者通过拖动文本框右侧的滑块来设置透明度。

用户可以通过【选项】选项组下方的【继承特性】按钮，使用选定填充图案的特性对指定的边界进行填充。使用该项进行图案填充时，填充图案将继承指定图案的所有属性，包括样式、比例等。使用该功能时，绘图区内至少要有一个填充图案存在。

10.2.5 展开【图案填充和渐变色】对话框

单击【图案填充和渐变色】对话框右下角的按钮，如图 10-22 所示，展开对话框，如图 10-23 所示，对话框右侧包含了对图案填充的一些其他设置。下面就来讲解一下各选项的含义。

图 10-22 单击右侧的按钮　　　　　图 10-23 展开对话框

在【孤岛】选项区中，【孤岛检测】复选框决定在进行图案填充时，是否把在总封闭区域内部的边界包括为边界对象。勾选【孤岛检测】复选框，即可选择填充区域内孤岛的处理方法，用户可以使用以下 3 种填充方法对孤岛进行填充：普通、外部和忽略。各选项的含义在【填充方式】内容中已经讲解过，这里不再重复。下面介绍其他选项的含义。

- 【孤岛显示样式】：用户可以通过选择其下方的 3 个选项之一设置孤岛的填充方式。其下方的 3 张图片分别显示了 3 种填充效果。
- 【保留边界】：勾选该复选框后，可以将填充图案的边界保留，同时可以从【对象类型】下拉列表中选择填充边界的保留类型，如图 10-24 所示。
- 【对象类型】：该项用于设置边界对象的类型。勾选【保留边界】复选框，则在进行图案填充时系统会将填充边界自动创建为面域或多段线，同时保留原来的边界对象。用户可以在其下拉列表中选择【多段线】选项或者【面域】选项从而决定将边界创建为多段线还是面域。如果取消勾选该复选框，则进行图案填充后，系统将自动删除边界。

- 【边界集】：用户可以通过该项指定填充边界的对象集，即哪些对象可以作为填充边界，系统默认当前视口中所有可见对象都可以作为填充边界，单击【新建】按钮 ⊕，将返回绘图区，用户可以在绘图区重新指定对象作为边界集的对象。指定新的边界集后，【边界集】下拉列表中将显示【现在集合】选项。

图 10-24　勾选【保留边界】复选框

- 【允许的间隙】：该项用于设置边界中允许的最大间隙。可以在【公差】文本框中输入数值来设置间隙大小。默认值为 0，这时的填充边界必须为封闭图形才能对其进行图案填充。
- 【使用当前原点】：该项用于设置当用户使用【继承特性】创建填充图案时是否继承图案填充原点。
- 【用源图案填充原点】：该项用于设置当用户使用【继承特性】创建填充图案时是否继承源图案填充原点。

10.2.6　【上机操作】为平面图填充图案

下面以为平面图填充图案为例，来综合练习上面所讲的知识。具体操作步骤如下：

01 打开附带光盘中的 CDROM\素材\第 10 章\平面图形 . dwg 图形文件，如图 10-25 所示。在命令行中执行 BHATCH 命令，输入 T，按【Enter】键确认，弹出【图案填充和渐变色】对话框。

02 单击【类型和图案】选项组中【图案】右侧的按钮 ⋯，弹出【填充图案选项板】对话框，在该对话框中选择需要的填充图案，这里选择 AR – PARQ1 选项，然后单击【确定】按钮，如图 10-26 所示。

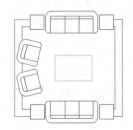

图 10-25　打开素材文件

03 单击【边界】选项组中的【添加：拾取点】按钮 ⊞，返回绘图区，在如图 10-27 所示的位置单击。

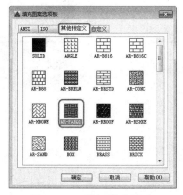

图 10-26　选择填充图案

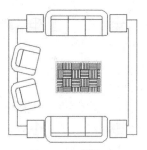

图 10-27　拾取点

04 在特性选项组中，将比例设置为 0.8，按【Enter】键进行确认，如图 10-28 所示。返回绘图区即可看到填充后的平面图效果，如图 10-29 所示。

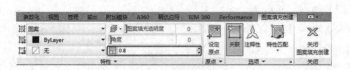

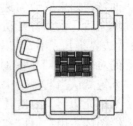

图 10-28　设置比例　　　　　　　　　　　　　　　图 10-29　填充后的效果

10.3　填充渐变色

渐变色指的是从一种颜色到另一种颜色的平滑过渡，填充渐变色时可以填充单色渐变或者双色渐变。渐变色填充是实体图案填充，能够体现出光的效果，用户可以通过【渐变色】选项卡来设置渐变色填充的外观。

调用【渐变色】命令的方法如下：

- 选择菜单栏中的【绘图】|【渐变色】命令，如图 10-30 所示。
- 在【默认】选项卡的【绘图】选项组中单击【图案填充】按钮⬛右侧的按钮，在弹出的列表中单击【渐变色】按钮，如图 10-31 所示。
- 在命令行中输入 GRADIENT 命令，按【Enter】键确认。

执行上述命令后，命令行提示【选择对象或［拾取内部点（K）放弃（U）设置（T）]:】，输入 T 命令，按【Enter】键确认，弹出【图案填充和渐变色】对话框，如图 10-32 所示。默认显示出【渐变色】选项卡。

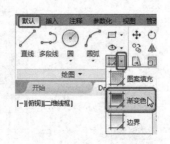

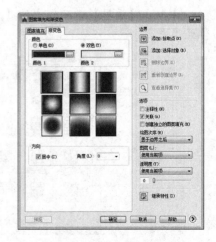

图 10-30　执行【渐变色】命令　　　图 10-31　单击【渐变色】按钮　　　图 10-32　【渐变色】选项卡

下面介绍【渐变色】选项卡中各选项区的选项及含义。

1.【颜色】选项区

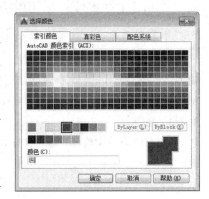

- 【单色】选中【单色】单选按钮后，用户可以应用单色对选择的封闭区域进行填充，其下方的显示框中显示了用户选择的单色，通过拖动右侧的滑块可以调整渐变色的明暗程度。单击显示框右侧的按钮[...]，弹出【选择颜色】对话框，如图 10-33 所示，其中包括【索引颜色】、【真彩色】、【配色系统】3 个选项卡，用户可以在该选项卡中选择所需要的颜色。

- 【双色】：选中【双色】单选按钮后，用户可以应用双色对选择的封闭区域进行填充，双色填充是对填充区域进行两种颜色之间平滑过渡的颜色填充。填充颜色

图 10-33 【选择颜色】对话框

将从颜色 1 渐变到颜色 2。选中【双色】单选按钮后，其下方将显示颜色 1 和颜色 2 带有浏览按钮的颜色样本。单击颜色 1 和颜色 2 显示框右侧的按钮[...]，同样弹出如图 10-27 所示的【选择颜色】对话框，用户可以从对话框中选择颜色。

2. 渐变方式样板

在【颜色】选项区的下方显示了渐变方式样板，其中包含了 9 种渐变方式图案，用户可以根据预览效果选择渐变方式。其中的渐变方式包括线形、球形和抛物线形等。

3.【方向】选项区域

- 【居中】该复选框决定渐变填充是否居中。填充效果如图 10-34 所示。
- 【角度】在【角度】下拉列表框可以选择填充渐变色的角度，也可以通过直接输入数值来设置。不同角度的渐变色填充如图 10-35 示。

线形单色渐变填充居中　线形单色渐变填充不居中　　　角度=0　　　　角度=45　　　　角度=90

图 10-34　居中和不居中渐变填充　　　图 10-35　不同角度的单色渐变填充

🐎 **提 示**

执行【图案填充】或【渐变色】命令后，系统会显示【图案填充创建】选项卡，如图 10-36 所示，用户可以在该选项卡上对图案填充或渐变色填充进行相应的设置。

图 10-36　【图案填充创建】选项卡

10.3.1 【上机操作】创建单色渐变填充

下面通过具体操作步骤来熟悉和练习单色渐变填充。

01 启动软件，新建空白文件，在【默认】选项卡中单击【多边形】按钮⬡·，在命令行中输入 6，按【Enter】键确认，在绘图区中任意一点单击，指定正多边形的中心点，在命令行中输入 I，按【Enter】键确认，根据命令提示输入 60，按【Enter】键确认，绘制如图 10-37 所示的正六边形。

02 在命令行中输入命令 GRADIENT，按【Enter】键确认，根据命令提示输入 T，按【Enter】键确认，弹出【图案填充和渐变色】对话框，【渐变色】选项卡为当前选项卡，如图 10-38 所示。

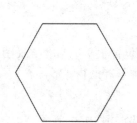

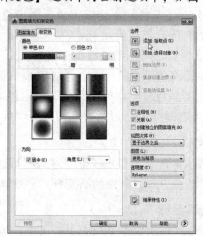

图 10-37 正六边形　　　图 10-38 【图案填充和渐变色】对话框

03 在弹出的对话框中选中【单色】单选按钮，单击其下方显示框右侧的⋯按钮，弹出【选择样式】对话框，在【选择颜色】对话框中选择【青色】，单击【确定】按钮，返回【图案填充和渐变色】对话框，如图 10-39 所示。

04 在返回的【图案填充和渐变色】对话框中，选择渐变方式样板中的第二排第一个样式，然后勾选【方向】选项区的【居中】复选框，将角度设置为 45，其他设置保持默认，单击【添加：选择对象】按钮，如图 10-40 所示。

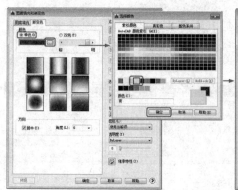

图 10-39 设置颜色　　　　　　　　　　　图 10-40 设置渐变样式和角度

⑤ 返回绘图区，在绘图区选择正六边形，按【Enter】键确认，完成渐变色填充，填充效果如图 10-41 所示。

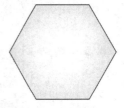

10.3.2 【上机操作】创建双色渐变填充

下面通过实例讲解如何进行双色渐变填充。

① 打开附带光盘中的 CDROM\素材\第 10 章\创建双色渐变填充.dwg 图形文件，如图 10-42 所示。

图 10-41 填充效果

② 在【默认】选项卡的【绘图】选项组中单击【图案填充】按钮 右侧的按钮 ，在弹出的列表中单击【渐变色】按钮，如图 10-43 所示。

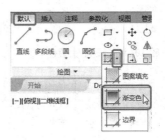

图 10-42 打开素材文件　　　　**图 10-43 单击【渐变色】按钮**

③ 根据命令提示在命令行输入 T，按【Enter】键确认，弹出【图案填充和渐变色】对话框。在【颜色】选项区下选择【双色】单选按钮，如图 10-44 所示。

④ 单击【颜色 1】上方显示框右侧的按钮 ，弹出【选择颜色】对话框，在该对话框中选择【黄色】，单击【确定】按钮，返回【图案填充和渐变色】对话框，如图 10-45 所示。

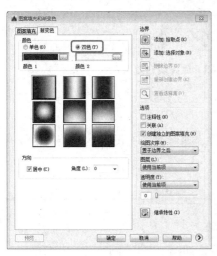

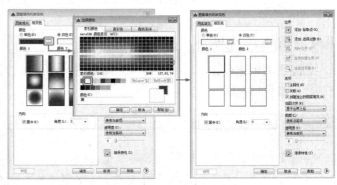

图 10-44 选择【双色】单选按钮　　　　**图 10-45 设置【颜色 1】**

⑤ 单击【颜色 2】上方显示框右侧的按钮 ，弹出【选择颜色】对话框，在该对话框中选择【洋红色】，单击【确定】按钮，返回【图案填充和渐变色】对话框，如图 10-46 所示。

⑥ 在返回的【图案填充和渐变色】对话框中，选择渐变方式样板中的第一排第三个样式，其他保持默认设置，单击【添加：拾取点】按钮，如图 10-47 所示。

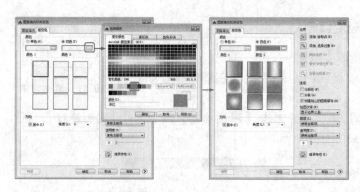

图 10-46　设置【颜色2】

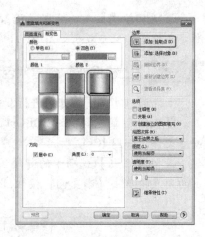

图 10-47　设置渐变方式

07 返回绘图区，单击其中一个花瓣内部的一点，对其进行渐变色填充，如图 10-48 所示。

08 根据命令提示输入 T，按【Enter】键确认，返回【图案填充和渐变色】对话框，再次单击【添加：拾取点】按钮，返回绘图区，单击另一个花瓣内部的一点，对其进行填充，使用同样的方法对其他花瓣进行填充，全部填充完成后，按【Enter】键确认，最终填充效果如图 10-49 所示。

图 10-48　填充其中一个花瓣

图 10-49　最终填充效果

10.4　编辑填充图案

创建图案填充后，用户可以对填充图案进行相应的修改，如修改填充图案的边界、分解填充图案、修剪填充图案等。

10.4.1　编辑填充图案的途径

通过下列几种方法可以调用图案填充编辑命令：

- 选择菜单栏中的【修改】|【对象】|【图案填充】命令，如图 10-50 所示。
- 选中填充图案，在填充图案上右击，在弹出的快捷菜单中选择【图案填充编辑】命令，如图 10-51 所示。
- 在命令行中输入 HATCHEDIT 或 HE 命令，按【Enter】键确认。

执行第一种和第三种操作后，命令行提示【选择图案填充对象：】，用户需要在绘图区选择要编辑的填充图案，单击填充图案后，弹出【图案填充编辑】对话框，如图 10-52 所示。如果执行第二种操作，会直接弹出该对话框。用户可以在该对话框中对填充图案进行修改。【图案填

图 10-50　调用编辑填充图案命令　　　图 10-51　在快捷菜单中调用【图案填充编辑】命令

充编辑】对话框和【图案填充和渐变色】对话框的内容是相同的，只是定义填充边界和孤岛操作的复选框不可再用，即图案编辑操作只能修改图案、比例和角度等，而不能修改填充图案的边界。但是如果进行了删除边界或重新创建边界的操作后这些选项会被激活。

在绘图区双击要编辑的填充图案，弹出【快捷特性】选项板，如图 10-53 所示。在该选项板中可以修改填充图案的样式、角度和比例等。

选中需要进行编辑的填充图案，在填充图案上右击，在弹出的快捷菜单中选择【特性】命令，弹出【特性】选项板，如图 10-54 所示。在【特性】面板上也可以对填充图案进行相应的修改。

图 10-52　【图案填充编辑】对话框

图 10-53　【快捷特性】选项板

图 10-54　打开【特性】选项板

10.4.2　分解填充图案

填充图案是一种特殊的块，又称为【匿名】块，在 AutoCAD 中，用户可以按照分解其他对象的方法分解填充图案。图案被分解后，它将不再是一个整体，而是一组组成图案的线条。同时，分解后的图案也失去了与图形的关联性，因此无法使用【修改】|【对象】|【图案填充】命令对其进行编辑。分解填充图案如图 10-55 所示。

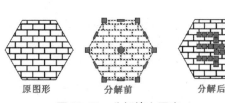

图 10-55　分解填充图案

10.4.3　修剪填充图案

用户可以按照修剪其他图形对象的方法修剪填充图案，例如，要修剪如图 10-56 所示正六边形和圆形相交的填充图案，只需在【默认】选项卡的【修改】选项组中单击【修剪】按钮，如图 10-57 所示，在绘图区选择正六边形，按【Enter】键确认，然后在要剪去的填充图案部分任意位置单击，按【Enter】键确认，即可完成填充图案的修剪，如图 10-58 所示。

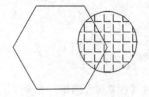
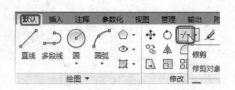
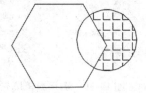

图 10-56　填充图案　　　　图 10-57　执行【修剪】命令　　　　图 10-58　修剪结果

执行上述操作过程中，命令行提示及操作过程如下：

命令:_trim　　　　　　　　　　//执行命令
当前设置:投影＝UCS,边＝无　　　//显示【修剪】命令的当前设置
选择剪切边...　　　　　　　　　//提示用户选择修剪边界
选择对象或＜全部选择＞:找到 1 个　//提示用户选择图形对象,这里选择正六边形
选择对象:　　　　　　　　　　//可以继续选择对象,这里按【Enter】键确认结束选择
选择要修剪的对象,或按住 Shift 键选择要延伸的对象,或［投影(P)/边(E)/放弃(U)］:
//在要修剪掉的部分任意位置单击进行选择
选择要修剪的对象,或按住 Shift 键选择要延伸的对象,或［投影(P)/边(E)/放弃(U)］:
//可以继续选择修剪对象,这里按【Enter】键结束操作

10.4.4　【上机操作】轴键槽

下面讲解如何绘制轴键槽，其具体操作步骤如下：

01 启动软件后，新建一个文件，按【F3】键开启捕捉模式，在命令行中输入 CIRCLE 命令，按【Enter】键确认，在绘图区的任意一点单击，在命令行中输入 25，按 Enter 键确认，绘制圆，如图 10-59 所示。

02 在菜单栏中执行【格式】|【标注样式】命令，在【标注样式管理器】对话框中单击【修改】按钮，在弹出的对话框中切换至【符号和箭头】选项卡，选择【圆心标记】下的【直线】单选按钮，在文本框中输入 3，设置圆心的标记大小，单击【确定】按钮，返回至【标注样式管理器】对话框，单击【关闭】按钮，如图 10-60 所示。

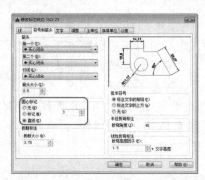

图 10-59　绘制圆　　　　图 10-60　设置圆心标记

03 在菜单栏中执行【标注】|【圆心标注】命令，拾取圆，标注圆心标记，如图 10-61 所示。

04 在命令行中输入 OFFSET 命令，将偏移距离设置为 8，按【Enter】键进行确认，选择如图 10-62 所示的直线，分别向上和向下偏移 8，效果如图 10-63 所示。

05 在命令行中输入 LINE 命令，在合适的位置处绘制一条直线，如图 10-64 所示。

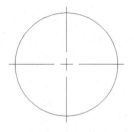 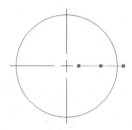 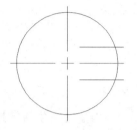 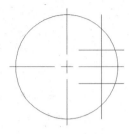

图 10-61 圆心标记　　图 10-62 选择偏移的直线　　图 10-63 偏移后的效果　　图 10-64 绘制直线

06 在命令行中执行 TRIM 命令，选择所有的对象，按【Enter】键进行确认，对其进行修剪，其效果如图 10-65 所示。

07 在命令行中输入 HATCH 命令，按【Enter】键进行确认，根据命令提示在命令行中输入 T，按【Enter】键确认，弹出【图案填充和渐变色】对话框，切换至【图案填充】选项卡，在【类型和图案】选项区中单击【图案】右侧的按钮 ANSI33 ▼，在弹出的下拉列表中选择 ANSI32，将【角度和比例】选项区下的【比例】设置为 8，单击【添加：拾取点】按钮 ⊞，返回绘图区拾取绘图区中需要填充的部分进行填充，按 Enter 键进行确认，效果如图 10-66 所示。

 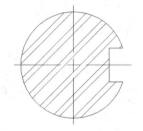

10-65 修剪后的效果　　图 10-66 填充图案

10.4.5 【上机操作】绘制建筑平台平面图

下面将讲解如何绘制建筑平台平面图，该例将使用【面域】、【并集】、【差集】和【图案填充】等命令对绘制的图形进行编辑并填充图案。

01 启动 AutoCAD 2016 后，打开随书附带光盘中的 CDROM\素材\第 10 章\建筑平台.dwg 素材文件，如图 10-67 所示。

02 在命令行中输入 REGION 命令，并按【Enter】键确认，选择所有对象，按【Enter】键确认，将其转换为面域，如图 10-68 所示。

03 在菜单栏中选择【修改】|【实体编辑】|【并集】命令，选择如图 10-69 所示的对象。

04 按【Enter】键确认，并集后的效果如图 10-70 所示。

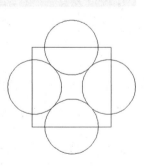

图 10-67 打开素材文件

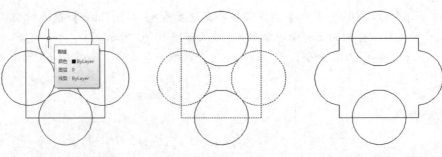

图 10-68　转换为面域　　　　图 10-69　选择并集对象　　　　图 10-70　并集后的效果

⑤ 在菜单栏中选择【修改】|【实体编辑】|【差集】命令，选择如图 10-71 所示的对象。

⑥ 按【Enter】键确认，然后选择上下两个圆形并按【Enter】键，差集后的效果如图 10-72 所示。

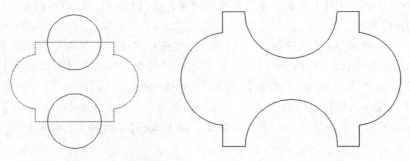

图 10-71　选择差集对象　　　　　　　图 10-72　差集后的效果

⑦ 在命令行中输入 HATCH 命令，按【Enter】键确认，单击功能区中【图案】选项组的【图案填充图案】按钮，在弹出的列表中选择 ANGLE 图案，如图 10-73 所示。

⑧ 在图形中的内部单击，按【Enter】键确认，填充后的效果如图 10-74 所示。

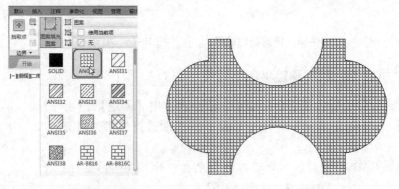

图 10-73　选择填充图案　　　　　　　图 10-74　填充图案

10.5　项目实践——角带轮

下面通过讲解如何绘制角带轮来综合练习本章的内容。操作步骤如下：

① 启动 AutoCAD 2016 后，打开随书附带光盘中的 CDROM\素材\第 10 章\角带轮.dwg 素材文件，将【轮廓】图层设置为当前图层。

② 按【F3】键开启捕捉模式，单击【绘图】面板中的【直线】按钮。按【F8】键开启正交模式，在绘图区中的适合位置单击，向下引导鼠标，输入 75，向右引导鼠标，输入 92，绘制

完成后，在命令行中输入 OFFSET 命令，按【Enter】键进行确认，依次输入 20、23.5、30、50、59、70、75，按【Enter】键确认，拾取长度为 92 的直线，依次沿垂直线向上进行偏移，如图 10-75 所示。

03 在命令行中输入 LINE 命令，按【Enter】按键进行确认，捕捉 A 点，向右引导鼠标，输入 5.9，按【Enter】键确认为直线的第一点，向下引导鼠标，输入 11，按【Enter】键进行确认，绘制直线，如图 10-76 所示。

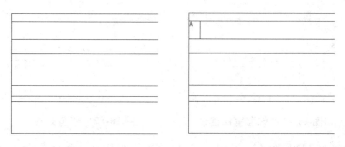

图 10-75　偏移直线　　　　　图 10-76　绘制直线

04 在命令行中输入 ROTATE 命令，按【Enter】键进行确认，选择上步绘制的直线为对象，拾取该直线的上端点为指定基点，输入 17°，按【Enter】键确认，旋转完成后的效果如图 10-77 所示。

05 在命令行中输入 EXTEND 命令，按【Enter】键进行确认，选择旋转后的直线向两侧进行延伸，完成后的效果如图 10-78 所示

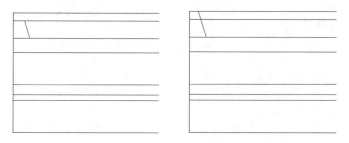

图 10-77　旋转直线　　　　　图 10-78　延伸直线

06 在命令行中输入 MIRROR 命令，按【Enter】键进行确认，选择旋转并延伸后的直线，捕捉该直线下方的交点，向右引导鼠标，输入 6.6，作为镜像轴线的第一点，向上引导鼠标，输入 60，作为镜像轴线的第二点，进行镜像处理，效果如图 10-79 所示。

07 在命令行中输入 ARRAYRECT 命令，按【Enter】键进行确认，选择镜像后的两条直线，按【Enter】键进行确认，在【阵列创建】选项卡中将【列数】设置为 4，将【行数】设置为 1，将【介于】设置为 19，按【Enter】键进行确认，如图 10-80 所示。

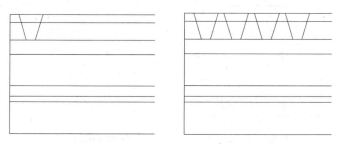

图 10-79　镜像处理　　　　　图 10-80　阵列处理

08 在命令行中输入 OFFSET 命令，按【Enter】键进行确认，选择左侧的垂直直线，向右依次偏移 22、80、92，效果如图 10-81 所示。

09 在命令行中输入 TRIM 命令，按【Enter】键进行确认，选择需要修剪的线段，进行修剪，如图 10-82 所示。

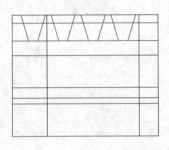
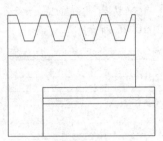

图 10-81　偏移垂直直线　　　　图 10-82　修剪处理

10 在命令行中输入 LINE 命令，按【Enter】键进行确认，捕捉直线的 A 点，向右引导鼠标，依次输入 30、45，确认为两条直线的第一点，向下引导鼠标，均输入 20，绘制两条直线，然后将多余的线段删除，如图 10-83 所示。

11 在命令行中输入 TRIM 命令，按【Enter】键进行确认，选择需要修剪的线段，对其进行修剪，如图 10-84 所示。

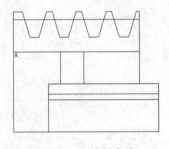
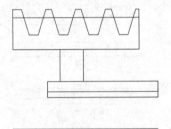

图 10-83　绘制直线　　　　　图 10-84　修剪处理

12 在命令行中输入 CHAMFER 命令，按【Enter】键进行确认，在命令行中输入 D，将第一个倒角距离设置为 1，将第二个倒角距离设置为 2，对图形进行倒角处理，完成后的效果如图 10-85 所示。

13 在命令行中输入 TRIM 命令，按【Enter】键进行确认，选择需要修剪的线段，对图形进行修剪，如图 10-86 所示。

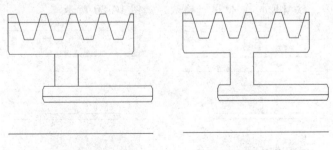

图 10-85　倒角处理　　　　　图 10-86　修剪处理

14 在命令行中输入 FILLET 命令，按【Enter】键进行确认，在命令行中输入 R，将圆角半径设置为6，对图形进行圆角处理，如图10-87所示。

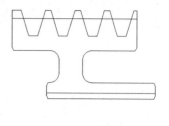

图10-87 圆角处理

📶 在命令行中输入MIRROR命令，按【Enter】键进行确认，选择除直线以外的对象，按【Enter】键进行确认，以直线的左右端点为镜像轴的第一点和第二点，进行镜像处理，如图10-88所示。

📶 将不需要的线段删除，在命令行中输入HATCH命令，按【Enter】键进行确认，将【填充图案】设置为ANSI31，拾取绘图区中需要填充的部分，进行填充，按【Enter】键进行确认，如图10-89所示。

📶 在命令行中输入LINE命令，按【Enter】键进行确认，连接角带轮中相应的点，使其成为一个整体，如图10-90所示。

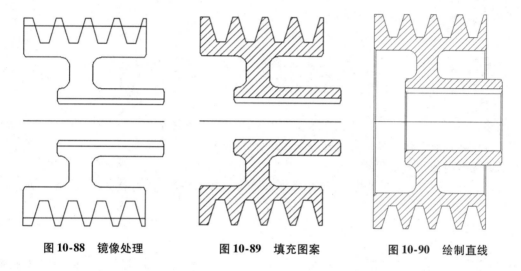

图10-88 镜像处理　　　　**图10-89 填充图案**　　　　**图10-90 绘制直线**

10.6 本章小结

本章通过四个部分对图案填充的相关知识进行了讲解，第一部分介绍了图案填充的基本概念、主要特点和在不同领域制图中的应用；第二部分讲解了如何设置填充图案；第三部分主要讲解如何填充渐变色；第四部分讲解了如何编辑填充图案。通过对本章的学习，读者可以轻松掌握如何进行图案填充。

文字与表格的应用

本章导读：

基础知识 ◈ 使用文字样式

◈ 创建文字

重点知识 ◈ 创建表格和表格样式

◈ 创建引线

提高知识 ◈ 修剪文字

◈ 缩放注释

文字在图形中是必不可少的，也是非常重要的。在一张图纸中，仅有图形不能表达清楚图形设计的意图和具体含义，有些部分必须借助文字来清楚地进行说明，只有这样，使用图纸的人员才能对图纸一目了然。

另外，表格在图形绘制过程中也经常用到。本章将对文字和表格的相关知识进行详细讲解。

11.1 文字样式

在使用文字之前，会根据需要设置文字样式，AutoCAD 2016 提供了一个标准的文字样式 Standard，用户可以使用这个标准文字样式输入文字。同时，如果标准文字样式不能满足用户的要求，还可以创建新的文字样式或者修改已有的文字样式。

11.1.1 新建文字样式

创建和修改文字样式可以使用【文字样式】命令来完成。使用该命令可以设置文字的字体、字号、倾斜角度等属性。

调用【文字样式】命令的方法如下：

- 选择菜单栏中的【格式】|【文字样式】命令，如图 11-1 所示。
- 在【默认】选项卡的【注释】选项组中单击【注释】按钮 注释▼ ，在弹出的面板中单击【文字样式】按钮 ，如图 11-2 所示。
- 在【默认】选项卡的【注释】选项组中单击【注释】按钮 注释▼ ，在弹出的面板中单击【文字样式】按钮 右侧的按钮 Standard ，在弹出的面板中单击【管理文字样式】按钮 管理文字样式... ，如图 11-3 所示。
- 在【注释】选项卡的【文字】选项组中单击其右下角的按钮 ，如图 11-4 所示。
- 在命令行中输入 STYLE 或 ST 命令，按【Enter】键确认。

图 11-1　在菜单栏调用　　　　图 11-2　在【默认】选项卡中单击
【文字样式】命令　　　　　　　　【文字样式】按钮

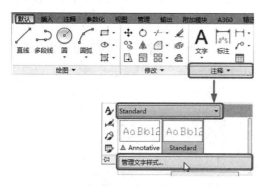

图 11-3　在【默认】选项卡单击　　图 11-4　在【注释】选项卡单击
【管理文字样式】按钮　　　　　　　　【文字样式】按钮

执行上述命令后，弹出【文字样式】对话框，如图 11-5 所示。

在【文字样式】对话框中单击【新建】按钮，弹出【新建文字样式】对话框，在该对话框的【样式名】文本框中输入新的文字样式名称，文字样式名最长可以输入 255 个字符，其中可以包含字母、数字、特殊字符等，输入完成后，单击【确定】按钮，如图 11-6 所示。返回【文字样式】对话框，在【样式】列表框中将显示新建的文字样式名。

图 11-5　【文字样式】对话框　　　　图 11-6　新建文字样式

 提　示

新建的文字样式名不能与已经存在的样式名称重复。

11.1.2 设置字体和高度

创建新的文字样式后，就可以对文字样式进行相应的设置了。首先来了解如何设置字体和文字高度。

设置字体和高度需要在【文字样式】对话框的【字体】选项区和【大小】选项区进行，如图 11-7 所示。下面来了解一下这两个选项区中各选项的含义。

- 【字体名】：【字体名】下拉列表如图 11-8 所示。该下拉列表提供了系统中所有的字体。用户可以在该下拉列表中选择需要的字体，如宋体、黑体等。其中的字体分为两种，一种是 TrueType 类型的字体，这种字体是 Windows 提供的字体；另一种是扩展名为 .shx 的字体，这种字体是 AutoCAD 提供的字体。

图 11-7 【字体】选项区和【大小】选项区

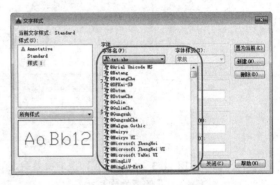

图 11-8 【字体名】下拉列表

提 示

有的字体名称前带 @ 符号，如 ，这种字体表示文字的方向将与正常情况下的文字呈 90 度角显示。用户在选择字体时要留意这些字体，避免选择错误。

如果【字体名】下拉列表中不含有用户需要的字体，用户可以在 Windows 系统中加载所需要的字体，然后重新启动软件，新加载的字体将出现在【字体名】下拉列表中，如图 11-9 所示。

图 11-9 不同字体名的效果

- 【使用大字体】：只有选择的字体为 .shx 时该复选框才可以选择，该复选框用于选择是否使用大字体。
- 【字体样式】：该下拉列表用于设置字体的格式，如斜体、粗体和常规字体等。如果勾选【使用大字体】复选框，【字体样式】下拉列表变为【大字体】下拉列表，用于选择大字体文件。
- 【高度】：该文本框用于设置字体的高度。如果用户将文字高度设置为 0，在使用 Text（单行文字）命令输入文字时，命令行将提示【指定高度:】，即用户可以根据命令提示设置文字高度，如果在【高度】文本框中设置了文字的高度，用户将按在该文本框中设置的高度输入文字，命令行将不再提示用户指定高度。

- 【注释性】：该复选框用于设置文字的注释性，勾选该复选框后，用户可以为图形中需要说明的部分使用注释性文字。

11.1.3　设置文字效果

在【文字样式】对话框的【效果】选项区中可以设置文字的效果，如图 11-10 所示。【效果】选项区中各选项的含义如下所示。

- 【颠倒】：勾选该复选框后，输入的文字将颠倒显示，如图 11-11 所示。

图 11-10　【效果】选项区

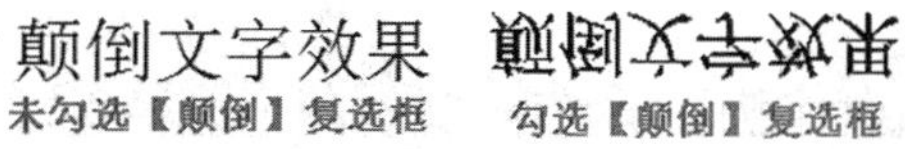

颠倒文字效果　　颠倒文字效果
未勾选【颠倒】复选框　勾选【颠倒】复选框

图 11-11　【颠倒】文字效果

- 【反向】：勾选该复选框后，输入的文字将反向显示，如图 11-12 所示。
- 【垂直】复选框：该复选框用于设置文本是垂直标注还是水平标注，只有文字支持双重定向时该复选框才可用，并且该选项不可用于 TrueType 字体，如图 11-13 所示。

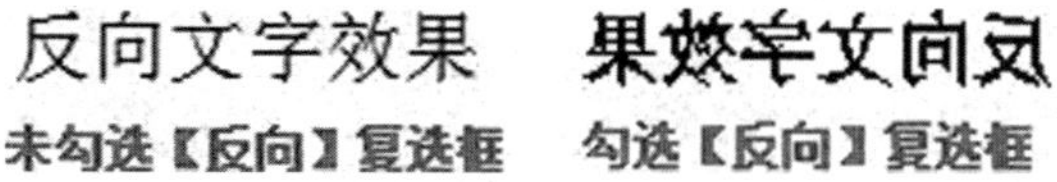

反向文字效果　　果效字文向反
未勾选【反向】复选框　勾选【反向】复选框

图 11-12　【反向】文字效果

1
2
3
4
5
6

图 11-13　【垂直】文字效果

- 【宽度因子】：该文本框用于设置文字字符的宽度。一般情况下，宽度因子为 1。如果设置的数值小于 1，则输入的文字变窄；如果设置的数值大于 1，则输入的文字变宽。不同宽度因子的文字效果如图 11-14 所示。
- 【倾斜角度】：该文本框用于设置文字的倾斜角度。输入的数值为 0 时，文字正常，不倾斜，数值大于 0 时，文字向右倾斜；数值小于 0 时，文字向左倾斜。不同倾斜角度的文字效果如图 11-15 所示。

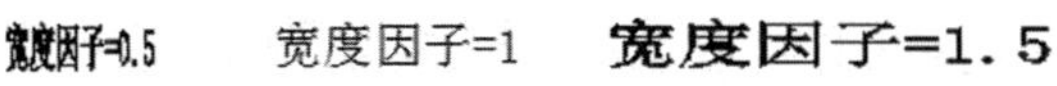

宽度因子=0.5　　宽度因子=1　　**宽度因子=1.5**

图 11-14　不同宽度因子效果

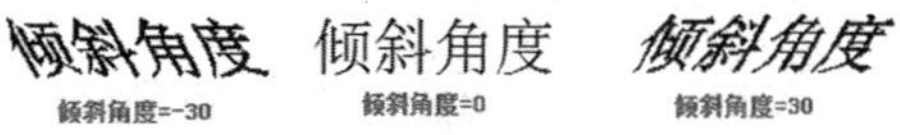

倾斜角度　倾斜角度　倾斜角度
倾斜角度=-30　倾斜角度=0　倾斜角度=30

图 11-15　不同倾斜角度效果

11.1.4 显示与预览文字样式

在【文字样式】对话框的最左侧部分可以显示和预览文字样式，如图 11-16 所示。

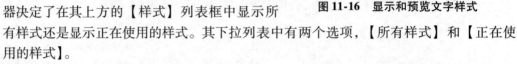

- 【当前文字样式】：该部分右侧显示了置为当前的文字样式名称。选中文字样式后，单击【置为当前】按钮，选中的文字样式将出现在此处。
- 【样式】：在该列表框中显示图形中所有文字样式或者图形中正在使用的所有文字样式。
- 样式列表过滤器 所有样式 ▾：该过滤器决定了在其上方的【样式】列表框中显示所有样式还是显示正在使用的样式。其下拉列表中有两个选项，【所有样式】和【正在使用的样式】。

图 11-16 显示和预览文字样式

- 预览区域：用户可以在【文字样式】对话框左下方的空白区域预览所选择的文字样式效果。当选中一个样式后，该区域就会出现所选择的文字样式效果。

11.1.5 应用文字样式

新建并设置完文字样式后，就可以使用新建的文字样式输入文字了，选择准备应用的文字样式的方式有如下几种：

- 切换至【默认】选项卡，在【默认】选项卡的【注释】选项组中单击【注释】按钮 注释 ▾ ，在弹出的面板中单击【文字样式】按钮 ⚠ 右侧的按钮 Standard ▾ ，然后在弹出的面板中选择需要的文字样式，如图 11-17 所示。
- 调用【文字样式】命令，弹出【文字样式】对话框，在【样式】列表框中选中准备应用的文字样式，单击【置为当前】按钮，这时可以看到【当前文字样式】也显示选中的文字样式，如图 11-18 所示。单击【关闭】按钮，关闭【文字样式】对话框。

图 11-17 选择文字样式

图 11-18 将文字样式置为当前

执行上述命令后，用户就可以使用选中的文字样式输入文字了。

11.1.6 对文字样式重命名

有时在一个图形中需要使用多种文字样式，如果文字样式名称设置的不合理，往往会对文字样式的查找和应用带来麻烦，这时就可能需要对文字样式进行重命名。下面通过具体操作步骤来讲解重命名文字样式的方法。

01 在命令行中输入命令 RENAME，按【Enter】键确认，弹出【重命名】对话框，如图 11-19所示。

02 在【命名对象】列表框中选中【文字样式】选项，然后在【项数】列表框中选择【样式 1】。这时【旧名称】文本框中自动显示【样式 1】。

03 在【重命名为】文本框中输入新的文字样式名【文字样式】，单击【重命名为】按钮 重命名为(R)：，然后单击【确定】按钮关闭对话框，如图 11-20 所示。

图 11-19　【重命名】对话框

图 11-20　重命名文字样式

04 在命令行中输入 STYLE 命令，弹出【文字样式】对话框，在【样式】列表框中可以看到重命名后的文字样式，如图 11-21 所示。

图 11-21　新的文字样式名

🚩 **提　示**

　　重命名文字样式还有其他方式：调用【文字样式】命令，弹出【文字样式】对话框，在【样式】列表框中右击需要重命名的文字样式，在弹出的快捷菜单中选择【重命名】命令，如图 11-22 所示，或者选中要重命名的文字样式，单击鼠标左键，此时被选择的文字样式名称显示可编辑状态，输入新的文字样式名称，在对话框的任意位置单击或按【Enter】键确认，即可完成重命名操作。采用这种方式不能对系统提供的标准文字样式 Standard 进行重命名。

图 11-22　右击弹出快捷菜单

11.1.7 删除文字样式

在绘图过程中，用户可以将不需要的文字样式删除，但是系统提供的标准 Standard 文字样式与置为当前的文字样式不能被删除。删除文字样式的步骤如下：

01 在菜单栏中选择【格式】|【文字样式】命令，弹出【文字样式】对话框，在【样式】列表框中选中不需要的文字样式，单击【删除】按钮，如图 11-23 所示。

02 弹出【acad 警告】对话框，单击【确定】按钮，如图 11-24 所示。返回【文字样式】对话框，此时可以看到选择的文字样式已经被删除。

03 单击【关闭】按钮，关闭【文字样式】对话框。

图 11-23　删除文字样式　　　　　　　　图 11-24　【acad 警告】对话框

另外，用户也可以在【文字样式】的【样式】列表框中右击需要删除的文字样式，在弹出的快捷菜单中选择【删除】命令，来删除文字样式。

提 示

用户还可以使用 PURGE 命令删除文字样式。在命令行中输入 PURGE 命令，按【Enter】键确认，弹出【清理】对话框，选中【查看能清理的项目】单选按钮，如图 11-25 所示。在【图形中未使用的项目】列表框中单击【文字样式】左侧的按钮 ⊞，展开文字样式列表，选择要删除的文字样式，然后单击【清理】按钮，即可删除选中的文字样式，如图 11-26 所示。

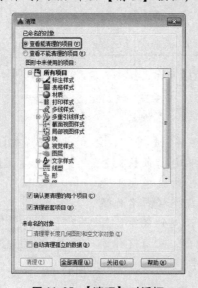

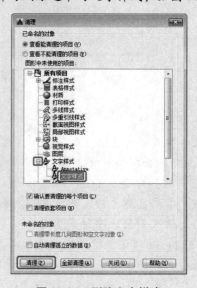

图 11-25　【清理】对话框　　　　　　　图 11-26　删除文字样式

11.1.8 【上机操作】创建并编辑文字样式

下面通过一个实例来综合练习前面所讲的知识。具有操作步骤如下：

01 启动 AutoCAD 2016，在命令行中输入 STYLE 命令，按【Enter】键确认，弹出【文字样式】对话框，单击 新建(N)... 按钮，弹出【新建文字样式】对话框。在对话框的【样式名】文本框中输入【服装设计】，如图 11-27 所示，然后单击 确定 按钮。

02 返回【文字样式】对话框，在【字体】选项区中的【字体名】中选择【隶书】，在【高度】文本框中输入 12，单击 置为当前(C) 按钮，如图 11-28 所示，单击 关闭(C) 按钮，保存设置并关闭对话框。

图 11-27 【新建文字样式】对话框

图 11-28 设置文字样式

11.2 文字的输入与编辑

在 AutoCAD 中，用户可以使用【单行文字】和【多行文字】命令输入文字。两种方式有各自的特点，下面就对这两种方式分别进行讲解。

11.2.1 单行文字

单行文字，从字面上来看，就是一行文字，使用单行文字可以创建一行文字，也可以创建多行文字，只需要在输入一行文字后，按【Enter】键结束这一行文字的输入，然后开始输入下一行文字，但是每行文字都是独立的对象，可以对独立的一行文字进行修改、移动、删除等操作。

1. 输入单行文字

单行文字一般用于图形中较短的注释或说明，调用【单行文字】的方法如下：

- 选择菜单栏中的【绘图】|【文字】|【单行文字】命令，如图 11-29所示。
- 切换至【默认】选项卡，单击【注释】选项组中【单行文字】按钮 A，如果在【注释】选项组中显示的是【多行文字】按钮 A，可以单击【多行文字】按钮下方的文字按钮 文字▾，在弹出的下拉列表中单击【单行文字】按钮 A 单行文字，如图 11-30 所示。

图 11-29 在菜单栏调用【单行文字】命令

- 切换至【注释】选项卡，单击【注释】选项卡【文字】选项组中【单行文字】按钮 A，如果在【文字】选项组显示的是【多行文字】按钮 A，可以单击【多行文字】按钮下方的按钮 多行文字，在弹出的下拉列表中单击【单行文字】按钮 A 单行文字，如图 11-31所示。

图 11-30 在【默认】选项卡调用【单行文字】命令

图 11-31 在【注释】选项卡
执行【单行文字】命令

- 在命令行中输入 DTEXT、TEXT 或 DT 命令，按【Enter】键确认。

执行上述命令后，命令行提示如下：

```
命令：text
当前文字样式："Standard" 文字高度:2.5000 注释性：否 对正：左
指定文字的起点或[对正(J)/样式(S)]:
指定高度 <2.5000>:
指定文字的旋转角度<0>:
```

下面介绍命令行中各项含义。

【当前文字样式】：系统自动显示当前文字样式。

【指定文字的起点】：提示用户指定文字起点，可以在绘图区中任意一点单击作为起点或者选择【对正】、【样式】选项，如果在【文字样式】对话框中将当前文字样式设置为0，系统将提示【指定高度:】，提示用户输入文字高度，否则不显示该提示，而使用【文字样式】对话框中设置的文字高度。

【对正】：在命令行提示【指定文字的起点或[对正（J）/样式（S）:】时，在命令行中选择该项，即输入，按【Enter】键确认，命令行将提示【输入选项[左（L）/居中（C）/右（R）/对齐（A）/中间（M）/布满（F）/左上（TL）/中上（TC）/右上（TR）/左中（ML）/正中（MC）/右中（MR）/左下（BL）/中下（BC）/右下（BR）]】，系统为文字行定义了顶线、中线、基线和底线4条线，以此来确定正行文字的位置，4条线在一行文字中的位置如图 11-32 所示。命令行中的【指定文字的起点】是指定文字在基线上的起点，【对正】方式中各项含义如下所示。

- 【左】：以用户在绘图区指定的点为左对齐点输入文字。默认情况下的设置为该选项。
- 【居中】：以用户在绘图区指定的点作为中心点输入文字。
- 【右】：以用户在绘图区指定的点作为右对齐点输入文字
- 【对齐】：通过指定整行文字的起点和终点来指定整行文字的位置，文字的大小将按文字的多少自动调整，输入的文字越多，文字越矮，即越小。
- 【中间】：以用户在绘图区指定的点作为中间点输入文字。
- 【布满】：通过指定文字起点和终点来指定整行文字的位置和大小，所输入的文字将布满起点和终点之间，文字越多，文字越窄，其高度不会发生变化。

- 【左上】：以用户指定的点作为整行文字的左上角点输入文字。
- 【中上】：以用户指定的点作为整行文字的中上点输入文字。
- 【右上】：以用户指定的点作为整行文字的右上角点输入文字。
- 【左中】：以用户指定的点作为整行文字的左中点输入文字。
- 【正中】：以用户指定的点作为整行文字的正中点输入文字。
- 【右中】：以用户指定的点作为整行文字右端的中心点输入文字。
- 【左下】：以用户指定的点作为整行文字左下角点输入文字。
- 【中下】：以用户指定的点作为整行文字底端的中心点输入文字。

【样式】：在命令行提示【指定文字的起点或［对正（J）/样式（S）］:】时，在命令行中输入 S，按【Enter】键确认，可以指定文字样式，用户可以直接输入文件中一个已有的文字样式；如果直接按【Enter】键，将仍然使用当前文字样式；如果输入【?】并按【Enter】键确认，命令行将提示【输入要列出的文字样式＜＊＞】，按【Enter】键确认，命令行中将列出所有文字样式并出现如图 11-33 所示的文本窗口。用户可以关闭文本窗口，继续根据命令行提示进行操作。

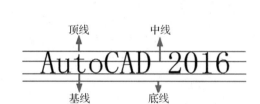

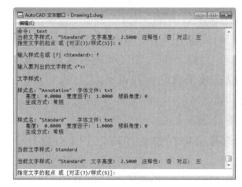

图 11-32　四条线在一行文字中的位置　　　　　图 11-33　AutoCAD 文本窗口

【指定文字旋转角度】：提示用户指定文字的旋转角度。设置的旋转角度将会应用于整行文字，而不是一个字符。

文字对齐时在整行文字中的相对位置如图 11-34 所示。

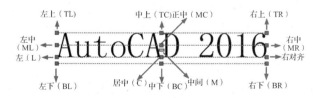

图 11-34　各种对齐方式的位置

2. 加入特殊符号

在输入单行文字时，有时需要输入特殊符号，特殊符号不能直接输入，必须使用特殊的代码才能创建。输入相应的代码后，系统将自动将其转换为特殊符号。例如输入％％C100，将显示 Φ100。

除了使用％％C 可以输入直径符号外，用户还可以使用其他代码输入特定的特殊符号。表 11-1提供了一些特殊符号的输入方式。

表 11-1　特殊符号的输入方式

控制符	功能
％％O	打开或关闭文字上画线
％％U	打开或关闭文字下画线
％％D	标注度（°）符号
％％P	标注正负公差（±）符号
％％C	标注直径（Φ）符号
％％％	标注%

提 示

　　输入特殊符号时，不同的字体可能会有不同的结果。例如使用【隶书】输入文字时，输入％％C 会出现一个方框。

3.编辑单行文字

　　用户可以使用 DDEDIT 命令对已经存在的单行文字内容进行编辑，但是不能改变文字的格式。在该命令执行过程中，用户可以连续编辑两行及两行以上的文字，系统不会退出文字编辑状态。

　　调用【编辑】命令的方法如下：

* 选择菜单栏中的【修改】|【对象】|【文字】|【编辑】命令，如图 11-35 所示，然后返回绘图区选择需要编辑的单行文字即可。
* 双击需要编辑的单行文字，单行文字会显示为编辑状态，输入正确的文字内容即可。
* 在命令行中输入 DDEDIT 或 ED 命令，按【Enter】键确认。

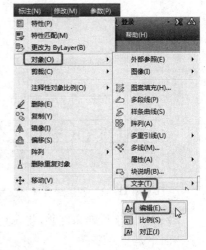

图 11-35　执行【编辑】命令

　　执行上述命令并选择需要编辑的单行文字后，直接输入文字可以替换当前文字，在单行文字中间单击可以修改其中的某几个文字。

11.2.2 【上机操作】在文字中插入特殊符号

　　下面我们使用单行文字命令创建文本标注，同时练习控制码的输入，具体操作步骤如下：

　　🔟 启动 AutoCAD 2016，在命令行中执行 DTEXT 命令。

```
命令:DTEXT                               //执行命令
当前文字样式:"standard"  文字高度:2.5000  注释性:否  对正:左    //系统提示当前文字样式设置
指示文字的起点或【对正(J)/样式(S)】：       //在绘图区中指定任意一点作为起点
指定高度 <2.5000 >：                       //设置文字高度,这里按【Enter】键保持默认设置
指定文字的旋转角度：                        //设置文字的旋转角度,这里按【Enter】键保持默认设置
```

　　🔢 在绘图区中出现文字输入框，输入【防压螺母同轴度的允许偏差为 105％％p0.5mm】，紧接着按两次【Enter】键结束单行文字的输入，完成效果如图 11-36 所示

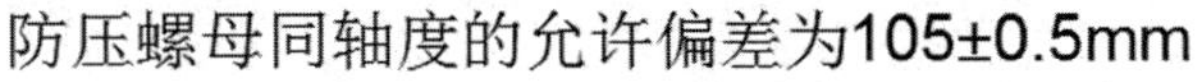

防压螺母同轴度的允许偏差为105±0.5mm

图 11-36　插入特殊符号效果图

11.2.3 多行文字

多行文字又可以称为段落文字，是任意数目的文字行或段落，虽然使用【单行文字】命令也可以创建多行文字，但是单行文字的每一行是一个整体，不能进行整体编辑和修改，用户可以一次创建多行文字，同时创建的多行文字是一个整体，其中的对象可以作为一个整体进行编辑和修改。

1. 输入多行文字

用户可以使用【多行文字】命令输入多行文字。
调用【多行文字】命令的方法如下：

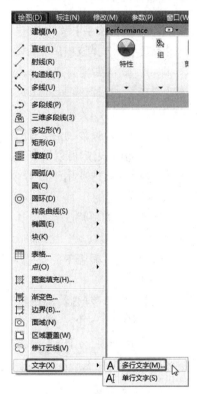

- 选择菜单栏中的【绘图】|【文字】|【多行文字】命令，如图 11-37 所示。
- 切换至【默认】选项卡，在【默认】选项卡的【注释】选项组中单击【多行文字】按钮A，如果在【注释】选项组中显示的是【单行文字】按钮A，可以单击【单行文字】下方的按钮，在弹出的下拉列表中单击【多行文字】按钮A，如图 11-38 所示。
- 切换至【注释】选项卡，在【注释】选项卡的【文字】选项组中单击【多行文字】按钮 A，如果在【文字】选项组中显示的是【单行文字】按钮A，可以单击【单行文字】下方的按钮，在弹出的下拉列表中单击【多行文字】按钮A，如图 11-39 所示。
- 在命令行中输入 MTEXT、MT 或 T 命令，按【Enter】键确认。

图 11-37　在菜单栏调用【多行文字】命令

图 11-38　在【默认】选项卡中单击
【多行文字】按钮

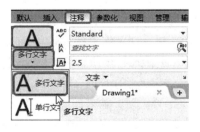

图 11-39　在【注释】选项卡中单击
【多行文字】按钮

执行上述命令后，根据命令行提示指定多行文字的矩形编辑框，同时将出现【文字编辑器】选项卡，如图 11-40 所示，用户可以在其中对多行文字进行编辑。

图 11-40　【文字编辑器】选项卡

命令:MTEXT
当前文字样式:"Standard"文字高度:2.5 注释性:否
指定第一角点:
指定对角点[高度(H)/对正(J)/行距(L)/旋转(R)/样式(S)/宽度(W)/栏(C)]

在执行【多行文字】命令的过程中，命令行中各选项的含义如下所示。

- 【高度】：选择该项后，命令行将提示【指定高度：<2.5>】，这时输入多行文字的高度即可，默认高度为2.5。
- 【对正】：选择该项后，命令行将提示用户输入文字的对正方式，系统提供了9种文字对正方式，其含义与单行文字的对正方式含义相似。
- 【行距】：选择该项后，命令行将提示【输入行距类型［至少（A）/精确（E）］<至少（A）>】，用户可以选择其中的一个选项，对多行文字的行距进行设置。
- 【旋转】：该选项用于设置多行文字的旋转角度，此时设置的旋转角度是对整个多行文字文本而设置的。
- 【样式】：该项用于设置多行文字的文字样式，其含义和输入单行文字时该项的含义相同。
- 【宽度】：该项用于设置输入多行文字时每一行文字所能显示的宽度，及多行文字输入框的宽度。
- 【栏】：选择该项后，命令行将提示【输入栏类型［动态（D）/静态（S）/不分栏（N）］<动态（D）>】，选择【动态】选项，用户可以在输入多行文字的过程中分栏；选择【静态】选项，用户需要指定多行文字的总宽度、栏数、栏间距宽度、栏高；选择【不分栏】选项，则用户在输入多行文字时不进行分栏。

2. 使用文字编辑器

上述内容中曾经提到调用【多行文字】命令后，在绘图区拖动出一个矩形框作为输入文字的区域，同时，系统会自动显示出【文字编辑器】选项卡，可以在该选项卡中对多行文字进行相应的设置。

下面介绍【文字编辑器】选项卡上主要选项的含义和功能。

- 【文字样式】按钮：在【样式】选项组单击该按钮，用户可以在弹出的下拉列表中选择文件中已经存在的文字样式，如图11-41所示。使用该按钮选择具有反向或颠倒效果的文字样式时，输入的文字不显示反向或颠倒效果。
- 【文字高度】下拉列表框：在【样式】选项组的【文字高度】下拉列表中用户可以选择一个高度，也可以在文本框中输入数值来设置文字高度，如图11-42所示。多行文字对象可以包含不同高度的字符。
- 背景遮罩按钮：在【样式】选项组单击该按钮将打开【背景遮罩】对话框，可以设置是否使用背景遮罩、边界偏移因子，以及背景遮罩的填充颜色。

- 【粗体】、【斜体】、【上画线】和【下画线】按钮：在【格式】组单击这些按钮，可以为新输入的文字或选定的文字启用或禁用加粗、倾斜、上画线、下画线效果，如图 11-43 所示。

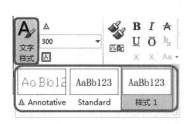

图 11-41　选择文字样式　　　　图 11-42　设置文字高度　　　　图 11-43　设置文字效果

- 【堆叠】按钮：如果要创建堆叠文字，可以先输入分子和分母，在其中间插入【|】、【#】或【^】符号，选中输入的分子、分母和符号，单击【格式】组中的【堆叠】按钮，即可将其转换为堆叠文字，如果选中堆叠文字，单击该按钮，将取消堆叠。选中堆叠文字，单击其下方自动出现的 按钮，在弹出的下拉列表中可以对堆叠文字进行转换，选择【堆叠特性】命令，如图 11-44 所示，弹出【堆叠特性】对话框，在该对话框中可以对堆叠文字进行相应的设置，如图 11-45 所示。直接在选中的堆叠文字上双击也可以打开【堆叠特性】对话框。

图 11-44　选择【堆叠特性】命令　　　　图 11-45　【堆叠特性】对话框

- 【段落】：单击【段落】选项组右下角按钮，如图 11-46 所示，或在文字输入窗口的标尺上右击，在弹出的快捷菜单中选择【段落】命令，如图 11-47 所示，都将打开【段落】对话框，如图 11-48 所示，用户可以从中设置缩进和制表位位置等。

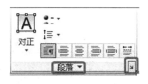

图 11-46　【段落】面板　　　　图 11-47　在快捷菜单中执行　　　　图 11-48　【段落】对话框
右下角按钮　　　　　　　　　　【段落】命令

- 【项目符号和编号】按钮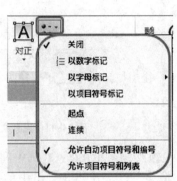：在【段落】选项组中单击该按钮，在其下拉列表中，用户可以对多行文字设置使用字母、数字作为段落文字的项目编号，如图 11-49 所示。
- 【对正】按钮：单击【段落】面板中的【对正】按钮，在其下拉列表中用户可以设置多行文字的对正方式，如图 11-50 所示。

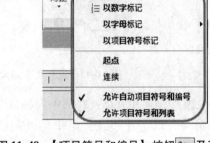

图 11-49 【项目符号和编号】按钮及下拉列表　　图 11-50 【对正】按钮及下拉列表

- 段落对齐按钮：【段落】选项组中的对齐按钮可以设置段落的对齐方式，如图 11-51 所示。
- 【合并段落】：在【段落】选项组中单击【段落】按钮，在展开的面板中单击【合并段落】按钮，如图 11-52 所示，可以将选定的多个段落合并为一个段落，并用空格代替每段的回车符，如图 11-53 所示。

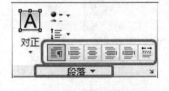
图 11-51 设置对齐方式

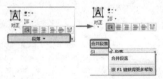
图 11-52 【合并段落】

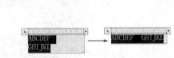
图 11-53 合并段落效果

- 【字段】按钮：在【插入】选项卡中单击【字段】按钮，打开【字段】对话框，在该对话框中可以选择需要插入的字段，如图 11-54所示。
- 【符号】按钮：在【插入】选项卡中单击【符号】按钮，在弹出的下拉列表中，可以选择一些特殊的字符，如度数、正负和直径等符号，如图 11-55 所示。选择【其他】命令，将打开【字符映射表】对话框，可以插入其他特殊字符，如图 11-56 所示。
- 【列】按钮：在【插入】选项卡中单击【列】

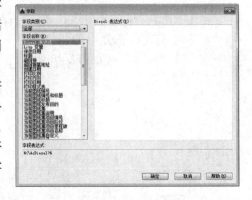
图 11-54 【字段】对话框

按钮，在其下拉列表中可以对多行文字进行相应的分栏设置，如图 11-57 所示。

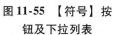

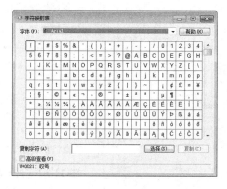

图 11-55 【符号】按
钮及下拉列表

图 11-56 【字符映射表】对话框

图 11-57 【列】按钮
及其下拉列表

- 【拼写检查】选项组：使用该选项组可以对文字进行拼写检查，单击其右下角的按钮，
  弹出【拼写检查设置】对话框，在该对话框中可以对多行文字进行拼写检查设置，如图
  11-58 所示。单击【编辑词典】按钮，弹出【词典】对话框，如图 11-59 所示，在该对
  话框中可以指定已使用的特定语言的词典并自定义和管理多个自定义拼写词典，同时可
  以检查图形中所有文字对象的拼写，包括单行文字、多行文字、标注文字、多重引线文
  字、块属性中的文字、外部参照中的文字。

图 11-58 【拼写检查设置】对话框

图 11-59 【词典】对话框

- 【拼写检查】按钮：在【拼写检查】选项组中单击【拼写检查】按钮，系统将搜索文
  字区域中拼写错误的词语。如果找到拼写错误的词语，
  则将亮显该词语，并且绘图区将缩放为便于读取该词语
  的比例。

- 【查找和替换】按钮：在【工具】面板中单击【查找和
  替换】按钮，打开【查找和替换】对话框，如图 11-60
  所示。用户可以搜索或同时替换指定的字符串，也可以
  设置查找的条件，如是否全字匹配、是否区分大小写等。

图 11-60 【查找和替换】对话框

- 【输入文字】选项：在【工具】选项组中单击【工具】按钮【工具▼】，在弹出的下拉列表中单击【输入文字】按钮，如图 11-61 所示，将打开【选择文件】对话框，如图 11-62 所示，用户可以将已经在其他文字编辑器中创建的文字内容直接导入到当前的文本窗口中。

图 11-61 单击【输入文字】

图 11-62 【选择文件】对话框

- 【取消】按钮 ⤺：在【选项】选项组中单击该按钮可以取消前一次操作。
- 【重做】按钮 ⤻：在【选项】选项组中单击该按钮可以恢复前一次取消的操作。
- 【标尺】按钮 ▤：在【选项】选项组中单击该按钮可以控制文字输入窗口的标尺显示。
- 【关闭文字编辑器】按钮：单击该按钮关闭文字编辑器选项板，退出多行文字的输入与编辑。

11.2.4 【上机操作】输入并编辑多行文字

下面通过具体实例讲解输入并编辑多行文字的步骤：

⓵ 启动软件，新建空白文件，在【默认】选项卡的【注释】选项组中单击【多行文字】按钮 A，如图 11-63 所示。

⓶ 根据命令提示在绘图区任意一点单击，指定文本框的第一个角点，根据命令行提示输入 H，按【Enter】键确认，输入数值 300，按【Enter】键确认，然后在绘图区中合适的位置单击，指定文本框的对角点，如图 11-64 所示。

图 11-63 单击【多行文字】按钮

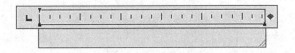

图 11-64 绘制文本框

⓷ 在文本框中输入文字，如图 11-65 所示。

⓸ 输入完成后，选中输入的文字，在【文字编辑器】选项卡的【文字】选项组中将颜色设置为红色，如图 11-66 所示。

图 11-65 输入文字

图 11-66 设置颜色

⑤ 在【格式】选项组中单击【粗体】按钮，如图 11-67 所示，将文字设置为粗体。

⑥ 设置完成后在【文字编辑器】选项卡中单击【关闭文字编辑器】按钮，如图 11-68 所示。或者单击编辑器之外任何区域，都可以退出编辑器窗口，效果如图 11-69 所示。

图 11-67　设置为【粗体】　　　　　　图 11-68　关闭文字编辑器

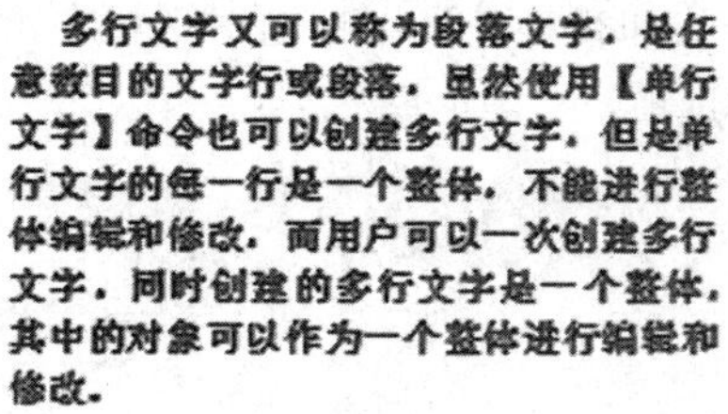

多行文字又可以称为段落文字，是任意数目的文字行或段落，虽然使用【单行文字】命令也可以创建多行文字，但是单行文字的每一行是一个整体，不能进行整体编辑和修改。而用户可以一次创建多行文字，同时创建的多行文字是一个整体，其中的对象可以作为一个整体进行编辑和修改。

图 11-69　最终效果

11.3　查找与替换

在讲解【文字编辑器】的相关内容时，曾经提到过查找和替换功能，除此之外，AutoCAD 还提供了其他查找和替换的方法，下面介绍查找和替换的另外几种方法：

- 选择菜单栏中的【编辑】|【查找】命令，如图 11-70 所示。
- 切换至【注释】选项卡，在【文字】选项组中的【查找文字】文本框中输入要查找的文字，单击右侧的按钮进行查找，如图 11-71 所示。
- 在命令行中输入 FIND 命令，按【Enter】键确认。

图 11-70　执行【查找】命令　　　图 11-71　输入文字并单击【查找和替换】按钮

使用第二种方法后，将弹出【查找和替换】对话框，如图 11-72 所示，并且在文本中被查找到的文字呈选中状态，使用第一种方法和第三种方法将弹出【查找和替换】对话框，用户需要在对话框中输入要查找和替换的文字并单击【查找】按钮进行查找。

在【查找和替换】对话框中，默认的是查找整个图形中的文字，可以重新设置查找范围为【当前空间/布局】或【选定的对象】，如图 11-73 所示。

图 11-72 【查找和替换】对话框

图 11-73 设置查找位置

如果需要进行更加精确的查找和替换，可以单击对话框左下角的按钮⊙，展开对话框，如图 11-74 所示，从中选择相应的选项。

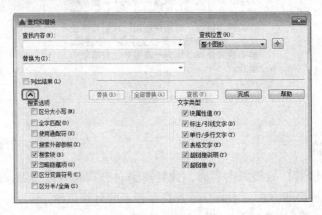

图 11-74 展开对话框

11.4 拼写检查

绘制的图形往往需要足够精确，那么就要求图形中的文字没有拼写错误。这时就会用到【拼写检查】命令。

在讲解【文字编辑器】的相关内容时，曾经提到过拼写检查功能，除此之外，AutoCAD 还提供了其他拼写检查的方法，下面介绍拼写检查的另外几种方法：

- 选择菜单栏中的【工具】|【拼写检查】命令，如图 11-75 所示。
- 切换至【注释】选项卡，在【文字】选项组中单击【拼写检查】按钮，如图 11-76 所示。

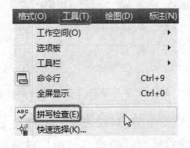

图 11-75 执行【拼写检查】命令

图 11-76 单击【拼写检查】按钮

- 在命令行中输入 SPELL 命令，按【Enter】键确认。

执行上述命令后，弹出【拼写检查】对话框，如图 11-77 所示。

【拼写检查】对话框中各选项的含义如下所示。

- 【要进行检查的位置】：在该下拉列表中可以设置要进行检查的位置，如图 11-78 所示。
- 【不在词典中】：显示拼错的文字。
- 【建议】：显示当前词典中建议的替换词，两个【建议】区域的列表框中的第一条建议亮显。用户可以从列表中选择替换文字，或者在顶部的【建议】文字区域中输入替换的文字。
- 【主词典】：该下拉列表中列出主词典选项，如图 11-79 所示。

图 11-77 【拼写检查】对话框　　图 11-78 设置要进行检查的位置　　图 11-79 【主词典】下拉列表

- 【开始】：单击该按钮，将开始检查文本的拼写错误。
- 【添加到词典】：单击该按钮，将当前词语添加到当前自定义词典中。
- 【忽略】：单击该按钮，将忽略当前词语。
- 【全部忽略】：单击该按钮，将跳过所有与当前词语相同的词语。
- 【修改】：单击该按钮，将用【建议】文本框中的词语替换当前词语。
- 【全部修改】：单击该按钮，将替换拼写检查区域中所有选定文字对象中的当前词语。

11.5 调整文字说明的整体比例

文字比例是图纸版式的一部分，为了对图形对象的文字说明调整得更加协调、美观，用户可以使用【缩放】命令来调整图形对象。

在 AutoCAD 2016 中执行缩放命令的方法如下：

- 在菜单栏中选择【修改】|【对象】|【文字】|【比例】命令，如图 11-80 所示。
- 在【注释】选项卡中单击【文字】选项组按钮 ，在弹出的下拉列表中单击【缩放】按钮 ，如图 11-81 所示。
- 在命令行中执行 SCALETEXT 命令。

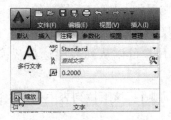

图 11-80　选择【比例】命令　　　　　　　　图 11-81　单击【缩放】按钮

在命令行中执行 SCALETEXT 命令，具体操作步骤如下：

命令：SCALETEXT　　　　　　　　　　　　　　　//在命令行中执行 SCALETEXT 命令
选择对象：找到 1 个　　　　　　　　　　　　　　//选择要进行缩放的文本
选择对象：　　　　　　　　　　　　　　　　　　//结束对象的选择
输入缩放的基点选项
［现有(E)/左对齐(L)/居中(C)/中间(M)/右对齐(R)/左上(TL)/中上(TC)/右上(TR)/左中(ML)/正
中(MC)/右中(MR)/左下(BL)/中下(BC)/右下(BR)]＜现有＞：//选择相应的选项进行编辑
指定新模型高度或［图纸高度(P)/匹配对象(M)/比例因子(S)]＜0.2000＞：//指定高度

下面通过实例讲解如何调整文字说明的整体比例，其具体操作步骤如下：

🔟 打开随书附带光盘中的 CDROM\素材\第 11 章\调整文字说明的整体比例.dwg 图形文件，
如图 11-82 所示。

🔢 在命令行中执行 SCALETEXT 命令，根据命令行的提示选择图形文件中的文字对象，然
后按【Enter】键结束对象的选择。

🔢 根据命令行提示，将新模型高度设置为 10，按【Enter】键确认即可完成对文字说明的调
整。如图 11-83 所示为文字调整效果。

命令：SCALETEXT　　　　　　　　//在命令行中执行 SCALETEXT 命令
选择对象：　　　　　　　　　　　//选择图形中的多行文字
选择对象：　　　　　　　　　　　//按【Enter】键结束对象的选择
输入缩放的基点选项【M(中间)】　//指定缩放基点，按【Space】键确认基点
指定新模型高度或【图纸高度】/【匹配对象】/【比例因子】＜2.5＞:10
　　　　　　　　　　　　　　　　//输入新的高度 10，按【Enter】键确认并结束命令。

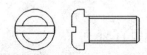

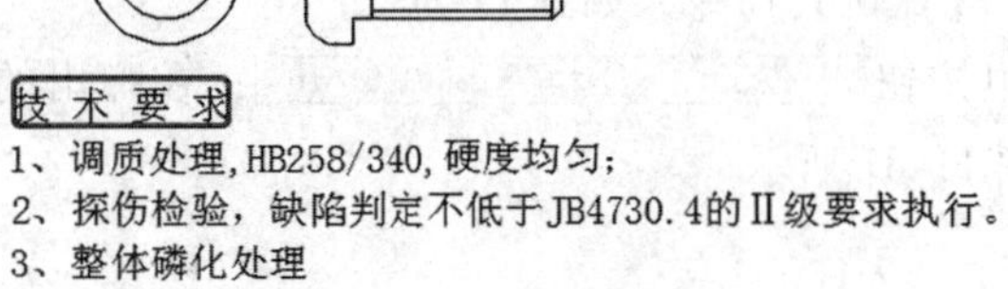

技术要求
1、调质处理，HB258/340，硬度均匀；
2、探伤检验，缺陷判定不低于JB4730.4的Ⅱ级要求执行。
3、整体磷化处理

图 11-82　打开图形文件

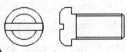

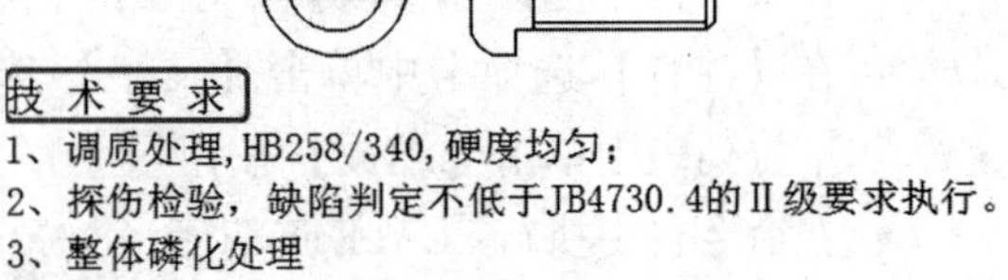

技术要求
1、调质处理，HB258/340，硬度均匀；
2、探伤检验，缺陷判定不低于JB4730.4的Ⅱ级要求执行。
3、整体磷化处理

图 11-83　文字调整效果

11.6 表格的创建

在 AutoCAD 中可以自动生成表格，为了使创建出的表格更符合要求，在创建表格前应先创建表格样式，然后基于表格样式创建表格。创建表格后，用户不但可以向表格中添加文字、块、字段和公式，还可以对表格进行编辑，如插入或删除行或列、合并表单元格等。

11.6.1 创建新表格样式

与文字标注样式类似，AutoCAD 图形中的表格都有相应的表格样式。表格使用行和列以一种简洁、清晰的形式提供信息。表格样式控制表格的外观，比如字体、颜色、文本、高度和行距等。

在 AutoCAD 2016 中创建表格样式的方法如下：

- 在菜单栏中选择【格式】|【表格样式】命令，如图 11-84 所示。
- 在【默认】选项卡中单击【注释】选项组按钮 [注释 ▼]，在弹出的下拉列表中单击【表格样式】按钮 [图]，如图 11-5 所示；或者在【注释】选项卡中，将光标放在【表格】选项组上面，然后在弹出的下拉列表中单击右下角的 [图] 按钮。
- 在命令行中执行 TABLESTYLE 命令。

图 11-84　选择【表格样式】命令

图 11-85　单击【表格样式】按钮

11.6.2 【上机操作】创建表格样式

下面讲解如何创建表格样式，具体操作步骤如下：

01 启动 AutoCAD 2016 并进入工作界面，在【注释】选项卡中，将光标放在【表格】选项组上面，然后在弹出的下拉列表中单击右下角的 [图] 按钮，弹出【表格样式】对话框，如图 11-86 所示。

02 在【表格样式】对话框中单击【新建】按钮，弹出【创建新的表格样式】对话框，将【新样式名】设置为【定位销图纸】，将【基础样式】设置为 Standard，如图 11-87 所示。

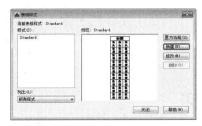

图 11-86　单击【新建】按钮

图 11-87　【创建新的表格样式】对话框

03 单击【继续】按钮，弹出【新建表格样式：定位销图纸】对话框，在【常规】选项组中，将【表格方向】设置为【向下】，在【单元样式】选项组中将【单元样式】设置为【标题】，在【常规】选项组的【特性】选项栏中将【填充颜色】设置为【青】，如图 11-88 所示。

04 进入【文字】选项组，在【特性】选项栏中单击【文字样式】右侧的 ... 按钮，弹出【文字样式】对话框，在【字体】选项组中将【字体名】设置为【黑体】，然后单击【应用】按钮，并单击【置为当前】按钮将新建的表格样式设置为当前，单击【关闭】按钮即可关闭该对话框，如图 11-89 所示。

图 11-88　设置填充颜色

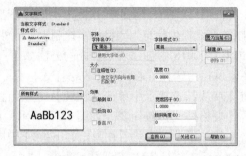

图 11-89　设置文字样式

05 返回到【新建表格样式：定位销图纸】对话框，在【单元样式】选项组中对其他选项进行设置，将【表头】和【数据】的对齐方式均设置为【正中】，文字高度设置为 5，如图 11-90 所示。

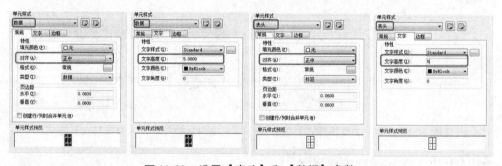

图 11-90　设置【表头】和【数据】参数

06 单击【确定】按钮返回【表格样式】对话框，此时，在该对话框右侧的预览框中即显示了新创建的表格样式，单击【置为当前】按钮，即可将其设置为当前表格样式，然后单击【关闭】按钮完成操作，如图 11-91 所示。

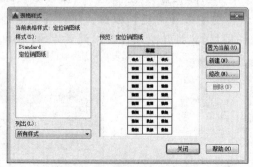

图 11-91　将新样式置为当前

11.6.3 插入表格

创建好表格样式后，就可以向图形文件中插入表格了。

在 AutoCAD 2016 中插入表格的方法如下：

- 在菜单栏中选择【绘图】|【表格】命令，如图 11-92 所示。
- 在【默认】选项卡中单击【注释】选项组中的【表格】按钮，如图 11-93 所示；或者在【注释】选项卡中，将鼠标放在【表格】选项组上面，然后在弹出的下拉列表中单击【表格】按钮，如图 11-94 所示。
- 在命令行中执行 TABLE 命令。

图 11-92 选择【表格】命令

图 11-93 单击【表格】按钮 1

图 11-94 单击【表格】按钮 2

执行以上任意一种方法都可弹出【插入表格】对话框，如图 11-95 所示。

图 11-95 【插入表格】对话框

【插入表格】对话框中各选项的含义如下所示。

- 【表格样式】：用来选择表格样式。也可以单击其右侧的▣按钮，在打开的【表格样式】对话框中创建新的表格样式。
- 【从空表格开始】：选中该单选按钮可以创建一个空表格。
- 【自数据链接】：选中该单选按钮可以从外部导入数据来创建表格。
- 【预览框】：在预览框可以看到新创建的表格样式效果图。
- 【指定插入点】：选择该单选按钮可以在绘图区中单击鼠标插入固定大小单位表格。
- 【指定窗口】：选择该单选按钮可以在绘图区中通过拖动鼠标来创建任意大小的表格。
- 【列数】：该选项用来设置表格的列数。
- 【列宽】：该选项用来设置表格的列宽。
- 【数据行数】：该选项用来设置表格的行数。
- 【行高】：该选项用来设置表格的行高。
- 【第一行单元样式】：用于设置表格中第一行的单元样式，默认情况下，使用标题单元样式。
- 【第二行单元样式】：用于设置表格中第二行的单元样式，默认情况下，使用表头单元样式。
- 【所有其他行单元样式】：用来指定表格中所有其他行的单元样式。

11.6.4 【上机操作】插入表格

下面讲解如何插入表格，具体操作步骤如下：

01 启动 AutoCAD 2016 并进入工作界面，在【注释】选项卡中，将鼠标放在【表格】选项组上面，然后在弹出的下拉列表中单击【表格】按钮▥。

02 弹出【插入表格】对话框，在【插入方式】选项组中选中【指定插入点】单选按钮，在【列和行设置】选项组中将【列数】数值设置为8，将【列宽】数值设置为80，将【数据行数】设置为5，将【行高】设置为6，单击【确定】按钮，如图 11-96 所示。

03 进入到绘图区窗口，根据命令行的提示在绘图区的合适位置指定插入点插入表格，插入表格效果如图 11-97 所示。

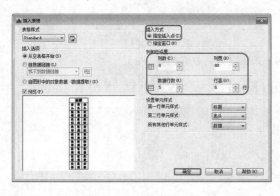

图 11-96　设置列和行

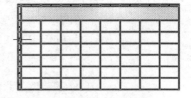

图 11-97　插入表格效果

11.7　表格的编辑

创建完表格之后，如果对创建的表格不满意，还可以修改表格样式，在 AutoCAD 2016 中，无论是表格中的数据还是表格的外观，都可以方便地进行修改。

11.7.1 表格文字的修改

修改表格中的文字与修改多行文字相同。双击表格中的文字，即可打开【文字编辑器】选项卡，在该选项卡中可以改变文字特性使其匹配表格样式，例如，可以改变文字高度以及文字的字体和颜色。

> **提 示**
>
> 在双击表格中的文字时，不要在表格线上双击。

 11.7.2 删除表格样式

在菜单栏中执行【格式】|【表格样式】命令，即可打开【表格样式】对话框，在【样式】列表框中选择要删除的表格样式，单击【删除】按钮，即可删除选中的表格样式，如图 11-98 所示。

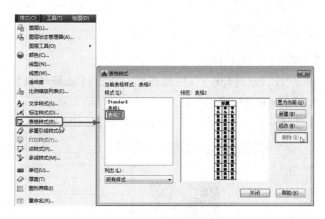

图 **11-98** 删除表格样式

> **提 示**
>
> 在删除表格样式时，当前使用的表格样式不能删除。

11.7.3 表格与单元格的编辑

当表格创建完成后，用户可以对表格进行剪切、复制、删除、移动、缩放和旋转等简单操作，还可以均匀调整表格的行列大小，删除所有特性替代。下面介绍如何对表格及单元格进行编辑。

1. 表格内容的编辑

要编辑表格内容，只需双击单元格进入文字编辑状态，然后修改内容或格式。

要删除单元格中的内容，可首先选中该单元格，然后按【Delete】键删除。在 AutoCAD 2016 中，编辑表格有以下 3 种方式：

- 选中单元格并右击，在弹出的快捷菜单中执行【编辑文字】命令，在命令行中输入文字，按【Enter】键即可完成。

- 在单元格内双击单元格。
- 在命令行中执行 TABLEEDIT 命令。

2. 单元格的编辑

在 AutoCAD 中，除了能编辑表格之外，还可以编辑单元格，例如：选择表格中的某个单元格，此时将在所选单元格四周显示夹点，然后右击夹点，在弹出的快捷菜单中选择相应的命令，即可对单元格进行编辑，如图 11-99 所示。

选中单元格后，会出现【表格单元】选项卡，如图 11-100 所示。在【表格单元】选项卡中可以对表格进行相应的操作。

图 11-99 编辑单元格

图 11-100 【表格单元】工具栏

11.7.4 【上机操作】创建明细表

下面讲解如何创建明细表，其具体操作步骤如下：

⓵ 启动 AutoCAD 2016 后，按【Ctrl + N】组合键，弹出【选择样板】对话框，选择 acadiso 样板，单击【打开】按钮，如图 11-101 所示。

⓶ 在菜单栏中执行【格式】|【表格样式】命令，如图 11-102 所示。

图 11-101 新建样板

图 11-102 执行【表格样式】命令

⓷ 弹出【表格样式】对话框，单击【新建】按钮，弹出【创建新的表格样式】对话框，将【新样式名】设置为【表格样式】，将【基础样式】设置为 Standard，单击【继续】按钮，如图 11-103 所示。

⓸ 弹出【新建表格样式：表格样式】对话框，切换至【常规】选项卡，将【特性】下方的【对齐】设置为【正中】，如图 11-104 所示。

图 11-103　新建表格样式

图 11-104　设置对齐方式

⑤ 将【表格样式】置为当前样式，然后关闭该对话框即可，如图 11-105 所示。

⑥ 切换至【默认】选项卡，在【注释】选项组中单击【表格】按钮，如图 11-106 所示。

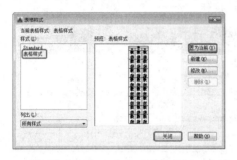

图 11-105　将【表格样式】置为当前

图 11-106　单击【表格】按钮

⑦ 将【插入方式】设置为【指定插入点】，将【列数】设置为 7，将【列宽】设置为 200，将【数据行数】设置为 3，将【行高】设置为 8，在【设置单元样式】下方将【第一行单元样式】和【第二行单元样式】设置为【数据】，单击【确定】按钮，如图 11-107 所示。

⑧ 指定一点作为插入点，按【Esc】键退出【文字编辑器】选项卡，插入表格如图 11-108 所示。

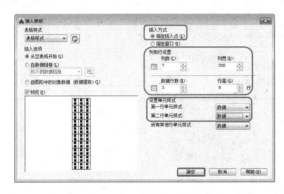

图 11-107　插入表格

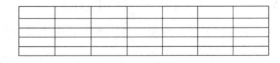

图 11-108　插入表格

⑨ 选择第一列的倒数第二个单元格，输入文字，然后将【文字高度】设置为 20，按【Ctrl+Enter】组合键，退出【文字编辑器】选项卡，如图 11-109 所示。

⑩ 使用同样的方法，在其他单元格内输入文字，如图 11-110 所示。

审核

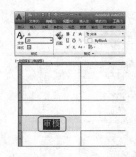

图 11-109　输入文字并设置文字高度

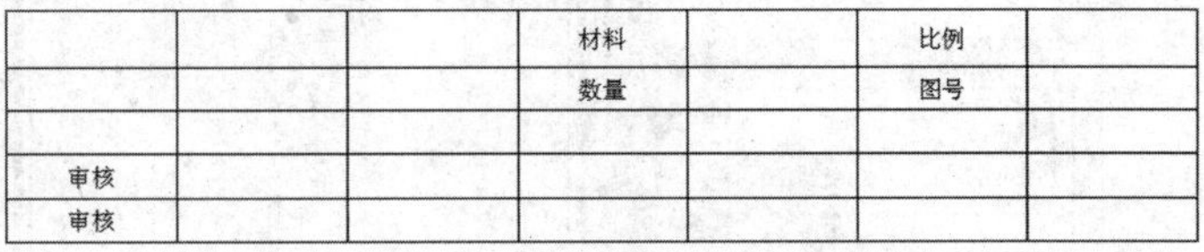

材料
比例
数量
图号
审核
审核

图 11-110　输入文字

⑪ 选择要合并的单元格，单击【合并】选项组中的【合并单元】按钮，在弹出的下拉列表中单击【合并全部】按钮，如图 11-111 所示。

⑫ 使用同样的方法，选中如图 11-112 所示的单元格，单击【合并】选项组中的【合并单元】按钮，在弹出的下拉列表中单击【合并全部】按钮。

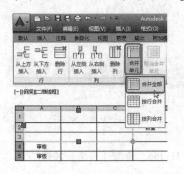

合并全部
按行合并
按列合并
审核
审核

图 11-111　合并单元格

Autodesk AutoCAD 2016
合并全部
按行合并
按列合并
比例
图号
审核
审核

图 11-112　合并单元格

⑬ 使用【单行文字】工具，将【文字高度】设为 50，【旋转角度】设为 0，然后绘制单行文字，如图 11-113 所示。

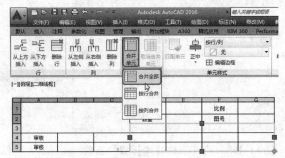

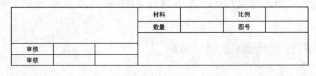

材料
比例
数量
图号
审核
审核
明细表

图 11-113　绘制单行文字

11.8　项目实践——密封垫圈

下面讲解如何绘制密封垫圈，其中主要用到了圆、直线、偏移、修剪、删除和单行文字工具，其具体操作步骤如下：

01 启动 AutoCAD 2016，按【Ctrl + N】组合键，弹出【选择样板】对话框，选择 acadiso 样板，单击【打开】按钮，如图 11-114 所示。

02 使用【圆】工具，在绘图区中指定任意一点，作为圆的圆心，将圆的半径设置为 40，按【Enter】键进行确认，如图 11-115 所示。

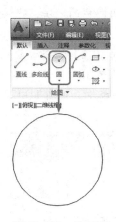

图 11-114 新建样板   图 11-115 绘制圆

03 使用【直线】工具，按【F8】键开启正交功能，捕捉圆的圆心为直线的第一点，向右引导鼠标，输入70，按【Enter】键进行确认，绘制一条直线，如图 11-116 所示。

04 使用【圆】工具，以直线的第二点为圆心，绘制一个半径为40的圆，如图 11-117 所示。

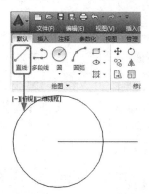

图 11-116 绘制直线   图 11-117 绘制圆

05 使用【偏移】工具，将绘制的圆对象向外部偏移10，如图 11-118 所示。

06 再次使用【偏移】工具，将绘制的直线向上偏移60，向下偏移60，如图 11-119 所示。

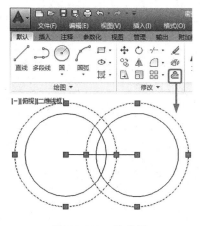

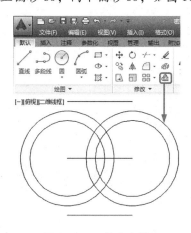

图 11-118 偏移圆   图 11-119 偏移直线

301

07 使用同样的方法，将偏移的距离设置为32，选择最上方的水平直线，沿垂直方向向下偏移，选择最底端的水平直线，沿垂直方向向上偏移，如图 11-120 所示。

08 使用【圆】工具，绘制 4 个半径为 16 的圆，如图 11-121 所示。

09 再次使用【圆】工具，绘制 4 个半径为 16 的圆，并使用【移动】工具，将绘制的圆移动至与大圆相切，如图 11-122 所示。

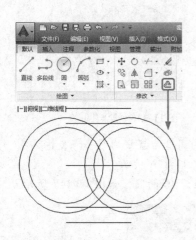

图 11-120　偏移对象

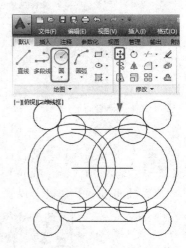

图 11-121　绘制圆

图 11-122　移动对象

10 使用【修剪】工具，修剪对象，并将多余的线段删除，如图 11-123 所示。

11 使用【直线】工具，在对象的中心处绘制一条垂直的直线，使用【圆】工具，绘制两个半径为 12 的圆，使用【偏移】工具，将绘制的圆向内部偏移 5，如图 11-124 所示。

12 使用【修剪】工具，修剪对象，如图 11-125 所示。

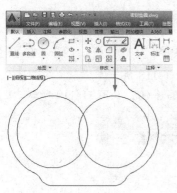
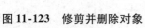

图 11-123　修剪并删除对象

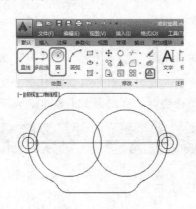

图 11-124　偏移圆

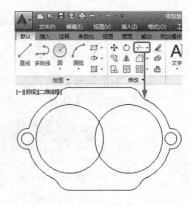

图 11-125　修剪对象

13 使用【圆】工具，绘制半径为 7 的圆，使用【复制】和【调整】工具，将其调整至如图 11-126 所示的位置处。

14 使用【单行文字】工具，将【文字高度】设置为 15，将【旋转角度】设置为 0，如图 11-127所示。

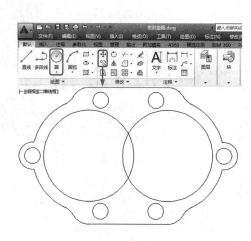

图 11-126　调整对象的位置

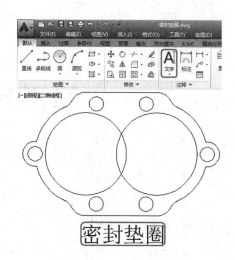

图 11-127　绘制单行文字

11.9　本章小结

　　无论是创建文字还是创建表格，都应首先确定文字样式或表格样式，使创建的文字标注或表格具有统一的格式。在进行文字标注时，读者应掌握单行文字、多行文字以及特殊字符的输入方法。通过对本章的学习，读者应该熟练掌握 AutoCAD 中文字标注与表格的创建和编辑方法。

图形尺寸标注的应用

12 Chapter

本章导读：

基础知识 ◆ 认识尺寸标注
◆ 尺寸标注组成

重点知识 ◆ 创建标注样式
◆ 编辑尺寸标注

提高知识 ◆ 尺寸标注的类型
◆ 形位公差

尺寸标注是图形的测量注释，可以测量和显示对象的长度、角度等测量值。AutoCAD 提供了多种标注样式及多种设置标注格式的方法，以适用于机械设计图、建筑图、土木图和电路图等不同类型图形的要求。

12.1 尺寸标注的认识

当绘制完图形对象时，为了满足施工的要求，必须对图形对象进行尺寸的标明，使施工方能够准确理解并能够更精确地开展工作。

12.1.1 尺寸标注的组成

一张完整的图纸中尺寸标注一般由尺寸线、尺寸界线、箭头和尺寸文本等组成，如图 12-1 所示。

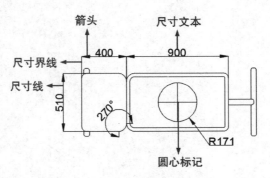

图 12-1 尺寸标注

下面介绍尺寸标注的组成部分。

• 【尺寸线】：尺寸线指定了对象的尺寸标注范围，是要用来表示尺寸标注的方向和长度的线段。一般类型的尺寸标注的尺寸线是直线段，但角度型尺寸标注是弧线段。

- 【尺寸界线】：尺寸界线位于尺寸线的两端，它界定了尺寸线的起始和终止范围。圆弧型的尺寸标注通常不使用尺寸界线，而是将尺寸线直接标注在弧上。
- 【箭头】：箭头的显示标明测量的开始和结束位置。在我国的国家标准中，规定箭头符号有多种表现形式，图 12-2 所示为几种表现形式。一般情况下箭头和短斜线最为常用。

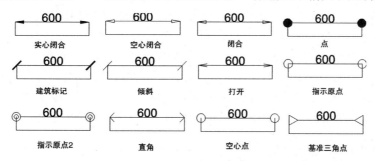

图 **12-2** 箭头表现形式

- 【尺寸文本】：尺寸文本表示的是测量的尺寸值。尺寸文本的位置可以进行调整，可以将其放置在尺寸线之上、之下或者尺寸线之间等，图 12-3 所示为尺寸文本在水平方向上显示的几种位置形式。
- 【圆心标记】：用来标注圆或圆弧的圆心位置。

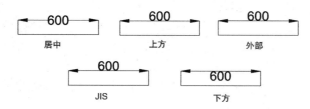

图 **12-3** 尺寸文本的位置显示

12.1.2 尺寸标注的规定

在我国的【工程制图国家标准】中，对尺寸标注做出了严格的明文规定，当用户在进行尺寸标注时应遵守以下规则：

- 物体的真实大小应以图样上所注的尺寸数值为依据，与图形的大小及绘图的准确度无关。
- 图样中（包括技术要求和其他说明）的尺寸，一般以毫米为单位。以毫米为单位时，不用注明计量单位的代号或名称，如采用其他单位，则必须注明相应的计量单位的代号或名称，如厘米、英寸等。
- 图样中所标注的尺寸，为该图样所表示物体的最后完工尺寸，否则应另加说明。
- 物体的每一尺寸，一般只标注一次，并应标注在反映该结构最清晰的图形上。为了便于图样的绘制、使用和保管，图样均应画在规定幅面。
- 在保证不致引起误解和不产生理解多义性的前提下，力求简化标注。

12.2 尺寸标注样式

对于不同行业来说，在进行尺寸标注时要求也不同。在 AutoCAD 新建图形文件时，系统默认的标注样式是 ISO – 25 的标注样式。为了符合实际情况，用户可以通过【标注样式管理器】对话框对尺寸标注样式进行设置。

12.2.1 创建新的尺寸标注样式

在给图形对象标注尺寸之前，用户需先创建一个新的尺寸标注样式或对默认的标注样式进行修改。

在 AutoCAD 2016 中，可以通过以下几种方式创建新的尺寸标注样式。

- 在菜单栏中选择【格式】|【标注样式】命令，如图 12-4 所示。
- 在【默认】选项卡中单击【注释】选项卡中的【标注样式】按钮，或者在【注释】选项卡中单击右下角的【标注样式】按钮，如图 12-5 和图 12-6 所示。

图 12-4　选择【标注样式】命令

图 12-5　单击【标注样式】按钮

- 在命令行中执行 DIMSTYLE 或 DIMSTY 命令。

用户执行以上任意一种命令都会弹出【标注样式管理器】对话框，如图 12-7 所示。

图 12-6　单击【标注样式】按钮

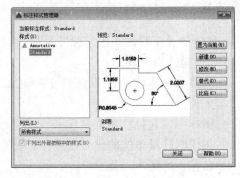

图 12-7　【标注样式管理器】对话框

在【标注样式管理器】对话框中各选项的解释如下所示。

- 【当前标注样式】：该标注样式为系统默认的标注样式。
- 【样式】：在列表框中显示了所在图形对象的所有标注样式。其中蓝色标注的表示当前标注样式。
- 【列出】：在下拉列表中显示当前图形中正在使用的尺寸标注样式。
- 【预览】：在预览框中显示所选中的标注样式效果。

- 【置为当前】：单击该按钮可以将选择的标注样式置为当前标注样式。
- 【新建】：单击该按钮可以弹出【创建新标注样式】对话框，如图 12-8 所示，单击【继续】按钮即可进入到【新建标注样式：副本 Standard】对话框，如图 12-9 所示。在该对话框中对新建样式进行相应的设置。

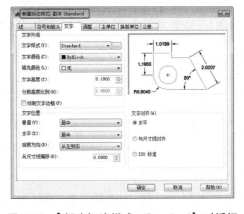

图 12-8　【创建新标注样式】对话框　　图 12-9　【新建标注样式：Standard】对话框

- 【修改】：单击该按钮可以修改当前使用的标注样式。
- 【替代】：单击该按钮将弹出【替代当前样式：Standard】对话框，如图 12-10 所示。在该对话框中可以设置一个临时替代标注样式。
- 【比较】：单击该按钮将弹出【比较标注样式】对话框，如图 12-11 所示。通过该对话框可以比较不同尺寸标注样式间的区别。

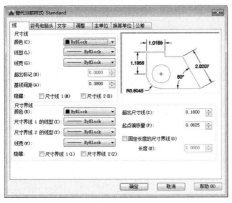

图 12-10　【替代当前样式：Standard】对话框　　图 12-11　【比较标注样式】对话框

　　如图 12-9 所示，在【新建标注样式：副本 Standard】对话框中共有 7 个选项卡，它们分别是【线】、【符号和箭头】、【文字】、【调整】、【主单位】、【换算单位】和【公差】。下面将对选项卡中的主要选项进行说明。

1.【线】选项卡

　　在【线】选项卡中可以设置尺寸线和尺寸界线的格式、颜色、线型、线宽以及超出尺寸线的距离、起点偏移量的距离等特性。该选项卡主要由【尺寸线】选项组和【尺寸界线】选项组组成。

　　在【尺寸线】选项组中各选项的解释如下所示。

- 【颜色】：该选项用来设置尺寸线的颜色。
- 【线型】：该选项用来设置尺寸线的线型。
- 【线宽】：该选项用来设置尺寸线的线宽。
- 【超出标记】：该文本框用来设置尺寸线超出尺寸界线的长度。
- 【基线间距】：该文本框用来设置基线标注中各尺寸线间的距离，如图 12-12 所示。
- 【隐藏】：该复选框用来控制两条尺寸线的显示状态，如图 12-13 所示。

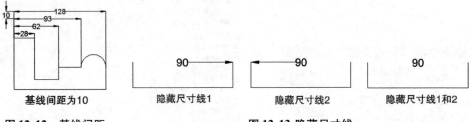

图 12-12　基线间距　　　　　　　　　　图 12-13　隐藏尺寸线

在【尺寸界线】选项组中主要选项的解释如下所示。
- 【颜色】：该选项用来设置尺寸界线的颜色。
- 【尺寸界线 1 的线型】和【尺寸界线 2 的线型】：两者意义相同，都是用来设置尺寸界线的线型。
- 【线宽】：该选项用来设置尺寸界线的线宽。
- 【超出尺寸线】：超出尺寸线数值表示尺寸界线超出尺寸线的距离，如图 12-14 所示。
- 【起点偏移量】：起点偏移量数值表示尺寸界线与起始点的距离，如图 12-15 所示。
- 【固定长度的尺寸界线】：选择该复选框来设置尺寸界线的总长度，起始于尺寸线，直到标注原点，如图 12-16 所示。
- 【长度】：固定尺寸界线的长度值。

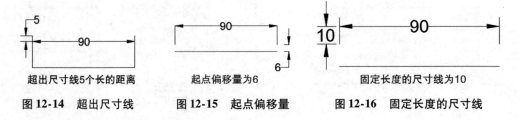

图 12-14　超出尺寸线　　　　图 12-15　起点偏移量　　　　图 12-16　固定长度的尺寸线

2.【符号和箭头】选项卡

在【符号和箭头】选项卡中可以设置箭头的样式和大小，还可以设置圆心标记弧长符号和半径折弯标注的格式和位置。该选项卡主要包括【箭头】、【圆心标记】、【折断标注】、【弧长符号】、【半径折弯符号】和【线型折弯符号】6 个选项组。

在【箭头】选项组中各选项的解释如下所示。
- 【第一个】：用来设置第一个尺寸箭头的类型。
- 【第二个】：用来设置第二个尺寸箭头的类型。
- 【引线】：用来设置引线的箭头样式。
- 【箭头大小】：该文本框数值表示箭头的大小。

在【圆心标记】选项组中各选项的解释如下所示。

- 【无】：选中该单选按钮不创建圆心标记和中心线，如图 12-17 所示。
- 【标记】：选中该单选按钮创建圆心标记和中心线，在文本框中输入相应的值可以决定圆心标记的大小，如图 12-7 所示。
- 【直线】：选中该单选按钮可以创建中心线，如图 12-7 所示。

在【折断标注】选项组中各选项的解释如下所示。

- 【折断大小】：该文本框数值表示折断标注的间距大小。

在【弧长符号】选项组中各选项的解释如下所示。

- 【标注文字的前缀】：选中该单选按钮在标注中弧长符号的位置在标注文字的前面。
- 【标注文字的上方】：选中该单选按钮在标注中弧长符号的位置在标注文字的上方。
- 【无】：选中该单选按钮在标注中不显示弧长符号。

在【半径折弯符号】选项组中各选项的解释如下所示。

- 【折弯角度】：文本框中折弯角度数值表示在折弯半径标注中尺寸线的横向选段的角度，如图 12-18 所示。

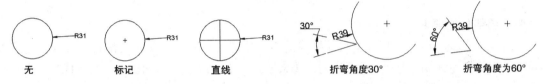

图 12-17　圆心标记　　　　　　　　图 12-18　设置折弯角度

在【线型折弯符号】选项组中各选项的解释如下所示。

- 【折弯高度因子】：文本框的数值表示控制显示比例的大小。

3.【文字】选项卡

在【文字】选项卡中可以设置文字的样式、颜色、高度等特性。该选项卡主要包括【文字外观】、【文字位置】和【文字对齐】3 个选项卡。

在【文字外观】选项组中各选项的解释如下所示。

- 【文字样式】：该选项用来设置文字样式。
- 【文字颜色】：在该选项的下拉列表中选择合适的颜色对文字进行设置。
- 【填充颜色】：该选项用来设置尺寸文本的背景颜色。
- 【文字高度】：在该文本框中输入的数值表示文字的高度。
- 【分数高度比例】：在该文本框中输入的数值表示标注文字中的分数相对于其他标注文字的比例。
- 【绘制文字边框】：勾选该复选框，标注的文本中用一个边框框着，如图 12-19 所示。

在【文字位置】选项组中各选项的解释如下所示。

- 【垂直】：该选项用来设置尺寸线与标注文本之间的垂直位置关系，在其下拉列表中有【居中】、【上】、【下】、【JIS】和【外部】5 种选项供用户使用。

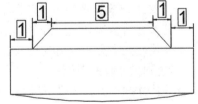

图 12-19　勾选【绘制文字边框】效果

- 【水平】：该选项用来设置尺寸线和尺寸界线与标注文本之间的垂直位置关系，在其下拉列表中有【居中】、【第一条尺寸界线】、【第二条尺寸界线】、【第一条尺寸界线上方】和【第一条尺寸界线上方】5 种选项供用户使用。

- 【观察方向】：用来设置观察文字的方向。
- 【从尺寸线偏移】：该文本框数值表示标注文字与尺寸线间的距离。

在【文字对齐】选项组中各选项的解释如下所示。

- 【水平】：选择该单选按钮文字将水平放置，如图 12-20 所示。
- 【与尺寸线对齐】：选择该单选按钮文字角度将与尺寸线角度保持一致，如图 12-20 所示。
- 【ISO 标准】：选择该单选按钮，当文字在尺寸界线外时，文字位置为水平；当文字在尺寸界线内时，文字位置与尺寸线对齐，如图 12-20 所示。

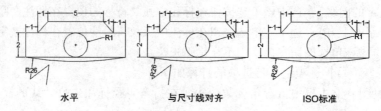

图 12-20 文字对齐样式

4.【调整】选项卡

在【调整】选项卡中可以设置尺寸线与箭头的位置、尺寸线与文字的位置、尺寸线与引线的位置。该选项卡主要包括【调整选项】、【文字位置】、【标注特征比例】和【优化】4 个选项组。

在【调整选项】选项组中各选项的解释如下所示。

- 【文字或箭头（最佳效果）】：该单选按钮将尽可能地将文字与箭头都放在尺寸界线之内，放不开的将被放在尺寸界线的外面。
- 【箭头】：当尺寸界线间的距离比较小只能放下箭头，文字则被放在尺寸界线的外面；否则文字和箭头都放在尺寸界线的外面。
- 【文字】：当尺寸界线间的距离比较小只能放下文字，箭头则被放在尺寸界线的外面；否则文字和箭头都放在尺寸界线的外面。
- 【文字和箭头】：当尺寸界线间的距离比很小，不能够放下文字和箭头时，文字和箭头都放在尺寸界线的外面。
- 【文字始终保持在尺寸界线之间】：系统将始终将文字放置在尺寸界线之内。
- 【若箭头不能放在尺寸界线内，则将其消除】：选中该复选框，当尺寸界线之间没有任何空间，则在尺寸标注中隐藏箭头。

在【文字位置】选项组中各选项的解释如下所示。

- 【尺寸线旁边】：选择该单选按钮后，文字将被放在尺寸线旁边。
- 【尺寸线上方，带引线】：选择该单选按钮，当文字与尺寸线间的距离较远时，将创建文字到尺寸线的引线。
- 【尺寸线上方，不带引线】：选择该单选按钮，当文字与尺寸线间的距离较远时也不重创建引线。

在【标注特征比例】选项组中各选项的解释如下所示。

- 【注释性】：选择该复选框，标注将被指定为注释性文字。
- 【将标注缩放到布局】：选中该单选按钮，系统将根据当前模型空间视口和图纸空间的比例确定比例因子。

- 【使用全局比例】：选中该单选按钮可以对全部尺寸标注设置缩放比例。

在【优化】选项组中各选项的解释如下所示。

- 【手动放置文字】：勾选该复选框可以将文字放置在用户认为合适的任意位置上。
- 【在尺寸界线之间绘制尺寸线】：勾选该复选框，无论尺寸文本放在什么位置，在尺寸界线之间都可绘制出一条尺寸线。

5.【主单位】选项卡

在【主单位】选项卡中可以设置标注单位的格式和精度，还可以设置标注文字的前缀和后缀。该选项卡主要包括【线性标注】、【测量单位比例】、【角度标注】和【消零】4 个选项组。

在【线性标注】选项组中各选项的解释如下所示。

- 【单位格式】：用于设置除角度标注外其余标注类型的当前单位格式，在其下拉列表中有科学、小数、工程、建筑、分数和 Windows 桌面 6 种单位制供用户选择。
- 【精度】：用来设置标注的尺寸精度。
- 【分数格式】：用来设置分数的格式。
- 【小数分隔符】：用于设置十进制单位的分隔符，包括句号（.）、逗号（,）和空格 3 种形式。
- 【舍入】：将标注的测量值进行四舍五入取值。
- 【前缀】：在标注文字时，可以输入一些特殊符号。
- 【后缀】：同【前缀】相同，只是放置的位置不同。

在【测量单位比例】选项组中各选项的解释如下所示。

- 【比例因子】：用来设置尺寸测量的比例因子。
- 【仅应用到布局标注】：如果勾选该复选框，那么设置的比例因子只适用于布局标注。

在【角度标注】选项组中各选项的解释如下所示。

- 【单位格式】：用来设置单位格式。
- 【精度】：用来设置角度标注的精度。

在【消零】选项组中各选项的解释如下所示。

- 【前导】：用来设置是否省略标注角度中前导的 0。
- 【辅单位因子】：用来设置辅单位因子的大小。
- 【辅单位后缀】：用来设置辅单位的后缀。

6.【换算单位】选项卡

在【换算单位】选项卡中可以将标注的单位换算成不同的测量单位并设置其格式和精度。该选项卡主要包括【换算单位】、【消零】和【位置】3 个选项组。

在【换算单位】选项组中各选项的解释如下所示。

- 【显示换算单位】：选择该复选框才能添加换算测量单位。
- 【精度】：用来设置换算单位的精度。
- 【舍入精度】：用来设置换算单位的舍入规则。
- 【前缀】：用来设置换算单位文本的固定前缀。
- 【后缀】：用来设置换算单位文本的固定后缀。

在【消零】选项组中各选项的解释同前面讲解的含义相同。

在【位置】选项组中各选项的解释如下所示。

- 【主值后】：选中该单选按钮，将换算单位放在主单位标注的后面，如图 12-21 所示。
- 【主值下】：选中该单选按钮，将换算单位放在主单位标注的下面，如图 12-21 所示。

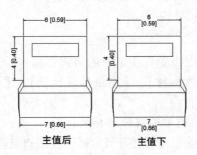

主值后　　　　　主值下

图 12-21　换算单位摆放在不同的位置

7.【公差】选项卡

在【公差】选项卡中可以设置标注文字公差的格式及显示。该选项卡主要包括【公差格式】、【公差对齐】、【消零】和【换算单位公差】4 个选项组。

在【公差格式】选项组中各选项的解释如下所示。

- 【方式】：用来设置标注公差的方式，在其下拉列表中提供了【无】、【对称】、【极限偏差】、【极限尺寸】和【基本尺寸】5 种方式，如图 12-22 所示。

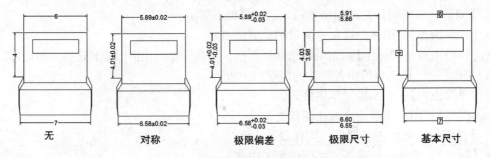

无　　　　　　对称　　　　　极限偏差　　　　极限尺寸　　　　基本尺寸

图 12-22　标注公差显示方式

- 【精度】：用来设置公差标注的精度。
- 【上偏差】：用来设置最大公差值。
- 【下偏差】：用来设置最小公差值。
- 【高度比例】：用来设置公差文本的高度比例。
- 【垂直位置】：用来设置对称公差和极限公差的文字对齐方式。

在【公差对齐】选项组中各选项的解释如下所示。

- 【对齐小数分隔符】：该单选按钮可以将值的小数分隔符堆叠时对齐。
- 【对齐运算符】：该单选按钮可以将值的运算符堆叠时对齐。

在【换算单位公差】选项组主要用来将对齐公差标注的换算单位进行设置。

12.2.2　设置当前尺寸标注样式

在一张完整的图纸中有时需要用到多种标注样式，因此用户在一张图纸上创建了多种标注样式，在进行标注时只需将需要的标注样式设置为当前标注样式即可对所需部分的图形对象进行相应的标注。

在 AutoCAD 2016 中，用户可以使用以下几种方式设置当前标注样式。

- 在【默认】选项卡中单击【注释】选项组按钮，在弹出的下拉列表中选择【标注样式】右侧的下三角按钮，并在弹出的标注样式中选择需要的标注样式，如图 12-23 所示。

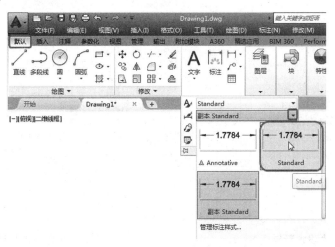

图 12-23 设置当前尺寸标注样式 1

- 在【注释】选项卡中单击【标注】选项组中的【标注样式】选框，在弹出的下拉列表中选择需要的标注样式，如图 12-24 所示。
- 在命令行中执行 DIMSTYLE 或 DIMSTY 命令，弹出【标注样式管理器】对话框，在该对话框中的【样式】列表框中选择相应的标注样式，然后单击【置为当前】按钮即可，如图 12-25 所示。

图 12-24 设置当前尺寸标注样式 2

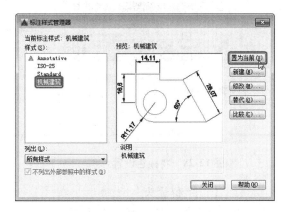

图 12-25 【标注样式管理器】对话框

12.2.3 【上机操作】创建室内标注样式并置为当前

下面将通过【标注样式管理器】对话框新建标注样式。其操作步骤如下：

01 在【标注样式管理器】对话框中单击【新建】按钮，弹出【创建新标注样式】对话框，将【新样式名】设置为【室内标注样式】，如图 12-26 所示。

02 单击【继续】按钮，弹出【新建标注样式：室内标注样式】对话框。打开【线】选项卡。在【尺寸线】选项组中单击【颜色】选项框右侧的三角按钮，在弹出的下拉列表中选择【选择颜色】选项，如图 12-27 所示。弹出【选择颜色】对话框，选择该对话框的【索引颜色】选项卡，在【颜色】文本框中输入 81，单击【确定】按钮，如图 12-28 所示。

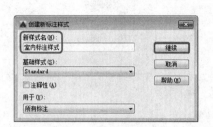

图 12-26 设置新样式名　　　　　　图 12-27 【选择颜色】选项

03 返回到【新建标注样式：室内标注样式】对话框，可以在预览区域看到尺寸线的颜色已经发生了改变。在【尺寸界线】选项组中将颜色设置为【洋红】将【超出尺寸线】设置为，0.5，将【起点偏移量】设置为 0.1，如图 12-29 所示。

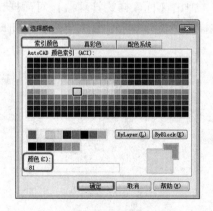

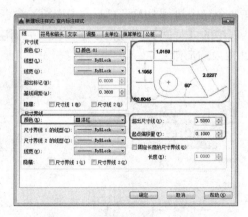

图 12-28 将颜色设置为 81　　　　　　图 12-29 设置【线】选项卡

04 切换到【符号和箭头】选项卡，在【箭头】选项组中将【第一个】设置为【实体闭合】，将【箭头大小】设置为 50，如图 12-30 所示。

05 切换到【文字】选项卡，在【文字外观】选项组中将【文字颜色】设置为【黑】，将【文字高度】设置为 60。在【文字位置】选项组中将【垂直】形式设置为【上】，将【水平】形式设置为【居中】，将【从尺寸线偏移】设置为 10。将【文字对齐】方式设置为【水平】，如图 12-31 所示。

图 12-30　设置【符号和箭头】选项卡

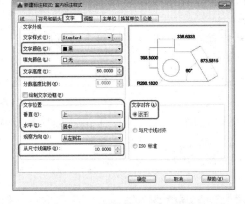

图 12-31　设置【文字】选项卡

06 切换到【主单位】选项卡，在【线性标注】选项组中，将【精度】设置为 0，可以在预览区域看到文本标注显示为整数，如图 12-32 所示。

07 单击【确定】按钮，返回到【标注样式管理器】对话框，此时可看到预览区新建标注样式的显示。单击【置为当前】按钮可将该新建标注样式置为当前，最后单击【关闭】按钮，如图 12-33 所示。

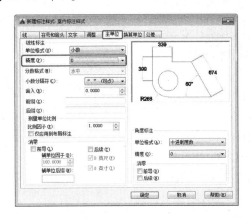

图 12-32　将【精度】设置为 0

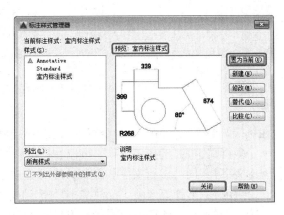

图 12-33　将新建标注置为当前

12.3　长度型尺寸的标注

正确地进行尺寸标注是设计绘图工作中非常重要的一个环节，AutoCAD 2016 提供了方便、快捷的尺寸标注方法，可通过执行命令实现，也可利用菜单或工具图标实现。本节重点介绍如何对各种类型的尺寸进行标注。

12.3.1　线性标注

线性标注只能标注水平、垂直方向或指定放置方向的直线尺寸。对其中的斜线进行标注时，只能标注出水平或垂直方向投影的尺寸线，而无法标注斜线的长度。标注文字是 AutoCAD 根据拾取到的两点间准确的距离值自动给出的，无须人工输入，这样的尺寸标注具备关联性，而人工输入尺寸则可能会导致关联性的丧失。

在 AutoCAD 2016 中执行【线性标注】命令的方法如下：

- 在菜单栏中选择【标注】|【线性】命令，如图 12-34 所示。
- 在【默认】选项卡中单击【注释】选项组中的【线性标注】按钮，如图 12-35 所示。或者在【注释】选项卡中单击【标注】选项组中的按钮，如图12-36所示。
- 在命令中执行 DIMLINEAR 命令。

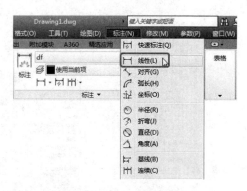

图 12-34 选择【线性】命令

图 12-35 单击【线性标注】按钮

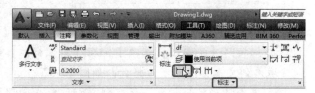

图 12-36 单击【线性标注】按钮

在命令行中执行 DIMLINEAR 命令，具体操作步骤如下：

```
命令：DIMLINEAR                                    //执行 DIMLINEAR 命令
指定第一个尺寸界线原点或 <选择对象>：              //选择第一个尺寸界线原点
指定第二条尺寸界线原点：                            //选择第二个尺寸界线原点
指定尺寸线位置或
[多行文字(M)/文字(T)/角度(A)/水平(H)/垂直(V)/旋转(R)]：      //将鼠标放置在合适位置单击
标注文字 = 10                                       //标注文字为 10
```

在执行该命令的过程中，命令行中出现的选项解释如下所示。

- 【多行文字】：选择该选项，可以在标注中添加多行文字说明。
- 【文字】：同【多行文字】类似，在标注中添加文字说明。
- 【角度】：选择该选项，标注文本呈指定的角度放置。
- 【水平】：选择该选项，标注对象只能水平放置。
- 【垂直】：同【水平】相似，标注文本只能垂直放置。
- 【旋转】：通过指定一定的角度，标注尺寸旋转一定的角度。

12.3.2 【上机操作】线性标注图形

下面将通过实例来讲解如何进行线性标注，其具体操作步骤如下：

01 打开随书附带光盘中的 CDROM\素材\第 12 章\三角形.dwg 图形文件，在命令中执行 DIMLINEAR 命令。

02 根据命令行的提示操作选择第一条尺寸界线原点，如在绘图区选择 A 点，然后选择第二条尺寸界线原点 B 点，如图 12-37 所示。

03 单击鼠标，向左拉出标注尺寸线，将尺寸线拉伸到用户认为合适的位置然后单击即可确定尺寸线的位置，完成标注效果如图 12-38 所示。

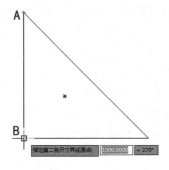

图 12-37　选择顶点

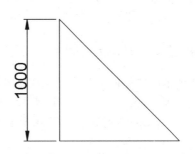

图 12-38　线性标注

12.3.3　对齐标注

对齐标注的尺寸线与尺寸界线起始点的连线平行。对齐标注一般用于倾斜的线段标注。

在 AutoCAD 2016 中执行【对齐标注】命令的方法如下：

- 在菜单栏中选择【标注】|【对齐】命令，如图 12-39 所示。
- 在【默认】选项卡中单击【注释】选项卡中的【对齐标注】按钮，如图 12-40 所示，或者在【注释】选项卡中单击【已对齐】选项组中的按钮，如图 12-41 所示。
- 在命令中执行 DIMALIGNED 命令。

图 12-39　选择【对齐】命令

图 12-40　单击【对齐】按钮

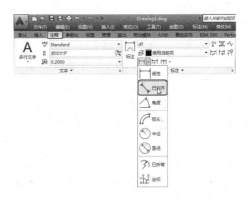

图 12-41　单击【已对齐】按钮

在命令行中执行 DIMALIGNED 命令，具体操作步骤如下：

```
命令:DIMALIGNED                        //执行 DIMALIGNED 命令
指定第一个尺寸界线原点或 <选择对象>：   //指定第一个尺寸界线原点
指定第二条尺寸界线原点：               //指定第二条尺寸界线原点
指定尺寸线位置或
[多行文字(M)/文字(T)/角度(A)]：        //拖动鼠标到指定位置,确定尺寸线的位置
标注文字 = 20                          //标注文字为20
```

在执行该命令的过程中，命令行中出现的选项与【线性标注】命令行中出现的选项解释相似，此处不再赘述。

12.3.4 【上机操作】对齐标注图形

下面通过实例来讲解如何进行对齐标注，其具体操作步骤如下：

01 打开随书附带光盘中的 CDROM\素材\第 12 章\对齐标注图形.dwg 图形文件，如图 12-42 所示。然后在命令行中执行 DIMALIGNED 命令。

02 根据命令行的提示，选择指定第一个尺寸界线原点如图 12-43 所示，然后指定第二个尺寸界线原点，如图 12-44 所示，最后拖动鼠标至合适的位置单击即可完成对齐标注图形，完成效果如图 12-45 所示。

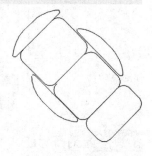

图 12-42　打开素材

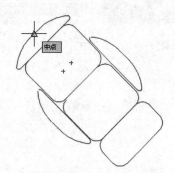

图 12-43　第一个尺寸界线原点

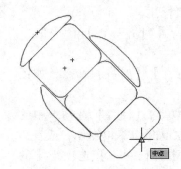

图 12-44　第二个尺寸界线原点

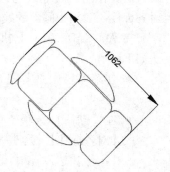

图 12-45　完成效果

12.3.5 基线标注

在进行基线标注时，必须先有基准作为参照才能进行基线标注，并且基线标注的起点都是相同的。

在 AutoCAD 2016 中执行【基线标注】命令的方法如下：

- 在菜单栏中选择【标注】|【基线】命令，如图 12-46 所示。
- 在【默认】选项卡中单击【注释】选项卡中的【标注】按钮，如图 12-47 所示。或者在【注释】选项卡中单击【标注】选项组中的【基线】按钮，如图 12-48 所示。
- 在命令行中执行 DIMBASELINE 命令。

图 12-46　选择【基线】命令

图 12-47　单击【标注】命令

图 12-48　单击【基线】按钮

在命令行中执行 DIMBASELINE 命令，具体操作步骤如下：

命令：DIMBASELINE　　　　　　　　　　　　　　　//执行 DIMBASELINE 命令
指定第二个尺寸界线原点或［选择(S)/放弃(U)］<选择>：　//选择第二个尺寸界线原点
标注文字 = 617　　　　　　　　　　　　　　　　　　//系统自动计算测量尺寸
指定第二个尺寸界线原点或［选择(S)/放弃(U)］<选择>：　//选择第二个尺寸界线原点
标注文字 = 820　　　　　　　　　　　　　　　　　　//系统自动计算测量尺寸
指定第二个尺寸界线原点或［选择(S)/放弃(U)］<选择>：　//按【Esc】键退出

知识链接

　　在进行基线标注前，一般要先设置好基线间距，这样标注出的效果比较美观。

　　若先使用线性标注，接着马上使用基线标注命令，可免去选择基准标注这一操作步骤，当然标注后的效果会有所不同。

12.3.6 【上机操作】基线标注图形

　　下面通过实例讲解如何进行基线标注，其具体操作步骤如下：

　　01 打开随书附带光盘中的 CDROM\素材\第 12 章\标注.dwg 图形文件，如图 12-49 所示。在命令行中执行 DIMBASELINE 命令。

　　02 执行该命令后，根据命令行的提示操作，拖动鼠标依次向右进行标注，标注完成后，按【Enter】键结束，标注后的效果如图 12-50 所示。

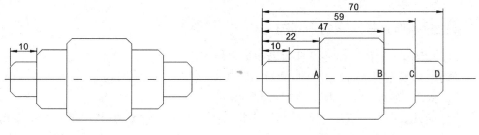

图 12-49　打开素材文件　　　　　图 12-50　进行标注

12.3.7　连续标注

　　连续标注尺寸的尺寸界线之间是首尾相连的，第二条尺寸界线的终止点作为下一个标注的起始点。在进行连续标注之前，同基线标注类似应先标出一个尺寸。

　　在 AutoCAD 2016 中执行【连续标注】命令的方法如下：

* 在菜单栏中选择【标注】|【连续】命令，如图12-51所示。
* 在【默认】选项卡中单击【注释】选项卡中的【标注】按钮，如图 12-52 所示。或者在【注释】选项卡中单击【标注】选项组中的【连续】按钮，如图 12-53 所示。

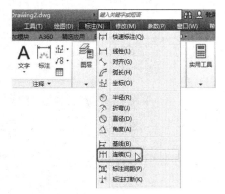

图 12-51　选择【连续】命令

● 在命令行中执行 DIMCONTINUE 命令。

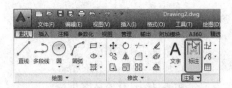

图 12-52　单击【标注】按钮

图 12-53　单击【连续】按钮

12.3.8　【上机操作】连续标注图形

下面通过实例讲解如何进行连续标注，其具体操作步骤如下：

01 打开随书附带光盘中的 CDROM\素材\第 12 章\连续标注.dwg 图形文件，在命令行中执行 DIMCONTINUE 命令，选择连续标注，在文档中向右拾取一个端点，如图 12-54 所示。

02 拾取完成后，继续向右进行拾取，然后按两次【Enter】键完成连续标注，效果如图 12-55 所示。

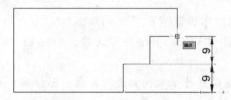

图 12-54　向右拾取端点

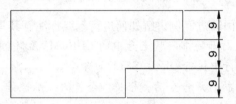

图 12-55　连续标注

12.3.9　【上机操作】标注室内平面图

下面练习为室内平面图形标注，具体操作步骤如下：

01 打开随书附带光盘中的 CDROM\素材\第 12 章\室内平面图.dwg 图形文件，在命令行中执行 DIMSTY 命令，弹出【标注样式管理器】对话框。

02 单击【新建】按钮，在弹出的对话框中将【新样式名】设置为【平面标注】，如图 12-56 所示。

03 单击【继续】按钮，在弹出的对话框中选择【线】选项卡，将【尺寸线】和【尺寸界线】的颜色设置为【洋红】，将【基线间距】设置为 80，将【超出尺寸线】、【起点偏移量】分别设置为 150、300，如图 12-57 所示。

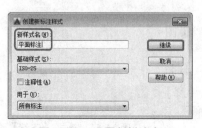

图 12-56　设置新样式名

图 12-57　设置【线】选项卡

04 切换至【符号和箭头】选项卡，在【箭头】选项组的【第一个】和【第二个】下拉列表中选择【建筑标记】选项，在【箭头大小】数值框中输入100，如图12-58所示。

05 切换至【文字】选项卡，在【文字高度】数值框中输入250，如图12-59所示。

图 12-58 设置箭头大小　　　　　　　　**图 12-59** 设置文字高度

06 切换至【调整】选项卡，单击【文字位置】下方的【尺寸线上方，不带引线】单选按钮。

07 切换至【主单位】选项卡，在【线性标注】选项组的【精度】下拉列表中选择0，单击【确定】按钮完成设置，如图12-60所示。

08 返回【标注样式管理器】对话框，在【样式】列表框中选择【平面样式】选项，单击【置为当前】按钮，最后单击【关闭】按钮完成标注样式的设置，如图12-61所示。

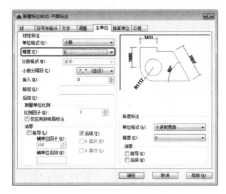
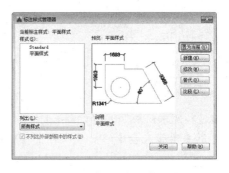

图 12-60 切换至【主单位】选项卡　　　**图 12-61** 将【平面样式】置为当前

09 返回绘图区，在命令行中执行 DIMLIN 命令，然后使用 DIMCONTINUE 命令进行连续标注，效果如图12-62所示。

10 再按照相同的方法标注其他位置，效果如图12-63所示。

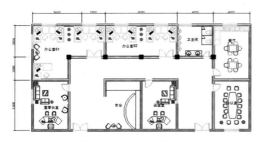

图 12-62 连续标注　　　　　　　　　　**图 12-63** 完成后的效果

12.4 曲线性尺寸标注

在 AutoCAD 2016 中，还有一些曲线性尺寸标注，包括圆心标记、半径标注、直径标注和弧长标注。

12.4.1 圆心标记

圆心标注就是指定圆或圆弧的圆心位置，标注圆心的形式可以是十字线或者是中心线。

在 AutoCAD 2016 中执行【圆心标记】命令的方法如下：

- 在菜单栏选择【标注】|【圆心标记】命令，如图 12-64 所示。
- 在【注释】选项卡中单击【标注】选项组下侧的 ▓▓▓▓ 标注 ▼ ▓▓▓▓ 按钮，在弹出的下拉列表中单击【圆心标记】⊙按钮，如图 12-65 所示。
- 在命令行执行 DIMCENTER 命令。

图 12-64 选择【圆心标记】命令　　　　　**图 12-65 单击【圆心标记】按钮**

12.4.2 【上机操作】圆心标记图形

下面通过实例来讲解如何进行圆心标记，其具体操作步骤如下：

⓵ 打开随书附带光盘中的 CDROM\素材\第 12 章\圆心标记图形对象.dwg 图形文件，如图 12-66 所示。

⓶ 在【注释】选项卡中单击【标注】选项组下侧的 ▓▓▓▓ 标注 ▼ ▓▓▓▓ 按钮，在弹出的下拉列表中单击【圆心标记】⊙按钮，然后根据命令行的提示选择中间的大圆即可完成圆心标记。圆心标记完成后效果如图 12-67 所示。

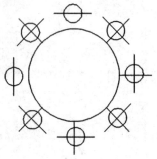

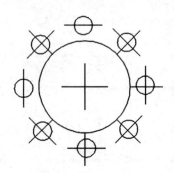

图 12-66 打开素材　　　　　　　**图 12-67 圆心标记**

12.4.3 半径标注

半径标注用来指定圆或圆弧的半径。

在 AutoCAD 2016 中执行【半径标注】命令的方法如下：

- 在菜单栏中选择【标注】|【半径】命令，如图12-68所示。

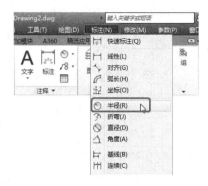

- 在【默认】选项卡中单击【注释】选项组中的【半径】按钮⊙，如图 12-69 所示。或者在【注释】选项卡中单击【标注】选项组中的【半径】⊙·按钮，如图 12-70 所示。

- 命令行：在命令中执行【DIMRADIUS】命令。

图 12-68 选择【半径】命令

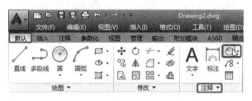

图 12-69 单击【半径】按钮 1

图 12-70 单击【半径】按钮 2

12.4.4 【上机操作】半径标注图形

下面通过实例讲解如何进行半径标注，其具体操作步骤如下：

01 打开随书附带光盘中的 CDROM\素材\第 12 章\餐桌 . dwg 图形文件。

02 在【注释】选项卡中单击【标注】选项组中的【半径】⊙·按钮，然后根据命令行的提示选择如图 12-71 所示的圆。

03 将鼠标移动到用户认为合适的位置单击，半径标注完成后效果如图 12-72 所示。

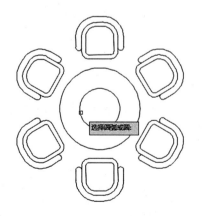

图 12-71 选择餐桌内圆

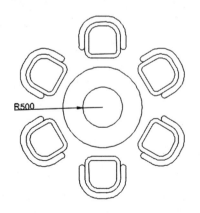

图 12-72 标注后的效果

12.4.5 直径标注

直径标注同半径标注相同，用来指定圆或圆弧的直径值。
在 AutoCAD 2016 中执行【直径标注】命令的方法如下：

- 在菜单栏中选择【标注】|【直径】命令，如图 12-73 所示。
- 在【默认】选项卡中单击【注释】选项组中的【直径】按钮 ◎·，如图 12-74 所示。或者在【注释】选项卡中单击【标注】选项组中的【直径】 ◎· 按钮，如图 12-75 所示。
- 在命令行中执行 DIMDIAMETER 命令。

图 12-73 选择【直径】命令

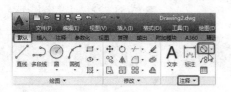

图 12-74 单击【直径】按钮 1

图 12-75 单击【直径】按钮 2

12.4.6 【上机操作】直径标注图形

下面通过实例讲解如何进行直径标注，其具体操作步骤如下：

01 打开随书附带光盘中的 CDROM\素材\第 12 章\直径标注图形.dwg 图形文件，如图 12-76 所示。

02 在【注释】选项卡中单击【标注】选项组中的【直径】 ◎· 按钮，根据命令行的提示选择图形对象中的椭圆弧，如图 12-77 所示。拖动鼠标至合适的位置并单击即可完成直径标注，完成效果如图 12-78 所示。

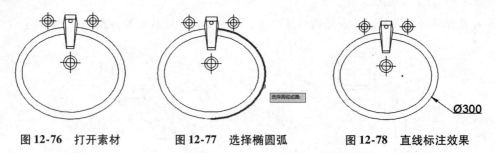

图 12-76 打开素材　　　图 12-77 选择椭圆弧　　　图 12-78 直线标注效果

12.4.7 弧长标注

弧长标注指定了所选择的圆弧或多段线弧线段的距离。
在 AutoCAD 2016 中执行【弧长标注】命令的方法如下：

- 在菜单栏中选择【标注】|【弧长】命令，如图 12-79 所示。
- 在【默认】选项卡中单击【注释】选项组中的【弧长】按钮 ╭，如图 12-80 所示。或者在【注释】选项卡中单击【标注】选项组中的【弧长】 ╭· 按钮，如图 12-81 所示。

- 在命令中执行 DIMARC 命令。

图 12-79　选择【弧长】命令

图 12-80　单击【弧长】按钮 1

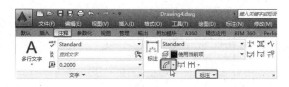

图 12-82　单击【弧长】命令 2

12.4.8 【上机操作】弧长标注图形

下面通过实例讲解如何进行弧长标注，其具体操作步骤如下：

01 打开随书附带光盘中的 CDROM\素材\第 12 章\浴池 . dwg 图形文件。

02 在【注释】选项卡中单击【标注】选项组中的【弧长】 按钮，根据命令行的提示选择如图 12-82 所示的弧线段，拖动鼠标至合适的位置单击即可完成标注，标注效果如图 12-83所示。

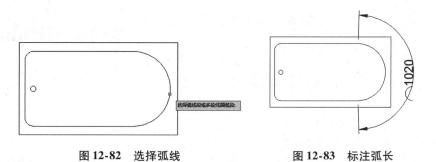

图 12-82　选择弧线　　　　　　　图 12-83　标注弧长

12.4.9 【上机操作】为零件图标注尺寸

下面以为机械零件标注尺寸为例，来综合练习上述所讲的知识。具体操作步骤如下：

01 打开随书附带光盘中的 CDROM\素材\第 12 章\零件图 . dwg 图形文件，如图 12-84所示。

02 在命令行中执行 DIMRADIUS 命令，选择如图 12-85 所示的圆弧。

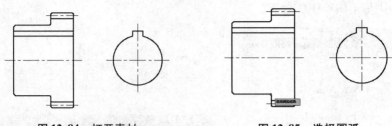

图 12-84　打开素材　　　　　　　　　　图 12-85　选择圆弧

03 移动鼠标使尺寸线处于合适位置，单击鼠标完成标注，如图 12-86 所示。

04 在命令行中执行 DIMDIAMETER 命令，选择如图 12-87 所示的圆进行标注。

05 按照相同的方法，对其他区域进行标注，完成后的效果如图 12-88 所示。

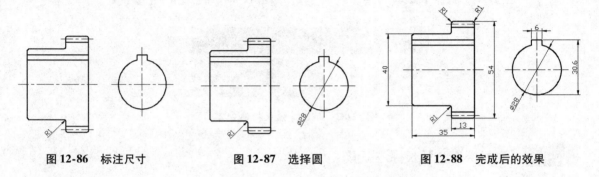

图 12-86　标注尺寸　　　　　　图 12-87　选择圆　　　　　　图 12-88　完成后的效果

12.5　特殊尺寸的标注

特殊尺寸标注包括角度标注、坐标标注、快速标注和折弯标注等，下面分别进行讲解。

12.5.1　角度标注

角度标注用来标注圆弧、圆和两条非平行线段之间的角度。

在 AutoCAD 2016 中执行【角度标注】命令的方法如下：

- 在菜单栏中选择【标注】|【角度】命令，如图 12-89 所示。

- 在【默认】选项卡中单击【注释】选项卡中的【角度】按钮，如图 12-90 所示。或者在【注释】选项卡中单击【标注】选项组中的【角度】按钮，如图 12-91 所示。

- 在命令中执行 DIMANGULAR 命令。

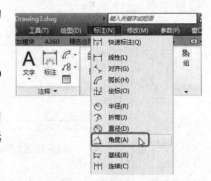

图 12-89　选择【角度】命令

图 12-90　单击【角度】按钮 1

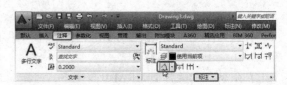

图 12-91　单击【角度】按钮 2

在命令行中执行 DIMANGULAR 命令，具体操作步骤如下：

命令：DIMANGULAR //在命令行执行 DIMANGULAR 命令
选择圆弧、圆、直线或 <指定顶点>： //选择要进行角度标注的图形对象
指定标注弧线位置或 [多行文字(M)/文字(T)/角度(A)/象限点(Q)]：//拖动鼠标到合适位置单击左键
标注文字 = 145 //标注文字

12.5.2 【上机操作】角度标注图形

下面通过实例讲解如何进行角度标注，其具体操作步骤如下：

01 打开随书附带光盘中的 CDROM\素材\第 12 章\直角.dwg 图形文件，如图 12-92 所示。

02 在【注释】选项卡中单击【标注】选项组中的【角度】按钮，根据命令行的提示选择如图 12-93 所示的线段，然后选择如图 12-94 所示的线段，拖动鼠标至合适的位置单击确定尺寸线位置即可完成标注。完成效果如图 12-95 所示。

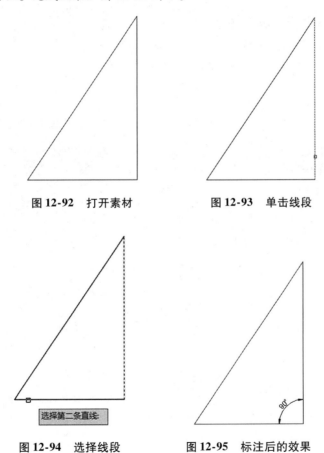

图 12-92　打开素材　　　　图 12-93　单击线段

图 12-94　选择线段　　　图 12-95　标注后的效果

12.5.3 坐标标注

坐标标注用来测量与原点（称为基准）的垂直距离（例如部件上的一个孔）。这些标注通过保持特征与基准点之间的精确偏移量来避免误差增大。

基准根据 UCS 原点的当前位置而建立。在此示例中，基准（0,0）表示图示面板左下角的

孔，如图 12-96 所示。

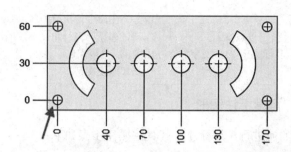

图 12-96　基准坐标（0,0）

在 AutoCAD 2016 中执行【坐标标注】命令的方法如下：

- 在菜单栏选择【标注】|【坐标】命令，如图 12-97 所示。
- 在【默认】选项卡中单击【注释】选项组中的【坐标】按钮 ，如图 12-98 所示。或者在【注释】选项卡中单击【标注】选项组中的【坐标】 按钮，如图 12-99 所示。
- 在命令中执行 DIMORDINATE 命令。

图 12-97　选择【坐标】命令

图 12-98　单击【坐标】按钮 1

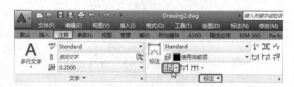

图 12-99　单击【坐标】按钮 2

在命令行中执行 DIMORDINATE 命令，具体操作步骤如下：

命令：DIMORDINATE　　　　　　　　　　//在命令行中执行 DIMORDINATE 命令。
指定点坐标：　　　　　　　　　　　　　//指定将要标注的点
指定引线端点或［X 基准(X)／Y 基准(Y)／多行文字(M)／文字(T)／角度(A)］：
　　　　　　　　　　　　　　　　　　//指定引线端点即可完成标注

在执行该命令的过程中，命令行中出现的选项解释如下所示。

- 【X 基准】：该选项用来测量 X 坐标值，并确定引线和标注文字的方向。
- 【Y 基准】：该选项用来测量 Y 坐标值，并确定引线和标注文字的方向。
- 【多行文字】：选择该选项，可以在标注中添加多行文字说明。
- 【文字】：同【多行文字】类似，在标注中添加文字说明。
- 【角度】：选择该选项，标注文本呈指定的角度放置。

12.5.4 【上机操作】坐标标注图形

下面通过实例讲解如何进行坐标标注，其具体操作步骤如下：

01 继续 12.5.2 节角度标注图形的操作，在命令行中执行 DIMORDINATE 命令，指定标注点所在的位置，这里单击如图 12-100 所示的点，指定尺寸标注点的位置，这里向右移动鼠标并单击即可。

02 坐标标注完成后，效果如图 12-101 所示。

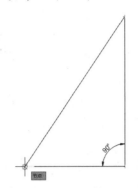
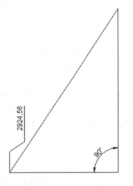

图 12-100　指定标注点　　　　图 12-101　标注完成后的效果

12.5.5　快速标注

快速标注可使用户交互地、动态地、自动化地进行尺寸标注。使用快速标注可同时选择多个图形对象一次完成多个标注。因此快速标注既节省时间又提高了工作效率。

在 AutoCAD 2016 中执行【快速标注】命令的方法如下：

* 在菜单栏选择【标注】|【快速标注】命令，如图 12-102 所示。
* 在【注释】选项卡中单击【标注】选项组中的【快速】□按钮，如图 12-103 所示。
* 在命令中执行 QDIM 命令。

图 12-102　选择【快速标注】命令　　　　图 12-103　单击【快速】按钮

在命令行中执行 QDIM 命令，具体操作步骤如下：

```
命令：QDIM                              //在命令行中执行 QDIM 命令
关联标注优先级 = 端点
选择要标注的几何图形：                    //选择要标注的图形对象
选择要标注的几何图形：                    //按【Enter】键结束选择
指定尺寸线位置或［连续(C)/并列(S)/基线(B)/坐标(O)/半径(R)/直径(D)/基准点(P)/编辑(E)/设
置(T)］＜连续＞：                        //拖动鼠标到合适位置并单击
```

在执行该命令的过程中，命令行中出现的选项解释如下所示。

- 【连续】：选择该选项将创建连续标注。
- 【并列】：选择该选项将创建并列标注。
- 【基线】：选择该选项将创建基线标注。
- 【坐标】：选择该选项将创建坐标标注。
- 【半径】：选择该选项将创建半径标注。
- 【直径】：选择该选项将创建直径标注。
- 【基准点】：选择该选项可以为基线和连续标注创建一个新的基准点。
- 【编辑】：选择该选项可以对尺寸标注进行重新编辑。
- 【设置】：选择该选项可以通过尺寸界线原点设置默认对象捕捉。

12.5.6 【上机操作】快速标注图形

下面通过实例讲解如何进行快速标注，其具体操作步骤如下：

01 打开随书附带光盘中的 CDROM\素材\第 12 章\床 .dwg 图形文件。

02 在【注释】选项卡中单击【标注】选项组中的【快速】按钮，根据命令行的提示选择要标注的对象，选择如图 12-104 所示的边，然后选择第二条边和第三条边，如图 12-105 所示。

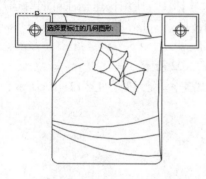

图 12-104　选择要标注的对象

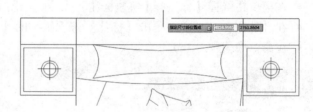

图 12-105　选择对象

03 按【Enter】键结束对象的选择即可完成快速标注，完成后的效果如图 12-106 所示。

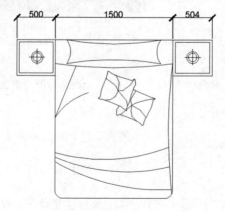

图 12-106　快速标注完成后的效果

12.5.7 折弯标注

折弯半径也就是折弯半径标注，用来标注一些圆或圆弧的中心位于局部外而无法在实际位置显示的图形对象。

在 AutoCAD 2016 中执行【折弯半径】命令的方法如下：

- 在菜单栏中选择【标注】|【折弯】命令，如图 12-107 所示。
- 在【默认】选项卡中单击【标注】选项组中的【折弯】按钮 ，如图 12-108 所示；或者在【注释】选项卡中单击【标注】选项组中的【折弯】 按钮，如图 12-109 所示。
- 在命令行中执行 DIMJOGLINE 命令。

图 12-107　选择【折弯】命令

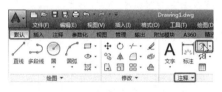

图 12-108　单击【折弯】按钮 1

图 12-109　单击【折弯】按钮 2

12.5.8 【上机操作】折弯标注图形

下面通过实例讲解如何进行折弯标注，其具体操作步骤如下：

01 打开随书附带光盘中的 CDROM\素材\第 12 章\折弯标注 .dwg 图形文件。

02 在【注释】选项卡中单击【标注】选项组中的【折弯】 按钮，根据命令行的提示选择如图 12-110 所示的线性标注，然后在线性标注的右侧任意位置单击即可。

03 对线性标注进行折弯操作后，效果如图 12-111 所示。

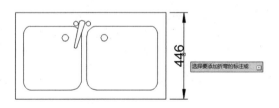

图 12-110　选择线性标注

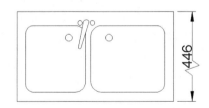

图 12-111　折弯后的效果

12.6　多重引线标注

利用【多重引线】命令可以绘制出一条引线来标注图形对象，在引线的末端可以输入文字、添加块等。此外还可以设置引线的形式、控制箭头的外观和注释文字的对齐方式等。该命令主要用于标注孔、倒角和创建装配图的零件编号等。

12.6.1 创建多重引线样式

在 AutoCAD 2016 中创建多重引线的方法有如下：

- 在菜单栏中选择【格式】|【多重引线样式】命令，如图 12-112 所示。
- 在【注释】选项卡中，将鼠标放在【引线】选项组上，在弹出的下拉列表中单击右下角的按钮，如图 12-113 所示。
- 在命令行中执行 MLEADERSTYLE 命令。

图 12-112　选择【多重引线样式】命令

图 12-113　单击按钮

当用户执行以上任意命令，都会弹出【多重引线样式管理器】对话框。通过【多重引线样式管理器】对话框，可以创建新的多重引线样式。

12.6.2　【上机操作】创建多重引线样式

下面通过实例讲解如何创建多重引线样式，具体操作步骤如下：

01 在命令行中执行 MLEADERSTYLE 命令，弹出【多重引线样式管理器】对话框，如图 12-114所示。在该对话框中单击【新建】按钮，弹出【创建新多重引线样式】对话框，在该对话框中，将【新样式名】设置为【轴承套1】并单击【继续】按钮，如图 12-115 所示。

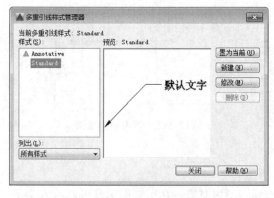
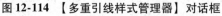

图 12-114　【多重引线样式管理器】对话框

图 12-115　设置新样式名

02 弹出【修改多重引线样式：轴承套1】对话框，在【引线格式】选项卡的【常规】选项组中，将【类型】设置为【直线】，将【颜色】设置为【洋红】；在【箭头】选项组中将【大小】设置为8，其他选项保持默认状态，如图 12-116 所示。

03 切换至【内容】选项卡，在【文字选项】选项组中将【文字颜色】设置为【洋红】，将

【文字高度】设置为 2，其他选项保持默认，如图 12-117 所示，然后单击【确定】按钮。

图 12-116 设置引线格式

图 12-117 设置文字高度

04 返回【多重引线样式管理器】对话框，在【样式】列表框中选择新建的【轴承套1】样式，单击【置为当前】按钮将其置为当前，再单击【关闭】按钮即可完成多重引线样式的新建，如图 12-118 所示。

图 12-118 将【轴承套】置为当前

12.6.3 **标注多重引线**

创建好多重引线的新样式后就可以对图形对象进行标注了。在 AutoCAD 2016 中标注多重引线的方法如下：

- 在菜单栏中选择【标注】|【多重引线】命令，如图 12-119所示。
- 在【默认】选项卡中单击【标注】选项组中的【引线】按钮，如图 12-120 所示；或者在【注释】选项卡中，将鼠标放在【引线】选项组上，在弹出的下拉列表中单击【多重引线】按钮，如图 12-121所示。
- 在命令行中执行 MLEADER 命令。

图 12-119 选择【多重引线】命令

图 12-120 单击【引线】按钮

图 12-121 单击【多重引线】按钮

在命令行中执行 MLEADER 命令，具体操作步骤如下：

命令：MLEADER   //在命令行中执行 MLEADER 命令

指定引线箭头的位置或 [引线基线优先(L)/内容优先(C)/选项(O)] <选项>：
　　　　　　　　　　　　　　　//指定引线箭头的位置,并输入相应的文字说明
指定引线基线的位置：　　　　　　　　//指定引线基线的位置

在执行该命令的过程中，命令行中出现的选项解释如下所示。

- 【指定引线箭头的位置】：该默认选项用来先指定箭头的位置。
- 【引线基线优先】：选择该选项在进行多重引线标注时，要先指定引线的基线，然后指定箭头、输入文字说明。
- 【内容优先】：选择该选项在进行多重引线标注时，要先输入文字说明，再指定引线箭头。
- 【选项】：选择该选项用来控制引线的类型、基线、内容等。

12.6.4 【上机操作】多重引线标注

下面通过实例讲解如何进行多重引线标注，其具体操作步骤如下：

01 打开随书附带光盘中的 CDROM\素材\第 12 章\样图 01.dwg 图形文件。

02 在【注释】选项卡中，将鼠标放在【引线】选项组上，在弹出的下拉列表中单击【多重引线】按钮 ，根据命令行的提示指定引线箭头的位置，这里单击如图 12-122 所示的点，然后指定引线基线的位置并在文字框中输入【墙面材质见立面图】文本，单击绘图区空白处完成标注。完成标注效果如图 12-123 所示。

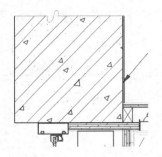
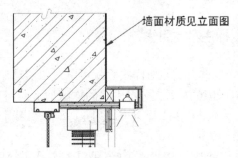

图 12-122　指定引线基线的端点　　　　　图 12-123　标注后的效果

12.6.5 添加引线

在图形对象中会出现相同的解释说明，此时用户可添加引线对其集中添加文字，避免了烦琐的输入文字的过程。

在 AutoCAD 2016 中执行【添加引线】命令的方法如下：

- 在【默认】选项卡中单击【注释】选项组中的【添加引线】按钮 ，如图 12-124 所示。
- 在【注释】选项卡中，将鼠标放在【引线】选项组上，在弹出的下拉列表中单击【添加引线】按钮 ，如图 12-125 所示。

图 12-124　单击【添加引线】按钮 1　　　　图 12-125　单击【添加引线】按钮 2

12.6.6 【上机操作】添加引线

下面通过实例讲解如何添加引线，其具体操作步骤如下：

01 继续 12.6.4 节多重引线标注的操作，在【注释】选项卡的【引线】组中单击【添加引线】按钮 。根据命令行的提示选择需添加的多重引线，如图 12-126 所示。

02 然后选择需要标注说明的图形位置，按【Esc】键退出该命令，最终效果如图 12-127 所示。

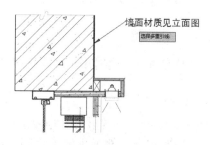

图 12-126　选择需添加的多重引线

图 12-127　最终效果

12.6.7 删除引线

当用户标注完多重引线后，发现有些引线较多余，这时用户可以使用【删除引线】命令将多余引线删除。

在 AutoCAD 2016 中执行【删除引线】命令的方法如下：

- 在【默认】选项卡中单击【注释】选项组中的【删除】按钮 ，如图 12-128 所示。
- 在【注释】选项卡中，将鼠标放在【引线】选项组上，在弹出的下拉列表中单击【删除引线】按钮 ，如图 12-129 所示。

图 12-128　单击【删除引线】按钮 1

图 12-129　单击【删除引线】按钮 2

12.6.8 【上机操作】删除引线

下面通过实例讲解如何删除引线，其具体操作步骤如下：

01 打开随书附带光盘中的 CDROM\素材\第 12 章\大样图 . dwg 图形文件，

02 在【注释】选项卡中，将鼠标放在【引线】选项组上，在弹出的下拉列表中单击【删除引线】按钮 。根据命令行的提示，选择要删除的多重引线，如图 12-130 所示。按【Enter】键确认即可将引线删除，删除效果如图 12-131 所示。

图 12-130 选择引线   图 12-131 最终效果

12.6.9 对齐引线

当一个图形对象中有很多处引线标注时，会显得比较混乱，这时用户可以使用【对齐引线】命令将引线标注对齐。

在 AutoCAD 2016 中执行【对齐引线】命令的方法如下：

- 在【默认】选项卡中单击【注释】选项组中的【对齐】按钮，如图 12-132 所示。
- 在【注释】选项卡中，将鼠标放在【引线】选项组上，在弹出的下拉列表中单击【对齐】按钮，如图 12-133 所示。
- 在命令行中执行 MLEADERALIGN 命令。

图 12-132 单击【对齐】按钮 1   图 12-133 单击【对齐】按钮 2

12.6.10 【上机操作】对齐引线

下面通过实例讲解如何进行对齐引线，其具体操作步骤如下：

① 打开随书附带光盘中的 CDROM\素材\第 12 章\节点详图 .dwg 图形文件。

② 在【注释】选项卡中，将鼠标放在【引线】选项组上，在弹出的下拉列表中单击【对齐】按钮，根据命令行的提示选择多重引线，这里选择如图 12-134 所示的引线，按【Enter】键确认。

③ 选择要对齐的引线，然后根据命令行的提示指定对齐方向并单击鼠标，对齐效果如图 12-135 所示。

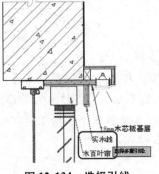

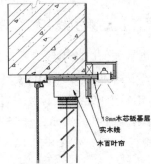

图 12-134 选择引线   图 12-135 对齐后的效果

12.6.11 【上机操作】为天然气灶标注尺寸

下面练习为天然气灶标注尺寸。具体操作步骤如下：

01 打开随书附带光盘中的 CDROM\素材\第 12 章\天然气灶.dwg 图形文件，如图 12-136 所示。

02 在命令行中执行 DIMLINEAR 命令，对图形进行线性标注，如图 12-137 所示。

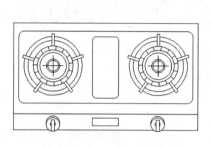

图 12-136 打开素材文件

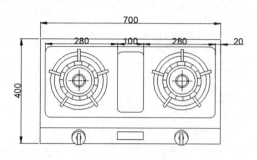

图 12-137 线性标注

03 在命令行中执行 DIMJOGLINE 命令，选中如图 12-138 所示的线性标注。

04 根据命令行提示指定折弯线的位置，这里单击线性标注的中点，完成折弯标注，如图 12-139 所示。

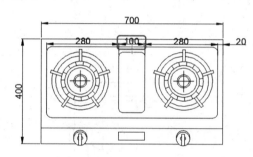

图 12-138 选择线性标注

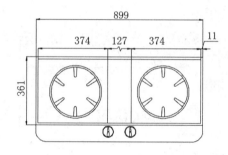

图 12-139 完成折弯标注

05 在命令行中执行 DIMANGULAR 命令，对图形进行角度标注，如图 12-140 所示。

06 在【注释】选项卡的【引线】组中单击其右下角的按钮，弹出【多重引线样式管理器】对话框。单击【新建】按钮，在【新样式名】文本框中输入文本【引线样式】，单击【继续】按钮，如图 12-141 所示。

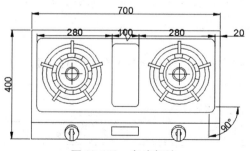

图 12-140 角度标注

图 12-141 设置新样式名

07 弹出【修改多重引线样式：引线样式】对话框，在【内容】选项卡中的【文字颜色】下拉列表中选择【蓝】选项,【文字高度】设置为50,【基线间隙】设置为10,如图12-142所示。

08 切换至【引线格式】选项卡,在【颜色】下拉列表中选择【蓝】选项,在【箭头】选项组的【大小】数值框中输入30,然后单击【确定】按钮,如图12-143所示。

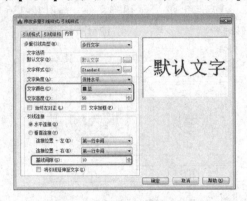

图 12-142　设置引线样式的内容

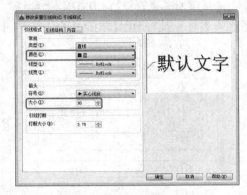

图 12-143　设置引线格式

09 返回【多重引线样式管理器】对话框,在【样式】列表框中选择【引线样式】选项,单击【置为当前】按钮,再单击【关闭】按钮,如图12-144所示。

10 在命令行中执行 MLEADER 命令,为图形添加引线标注,如图12-145所示。最后将场景文件进行保存。

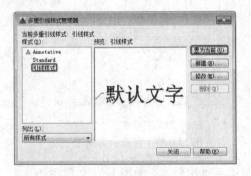

图 12-144　将【引线样式】置为当前

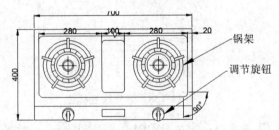

图 12-145　为图形添加引线标注

12.7　形位公差

形位公差在机械图纸中很常用。形位公差表示图形在形状和位置上所允许的变动量。

12.7.1　使用符号表示形位公差

形位公差就是指形状公差和位置公差,有关国家标准规定的各种公差特征符号及其解释如表12-1所示。

表 12-1　形位公差符号含义

符　号	含　义	符　号	含　义
⊕	定位	▱	平坦度
◎	同心轴	○	圆或圆面

续表

符 号	含 义	符 号	含 义
≡	对称	−	直线度
//	平行	⌒	平面轮廓
⊥	垂直	⌒	直线轮廓
∠	角度	↗	圆跳动
↗	柱面度	↗↗	全跳动

在 AutoCAD 中，与形位公差有关的材料控制符号及其解释如表 12-2 所示。

表 12-2 材料控制符号及其含义

符 号	含 义	符 号	含 义
Ⓜ	材料的一般中等状况	Ⓢ	材料的最小状况
Ⓟ	最小包容条件（LMC）	Ⓛ	材料的最大状况

12.7.2 形位公差标注

用形位公差标注来定义图形中的形状和定向位置上的最大允许误差。

在 AutoCAD 2016 中执行形位公差标注命令的方法如下：

- 在菜单栏中选择【标注】|【公差】命令，如图 12-146 所示。
- 在【注释】选项卡中，单击【标注】选项组按钮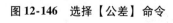，在弹出的下拉列表中单击【公差】按钮，如图 12-147 所示。
- 在命令行中执行 TOLERANCE 命令。

图 12-146 选择【公差】命令

图 12-147 单击【公差】按钮

在命令行中执行 TOLERANCE 命令，弹出【形位公差】对话框，如图 12-148 所示。
在【形位公差】对话框中各选项的解释如下所示。

- 【符号】：用来设置标注形位公差的符号。单击下面的黑色小方块弹出【特征符号】对话框，如图 12-149 所示。

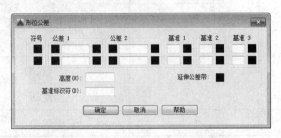

图 12-148 【形位公差】对话框

图 12-149 【特征符号】对话框

- 【公差 1 和公差 2】：单击下面的黑色小方块将显示直径符号【Φ】，在其后面的文本框中输入公差值，单击其后面的小方块将弹出【附加符号】对话框，如图 12-150 所示。
- 【基准 1、基准 2、基准 3】：用来设置形位公差的基准。单击其下面的黑色小方块也会弹出同样的【附加符号】对话框。
- 【高度】：用来设置投影公差带的高度。
- 【基准标识符】：用来创建参照字母组成的基准标识符。
- 【延伸公差带】：单击其后面的黑色小方块将显示延伸公差带符号，如图 12-151 所示。

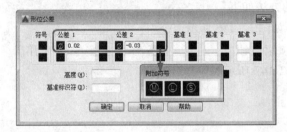

图 12-150 【附加符号】对话框

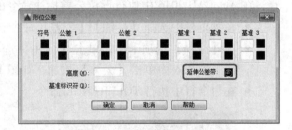

图 12-151 显示延伸公差带符号

12.8 尺寸标注的编辑

在创建完尺寸标注后，用户仍然可以对其进行编辑。利用编辑命令可以将尺寸标注进行移动、复制、删除、旋转和拉伸等编辑操作。

12.8.1 更新标注

执行【更新标注】命令可以将两个尺寸样式进行互换。在修改标注样式以后，可以选择是否更新与此标注样式相关联的尺寸标注。

在 AutoCAD 2016 中执行【更新标注】命令的方法如下：

- 在菜单栏中选择【标注】|【更新】命令，如图 12-152 所示。
- 在【注释】选项卡中，单击【标注】选项组中的【更新】按钮，如图 12-153 所示。
- 在命令行中执行 – DIMSTYLE 命令。

图 12-152　选择【更新】命令

图 12-153　单击【更新】按钮

在命令行中执行 – DIMSTYLE 命令，具体操作步骤如下：

命令：– DIMSTYLE　　　　　　　　　//在命令行中执行 – DIMSTYLE 命令
当前标注样式：Standard　注释性：否　　//系统提示
输入标注样式选项
［注释性(AN)/保存(S)/恢复(R)/状态(ST)/变量(V)/应用(A)/?］<恢复>：＊取消＊
//选择相应的选项

在执行该命令的过程中，命令行中出现的选项解释如下所示。

- 【注释性】：选择该选项可以创建注释性标注样式。
- 【保存】：将当前尺寸系统变量设置保存到标注样式。
- 【恢复】：选择该选项可以将系统变量恢复为选定标注样式的设置。
- 【状态】：选择该选项可以查看当前尺寸系统变量的状态。
- 【变量】：选择该选项可以列出某个标注样式或选定标注的标注系统变量设置，但并不改变当前设置。
- 【应用】：选择该选项可以将当前尺寸标注系统变量设置应用到选定的标注对象。

12.8.2　替代标注

替代标注可以在原标注样式内临时修改尺寸标注的某些变量，以便对当前标注进行编辑。该操作只对指定的尺寸对象进行修改，并且修改后不影响原系统的变量设置。

在 AutoCAD 2016 中执行【替代】命令的方法如下：

- 在菜单栏选择【标注】|【替代】命令，如图 12-154 所示。
- 在【注释】选项卡中单击【标注】选项组按钮[标注 ▼]，在弹出的下拉列表中单击【替代】按钮，如图 12-155 所示。
- 命令行：在命令中执行 DIMOVERRIDE 命令。

图 12-154 选择【替代】命令   图 12-155 单击【替代】按钮

在命令行中执行 DIMOVERRIDE 命令，具体操作步骤如下：

命令：DIMOVERRIDE   //执行【替代】命令
输入要替代的标注变量名或 [清除替代(C)]： //输入替代名

默认情况下，输入要修改的系统变量名，并为该变量指定一个新值，然后选择需要修改的对象，这时指定的尺寸标注将按新的变量设置作相应的更改。如果在命令提示下输入 C，并选择需要修改的对象，这时可以取消用户已作出的修改。

12.8.3 编辑尺寸标注文字的内容

在 AutoCAD 2016 中执行编辑尺寸标注文字的内容命令的方法为：在命令行中执行 DIMEDIT 命令。

在命令行中执行 DIMEDIT 命令，具体操作步骤如下：

命令：DIMEDIT   //执行 DIMEDIT 命令
输入标注编辑类型 [默认(H)/新建(N)/旋转(R)/倾斜(O)] <默认>：
                              //输入标注编辑类型
选择对象：   //选择图形中需要编辑文字内容的尺寸标注
选择对象：   //按空格键结束命令

在执行该命令的过程中，命令行中出现的选项解释如下所示。
- 【默认】：选择该选项，标注尺寸时将按默认位置和方向放置尺寸文字。
- 【新建】：选择该选项可以修改尺寸文字。
- 【旋转】：选择该选项可以将尺寸标注旋转一定的角度。
- 【倾斜】：选择该选项可以将非角度标注的尺寸界线倾斜一定的角度。

12.8.4 编辑尺寸标注文字的位置

在 AutoCAD 2016 中，可以对已有标注对象的文字、位置及样式等内容进行修改，而不必删除所标注的尺寸对象再重新进行标注。用户可以使用夹点编辑方法编辑各类尺寸标注的标注内容与位置等。

在 AutoCAD 2016 中执行编辑尺寸标注文字位置命令的方法如下：

- 在菜单栏中选择【标注】|【对齐文字】命令，在弹出的子菜单中选择相应的命令，如图 12-156 所示。
- 在【注释】选项卡中单击【标注】选项组按钮 [标注 ▼]，在弹出的下拉列表中单击如图 12-157 所示的按钮即可。
- 在命令行中执行 DIMTEDIT 命令。

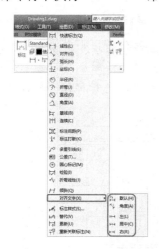

图 12-156　选择【对齐文字】命令

图 12-157　编辑文字按钮

在执行该命令的过程中，命令行显示如下：

命令：DIMTEDIT　　　　　　　　　　　//在命令行中执行 DIMTEDIT 命令
选择标注：　　　　　　　　　　　　　//选择需要编辑标注的对象
为标注文字指定新位置或 [左对齐(L)/右对齐(R)/居中(C)/默认(H)/角度(A)]：
　　　　　　　　　　　　　　　　　　//选择合适的选项为标注文字指定新位置

在执行该命令的过程中，命令行中出现的选项解释如下所示。

- 【左对齐】：该选项可以将标注文字沿尺寸线向左对齐。
- 【右对齐】：该选项可以将标注文字沿尺寸线向右对齐。
- 【居中】：该选项可以将标注文字居中放在尺寸线上。
- 【默认】：系统默认自动放置的位置。
- 【角度】：该选项可以将标注文字倾斜一定的角度。

12.9　项目实践——标注家具视图

下面通过实例综合练习前面介绍的知识。具体操作步骤如下：

01 打开随书附带光盘中的 CDROM\素材\第 12 章\家具图 .dwg 图形文件，如图 12-158 所示。

02 在命令行中执行 DIMLINEAR 命令，选择床头柜两端进行标注，标注效果如图 12-158 所示。

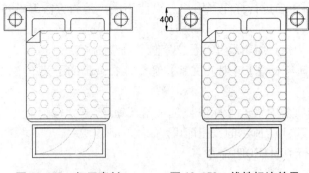

图 12-158　打开素材　　　图 12-159　线性标注效果

⑬ 在命令行中执行 DIMCONTINUE 命令，测量出床体各部位的尺寸，标注效果如图12-160所示。

⑭ 在命令行中执行 DIMRADIUS 命令，选择大圆对图形对象进行标注，标注效果如图 12-161 所示。

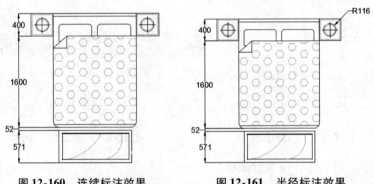

图 12-160　连续标注效果　　　图 12-161　半径标注效果

⑮ 在命令行中执行 DIMDIAMETER 命令，选择小圆对图形进行直径标注，如图 12-162 示。

⑯ 在命令行中执行 DIMALIGNED 命令，对图形进行对齐标注，如图 12-163 示。

⑰ 在命令行中执行 DIMANGULAR 命令，对图形进行角度标注，如图 12-164 示。

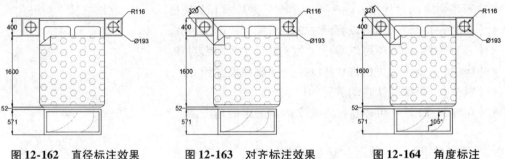

图 12-162　直径标注效果　　　图 12-163　对齐标注效果　　　图 12-164　角度标注

12.10　本章小结

通过本章的学习读者应掌握标注图形的方法，除此之外还应掌握标注样式的设置方法和编辑标注的技巧。

图形的打印与输出

本章导读:

基础知识 ◆ 模型空间和图纸空间的理解

◆ 创建图形布局

重点知识 ◆ 页面设置

◆ 布局视口

提高知识 ◆ 图形的打印与发布

◆ 图形的输出

在 AutoCAD 2016 中绘制图形后,经常需要将图形输出打印,图形的输出与打印是非常重要的环节。AutoCAD 2016 提供的输出打印功能非常强大,不但可以将图形通过打印机打印出来,还可以将图形输出为其他格式的文档,以便其他软件调用。

13.1 打印图形

每张图纸的打印都有一定的要求,因此在打印图形之前,需要先对打印效果进行设置,经过预览打印效果,满足要求后才可以对图形进行打印。下面就对图形打印的相关内容进行讲解。

13.1.1 模型空间与布局空间

模型空间是 AutoCAD 图形绘制的主要环境,模型空间是一个三维坐标空间。在模型空间中绘制图形时,用户只需要考虑所绘制的图形是否正确,而不用考虑图形界限的范围,但是在布局空间内进行图面管理及打印比较方便。

模型空间带有三维的可用坐标系,能创建和布局二维、三维对象,与绘图输出不直接相关。在模型空间中可以打开多个视口,用户在绘图过程中观察和绘图会更加方便。选择菜单栏中的【视图】|【视口】命令,在弹出的子菜单中选择相应的命令,可以打开多个视口,如图 13-1所示。

打开多个视口后,如果用户需要改变视口的观察方向,必须先选中视口,在视口左上角的【视图控件】按钮上单击,在弹出的菜单中选择相应的命令来改变视口的观察方向,如图 13-2所示。

布局空间是图形处理的辅助环境,带有二维的可用坐标系,能创建和编辑二维的对象。打印图形之前可以在布局空间排列图形。一个图形文件可以包含多个布局,每个布局代表一张单独的打印输出图纸。

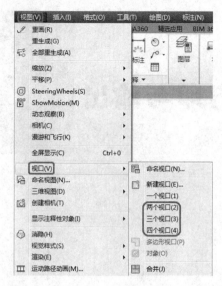

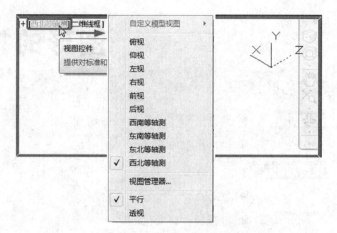

图 13-1　【视口】子菜单　　　　　　　　　图 13-2　【视图控件】子菜单

13.1.2　设置打印参数

在打印图形之前，需要先设置打印参数，设置打印参数在【打印-模型】对话框中进行。
打开【打印-模型】对话框的方法如下：

- 单击软件左上角的【菜单浏览器】按钮 ，在弹出的菜单中单击【打印】按钮 ，或者在弹出的【打印】子菜单中选择【打印】命令，如图 13-3 所示。
- 在快速访问区中单击【打印】按钮 ，如图 13-4 所示。

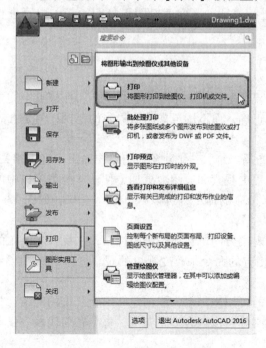
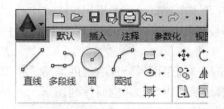

图 13-3　选择【打印】命令　　　　　　　図 13-4　在快速访问区中单击【打印】按钮

- 在菜单栏中选择【文件】|【打印】命令，如图 13-5 所示。
- 按【Ctrl + P】组合键。
- 在命令行中输入 PLOT 命令，按【Enter】键确认。

执行以上方法，将打开【打印—模型】对话框，如图 13-6 所示。

图 13-5　选择【打印】命令　　　　　　　图 13-6　【打印-模型】对话框

1. 打印设备的设置

在打印图形之前，需要添加或者选择打印设备。最常用的打印设备有打印机和绘图仪。可以在【打印-模型】对话框中选择一个已经存在的打印设备，如图 13-7 所示。也可以在【绘图仪管理器】文件夹中添加打印设备。

图 13-7　选择打印设备

打开【绘图仪管理器】文件夹的方法如下：

- 单击软件左上角的【菜单浏览器】按钮 ▲，在弹出的菜单中将鼠标放在【打印】按钮 🖨打印 上，在弹出的子菜单中选择【管理绘图仪】命令，如图 13-8 所示。

- 选择菜单栏中的【文件】|【绘图仪管理器】命令，如图 13-9 所示。
- 在命令行中输入 PLOTTERMANAGER，按【Enter】键确认。

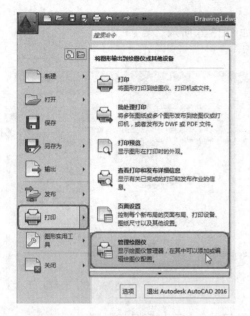

图 13-8 执行【管理绘图仪】命令 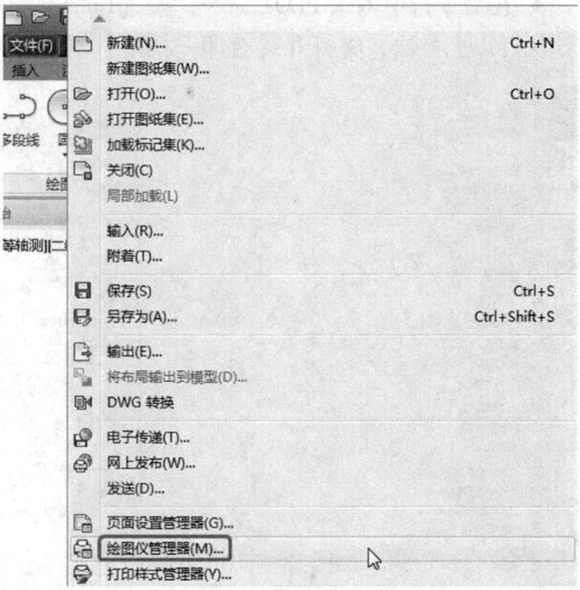   图 13-9 执行【绘图仪管理器】命令

【绘图仪管理器】文件夹如图 13-10 所示。

2. 打印样式表

在打印样式表中可以设置图形打印输出的颜色、线型、线宽等属性。AutoCAD 的打印样式表存放在【打印样式管理器】文件夹中。

打开【打印样式管理器】文件夹的方法如下：

- 单击软件左上角的【菜单浏览器】按钮，在弹出的菜单中将鼠标放在【打印】按钮上，在弹出的子菜单中选择【管理打印样式】选项，如图 13-11 所示。
- 选择菜单栏中的【文件】|【打印样式管理器】命令，如图 13-12 所示。

【打印样式管理器】文件夹如图 13-13 所示。

AutoCAD 提供了两种打印样式表，分别为颜色相关打印样式表和命名打印样式表，用户可以在【打印样式管理器】文件夹中创建自己的打印样式表，也可以在【打印-模型】对话框中创建颜色相关打印样式表。

图 13-10 【绘图仪管理器】文件夹

创建打印样式表的具体操作步骤如下：

🎑 在菜单栏执行【文件】|【打印样式管理器】命令，弹出【打印样式管理器】文件夹，在该文件夹中存放了所有的颜色相关打印样式表和命名打印样式表。

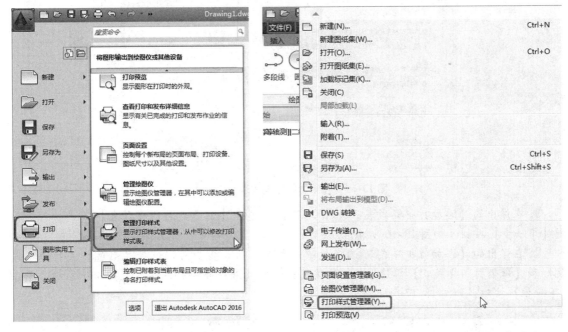

图 13-11　选择【管理打印样式】命令　　　　图 13-12　在菜单栏执行【打印样式管理器】命令

⚙️ 双击【添加打印样式表向导】快捷方式图标，如图 13-14 所示，弹出【添加打印样式表】对话框，单击【下一步】按钮，如图 13-15 所示。

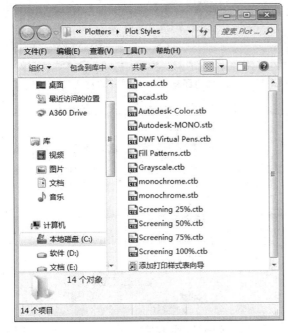

图 13-13　【打印样式管理器】文件夹

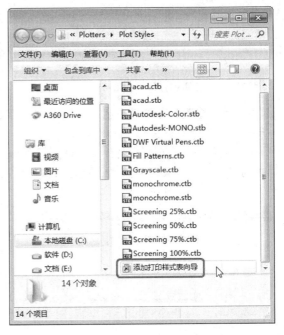

图 13-14　双击【添加打印样式表向导】图标

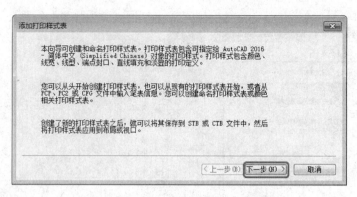

图 13-15　【添加打印样式表】对话框

03 在弹出的【添加打印样式表-开始】对话框中选择【创建新打印样式表】单选按钮，单击【下一步】按钮，如图 13-16 所示。

04 在弹出的【添加打印样式表-选择打印样式表】对话框中可以选择【颜色相关打印样式表】和【命名打印样式表】单选按钮，这里我们选择【颜色相关打印样式表】单选按钮，单击【下一步】按钮，如图 13-17 所示。

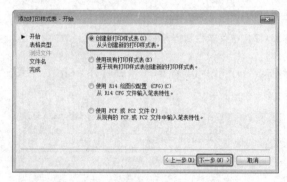

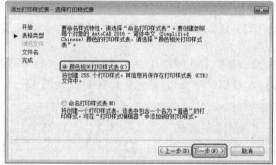

图 13-16　【添加打印样式表-开始】对话框　　图 13-17　【添加打印样式表-选择打印样式表】对话框

05 弹出【添加打印样式表-文件名】对话框，在该对话框中设置打印样式表的名称，单击【下一步】按钮，如图 13-18 所示。

06 在弹出的【添加打印样式表-完成】对话框中可以单击【打印样式表编辑器】按钮，在弹出的对话框中设置打印样式，也可以保持默认设置，单击【完成】按钮，完成打印样式表的创建，如图 13-19 所示。

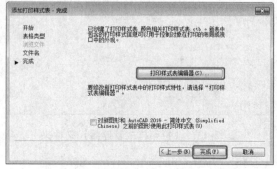

图 13-18　【添加打印样式表-文件名】对话框　　图 13-19　【添加打印样式表-完成】对话框

07 在【打印-模型】对话框的【打印样式表】选项区中可以选择打印样式表，也可以新建颜色相关打印样式表，如图 13-20 所示。

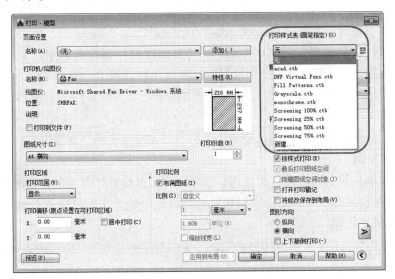

图 13-20　选择或新建打印样式表

3. 设置图纸尺寸

在【打印-模型】对话框中可以对图纸尺寸进行设置，该对话框中的【图纸尺寸】列表框中提供了所选打印设备可用的标准图纸尺寸，用户可以从中选择合适的图纸尺寸用于当前图形打印，如图 13-21 所示。

4. 设置打印区域

打印区域是指图形中需要打印的部分，在【打印-模型】对话框的【打印范围】下拉列表中可以选择需要打印的区域，如图 3-22 所示。

图 13-22　设置打印范围

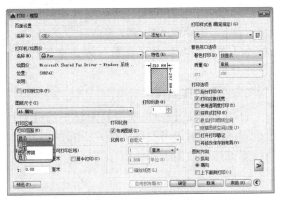

图 13-21　设置图纸尺寸

在【打印范围】下拉列表中提供了 4 个选项，包括窗口、范围、图形界限、显示。

- 【窗口】：选择此项后，用户可以自己指定打印区域，系统将自动返回绘图区，提示指定第一个角点，然后指定对角点，指定完成后返回【打印-模型】对话框。选择该项后，会出现【窗口】按钮 ⬚窗口(0)< ，用户可以单击此按钮，重新设置打印区域，如图 3-23 所示。

- 【范围】：选择此项后可以打印空间内所有的图形对象。
- 【图形界限】：从模型空间打印图形时，【打印范围】下拉列表中将显示【图形界限】，选择该选项，系统将把设定的图形界限范围打印在图纸上。从布局空间打印时，【打印范围】下拉列表中将显示【布局】，选择该选项，系统将打印虚拟图纸上可打印区域内的所有内容。
- 【显示】：打印选定的【模型】选项卡当前视口中的视图或布局中的当前图纸空间视图。

5. 设置打印比例

在【打印-模型】对话框的【打印比例】选项区中可以设置打印比例，如图 13-24 所示。打印比例控制图形单位与打印单位之间的相对尺寸。如果选择了【缩放线宽】选项，则线宽的缩放比例与打印比例成正比。

图 13-23　出现【窗口】按钮

图 13-24　设置【打印比例】

> **提 示**
>
> 从布局空间打印时，默认缩放比例设置为 1:1。从【模型】空间打印时，默认设置为【布满图纸】。选择该选项可以缩放打印图形，使需要打印的图形按照图纸尺寸布满图纸。要取消勾选【布满图纸】复选框后，才能选择打印比例。

6. 设置打印偏移

打印偏移在【打印-模型】对话框的【打印偏移】选项区中设置，如图 13-25 所示。该项用于设置图形相对于可打印区域左下角的偏移量。如果选中了【居中打印】复选框，则系统将自动计算偏移值使图形居中打印。

7. 设置着色打印

在【打印-模型】对话框的【着色视口选项】选项区中设置着色打印和渲染视口的打印方式，如图 13-26 所示。

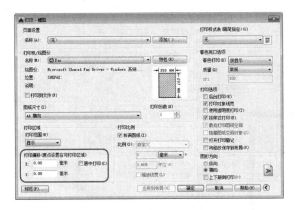

图 13-25 设置打印偏移

图 13-26 设置着色打印

8. 设置图形方向

在【打印-模型】对话框的【图形方向】选项区中设置图形的打印方向，如图 13-27 所示。

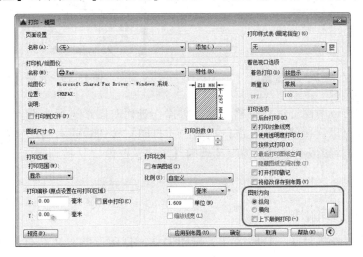

图 13-27 设置图形方向

【图形方向】选项区中各选项的含义如下所示。

- 【纵向】：选择该项后，打印图形时，图纸的短边位于图形页面顶部。
- 【横向】：选择该项后，打印图形时，图纸的长边位于图形页面顶部。
- 【上下颠倒打印】：勾选该复选框后，打印图形时，图形将上下颠倒地放置。

13.1.3 打印预览及打印

打印的相关设置全部完成后，需要预览一下效果，单击【打印-模型】对话框中的【预览】按钮，在弹出的预览窗口中可以查看打印效果，预览窗口如图 13-28 所示，此项操作和使用【打印预览】命令预览打印效果是相同的。执行【打印预览】命令的常用方法有以下几种：

- 选择菜单栏中的【文件】|【打印预览】命令，如图 13-29 所示。
- 在命令行中输入 PREVIEW 或 PRE 命令，按【Enter】键确认。

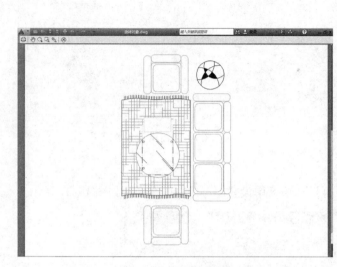

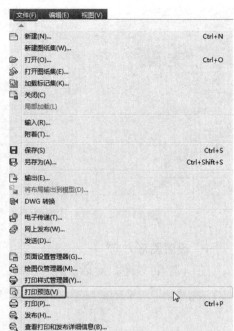

图 13-28　预览窗口　　　　　　　　　　图 13-29　执行【打印预览】命令

在预览窗口中可以对图形进行平移、缩放等操作进而对图形进行查看。如果不需要再对打印效果进行修改，可以直接单击预览窗口顶端的【打印】按钮 进行打印，如果对打印效果不满意，可以按【Esc】键或单击预览窗口顶端的【关闭预览窗口】按钮 返回【打印-模型】对话框修改打印设置。

13.2　页面设置及输出

页面设置包括了图纸尺寸、打印区域、打印偏移、打印设备等影响打印效果的所有设置。可以将同一个命名页面设置应用到多个布局图中，也可以将新创建的页面设置进行保存，以便今后的应用。

13.2.1　页面设置管理器

通过【页面设置管理器】可以对页面设置进行新建、修改等操作。

调用【页面设置管理器】的方法如下：

- 在菜单栏中选择【文件】|【页面设置管理器】命令，如图 13-30 所示。
- 在命令行中输入命令 PAGESETUP，按【Enter】键确认。
- 单击软件左上角的【菜单浏览器】按钮 ，在弹出的菜单中将鼠标放在【打印】按钮 上，在弹出的子菜单中选择【页面设置】命令，如图 13-31 所示。

执行上述命令后，弹出【页面设置管理器】对话框，单击【新建】按钮，如图 13-32 所示，弹出【新建页面设置】对话框。在【新页面设置名】文本框中输入新的页面设置名，单击【确定】按钮即可创建一个新的页面设置，如图 13-33 所示。

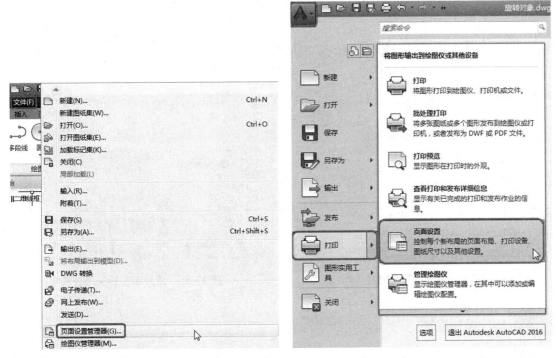

图 13-30　在菜单栏中执行【页面设置管理器】命令 图 13-31　在【菜单浏览器】中选择【页面设置】命令

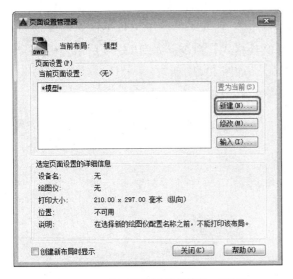

图 13-32　【页面设置管理器】对话框

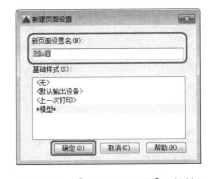

图 13-33　【新建页面设置】对话框

单击【确定】按钮后，弹出【页面设置-模型】对话框，如图 13-34 所示，在该对话框中可以设置新创建的页面设置。其中各项的含义与【打印-模型】对话框中各项的含义基本相同，这里不再赘述。

设置完成后，可以单击【预览】按钮预览效果，如果设置满足要求，可以单击【确定】按钮返回【页面设置管理器】对话框。在该对话框中可以看到刚刚新建的页面设置。选择新建的页面设置，单击【置为当前】按钮，然后单击【关闭】按钮关闭对话框，如图 13-35

所示，关闭对话框后即可使用新建的页面设置打印图形。

图 13-34 【页面设置-模型】对话框

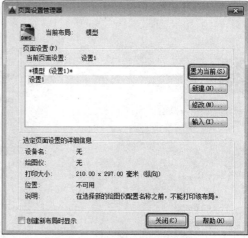

图 13-35 置为当前后关闭对话框

13.2.2 输出图形文件

在 AutoCAD 中，用户可以将 .dwg 格式的图形文件输出为其他格式的文档，以便在其他文件中调用。调用【输出】命令的方式如下：

- 单击软件左上角的【菜单浏览器】按钮 ，在弹出的菜单中将鼠标放在【输出】按钮 上，在弹出的子菜单中选择【其他格式】命令，如图 13-36 所示。
- 在菜单栏中选择【文件】|【输出】命令，如图 13-37 所示。
- 在命令行中输入命令 EXPORT 或者 EXP，按【Enter】键确认。

图 13-36 在【菜单浏览器】中调用【输出】命令

图 13-37 在菜单栏中调用【输出】命令

执行上述命令后，弹出【输出数据】对话框，如图 13-38 所示。可以在该对话框中的【文件类型】中指定相应的类型，然后在【文件名】文本框中输入文件名称，单击【保存】按钮，根据系统提示进行选定对象等操作后，即可按指定文件格式输出。

图 13-38　【输出数据】对话框

13.3　项目实践——打印阀座零件图

学习了图形的打印与输出相关内容后，本节将通过讲解打印阀座零件图来使读者进一步了解如何打印图形。具体操作步骤如下：

🔞1 打开随书附带光盘中的 CDROM\素材\第 13 章\阀座零件图.dwg 图形文件，单击软件左上角的【菜单浏览器】按钮 ▲，在弹出的菜单中单击【打印】按钮 🖨 打印 ，或者在弹出的【打印】子菜单中选择【打印】命令，如图 13-39 所示，弹出【打印-模型】对话框。

🔞2 单击【打印机/绘图仪】选项组的【名称】右侧的按钮 🖨 Fax ▼ ，在弹出的下拉列表中选择 DWF6 ePlot.pc3 选项，单击【图纸尺寸】下方的按钮 ISO A3 (297.00 x 420.00 毫米) ▼ ，在弹出的下拉列表中选择【ISO A3（297.00 × 420.00 毫米】选项，如图 13-40 所示。

🔞3 单击【打印区域】选项组的【打印范围】下方的按钮 显示 ▼ ，在弹出的下拉列表中选择【窗口】选项，如图 13-41 所示。返回绘图区框选如图 13-42 所示的图形。

🔞4 选择完成后，单击鼠标左键，返回【打印-模型】对话框，在【打印偏移】选项组中勾选【居中打印】复选框，如图 13-43 所示。

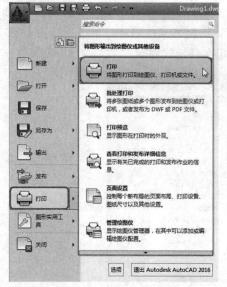

图 13-39 执行【打印】命令

图 13-40 设置打印机/绘图仪及选择打印尺寸

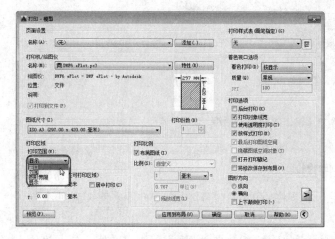

图 13-41 选择【窗口】选项

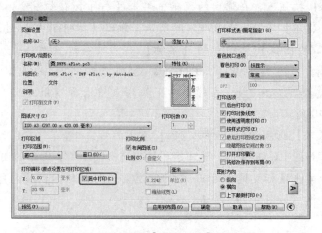

图 13-42 框选需要打印的图形

图 13-43 勾选【居中打印】复选框

05 单击【打印样式表（画笔指定）】下方的按钮 ，在弹出的下拉列表中选择 acad.ctb 选项，如图 13-44 所示，弹出【问题】对话框，单击【是】按钮，如图 13-45 所示。

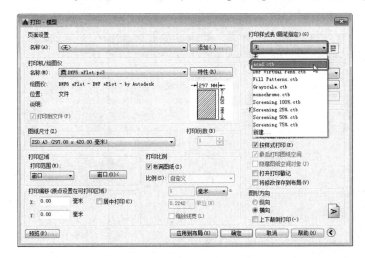

图 13-44　选择打印样式表

图 13-45　【问题】对话框

06 设置完成后，单击对话框左下角的【预览】按钮 ，如图 13-46 所示，弹出【打印预览】窗口，如图 13-47 所示，在该窗口中可以对图形的打印效果进行预览。

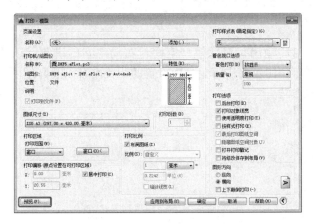

图 13-46　单击【预览】按钮

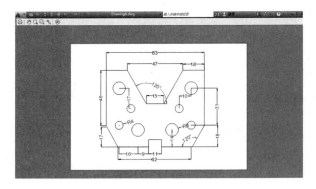

图 13-47　打印预览效果

07 单击预览窗口顶端的【打印】按钮🖨，弹出【浏览打印文件】对话框，如图 13-48 所示。设置文件名及文件类型和保存路径，单击【保存】按钮，即可对图形进行打印并对图纸进行保存。

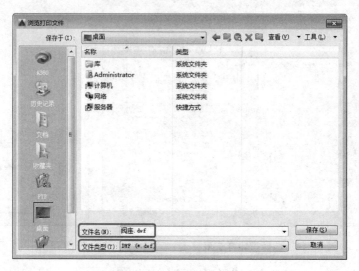

图 13-48 【浏览打印文件】对话框

13.4　本章小结

本章讲解了图形的打印输出，包括模型空间与布局空间的讲解，以及如何设置打印参数、如何进行打印预览和打印；还主要讲解了页面设置的相关内容以及介绍了如何将 .dwg 格式文件输出为其他格式文件的方法。

项目指导—机械零件图例的绘制

本章导读：

提高知识 ◆ 绘制常见类型零件

◆ 掌握如何绘制常见类型零件

本章将讲解如何绘制几个常见类型零件，其中包括齿轮零件、泵盖零件、轴套零件，下面对其进行详细介绍。

14.1 绘制齿轮

齿轮是指轮缘上有齿能连续啮合传递运动和动力的机械元件，下面介绍如何绘制齿轮，效果如图 14-1 所示。其具体操作步骤如下：

01 启动 AutoCAD 2016，按【Ctrl + N】组合键，在弹出的对话框中选择 acadiso. dwt 图形样板，如图 14-2 所示。

02 单击【打开】按钮，按【F7】键取消栅格显示，在命令行中输入 LAYER

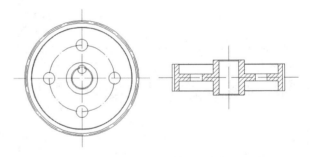

图 14-1 齿轮

命令，按【Enter】键确认，在弹出的选项板中单击【新建图层】按钮，将新建的图层命名为【辅助线】，将其颜色设置为【红】，如图 14-3 所示。

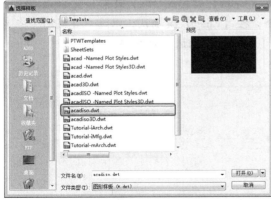

图 14- 2 选择图形样板

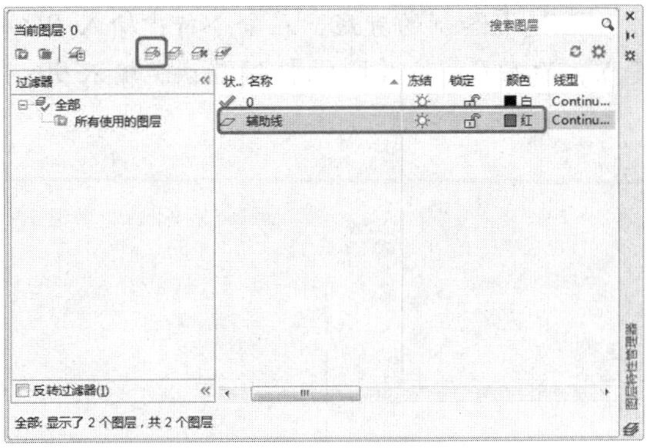

图 14-3 新建图层

03 在该选项板中单击线型类型，在弹出的对话框中单击【加载】按钮，如图 14-4 所示。

04 在弹出的对话框中选择 ACAD_ IS004W100 线段类型，效果如图 14-5 所示。

图 14-4　单击【加载】按钮

图 14-5　选择线段类型

05 选择完成后，单击【确定】按钮，在弹出的对话框中选择新添加的线段类型，如图 14-6 所示。

06 单击【确定】按钮，在【图形特性管理器】选项板中选择【辅助线】图层，单击【置为当前】按钮，如图 14-7 所示。

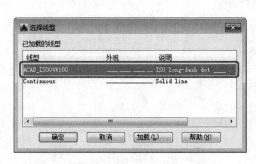

图 14-6　选择新添加的线段类型

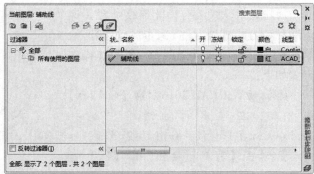

图 14-7　将图层置为当前

07 关闭该选项板，在命令行中输入 L 命令，按【Enter】键确认，在绘图区中指定任意一点为起点，根据命令提示输入（@0，-152），按两次【Enter】键完成绘制，效果如图 14-8 所示。

08 选中绘制的直线，在命令行中输入 RO 命令，按【Enter】键确认，以选中直线的中点为基点，输入 C，按【Enter】键确认，输入 90，按【Enter】键确认，如图 14-9 所示。

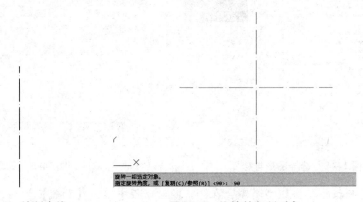

图 14-8　绘制直线　　　　　　　　图 14-9　旋转并复制对象

09 在命令行中输入 LAYER 命令，按【Enter】键确认，在弹出的选项板中选择【0】图层，单击【置为当前】按钮 ，如图 14-10 所示。

10 关闭选项板，在命令行中输入 C 命令，按【Enter】键确认，在绘图区中以直线的交点为圆心，将其半径设置为 11，按【Enter】键确认，完成绘制，效果如图 14-11 所示。

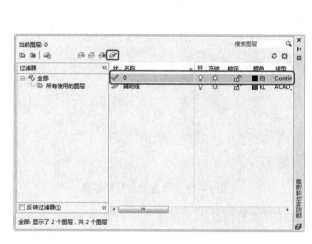
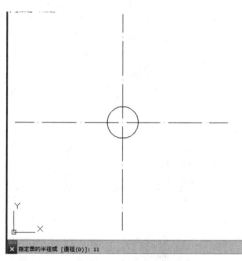

图 14-10　将 0 图层置为当前　　　　　　　　　　图 14-11　绘制圆形

11 在绘图区中选择新绘制的圆形，在命令行中输入 O 命令，按【Enter】键确认，将圆形分别向外偏移 1、6.5，按两次【Enter】键完成偏移，效果如图 14-12 所示。

12 在命令行中输入 REC 命令，按【Enter】键确认，在绘图区中以圆心为第一个角点，根据命令提示输入（@6，-6），按【Enter】键确认，绘制完成后的效果如图 14-13 所示。

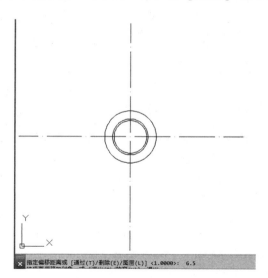
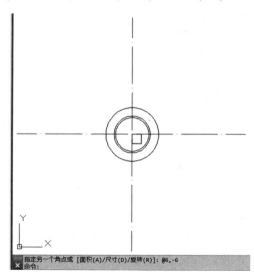

图 14-12　偏移对象后的效果　　　　　　　　　　图 14-13　绘制矩形

13 选中新绘制的矩形，在命令行中输入 M 命令，按【Enter】键确认，以该矩形左上角的端点为基点，根据命令提示输入（@ -3，12.3），按【Enter】键确认，效果如图 14-14 所示。

14 在绘图区选中所有对象，在命令行中输入 TR 命令，按【Enter】键确认，在绘图区对选中的对象进行修剪，效果如图 14-15 所示。

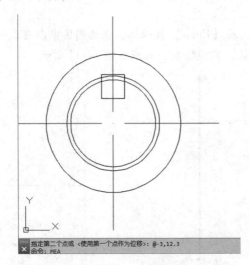

图 14-14　移动矩形

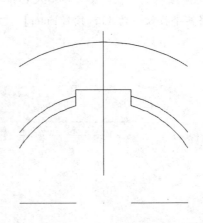

图 14-15　修剪对象后的效果

⑮ 在命令行输入 C 命令，按【Enter】键确认，在绘图区以矩形左上角的端点为圆心，创建一个半径为 4.76 的圆形，如图 14-16 所示。

⑯ 选中绘制的圆形，在命令行输入 M 命令，按【Enter】键确认，以圆心为基点，根据命令提示输入（@3,-2.35），按【Enter】键确认，效果如图 14-17 所示。

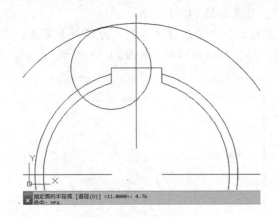

图 14-16　绘制圆形

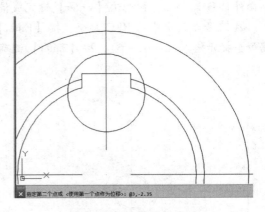

图 14-17　移动后的效果

⑰ 在命令行中输入 C 命令，按【Enter】键确认，以两条直线的交点为圆心，将半径设置为 6.5，绘制后的效果如图 14-18 所示。

⑱ 选中该圆形，在命令行中输入 M 命令，按【Enter】键确认，以圆心为基点，根据命令提示输入（@0,36.75），按【Enter】键确认，移动后的效果如图 14-19 所示。

⑲ 选中移动后的圆形，在命令行中输入 ARRAYPOLAR 命令，按【Enter】键确认，在绘图区指定直线的交点为阵列的中心点，根据命令提示输入 I，按【Enter】键确认，输入 4，按两次【Enter】键完成绘制，效果如图 14-20 所示。

⑳ 在命令行中输入 C 命令，按【Enter】键确认，以直线的交点为圆心，创建一个半径为 36.75 的圆形，如图 14-21 所示。

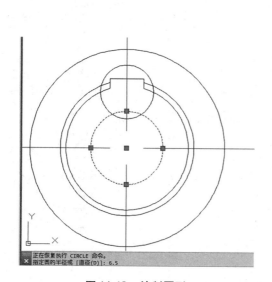

图 14-18　绘制圆形

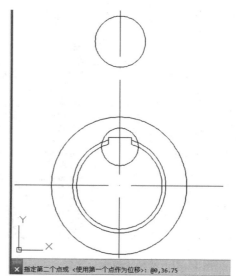

图 14-19　移动圆形后的效果

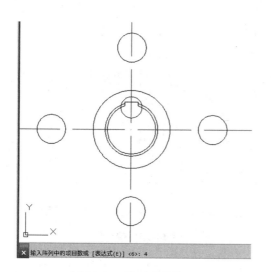

图 14-20　阵列后的效果

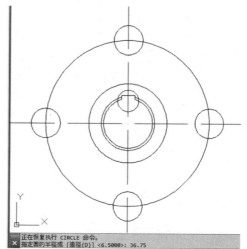

图 14-21　创建圆形

㉑ 选中创建的圆形并右击，在弹出的快捷菜单中选择【特性】命令，如图 14-22 所示。

㉒ 在弹出的【特性】选项板中将【线型】设置为 ACAD_ ISO04W100，如图 14-23 所示。

㉓ 设置完成后，关闭该选项板，在命令行中输入 C 命令，按【Enter】键确认，以直线的交点为圆心，绘制一个半径为 56 的圆，绘制后的效果如图 14-24 所示。

㉔ 选中新绘制的圆形，在命令行中输入 O 命令，按【Enter】键确认，将选中的圆形向外偏移 0.5，如图 14-25 所示。

㉕ 在命令行中输入 C 命令，按【Enter】键确认，以直线的交点为圆心，创建一个半径为 61 的圆形，如图 14-26 所示。

㉖ 选中新绘制的圆形，在命令行中输入 O 键，按【Enter】键确认，将选中的圆形分别向外偏移 1.5、2.75，如图 14-27 所示。

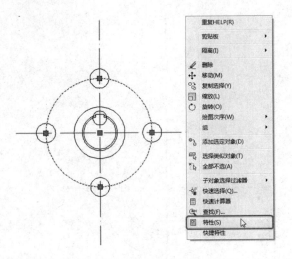

图 14-22 选择【特性】命令

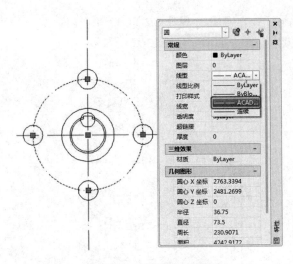

图 14-23 设置圆形的线型

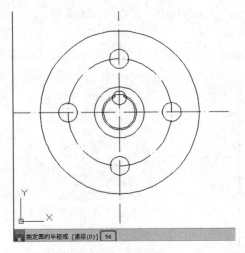

图 14-24 绘制圆形

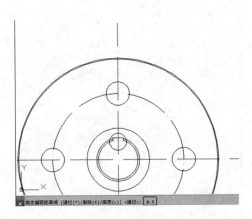

图 14-25 偏移圆形

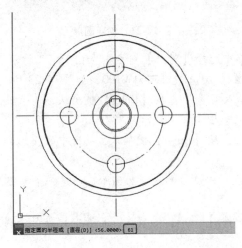

图 14-26 创建圆形

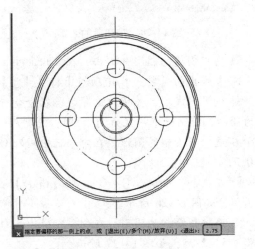

图 14-27 偏移圆形后的效果

㉗ 在绘图区选择如图 14-28 所示的圆形并右击，在弹出的快捷菜单中选择【特性】命令，如图 14-28 所示。

㉘ 在弹出的【特性】选项板中将【线型】设置为 ACAD_ ISOO4W100，如图 14-29 所示。

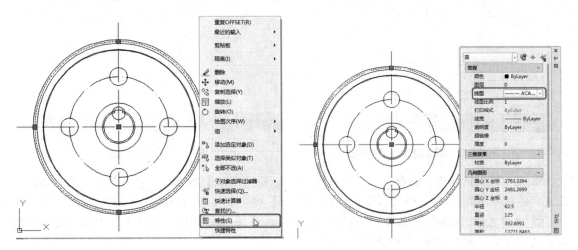

图 14-28　选择【特性】命令　　　　图 14-29　设置圆形的线型

㉙ 在命令行中执行 LAYER 命令，按【Enter】键确认，在弹出的【图层特性管理器】选项板中选择【辅助线】图层，单击【置为当前】按钮，将选中的图层置为当前，如图 14-30 所示。

㉚ 在命令行中执行 L 命令，按【Enter】键确认，在绘图区单击鼠标指定直线的起点，在命令行中输入（@158,0），按【Enter】键确认，输入（@0,70），按两次【Enter】键完成绘制，如图 14-31 所示。

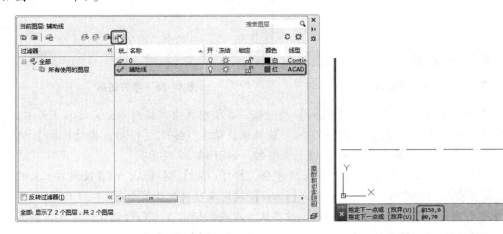

图 14-30　将选中图层置为当前　　　　图 14-31　绘制直线

㉛ 选中绘制的垂直直线，在命令行中输入 M 命令，按【Enter】键确认，以垂直直线下方的端点为基点，根据命令提示输入（@ −79, −35），按【Enter】键完成移动，如图 14-32 所示。

㉜ 在【图层特性管理器】选项板中选择 0 图层，将该图层置为当前，在命令行中输入 REC 命令，按【Enter】键确认，以直线的交点为基点，根据命令提示输入（@ −11, −37），按【Enter】键完成绘制，如图 14-33 所示。

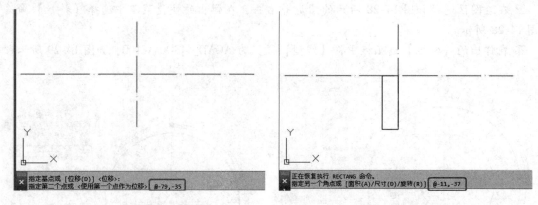

图 14-32　移动直线后的效果　　　　　　　图 14-33　绘制矩形

33 选中绘制的矩形，在命令行中输入 M 命令，按【Enter】键确认，以矩形右上角的端点为基点，根据命令提示输入（@0,18.5），按【Enter】键完成移动，如图 14-34 所示。

34 继续选中该矩形，在命令行中输入 TR 命令，按【Enter】键确认，在绘图区中对选中的对象进行修剪，效果如图 14-35 所示。

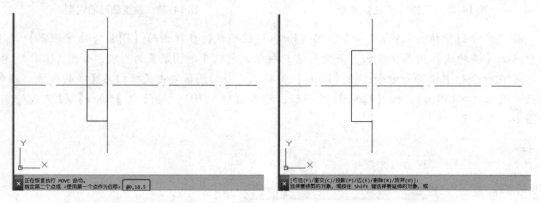

图 14-34　移动矩形后的效果　　　　　　　图 14-35　修剪矩形

35 在命令行中输入 PL 命令，按【Enter】键确认，在绘图区中以矩形右上角的端点为起点，根据命令提示输入（@ -17.5,0），按【Enter】键确认，输入（@0，-39），按【Enter】键确认，输入（@17.5,0），按两次【Enter】键完成绘制，如图 14-36 所示。

36 选中绘制的多段线，在命令行中输入 M 命令，按【Enter】键确认，以多段线右上角的端点为基点，根据命令提示输入（@0,1），按【Enter】键完成移动，效果如图 14-37 所示。

37 在命令行中输入 L 命令，按【Enter】键确认，以内侧矩形左上角的端点为起点，根据命令提示输入（@ -1,1），按两次【Enter】键完成绘制，如图 14-38 所示。

38 在命令行中输入 L 命令，按【Enter】键确认，以内侧矩形左下角的端点为起点，根据命令提示输入（@ -1，-1），按两次【Enter】键完成绘制，如图 14-39 所示。

39 在命令行中输入 PL 命令，按【Enter】键确认，以多段线左上角的端点为基点，根据命令提示输入（@ -46.25,0），按【Enter】键确认，输入（@0，-30），按【Enter】键确认，输入（@46.25,0），按两次【Enter】键完成绘制，效果如图 14-40 所示。

40 选中绘制的多段线，在命令行中输入 M，按【Enter】键确认，以多段线右上角的端点为基点，根据命令提示输入（@0，-4.5），按【Enter】键完成移动，效果如图 14-41 所示。

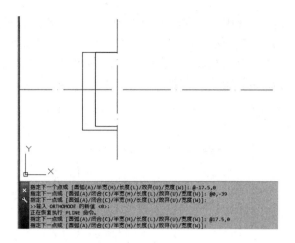

图 14-36　绘制多段线

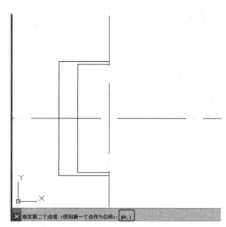

图 14-37　移动多段线后的效果

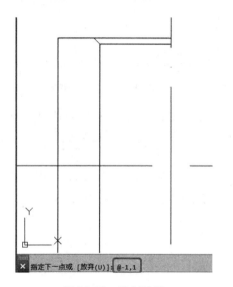

图 14-38　绘制线段

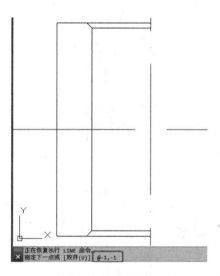

图 14-39　再次绘制线段

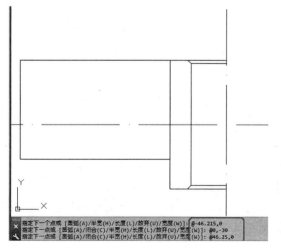

图 14-40　绘制多段线

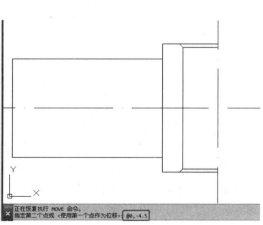

图 14-41　移动多段线后的效果

㊶ 在命令行中输入 REC 命令，按【Enter】键确认，以多段线右上角的端点为基点，根据命令提示输入（@ -38.5, -10.75），按【Enter】键完成绘制，如图 14-42 所示。

㊷ 选中绘制的矩形，在命令行中输入 M 命令，按【Enter】键确认，以矩形右上角的端点为基点，根据命令提示输入（@0, -0.5），按【Enter】键确认，移动后的效果如图 14-43 所示。

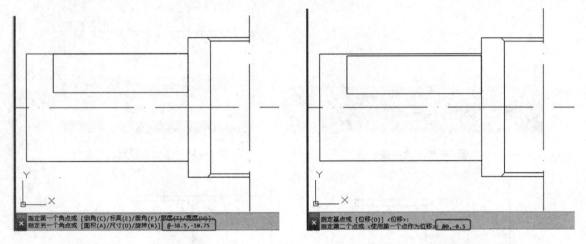

图 14-42　绘制矩形　　　　　　　　　　　　　图 14-43　移动矩形后的效果

㊸ 继续选中该矩形，在命令行中输入 CP 命令，按【Enter】键确认，以选中矩形右下角的端点为基点，根据命令提示输入（@0, -18.25），按两次【Enter】键完成复制，如图 14-44 所示。

㊹ 在命令行中输入 L 命令，按【Enter】键确认，以上方矩形左上角的端点为起点，根据命令提示输入（@ -0.5, 0.5），按两次【Enter】键完成绘制，如图 14-45 所示。

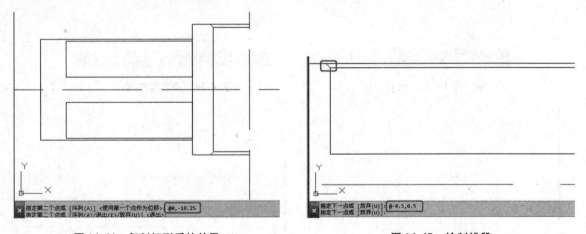

图 14-44　复制矩形后的效果　　　　　　　　　　图 14-45　绘制线段

㊺ 在命令行中输入 L 命令，按【Enter】键确认，以下方矩形左下角的端点为起点，根据命令提示输入（@ -0.5, -0.5），按两次【Enter】键完成绘制，如图 14-46 所示。

㊻ 在命令行中执行 L 命令，按【Enter】键确认，以如图 14-47 所示的端点为起点，根据命令提示输入（@0, -30），按两次【Enter】键确认。

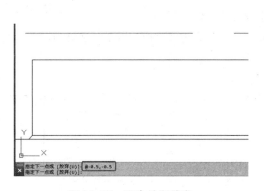

图 14-46　再次绘制线段

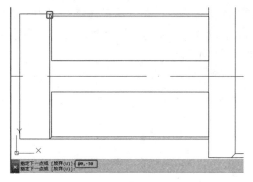

图 14-47　绘制直线

47 选中绘制的直线，在命令行中输入 M 命令，按【Enter】键确认，以选中直线上方的端点为基点，根据命令提示输入（@ -4.5,0），按【Enter】键完成移动，效果如图 14-48 所示。

48 继续在绘图区选中该直线，在命令行中输入 O 命令，按【Enter】键确认，将选中的直线分别向右偏移 17.5、31，偏移后的效果如图 14-49 所示。

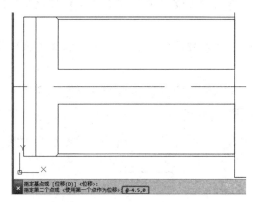

图 14-48　移动直线后的效果

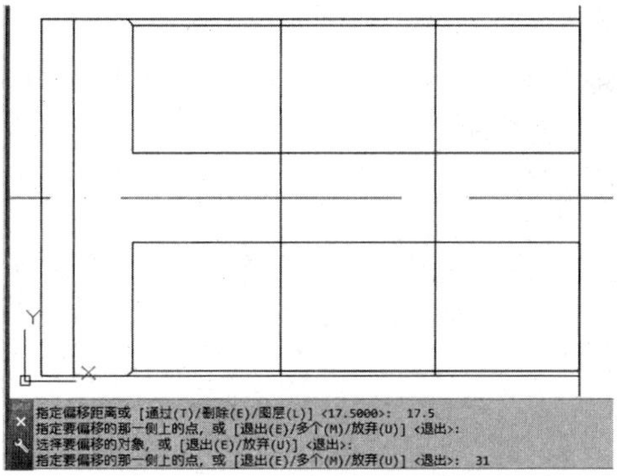

图 14-49　偏移直线后的效果

49 偏移直线后，对偏移后的直线进行调整，调整后的效果如图 14-50 所示。

50 在命令行中输入 F 命令，按【Enter】键确认，输入 R，按【Enter】键确认，输入 0.5，按【Enter】键确认，输入 M，按【Enter】键确认，然后对绘图区中的对象进行圆角处理，效果如图 14-51 所示。

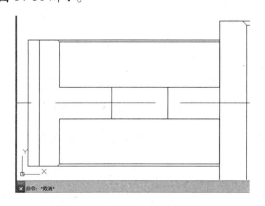

图 14-50　调整直线后的效果

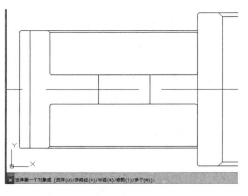

图 14-51　圆角后的效果

51 圆角完成后，在绘图区选择如图 14-52 所示的对象。

52 在命令行中输入 TR 命令，按【Enter】键确认，在绘图区对选中的对象进行修剪，效果如图 14-53 所示。

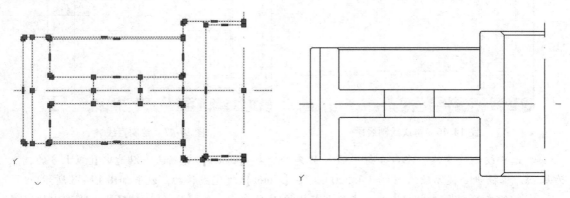

图 14-52　选择对象　　　　　　　　　　　图 14-53　修剪后的效果

53 在命令行中输入 HATCH 命令，按【Enter】键确认，输入 K，按【Enter】键确认，在绘图区中拾取内部点，如图 14-54 所示。

54 在命令行中输入 T，按【Enter】键确认，在弹出的对话框中将【图案】设置为 ANST31，如图 14-55 所示。

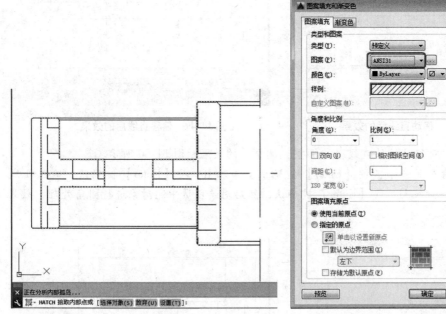

图 14-54　拾取内部点　　　　　　　　　　图 14-55　设置图案样式

55 设置完成后，单击【确定】按钮，再次按【Enter】键完成图案填充，效果如图 14-56 所示。

56 填充完成后，在绘图区选择如图 14-57 所示的对象。

57 在命令行中输入 RO 命令，以直线的交点为基点，输入 C，按【Enter】键确认，水平指定一点，完成旋转复制，效果如图 14-58 所示。

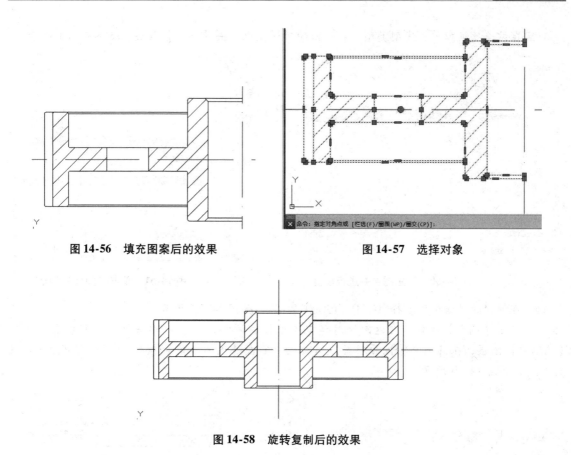

图 14-56　填充图案后的效果　　　　　　**图 14-57　选择对象**

图 14-58　旋转复制后的效果

14.2　绘制泵盖

下面介绍如何绘制泵盖，最终效果如图 14-59 所示。

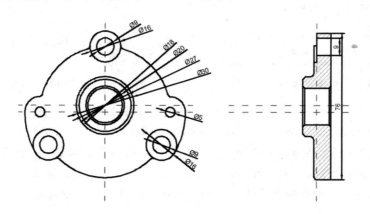

图 14-59　泵盖

其具体操作步骤如下：

 启动 AutoCAD 2016，新建一个新的场景文件，按【F7】键取消栅格显示，在命令行中输入 LAYER 命令，按【Enter】键确认，在弹出的选项板中单击【新建图层】按钮，将新建的图层命名为【辅助线】，将其颜色设置为【红】，如图 14-60 所示。

02 在该选项板中单击线型类型，在弹出的对话框中单击【加载】按钮，如图 14-61 所示。

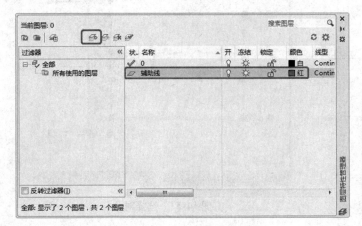

图 14-60　新建图层并进行设置　　　　　　　　图 14-61　单击【加载】按钮

03 在弹出的对话框中选择 ACAD_ ISO003W100，如图 14-62 所示。

04 单击【确定】按钮，在返回的对话框中选择新添加的线型，单击【确定】按钮，选中【辅助线】图层，在【图层特性管理器】选项板中单击【置为当前】按钮，将选中的图层置为当前，如图 14-63 所示。

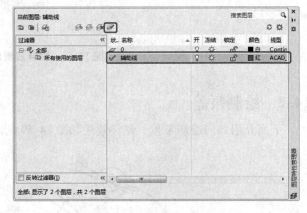

图 14-62　选择线型　　　　　　　　　　　图 14-63　将选中的图层置为当前

05 关闭该选项板，在命令行中输入 L 命令，按【Enter】键确认，在绘图区任意位置指定直线的起点，根据命令提示输入（@92,0），按【Enter】键确认，输入（@0,−92），如图 14-64 所示。

06 选中垂直的直线，在命令行中输入 M 命令，按【Enter】键确认，以选中直线上方的端点为基点，根据命令提示输入（@ −46,46），按【Enter】键完成移动，效果如图 14-65 所示。

07 在绘图区选中绘制的两条直线并右击，在弹出的快捷菜单中选择【特性】命令，如图 14-66 所示。

08 在弹出的【特性】选项板中将【线型比例】设置为 0.25，如图 14-67 所示。

09 选中水平直线，在命令行中输入 O 命令，按【Enter】键确认，将选中的直线向上偏移 3.5，偏移后的效果如图 14-68 所示。

10 在命令行中输入 LAYER 命令，按【Enter】键确认，在弹出的选项板中单击【新建图层】按钮，将其命名为【零件】，将【线宽】设置为 0.30，如图 14-69 所示。

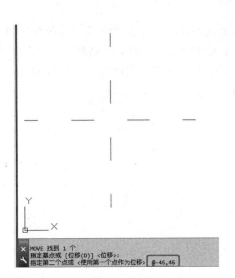

图 14-64 绘制直线　　　　　　　**图 14-65 移动直线后的效果**

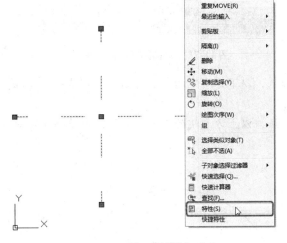

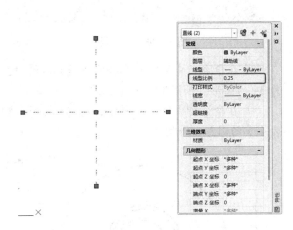

图 14-66 选择【特性】命令　　　　**图 14-67 设置线型比例**

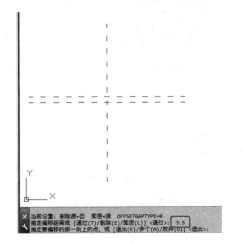

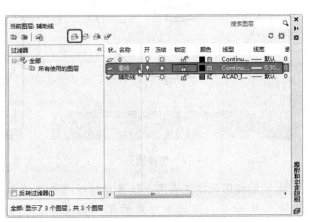

图 14-68 偏移直线后的效果　　　　**图 14-69 新建图层并设置线宽**

11 双击该图层，将其置为当前，关闭该选项板，在命令行中输入 C 命令，按【Enter】键确认，以上方直线的交点为圆心，创建一个半径为 9 的圆形，效果如图 14-70 所示。

12 选中绘制的圆形，在命令行中输入 O 命令，按【Enter】键确认，将选中的圆形分别向外偏移 1、4.5、6，如图 14-71 所示。

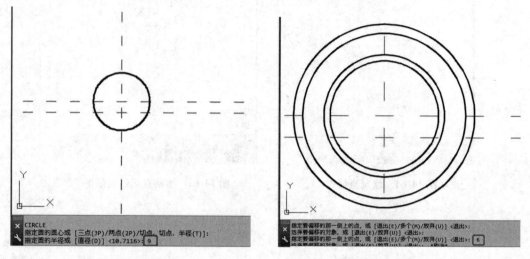

图 14-70　创建圆形　　　　　图 14-71　偏移圆形后的效果

13 在命令行中输入 C 命令，按【Enter】键确认，以下方直线的交点为圆心，创建一个半径为 34 的圆形，如图 14-72 所示。

14 在命令行中输入 C 命令，按【Enter】键确认，以上方直线的交点为圆心，创建一个半径为 4.5 的圆形，如图 14-73 所示。

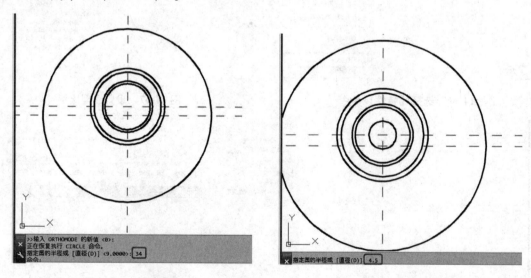

图 14-72　创建圆形　　　　　图 14-73　再次创建圆形

15 使用相同的方法在同一位置创建一个半径为 8 的圆形，选中新绘制的两个圆形，在命令行中输入 M 命令，以选中对象的圆心为基点，根据命令提示输入（@ −29.5, −20.5），按【Enter】键确认，移动后的效果如图 14-74 所示。

⑯ 在命令行中执行 C 命令，按【Enter】键确认，以上方直线的交点为圆心，创建一个半径为 2.5 的圆形，如图 14-75 所示。

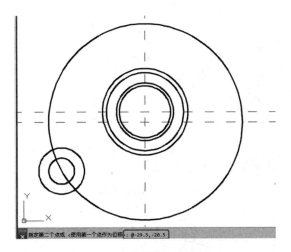

图 14-74　移动圆形后的效果　　　　　　　　图 14-75　创建圆形

⑰ 选中新创建的圆形，在命令行中输入 M 命令，按【Enter】键确认，以选中圆形的圆心为基点，根据命令提示输入（@ -34，-3.5），按【Enter】键确认，移动后的效果如图 14-76 所示。

⑱ 移动完成后，在绘图区选择如图 14-77 所示的对象。

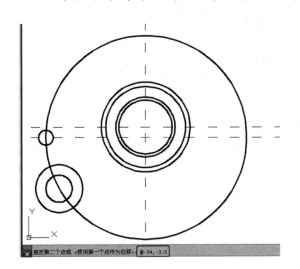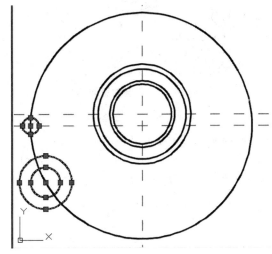

图 14-76　移动圆形后的效果　　　　　　　　图 14-77　选择对象

⑲ 在命令行中输入 MI 命令，按【Enter】键确认，以直线的交点为基点，向下垂直移动鼠标，在合适的位置单击鼠标，输入 N，按【Enter】键完成镜像，效果如图 14-78 所示。

⑳ 镜像完成后，在绘图区中选择如图 14-79 所示的对象。

㉑ 在命令行中输入 RO 命令，按【Enter】键确认，以下方直线的交点为基点，根据命令提示输入 C 按【Enter】键确认，输入 -120，按【Enter】键确认，如图 14-80 所示。

㉒ 在命令行中输入 C 命令，按【Enter】键确认，以上方直线的交点为基点，创建一个半径为 2 的圆形，如图 14-81 所示。

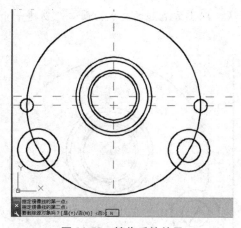

图 14-78 镜像后的效果

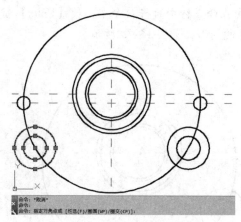

图 14-79 选择圆形对象

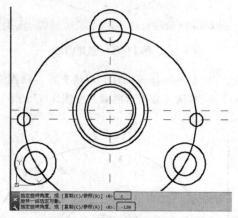

图 14-80 复制并旋转后的效果

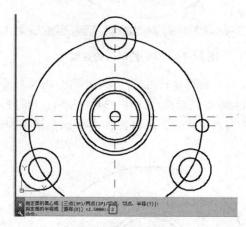

图 14-81 创建圆形

㉓ 选中绘制的圆形，在命令行中输入 M 命令，按【Enter】键确认，以选中对象的圆心为基点，根据命令提示输入（@ -34.58,6.4），按【Enter】键确认，移动后的效果如图 14-82 所示。

㉔ 在命令行中执行 C 命令，按【Enter】键确认，以如图 14-83 所示的圆心为基点，创建一个半径为 8 的圆形，如图 14-83 所示。

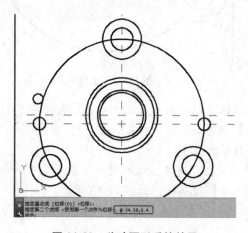

图 14-82 移动图形后的效果

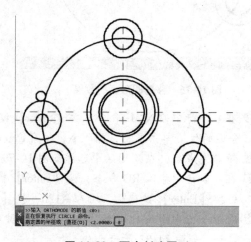

图 14-83 再次创建圆形

㉕ 在命令行中输入 C 命令，按【Enter】键确认，以下方直线的交点为圆心，创建一个半径为 42 的圆形，如图 14-84 所示。

㉖ 创建完成后，在绘图区选择如图 14-85 所示的两个图形。

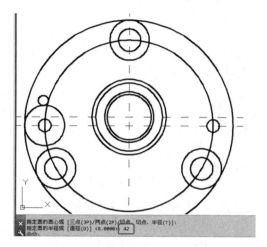

图 14-84　创建大圆形

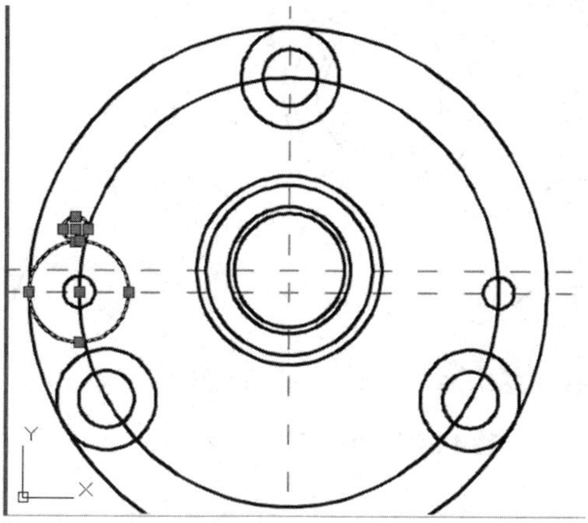

图 14-85　选择图形

㉗ 在命令行中执行 MI 命令，按【Enter】键确认，以直线的交点为基点，向下垂直移动鼠标，在合适的位置上单击，输入 N，按【Enter】键确认，镜像后的效果如图 14-86 所示。

㉘ 按【Ctrl + A】组合键，将绘图区中的对象全部选中，在命令行中输入 TR 命令，按【Enter】键确认，在绘图区中对选中的对象进行修剪，效果如图 14-87 所示。

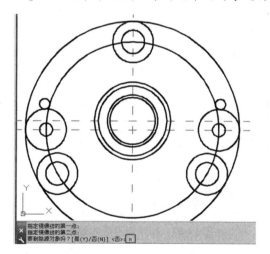

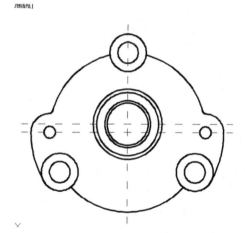

图 14-86　镜像对象后的效果

图 14-87　修剪对象后的效果

㉙ 在命令行中执行 F 命令，按【Enter】键确认，输入 R，按【Enter】键确认，输入 2，按【Enter】键确认，输入 M，按【Enter】键确认，在绘图区对对象进行圆角即可，效果如图14-88 所示。

㉚ 在绘图区选择三条辅助线，在命令行中输入 CP 命令，按【Enter】键确认，以辅助线左侧的端点为基点，将其水平向右进行移动，在合适的位置上单击，完成复制，效果如图 14-89 所示。

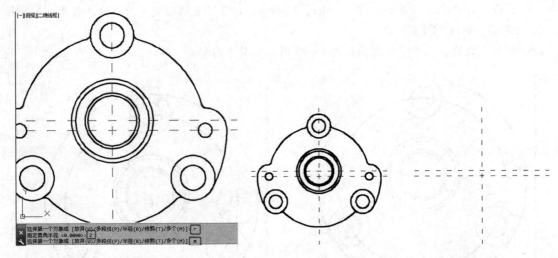

图 14-88　圆角后的效果　　　　　　　　图 14-89　移动辅助线后的效果

31 在命令行中输入 REC 命令，按【Enter】键确认，以上方直线的交点为矩形的第一个角点，根据命令提示输入（@7.5,2.5），按【Enter】键确认，如图 14-90 所示。

32 选中新绘制的矩形，在命令行中输入 M 命令，按【Enter】键确认，以矩形左下角的端点为基点，根据命令提示输入（@0,35），按【Enter】键确认，移动后的效果如图 14-91 所示。

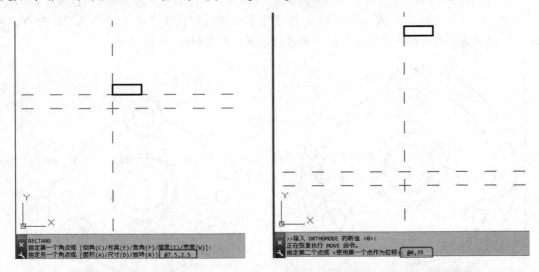

图 14-90　绘制矩形　　　　　　　　图 14-91　移动矩形后的效果

33 在命令行中输入 PL 命令，按【Enter】键确认，以矩形左下角的端点为起点，根据命令提示输入（@0,-9），按【Enter】键确认，输入（@7.5,0），按【Enter】键确认，输入（@0,9），按两次【Enter】键完成绘制，如图 14-92 所示。

34 在命令行中执行 PL 命令，按【Enter】键确认，以多段线右下角的端点为基点，根据命令提示输入（@0,-17），按【Enter】键确认，输入（@-15,0），按【Enter】键确认，输入（@0,6），按【Enter】键确认，输入（@6,0），按【Enter】键确认，输入（@0,16），按【Enter】键确认，输入（@1.5,0），按两次【Enter】键完成多段线的绘制，效果如图 14-93 所示。

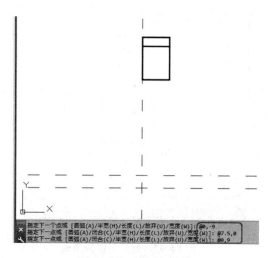

图 14-92　绘制多段线

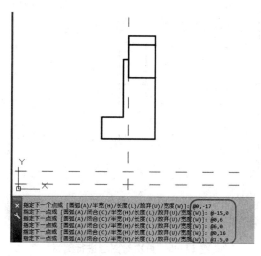

图 14-93　绘制多段线

㉟ 在命令行中输入 PL 命令，按【Enter】键确认，在绘图区以内侧多段线左下角的端点为起点，根据命令提示输入（@0,－3.5），按【Enter】键确认，输入（@－1.5,0），按两次【Enter】键完成多段线的绘制，效果如图 14-94 所示。

㊱ 在命令行中输入 CHA 命令，按【Enter】键确认，根据命令提示输入 A，按【Enter】键确认，输入 0.98，按【Enter】键确认，输入 45，按【Enter】键确认，输入 M，按【Enter】键确认，在绘图区对图形进行倒角，效果如图 14-95 所示。

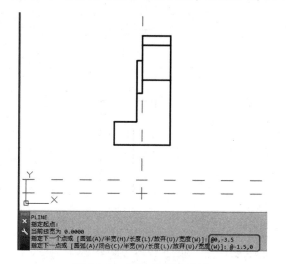

图 14-94　再次绘制多段线

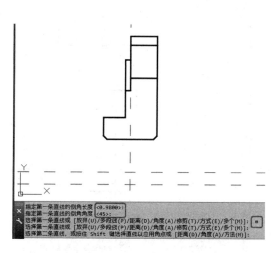

图 14-95　对图形进行倒角

㊲ 在命令行中输入 CHA 命令，按【Enter】键确认，根据命令提示输入 A，按【Enter】键确认，输入 1.5，按【Enter】键确认，输入 45，按【Enter】键确认，在绘图区对图形进行倒角，效果如图 14-96 所示。

㊳ 在命令行中输入 F 命令，按【Enter】键确认，根据命令提示输入 R，按【Enter】键确认，输入 2，按【Enter】键确认，在绘图区对图形进行圆角处理，效果如图 14-97 所示。

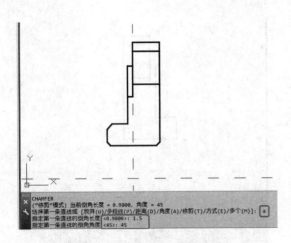

图 14-96　再次对图形进行倒角

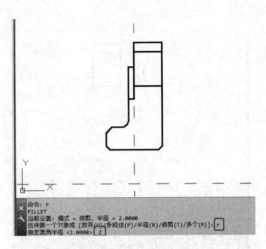

图 14-97　对图形进行圆角

㊴ 在命令行中输入 PL 命令，按【Enter】键确认，以下方直线的交点为起点，根据命令提示输入（@−15,0），按【Enter】键确认，输入（@0,−6），按【Enter】键确认，输入（@6,0），按【Enter】键确认，输入（0,−22.5），按【Enter】键确认，输入（@9,0），按【Enter】键确认，输入（@0,28.5），按两次【Enter】键完成多段线的绘制，效果如图 14-98 所示。

㊵ 在绘图区选择新绘制的多段线，在命令行中输入 M 命令，按【Enter】键确认，以多段线右上角的端点为基点，根据命令提示输入（@7.5,−6.5），按【Enter】键完成移动，效果如图 14-99 所示。

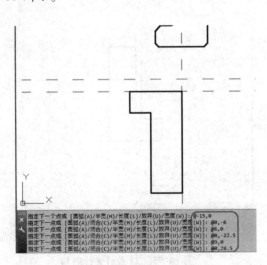

图 14-98　绘制多段线

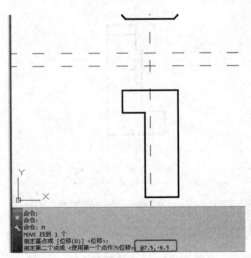

图 14-99　移动多段线后的效果

㊶ 在命令行中输入 CHA 命令，按【Enter】键确认，，根据命令提示输入 A，按【Enter】键确认，输入 0.98，按【Enter】键确认，输入 45，按【Enter】键确认，输入 M，按【Enter】键确认，在绘图区对图形进行倒角，效果如图 14-100 所示。

㊷ 在命令行中输入 CHA 命令，按【Enter】键确认，根据命令提示输入 A，按【Enter】键确认，输入 1.5，按【Enter】键确认，输入 45，按【Enter】键确认，在绘图区中对图形进行倒角，效果如图 14-101 所示。

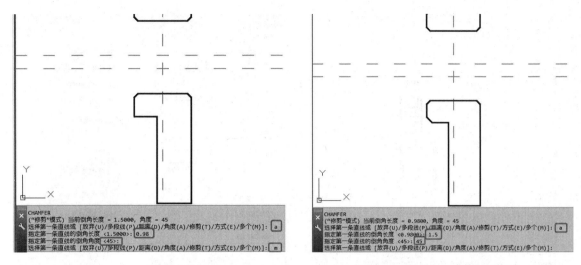

图 14-100　对图形进行倒角　　　　　图 14-101　再次对图形进行倒角

🐾 在命令行中输入 F 命令，按【Enter】键确认，根据命令提示输入 R，按【Enter】键确认，输入 2，按【Enter】键确认，输入 M，按【Enter】键确认，在绘图区对图形进行圆角处理，效果如图 14-102 所示。

🐾 在命令行中输入 L 命令，按【Enter】键确认，在绘图区对图形进行连接，效果如图 14-103 所示。

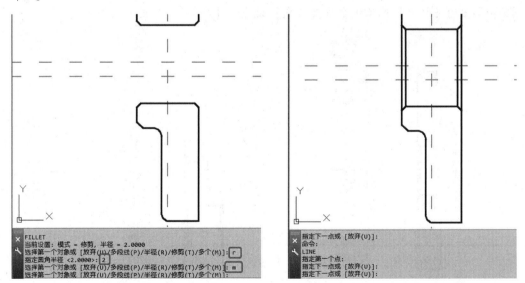

图 14-102　对图形进行圆角　　　　　图 14-103　绘制直线

🐾 在命令行中输入 HATCH 命令，按【Enter】键确认，在绘图区拾取内部点，如图 14-104 所示。

🐾 根据命令提示输入 T，按【Enter】键确认，在弹出的对话框中将【图案】设置为 LINE，将【颜色】设置为【青】，将【角度】、【比例】分别设置为 45、0.5，如图 14-105 所示。

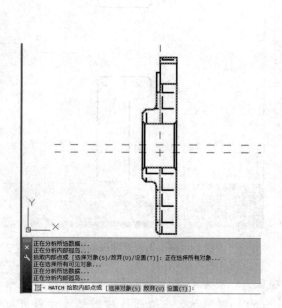

图 14-104 拾取内部顶点

图 14-105 设置图案填充

47 设置完成后,单击【确定】按钮,按【Enter】键完成填充,在绘图区选择填充后的图案并右击,在弹出的快捷菜单中选择【特性】命令,如图 14-106 所示。

48 在弹出的【特性】选项板中将【线宽】设置为【默认】,如图 14-107 所示。

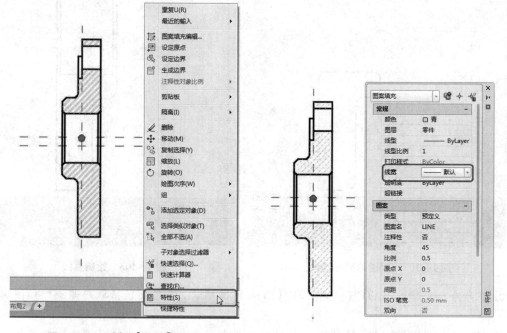

图 14-106 选择【特性】命令 图 14-107 设置线宽

49 根据前面所学习的方法对绘制完成后的零件进行标注,效果如图 14-108 所示。

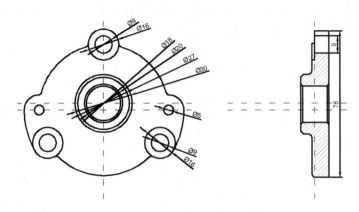

图 14-108　添加标注后的效果

14.3　绘制轴套

　　轴套是套在转轴上的筒状机械零件，是滑动轴承的一个组成部分。一般来说，轴套与轴承座采用过盈配合，而与轴采用间隙配合，本节将介绍如何绘制轴套，效果如图 14- 109 所示，其具体操作步骤如下：

　　⓵ 启动 AutoCAD 2016，新建一个空白场景文件，按【F7】键取消栅格显示，在命令行中输入 LAYER 命令，按【Enter】键确认，在弹出的选项板中单击【新建图

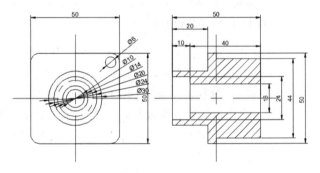

图 14-109　轴套

层】按钮，将新建的图层命名为【辅助线】，将其颜色设置为【红】，如图 14-110 所示。

　　⓶ 在该选项板中单击线型类型，在弹出的对话框中单击【加载】按钮，如图 14-111 所示。

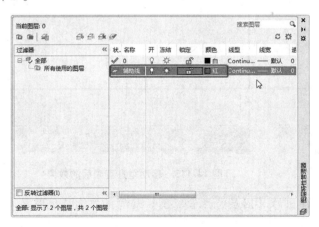

图 14-110　新建图层

图 14-111　单击【加载】按钮

　　⓷ 在弹出的对话框中选择 CENTER 线型类型，如图 14-112 所示。

⑭ 单击【确定】按钮，选择新添加的线型，单击【确定】按钮，在【图层特性管理器】选项板中单击【置为当前】按钮，如图 14-113 所示。

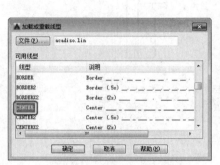

图 14-112 选择线型类型

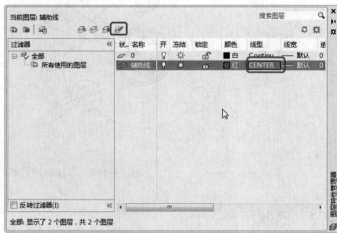

图 14-113 将图层置为当前

⑮ 设置完成后，关闭该选项板，在命令行中输入 L 命令，按【Enter】键确认，在绘图区中任意一点单击鼠标，根据命令提示输入（@70,0），按【Enter】键确认，输入（@0,-70），按两次【Enter】键确认，如图 14-114 所示。

⑯ 选中绘制的垂直直线，在命令行中输入 M 命令，按【Enter】键确认，以垂直直线上方的端点为基点，根据命令提示输入（@-35,35），按【Enter】键确认，移动后的效果如图 14-115 所示。

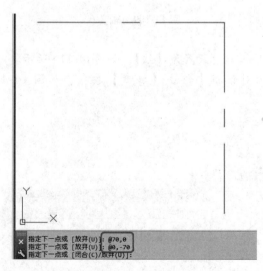

图 14-114 绘制直线

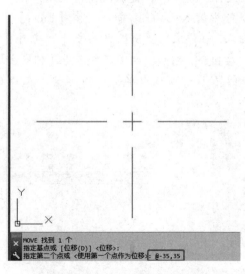

图 14-115 移动垂直直线后的效果

⑰ 在命令行中输入 LAYER 命令，在弹出的【图层特性管理器】选项板中选择 0 图层，单击【置为当前】按钮，如图 14-116 所示。

⑱ 关闭该选项板，在命令行输入 C 命令，按【Enter】键确认，以直线的交点为圆心，创建一个半径为 5 的圆形，如图 14-117 所示。

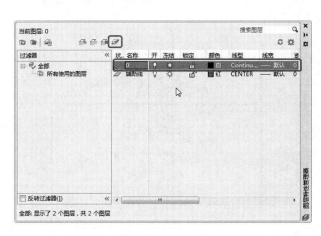

图 14-116　选择图层并置为当前　　　　图 14-117　绘制圆形

09 选中绘制的圆形，在命令行中输入 O 命令，按【Enter】键确认，将选中的圆形分别向外偏移 2、5、7、10，偏移后的效果如图 14-118 所示。

10 偏移后，在绘图区选择如图 14-119 所示的圆形并右击，在弹出的快捷菜单中选择【特性】命令，如图 14-119 所示。

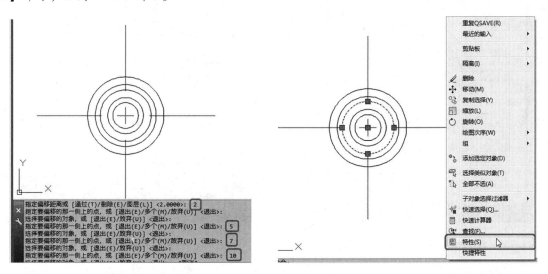

图 14-118　偏移圆形后的效果　　　　图 14-119　选择【特性】命令

11 在弹出的【特性】选项板中将【颜色】设置为【红】，将【线型】设置为 CENTER，如图 14-120 所示。

12 关闭该选项板，在命令行中输入 REC 命令，按【Enter】键确认，以直线的交点为基点，根据命令提示输入（@50，−50），按【Enter】键确认，如图 14-121 所示。

13 选中绘制的矩形，在命令行中输入 M 命令，按【Enter】键确认，以矩形左上角的端点为基点，根据命令提示输入（@−25，25），按【Enter】键确认，移动后的效果如图 14-122 所示。

14 在命令行中输入 F 命令，按【Enter】键确认，输入 R，按【Enter】键确认，输入 5，按

【Enter】键确认，输入 M，按【Enter】键确认，在绘图区对矩形进行圆角处理，效果如图
14-123 所示。

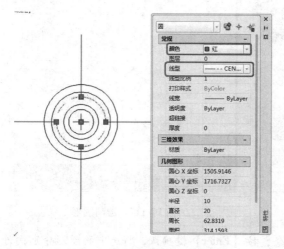

图 14-120　设置颜色及线型

图 14-121　绘制矩形

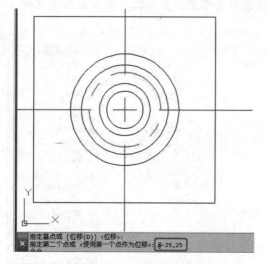
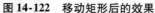

图 14-122　移动矩形后的效果

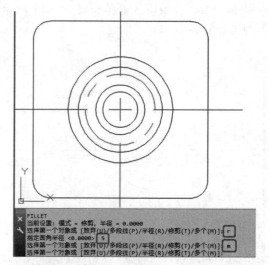

图 14-123　对矩形进行圆角

⑮ 在命令行中输入 C 命令，按【Enter】键确认，以右上角圆角的圆心为新圆心，创建一个
半径为 3 的圆形，效果如图 14-124 所示。

⑯ 在绘图区选择垂直相交的两条直线，在命令行中输入 CP 命令，按【Enter】键确认，以
水平直线左侧的端点为基点，向右移动鼠标，在合适的位置单击，按【Enter】键完成复制，复
制后的效果如图 14-125 所示。

⑰ 在命令行中输入 REC 命令，按【Enter】键确认，以直线的交点为矩形的角点，根据命
令提示输入（@ -5，-50），按【Enter】键确认，创建后的效果如图 14-126 所示。

⑱ 选中新创建的矩形，在命令行中输入 M 命令，按【Enter】键确认，以矩形右上角的端点
为基点，根据命令提示输入（@0，25），按【Enter】键完成移动，效果如图 14-127 所示。

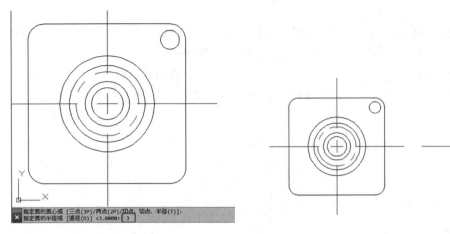

图 14-124 创建圆形

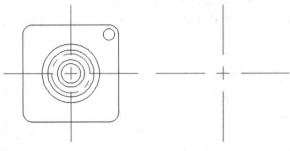

图 14-125 复制辅助线

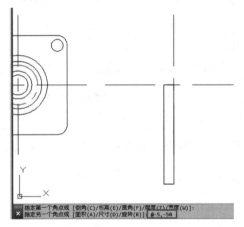

图 14-126 创建矩形

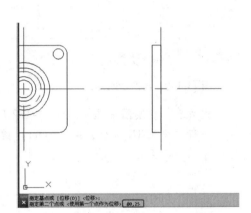

图 14-127 移动矩形后的效果

⑲ 在命令行中输入 REC 命令，按【Enter】键确认，以直线的交点为矩形的角点，根据命令提示输入（@ -20，-30），按【Enter】键完成绘制，效果如图 14-128 所示。

⑳ 选中该矩形，在命令行中输入 M 命令，按【Enter】键确认，以矩形右上角的端点为基点，根据命令提示输入（@ -5,15），按【Enter】键确认，移动后的效果如图 14-129 所示。

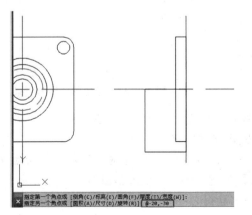

图 14-128 绘制矩形

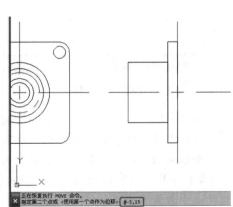

图 14-129 移动矩形

㉑ 在命令行中输入 REC 命令，按【Enter】键确认，以直线的交点为矩形的角点，根据命令提示输入（@25，-44），按【Enter】键完成绘制，效果如图 14-130 所示。

㉒ 选中新绘制的矩形，在命令行中输入 M 命令，按【Enter】键确认，以矩形左上角的端点为基点，根据命令提示输入（@0,22），按【Enter】键确认，效果如图 14-131 所示。

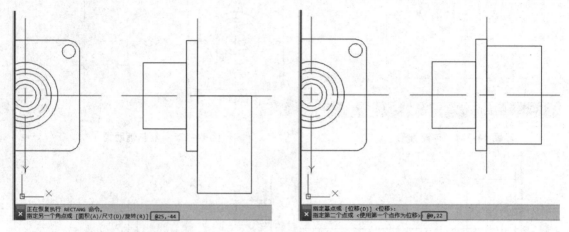

图 14-130　再次绘制矩形　　　　　　图 14-131　调整矩形的位置

㉓ 移动完成后，在绘图区选择如图 14-132 所示的图形。

㉔ 在命令行中输入 TR 命令，按【Enter】键确认，在绘图区对选中的图形进行修剪，修剪后的效果如图 14-133 所示。

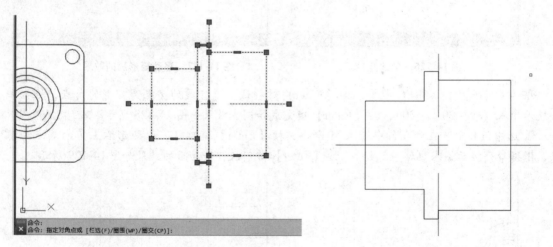

图 14-132　选择图形　　　　　　图 14-133　修剪图形后的效果

㉕ 在命令行中输入 L 命令，按【Enter】键确认，以直线的交点为起点，根据命令提示输入（@40,0），按两次【Enter】键完成绘制，效果如图 14-134 所示。

㉖ 选中新绘制的直线，在命令行中输入 M 命令，按【Enter】键确认，以左侧的端点为基点，根据命令提示输入（@-15,8），按【Enter】键完成移动，效果如图 14-135 所示。

㉗ 继续选中该直线，在命令行中执行 O 命令，按【Enter】键确认，将选中的矩形向下偏移 16，效果如图 14-136 所示。

②⑧ 命令行中执行 PL 命令，按【Enter】键确认，以直线的交点为基点，根据命令提示输入（@10,0），按【Enter】键确认，输入（@0,-24），按【Enter】键确认，输入（@-10,0），按两次【Enter】键完成多段线的绘制，效果如图 14-137 所示。

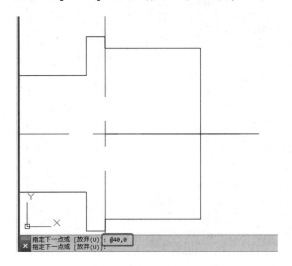

图 14-134 绘制直线

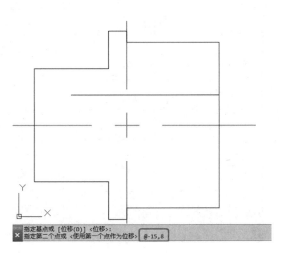

图 14-135 移动直线后的效果

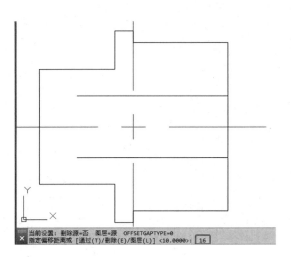

图 14-136 偏移后的效果

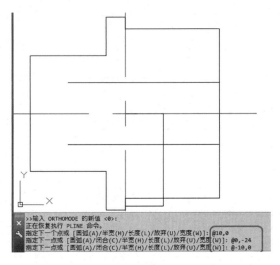

图 14-137 绘制多段线

②⑨ 选中绘制的多段线，在命令行中输入 M 命令，按【Enter】键确认，以左上角的端点为基点，根据命令提示输入（@-25,12），按【Enter】键完成移动，效果如图 14-138 所示。

③⓪ 在命令行中输入 HATCH 命令，按【Enter】键确认，在绘图区拾取内部点，输入 T，按【Enter】键，在弹出的对话框中将【图案】设置为 ANSI31，如图 14-139 所示。

③① 设置完成后，单击【确定】按钮，按【Enter】键完成图案填充，效果如图 14-140 所示。

③② 根据前面所介绍的方法对绘制后的图形进行标注，效果如图 14-141 所示。

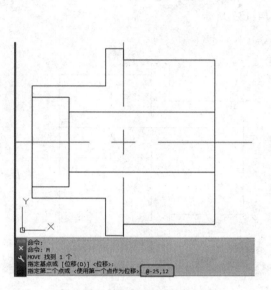

图 14-138　移动多段线后的效果

图 14-139　设置图案

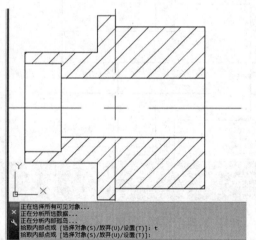

图 14-140　填充图案后的效果

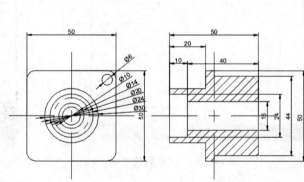

图 14-141　标注后的效果

项目指导——室内平面图的绘制

提高知识
- ◉ 室内设计概述
- ◉ 住宅楼平面户型图的绘制
- ◉ 办公室平面图的绘制

本章以住宅楼户型图的设计为出发点，详细讲述了室内装饰设计理念和装饰图的绘制技巧，室内家具布局、文字说明和尺寸标注等。希望读者通过本章的学习，在了解室内设计的表达内容和绘制思路的前提下，掌握具体的绘制过程和操作技巧，快速方便地绘制符合制图标准和施工要求的室内设计图，同时也为后面章节的学习打下坚实的基础。

15.1 室内设计概述

室内设计是根据建筑物的使用性质、所处环境和相应标准，运用物质技术手段和建筑美学原理，创造功能合理、舒适优美、满足人的物质和精神生活需要的室内环境。这一空间环境既具有使用价值，满足相应的功能要求，同时也反映了历史文脉、建筑风格、环境气氛等精神因素。

室内设计（又称建筑装饰设计）是环境艺术的一部分，是一项艺术性很强并且技术要求十分精巧的创造性劳动，加之运用的范围非常广泛，就要求室内设计师要有丰富而广博的知识以及较高的意识修养。

设计师需要深刻理解人与环境的联系，把人类艺术和物质文明有机结合起来。

室内设计内容有六大要素：空间组织、功能分析、界面设计，材料选用、家具陈设、色彩搭配。

15.1.1 室内平面设计的内容

室内这一空间环境既具有使用价值，满足相应的功能要求，同时也反映了历史文脉、建筑风格、环境气氛等精神因素。明确地把"创造满足人们物质和精神生活需要的室内环境"作为室内设计的目的，现代室内设计是综合的室内环境设计，既包括视觉环境和工程技术方面的问题，也包括声、光、热等物理环境以及氛围、意境等心理环境和文化内涵等内容。

1. 完整的设计内容
- 设计总说明；
- 总平面图（大的公寓、别墅要有分区域或各居室平面图）；

- 各部位立面图及剖面图；
- 节点大样图；
- 固定家具制作图；
- 电气平面图；
- 电气系统图；
- 给排水平面图（涉及改造部分）；
- 顶视图；
- 建筑立面图（别墅）；
- 装修材料表。

2．平面设计图

平面设计图包括底部平面设计图和顶部平面设计图两份。

平面设计图应有墙、柱定位尺寸，并有确切的比例。不管图纸如何缩放，其绝对面积不变。有了室内平面设计图后，设计师就可以根据不同的房间布局进行室内平面设计。设计师在布置之前一般会征询顾客的想法。

卧室一般有衣柜、床、梳妆台、床头柜等家具；客厅则布置沙发、组合电视柜、矮柜，有可能还有一些盆栽植物；厨房里少不了矮柜、吊柜，还会放置冰箱、洗衣机等家用电器；卫生间里则是抽水马桶、浴缸、洗脸盆三大件；书房里写字台与书柜是必不可少的，如果是一个电脑爱好者，还会多一张电脑桌。

居家的家具可以自己购买，也可以委托设计师设计。如果房间的形状不是很好，根据设计定做家具，会取得较好的效果。

平面设计图表现的内容有三部分：第一部分标明室内结构及尺寸，包括居室的建筑尺寸、净空尺寸、门窗位置及尺寸；第二部分标明结构装修的具体形状和尺寸，包括装饰结构在内的位置，装饰结构与建筑结构的相互关系尺寸，装饰面的具体形状及尺寸，图上需标明材料的规格和工艺要求；第三部分标明室内家具、设备设施的安放位置及其装修布局的尺寸关系，并标明家具的规格和要求。

3．设计效果图

设计效果图是在平面设计的基础上，把装修后的结果用透视的形式表现出来。通过效果图的展示，家庭装修房主能够明确装修活动结束后房间的表现形式。它是家庭装修房主最后决定装修的重要依据，因此是装修设计中的重要文件。装饰效果图有黑白及彩色两种，由于彩色效果图能够真实、直观地表现各装饰面的色彩，所以它对选材和施工也有重要作用。但应指出的是，效果图表现装修效果，在实际工程施工中受材料、工艺的限制，很难完全达到效果。因此，实际装修效果与效果图有一定差距是合理的，也是正常的。

4．设计施工图

施工图是装修得以进行的依据，具体指导每个工种、工序的施工。施工图把结构要求、材料构成及施工的工艺技术要求等用图纸的形式交待给施工人员，以便准确、顺利地组织和完成工程。施工图包括立面图、剖面图和节点图。

施工立面图是室内墙面与装饰物的正投影图，标明了室内的标高，吊顶装修的尺寸及梯次造型的相互关系尺寸，墙面装饰的式样及材料、位置尺寸，墙面与门、窗、隔断的高度尺寸，墙与顶、地的衔接方式等。

剖面图是将装饰面剖切，以表达结构构成的方式、材料的形式和主要支承构件的相互关系等。剖面图标注有详细尺寸、工艺做法及施工要求。

节点图是两个以上装饰面的交汇点，按垂直或水平方向切开，以标明装饰面之间的对接方式和固定方法。节点图应详细表现出装饰面连接处的构造，注有详细的尺寸和收口、封边的施工方法。

在设计施工图时，无论是剖面图还是节点图，都应在立面图上标明，以便正确指导施工。

15.1.2 室内空间划分

现代室内设计是注重以人为本，重视功能上的空间划分，也是三度空间的大修饰。通过空间修饰展示室内装饰文化，把有限的空间变成最大化的使用价值，用各种风格去营造温馨、亲情的品质。室内空间设计飞速发展，随着生活质量的不断提高，"传统"概念向模糊化发展，室内空间设计师越来越注重"共性化"的创造。人们对赖以生存的环境开始重新考虑，并由此提出更高层次的要求，特别是生活水平和文化素质的提高，原先简单的室内设计已经不能满足人们的需求，现在设计师们要做的不仅仅是从色彩、材料、总体预算上考虑，以人为本、而且更要在室内空间使用上下功夫，只有这样才能做出更符合人们生活起居要求的设计。

室内设计是独立的综合性学科，是连接精神文明与物质文明的纽带。室内设计是根据建筑空间的使用性质和所处环境，运用物质技术手段和艺术处理手法，对建筑物内部空间进行设计，从内部把握空间，设计其形状和大小，整体考虑环境和用具的布置设施，以满足人们在室内环境中能舒适地生活和活动。那么，如何对室内空间进行划分？

1. 室内设计中空间的分隔方式

"设计"是处理人的生理、心理与环境关系的问题。室内空间设计就是要运用艺术和技术的手段，依据人们生理和心理要求的室内空间环境，按人们室内生活的需要去创造、组织理想生活时空的室内科技设计。室内空间的分隔可以按照功能要求作种种处理，随着应用物质的多样化，立体的、平面的、相互穿插的、上下交叉的、加上采光、照明的光影、明暗、虚实、陈设的简繁及空间曲折、大小、高低和艺术造型等种种手法都能产生形态繁多的空间分隔。

- 封闭式分隔。采用封闭式分隔的目的，是为了对声音、视线、温度等进行隔离，形成独立的空间，这样相邻空间之间互不干扰，具有较好的私密性，但是流动性较差。一般利用现有的承重墙或现有的轻质隔墙隔离。多用于餐厅包厢、足道包厢及居住性建筑。
- 半开放式分隔。空间以隔屏、透空式的高柜、矮柜、不到顶的矮墙或透式的墙面来分隔空间，其视线可相互透视，强调与相邻空间之间的连续性与流动性。
- 象征式分隔。空间以建筑物的梁柱、材质、色彩、绿化植物或地坪的高低差等来区分空间。其空间的分隔性不明确、视线上没有有形物的阻隔，但透过象征性的区隔，在心理层面上仍是区隔的两个空间。
- 局部分隔。采用局部分隔的目的，是为了减少视线上的相互干扰，对于声音、温度等设有分隔。局部分隔的方法是利用高于视线的屏风、家具或隔断等。这种分隔的强弱因分

隔体的大小、形状、材质等方面的不同而不同。局部分隔的形式有 4 种，即一字形垂直
划分、曲线形垂直划分、半圆形垂直划分和平行层次面划分。局部分隔多用于大空间内
划分小空间的情况，同时也体现各种功能的需要。

- 科技活动分隔。有时两个空间之间的分隔方式居于开放式隔间或半开放式隔间之间，但
在有特定目的时会通过暗拉门、拉门、折合门、活动帘、叠拉帘应用科技形、电动遥控
等方式分隔两空间。例如卧室兼起居或儿童游戏空间，当有访客时将卧室门关闭，可成
为一个独立而具有隐私性的空间。

- 列柱分隔。柱子的设置是出于结构的需要，但有时也用柱子来分隔空间，丰富空间的层
次与变化。柱距愈近，柱身越细，分隔感越强。在大空间中设置列柱，通常有两种类
型：一种是设置单排列柱，把空间一分为二；一种是设置双排列柱，将空间一分为二。
一般是使列柱偏于一侧，使主体空间更加突出，而且有利于功能的实现，设置双列柱
时，会出现 3 种可能：一种是将空间分成三部分，二是会使边跨大而中跨小，三是边跨
小而中跨大。其中第三种方法是普遍采用的，它可以使主次分明，空间完整性较好。

- 利用基面或顶面的高差变化分隔。利用高差变化分隔空间的形式限定性较弱，只靠部分
形体变化来给人以启示，联想划定空间。空间的形状装饰简单，却可获得较为理想的空
间感。常用方法有两种：一是将室内地面局部提高；二是将室内地面局部降低。两种方
法在限定空间的效果上相同，但前者在效果上具有发散的弱点，一般不适合于内聚性的
活动空间，居室内较少使用。后者内聚性较好，但在一般空间内不允许局部过多降低，
较少采用。顶面高度的变化方法较多，可以使整个空间的高度增高或降低，也可以在同
一空间内通过看台、排台、悬板等方式将空间划分为上下两个空间层次，既可扩大实际
空间领域，又丰富了室内空间的造型效果。多用于公共空间环境。

2. 室内设计中空间分隔的软隔断

室内设计中空间分隔的软隔断主要体现在光环境、色彩与材质上。

- 光环境。就人的视线来说，没有光就没有一切。空间通过光得以体现，没有光则无空
间。在室内空间环境中，光不仅是为满足人们视觉功能的需要，而且是一个重要的美学
因素。光可以形成空间、改变空间或破坏空间，它直接影响到物体及空间的大小、形
状、质地和色彩的感知。光环境是由光与室内空间中建立的与空间形状有关的生理和心
理环境，是现代建筑和室内设计中一个重要的有机组成部分。它既是科学又是艺术。良
好的采光设计也并非意味着大片的玻璃窗，而是恰当的方式，即恰当的数量与质量。影
响采光设计的因素很多，其中包括照度、气候、景观、室外、环境等，另外不仅要考虑
直射光，而且还有漫射光和地面的反射光。同时采光控制也是应该考虑的，它的主要作
用是降低室内过分的照度，影响室内空间的功能和层次。

- 色彩。光和色不能分离，这一点已不言而喻。色彩设计作为室内空间分隔设计中的一种
手段，当它与室内空间、采光、室内陈设等融为一个有机整体时，色彩设计才可算是有
效的。因此，室内空间的整体性不但不排斥反而需要色彩系统的整体性。可以这样认
为，色彩既然与室内环境的其他因素相依附，那么对色彩的处理就要依据建筑的性格、
室内的功能、停留时间长短等因素，进行协调或对比，使之趋于统一。

- 材质。艺术材质的选用，是室内空间分隔设计中直接关系到使用效果和经济效益的重要

环节。对于室内空间的饰面材料，同时具有使用功能和人们的心理感受两方面要求。对材质的选择不仅要考虑空间的视觉效果，还应注意人通过触摸而产生的感受和美感。随着工业文明的迅速发展，人们对室内空间材质要求逐渐把目光移向大自然，"回归大自然"和"注重环保"成为室内设计的一大重要发展趋势。空间是固定的，而光线、色彩与材质上是可以灵活运用又可以更体现出空间软隔断的妙处。总之，现代室内设计环境中的光、色、材质终融为一体，赋予人们以综合的心理感受。

- 艺术装饰隔断。利用建筑小品、软装饰设计为室外和室内设计提供了再次设计的空间分隔新手法。用装饰艺术设计的手法装饰不同空间，营造不同的空间艺术气氛。用装饰陈设品的摆设贯穿当中，使空间划分既实又虚，相互过渡交融，既保持了大空间的特性，也能起到分隔空间的作用。符合当下"轻装修、重装饰、低成本、高环保"的原则。

3. 室内设计中空间功能分隔的新趋势

室内设计中空间的功能分隔有了一些新的趋势。大致可分为五大功能区：礼仪区入口玄关、主客厅、起居室、餐室；交往区早餐室、厨房；私密区主卧、卫生间、次卧、书房；功能区洗衣间、储藏室、车库、地下室、阁楼及根据个人爱好设置的功能（即琴房、棋牌室）等；室外区沿街立面、前院、后院、平台、露台、阳台、硬地。

五大功能区的划分使室内设计科学地体现了现代生活中对空间利用的规律，满足了主人饮食起居、交流礼仪等各方面的家庭生活需要，是对建筑设计非常有价值的二次设计，体现了现代人更高层次的精神和心理需求，是对人性更深刻的关爱。总结室内空间的设计千姿百态，眼花缭乱。室内空间设计的价值是永恒的，它需要我们在艺术设计和实践中更好地为人类服务。相信在未来人类生活方式中，室内设计将继续遵循"以人为本"的原则，给人类更多关爱。

15.1.3 办公室室内空间设计要点

根据社会的发展状况，将来的写字楼，将迎来空间形态大小兼顾、硬件标准日趋超前、服务理念具针对性的时代。办公室装修随着21世纪科技的进步以及人们思想观念的转变，工作环境的舒适与否将变得越来越重要。上班族对现代办公环境的设计要求越来越高，办公智能化和办公空间环境的人性化将成为主流。办公空间具有不同于普通住宅的特点，它是由办公、会议、走廊3个区域来构成内部空间使用功能，从有利于办公组织以及采光通风等角度考虑。现代办公室设计的最大特点是公共化，这个空间要照顾到多个员工的审美需要和功能要求。目前办公空间设计理念最为强调的要素是团队空间。把办公空间分为多个团队区域，团队可以自行安排将它和别的团队区别开来的公共空间用于开会、存放资料等，按照成员间的交流与工作需要安排个人空间，精心设计公共空间。目前有一些办公室，公共部分较小，从电梯一上来就进大堂，进办公室，缺乏转化的过程。一个良好的设计必须要有一种空间的过渡，不能只有过道走廊，必须要有环境，要有一个从公共空间过渡到私属空间的过程。

办公室设计需要考虑多方面的问题，涉及科学、技术、人文、艺术等诸多因素。室内设计的最大目标就是要为工作人员创造一个舒适、方便、卫生、安全、高效的工作环境，以便更大限度地提高员工的工作效率。这一目标在当前商业竞争日益激烈的情况下显得更为重要，它是办公室设计的基础，是办公室设计的首要目标。其中舒适涉及建筑声学、建筑光学、建筑热工学、环境心理学、人类工效学等方面的学科，方便涉及功能流线分析、人类工效学等方面的内容，卫生涉及绿色材料、卫生学、给排水工程等方面的内容，安全问题则涉及建筑防灾、装饰构造等方面的内容。

15.2　单人床

在 AutoCAD 室内设计中，床已经成为了必不可少的一个对象，本节将介绍床的平面图与立面图的绘制方法。

下面将介绍如何绘制单人床的平面图，效果如图 15-1 所示，其具体操作步骤如下：

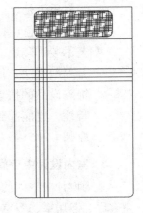

01 启动 AutoCAD 2016，按【Ctrl + N】组合键，在弹出的对话框中选择 acadiso，如图 15-2 所示。

02 单击【打开】按钮，按【F7】键取消栅格显示，在命令行中输入 REC 命令，按【Enter】键确认，在绘图区任意指定一点作为矩形的第一个角点，根据命令提示，输入（@1200，-1900），按【Enter】键确认，完成绘制，如图 15-3 所示。

图 15-1　单人床平面图

图 15-2　选择 acadiso 图形样板

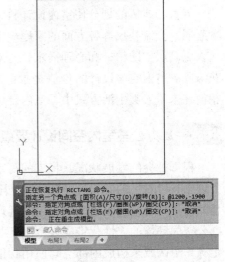

图 15-3　绘制矩形

03 在命令行中执行 FILLET 命令，根据命令提示输入 M，按【Enter】键确认，输入 R 按【Enter】键确认，输入 50，按【Enter】键确认，在绘图中对矩形进行圆角，如图 15-4 所示。

04 按【Enter】键完成圆角操作，在命令行中执行 LINE 命令，捕捉矩形左上角的角点为直线的第一个点，输入（@1200,0），按两次【Enter】键完成直线的绘制，如图 15-5 所示。

05 选中绘制的直线，在命令行中输入 M，按【Enter】键确认，以矩形左上角的角点为基点，输入（@0，-316），按【Enter】键完成移动，如图 15-6 所示。

06 继续选中该直线，在命令行中输入 O，按【Enter】键确认，以直线的端点为基点，分别向下偏移 303、343、383、423，如图 15-7 所示。

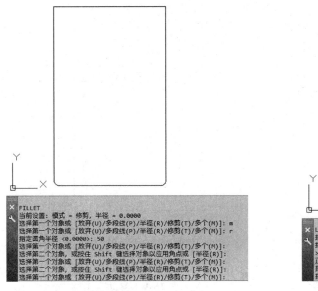

图 15-4　对矩形进行圆角

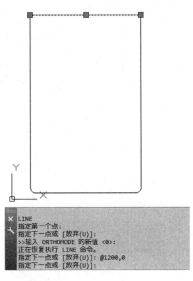

图 15-5　绘制直线

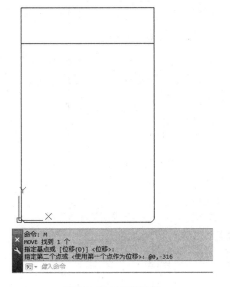

图 15-6　移动直线

图 15-7　向下偏移直线

07 在命令行中执行 LINE 命令，以矩形左上角的角点为直线的第一个端点，根据命令提示输入（@0，－1584），按两次【Enter】键确认，完成绘制，如图 15-8 所示。

08 选中绘制的直线，在命令行中执行 M 命令，以矩形左上角的角点为基点，根据命令提示输入（@212，－316），按【Enter】键确认，完成移动，如图 15-9 所示。

09 继续选中该直线，在命令行中执行 O 命令，以该直线的端点为基点，依次向右偏移 40、80、120，偏移后的效果如图 15-10 所示。

10 在命令行中执行 REC 命令，以矩形左上角的角点为新矩形的角点，根据命令提示输入（@，792，－261），按【Enter】键完成绘制，如图 15-11 所示。

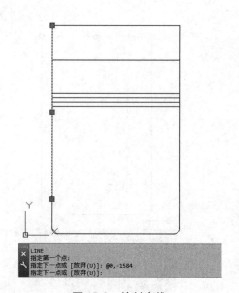

图 15-8　绘制直线

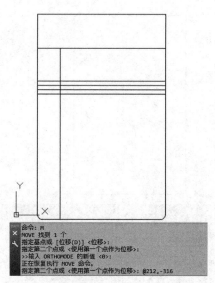

图 15-9　移动直线

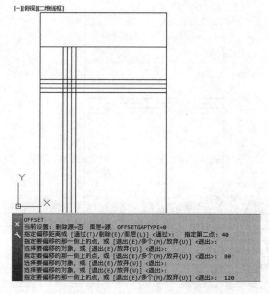

图 15-10　偏移直线后的效果

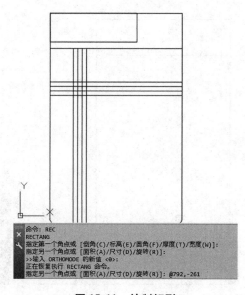

图 15-11　绘制矩形

⓫ 选中绘制的矩形，在命令行中执行 M 命令，以矩形左上角的角点为基点，根据命令提示输入（@206，−38），按【Enter】键完成移动，如图 15-12 所示。

⓬ 继续选中该矩形，在命令行中执行 F 命令，根据命令提示输入 M，按【Enter】键确认，输入 R，按【Enter】键确认，输入 50，按【Enter】键确认，在视图中对矩形进行圆角，完成后的效果如图 15-13 所示。

⓭ 在命令行中执行 H 命令，在绘图区选择圆角后的矩形，在命令行中根据提示输入 T，按【Enter】键确认，在弹出的对话框中将【图案】设置为 HOUND，将【角度和比例】选项组中的【比例】设置为 10，如图 15-14 所示。

⓮ 设置完成后，单击【确定】按钮，按【Enter】键完成图案填充，为了使平面图看起来美

观，选中所有图形并右击，在弹出的快捷菜单中选择【特性】命令，在【特性】选项板中将【颜色】设置为【蓝】，效果如图 15-15 所示。

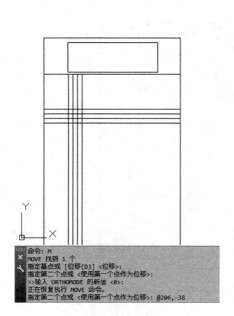

图 15-12　移动矩形

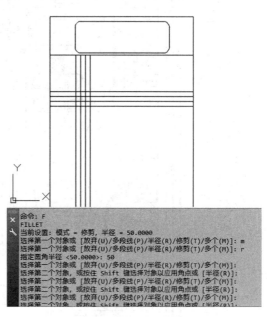

图 15-13　对矩形进行圆角

图 15-14　设置图案填充

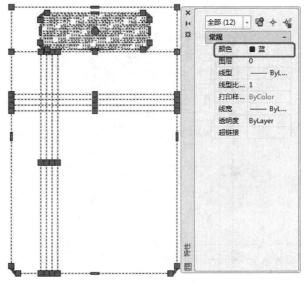

图 15-15　填充图案后的效果

15.3　住宅楼户型图的绘制

下面将讲解如何绘制住宅楼户型图，完成后的效果如图 15-16 所示。

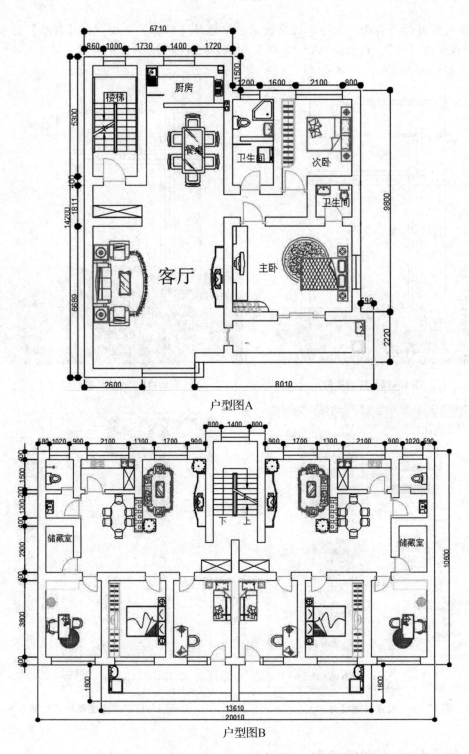

图 15-16   住宅楼户型图

住宅楼户型图 A

在本案例中主要利用轴线先制作出墙体的轮廓，并对其进行修剪，其具体操作步骤如下：

⑴ 首先按【Ctrl + N】组合键，弹出【选择样板】对话框，在弹出的对话框中选择 acadiso 样板，单击【打开】按钮，如图 15-17 所示，新建一个空白图纸，然后将其进行保存，将名称保存为【住宅楼户型图 A】。

⑵ 在命令行中输入 LAYER 命令，打开【图层特性管理器】选项板，新建【辅助线】图层，将【颜色】设置为【红】，将【辅助线】图层置为当前图层，如图 15-18 所示。

图 15-17　选择样板

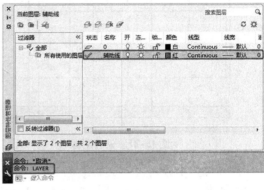

图 15-18　新建图层

⑶ 使用【直线】工具，绘制两条长度为 14 000、15 000 的直线，如图 15-20 所示。

⑷ 使用【偏移】工具，将上侧边向下偏移 1 080、1 500、3 800、400、1 400、4 200、1 820、680，如图 15-19 所示。

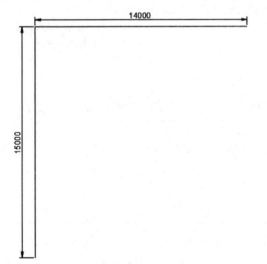

图 15-19　绘制直线

图 15-20　偏移直线

⑸ 再次使用【偏移】工具，将左侧边向右依次偏移 240、2 400、2 390、1 520、2 200、1 500、2 000、590，如图 15-21 所示。

⑹ 然后选中如图 15-22 所示的对象，按【Delete】键进行删除。

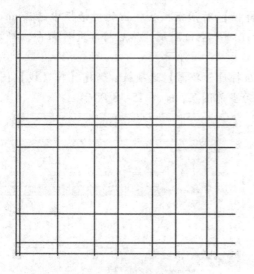

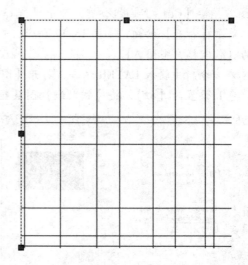

图 15-21 偏移对象 **图 15-22 删除对象**

07 在菜单栏执行【格式】|【多线样式】命令，如图 15-23 所示。

08 弹出【多线样式】对话框，单击【新建】按钮，弹出【创建新的多线样式】对话框，将【新样式名】设置为【墙体】，单击【继续】按钮，如图 15-24 所示。

图 15-23 执行【多线样式】命令 **图 15-24 创建新样式名**

09 弹出【新建多线样式：墙体】对话框，勾选【封口】下方【直线】右侧的【起点】和【端点】复选框，将【图元】下方的【偏移】设置为 10 和 –10，单击【确定】按钮，如图 15-25 所示。

10 选择【墙体】样式，单击【置为当前】按钮，单击【确定】按钮，如图 15-26 所示。

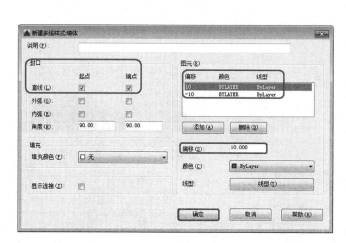

图 15-25　设置墙体

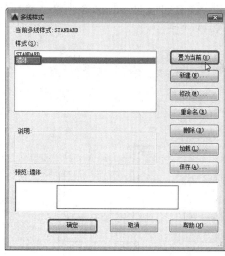

图 15-26　将【墙体】样式置为当前

⓫ 在命令行中输入 LA 命令，新建【墙体】图层，并将【墙体】图层置为当前图层，如图 15-27 所示。

⓬ 在命令行中输入 ML 命令，在命令行中输入 J 命令，将【对正类型】设置为【无】，绘制墙体，如图 15-28 所示。

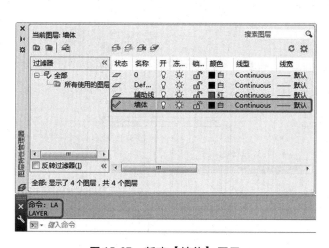

图 15-27　新建【墙体】图层

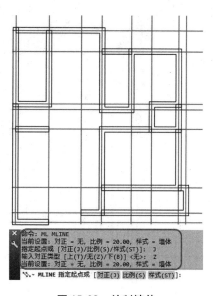

图 15-28　绘制墙体

⓭ 将【辅助线】图层进行隐藏，使用【分解】工具，将绘制的多线进行分解，然后使用【修剪】工具，进行修剪，如图 15-29 所示。

⓮ 将【辅助线】图层取消隐藏，使用【偏移】工具，选择 A 线段，以偏移的线段依次向右偏移 660、1 000，如图 15-30 所示。

⓯ 使用【直线】工具，绘制直线，然后使用【打断于点】工具，将其进行打断，将打断的线段进行删除，如图 15-31 所示。

⑯ 使用【偏移】工具，以偏移后的直线进行偏移，将 A 线段向右依次偏移 550、850，如图 15-32 所示。

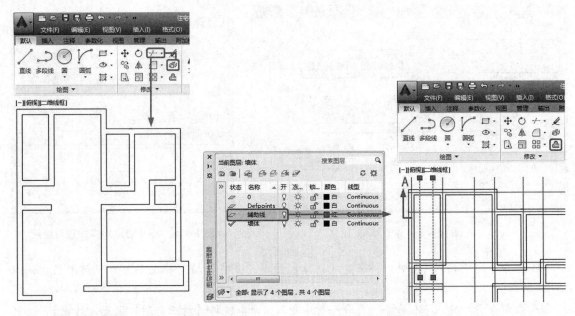

图 15-29　修剪对象   图 15-30　偏移对象

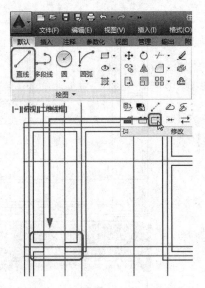

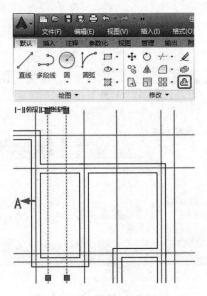

图 15-31　打断对象并删除线段   图 15-32　偏移直线

⑰ 使用【偏移】工具，选择 A 线段，将线段向右依次偏移 600、800，如图 15-33 所示。

⑱ 再次使用【偏移】工具，将 A 线段向下依次偏移 500、800，如图 15-34 所示。

⑲ 使用【打断于点】和【直线】工具，根据偏移的线段，将打断后的对象进行删除，完善对象，如图 15-35 所示。

⑳ 在命令行中执行 LA 命令，打开【图层特性管理器】选项板，将【辅助线】图层隐藏，新建【门】图层，将【颜色】设置为【绿】，并将其置为当前图层，如图 15-36 所示。

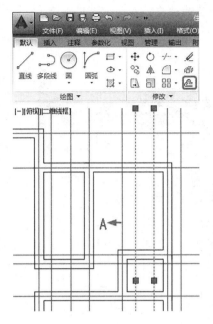

图 15-33　偏移对象

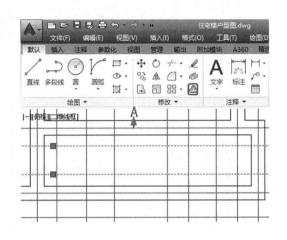

图 15-34　偏移对象

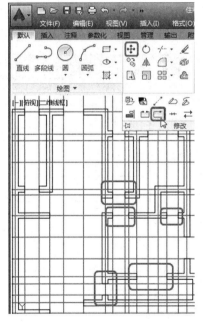

图 15-35　完成后的效果

图 15-36　新建图层

㉑ 使用【多段线】工具，在空白位置处指定第一点，然后向左引导鼠标，输入 1 000，向上引导鼠标，输入 1 000，使用【起点、端点、方向】工具，绘制圆弧，然后使用【移动】工具，移动对象，如图 15-37 所示。

㉒ 使用【矩形】工具，使用【多段线】工具，指定第一点，向左引导鼠标，输入 850，向上引导鼠标，输入 850，使用【起点、端点、方向】工具，绘制圆弧，并绘制两个长度为 125，

宽度为 100 的矩形，使用【移动】工具，将其移动至合适的位置，如图 15-38 所示。

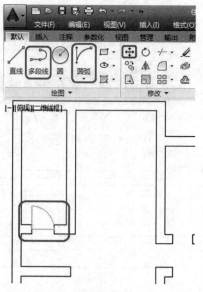

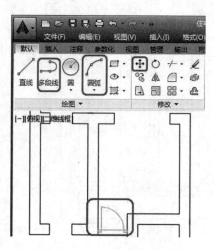

图 15-37　绘制门并调整门的位置　　　　图 15-38　绘制完成后的效果

23 使用同样的方法，绘制其他门，如图 15-39 所示。

24 使用【矩形】工具，绘制 50×200、50×400、50×200 的矩形，然后使用【移动】工具，将其调整至如图 15-40 所示的位置处。

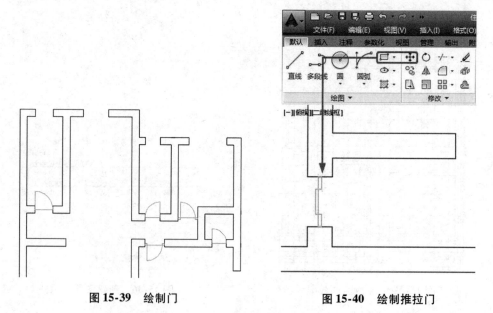

图 15-39　绘制门　　　　　　　　　图 15-40　绘制推拉门

25 再次使用【矩形】工具，绘制 525×100、1050×100、525×100 的矩形，如图 15-41 所示。

26 将【辅助线】图层取消隐藏，将【墙体】图层置为当前图层，使用【偏移】工具，将 A 线段向左偏移 1 400，如图 15-42 所示。

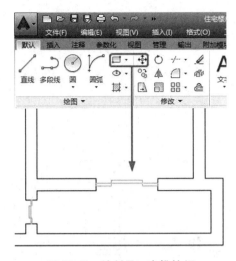

图 15-41 绘制另一个推拉门

图 15-42 偏移对象

㉗ 再次使用【偏移】工具，将 A 线段向左依次偏移 1 190、2 100，如图 15-43 所示。

㉘ 再次使用【偏移】工具，将 A 线段向下依次偏移 1 500、1 500，如图 15-44 所示。

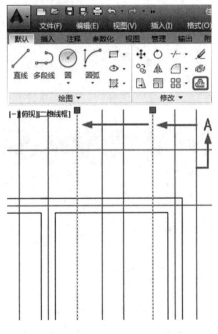

图 15-43 向左偏移两次

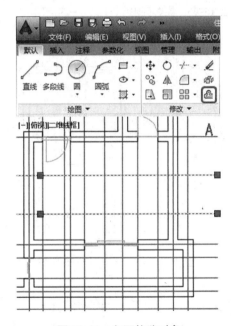

图 15-44 向下偏移对象

㉙ 使用【直线】和【打断于点】工具，对图形进行完善，如图 15-45 所示。

㉚ 将【辅助线】图层隐藏，新建【窗】图层，然后将【颜色】设置为【蓝】，如图 15-46 所示。

㉛ 使用【直线】工具，绘制窗户，如图 15-47 所示。

㉜ 使用【多段线】工具，指定第一点，向下引导鼠标，输入 280，向左引导鼠标，输入 2 390，然后使用【偏移】工具，依次向外侧边偏移 200、200，如图 15-48 所示。

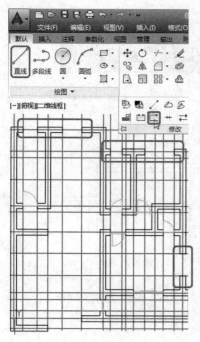

图 15-45　完善图形

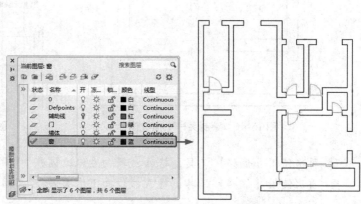

图 15-46　新建【窗】图层

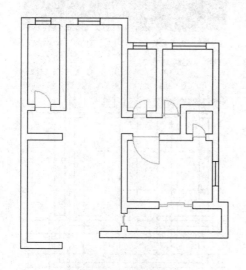

图 15-47　绘制窗户

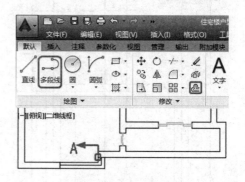

图 15-48　偏移多段线

㉝ 使用上面的方法，新建一个【楼梯】图层，将【颜色】设置为【白】，并将【楼梯】图层置为当前图层，使用【矩形】工具，绘制长度为 2 000、宽度为 3 340 的矩形，如图 15-49 所示。

㉞ 在命令行中输入 OFFSET 命令，将上侧边向内偏移 1 170，将左、右、下侧边向内偏移 60，如图 15-50 所示。

㉟ 使用【矩形】工具，绘制长度为 140、宽度为 2 220 的矩形，并使用【移动】工具，捕捉其中点，将其移动到矩形的下侧边的中点位置，如图 15-51 所示。

㊱ 再次使用【矩形】工具，再次绘制一个长度为 80、宽度为 2 090 的矩形，使用【移动】工具，捕捉其中点，将其移动到矩形的下侧边的中点位置，如图 15-52 所示。

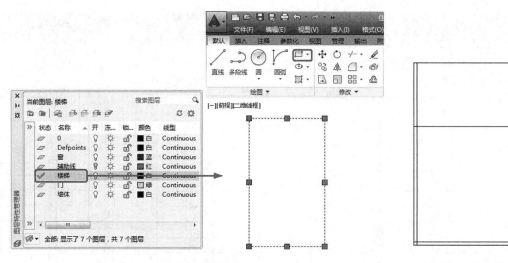

图 15-49 分解矩形 图 15-50 偏移直线

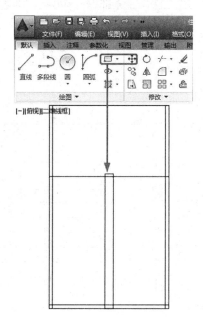 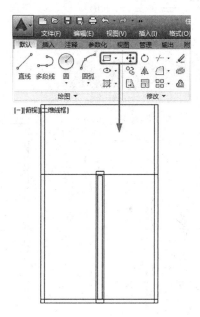

5-51 将绘制的矩形移动到合适位置 图 15-52 移动对象

㊲ 选择下面的倒数第二条直线，使用【矩形阵列】工具，将【列数】设为1，【行数】设为10，【介于】设为270，阵列后的效果如图 15-53 所示。

㊳ 使用【分解】工具，将阵列对象分解，然后使用【修剪】工具，将多余的线条删除，如图 15-54 所示。

㊴ 使用【多段线】工具，绘制多段线，如图 15-55 所示。

㊵ 使用【修剪】工具，将多余的线条进行修剪，完成后的效果如图 15-56 所示。

㊶ 使用【多段线】工具，向上引导鼠标，输入 2 600，向左引导鼠标，输入 1 020，向下引导鼠标，输入980，在命令行中输入 W，将起点宽度设为80，端点宽度设为0，向下引导鼠标，输入270，如图 15-57 所示。

㊷ 使用同样的方法绘制向上的箭头，如图 15-58 所示。

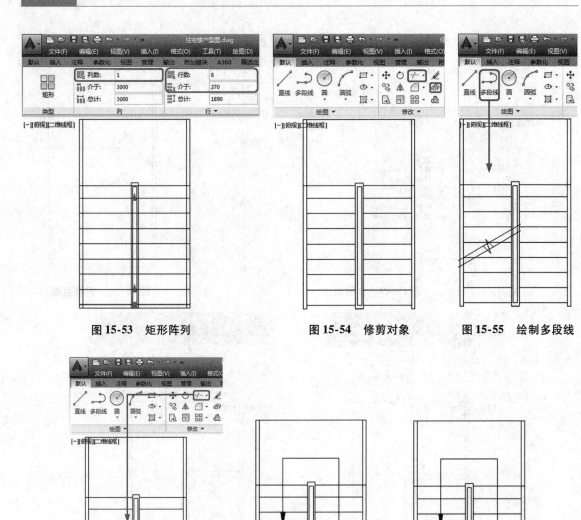

图 15-53　矩形阵列　　　　图 15-54　修剪对象　　　　图 15-55　绘制多段线

图 15-56　继续修剪对象　　　图 15-57　绘制向下箭头　　　图 15-58　绘制上箭头

㊹ 使用【移动】工具，将绘制的楼梯放置到如图 15-59 所示的位置处。

㊹ 将辅助线取消隐藏，将【墙体】置为当前图层，选择 A 线段，使用【偏移】工具，将 A 线段依次向下偏移 1 955，如图 15-60 所示。

㊺ 再次使用【偏移】工具，将 A 线段向下偏移 455，如图 15-61 所示。

㊻ 在命令行中执行 ML 命令，在命令行中输入 S，将【多线比例】设置为 10，然后绘制多线，如图 15-62 所示。

㊼ 使用【矩形】工具，绘制两个长度为 800、宽度为 15 的矩形，如图 15-63 所示。

㊽ 将【辅助线】图层隐藏，打开随书附带光盘中的 CDROM\素材\第 15 章\素材 1. dwg 图形文件，将素材文件放置到如图 15-64 所示的位置处。

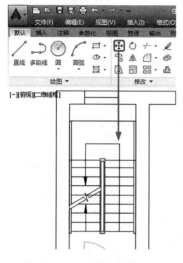

图 15-59　调整楼梯的位置

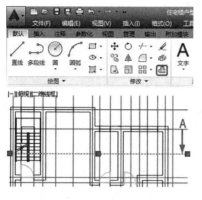

图 15-60　向下偏移对象

图 15-61　继续偏移对象

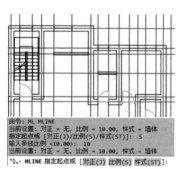

命令: ML MLINE
当前设置: 对正 = 无, 比例 = 10.00, 样式 = 墙体
指定起点或 [对正(J)/比例(S)/样式(ST)]: S
输入多线比例 <10.00>: 10
当前设置: 对正 = 无, 比例 = 10.00, 样式 = 墙体
\\· MLINE 指定起点或 [对正(J) 比例(S) 样式(ST)]:

图 15-62　绘制多线

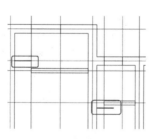

图 15-63　绘制两个矩形

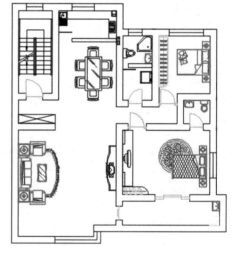

图 15-64　调整素材的位置

㊾ 在命令行中执行 LA 命令，弹出【图层特性管理器】对话框，新建【文字标注】图层，将【颜色】设置为【白】，并将其置为当前，如图 15-65 所示。

㊿ 使用【单行文字】工具，将文字高度设置为 300，将文字的旋转角度设置为 0，然后输入文字，如图 15-66 所示。

51 再次使用【单行文字】工具，将文字高度设置为 500，将旋转角度设置为 0，输入文字【客厅】，如图 15-67 所示。

52 在菜单栏中执行【格式】|【标注样式】命令，如图 15-68 所示。

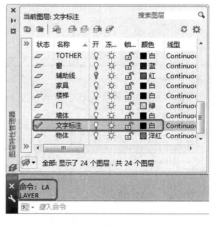

图 15-65　新建图层

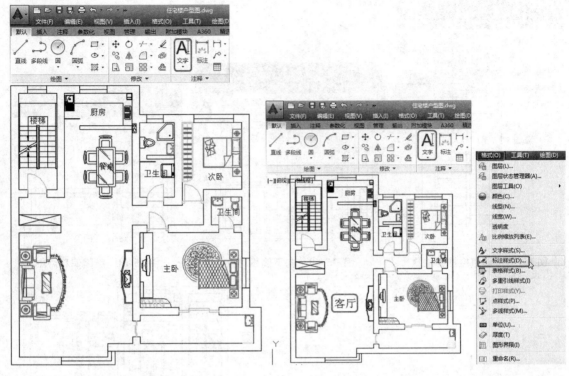

图 15-66　输入文字　　　　　图 15-67　输入【客厅】　　　　图 15-68　执行
【标注样式】命令

53 弹出【标注样式管理器】对话框，单击【新建】按钮，弹出【创建新标注样式】对话框，将【新样式名】设置为尺寸标注，将【基础样式】设置为 ISO – 25，单击【继续】按钮，如图 15-69 所示。

54 切换至【线】选项卡，将【基线间距】设置为 100，将【超出尺寸线】和【起点偏移量】设置为 100，如图 15-70 所示。

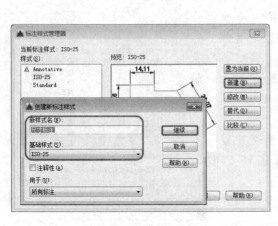

图 15-69　设置标注样式

图 15-70　设置【线】选项卡

55 切换至【符号和箭头】选项卡，将【箭头】设置为【点】，将【箭头大小】设置为250，如图 15-71 所示。

56 切换至【文字】选项卡，将【文字高度】设置为250，如图 15-72 所示。

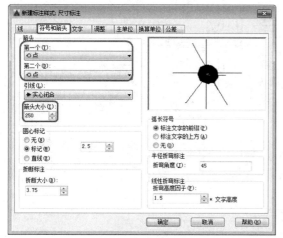

图 15-71 设置【符号和箭头】选项卡

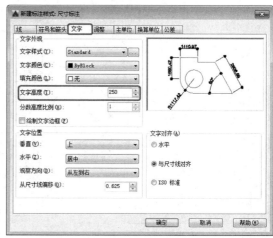

图 15-72 设置【文字】选项卡

57 切换至【调整】选项卡，选中【文字位置】下方的【尺寸线上方，不带引线】单选按钮，如图15-73所示。

58 切换至【主单位】选项卡，将【精度】设置为0，单击【确定】按钮，如图 15-74 所示。

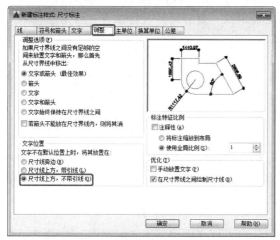

图 15-73 设置【调整】选项卡

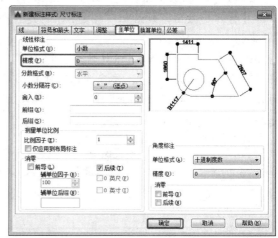

图 15-74 设置【精度】选项卡

59 返回至【标注样式管理器】对话框，选择【尺寸标注】样式，单击【置为当前】按钮，然后将对话框关闭即可，如图 15-75 所示。

60 使用前面介绍过的方法，新建一个【尺寸标注】图层，然后切换至【注释】选项卡，使用【线性标注】和【连续标注】工具，对其进行标注，如图 15-76 所示。

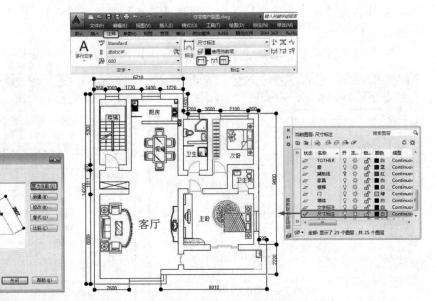

图 15-75　将【尺寸标注】样式置为当前　　　　　图 15-76　标注对象

15.3.2　住宅楼户型图 B

下面讲解如何绘制住宅楼户型图 B，其具体操作步骤如下：

01 按【Ctrl + N】组合键，弹出【选择样板】对话框，在弹出的对话框中选择 acadiso 样板，单击【打开】按钮，如图 15-77 所示，新建一个空白图纸，然后将其进行保存，将名称保存为【住宅楼户型图 B】。

02 在命令行中输入 LAYER 命令，打开【图层特性管理器】选项板，新建【辅助线】图层，将【颜色】设置为【红】，并将【辅助线】图层置为当前图层，使用【直线】工具，绘制长度为 23 600，宽度为 15 500 的线段，如图 15-78 所示。

图 15-77　新建图纸

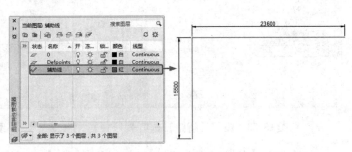

图 15-78　新建图层并绘制直线

03 使用【偏移】工具，将上侧边向下依次偏移 900、1 800、300、1 200、900、120、735、945、4 200、1 800，如图 15-79 所示。

04 再次使用【偏移】工具，将左侧边向右依次偏移 1 000、1 800、1 400、1 700、1 600、2 000、1 300、1 300、2 000、1 600、1 710、1 400、1 800，如图 15-80 所示。

图 15-79　向下偏移对象

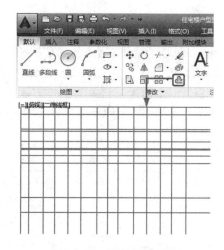

图 15-80　向右偏移对象

05 将选中的线段删除，如图 15-81 所示。

06 在菜单栏中执行【格式】|【多线样式】命令，弹出【多线样式】对话框，单击【新建】按钮，弹出【创建新的多线样式】对话框，将【新样式名】设置为【墙体】，单击【继续】按钮，如图 15-82 所示。

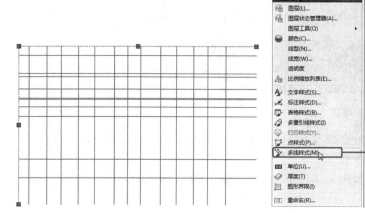

图 15-81　删除线段

图 15-82　新建【多线样式】

07 弹出【新建多线样式：墙体】对话框，勾选【封口】下方【直线】右侧的【起点】和【端点】复选框，将【图元】下方的【偏移】设置为 10 和 – 10，单击【确定】按钮，如图 15-83 所示。

08 选择【墙体】样式，单击【置为当前】按钮，单击【确定】按钮，如图 15-84 所示。

09 在命令行中输入 LA 命令，弹出【图层特性管理器】选项板，新建【墙体】图层，将【颜色】设置为【白】，并将【墙体】图层置为当前图层，在命令行中输入 ML 命令，在命令行中输入 J 命令，在命令行中输入 Z 命令，然后绘制墙体，如图 15-85 所示。

10 使用【偏移】工具，将 A 线段向左偏移 800，向右偏移 400，如图 15-85 所示。

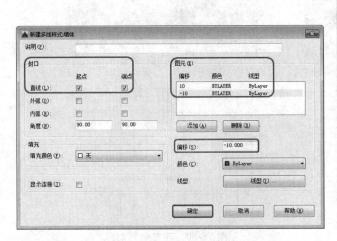

图 15-83　设置多线

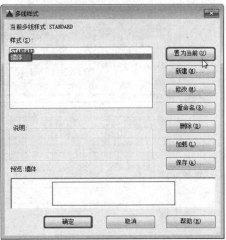

图 15-84　将【墙体】样式置为当前

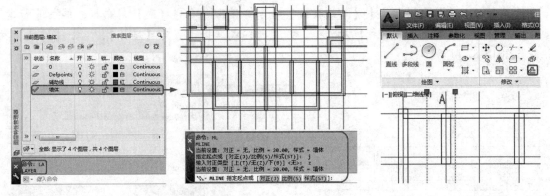

图 15-85　绘制墙体　　　　　　　　　　　　　　图 15-86　偏移对象

11 使用【多线】命令，在命令行中输入 S，将多线比例设置为 10，绘制多线，如图 15-87 所示。

12 使用【偏移】工具，将 A 线段向左偏移 400，向右偏移 800，如图 15-88 所示。

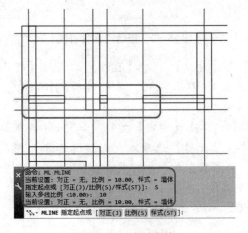

图 15-87　绘制多线

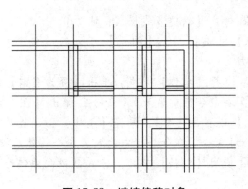

图 15-88　继续偏移对象

⑬ 将选中的辅助线删除，然后在命令行输入 LA 命令，打开【图层特性管理器】选项板，隐藏【辅助线】图层，然后新建【门】图层，将【颜色】设置为【绿】，并将其置为当前图层，如图 15-89 所示。

⑭ 使用【分解】工具，将绘制的多线进行分解，然后使用【修剪】工具，修剪对象，如图 15-90 所示。

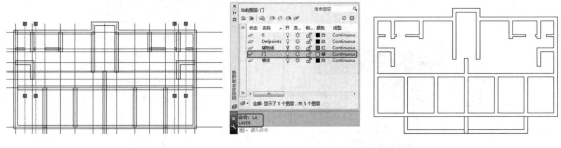

图 15-89　新建图层　　　　　　　　　　　　　　　　图 15-90　修剪后的效果

⑮ 将【辅助线】图层取消隐藏，并将【墙体】图层置为当前图层，将 A 线段向右依次偏移 255、745，如图 15-91 所示。

⑯ 使用【直线】工具，绘制直线，然后使用【打断于点】工具，将对象进行打断，将打断后多余的对象删除，然后将偏移的线段删除，如图 15-92 所示。

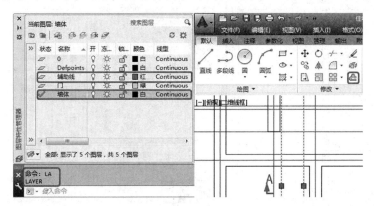
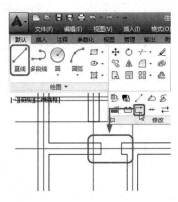

图 15-91　向右偏移对象　　　　　　　　　　　　　　图 15-92　完成后的对象

⑰ 选择 B 线段，使用【偏移】工具，分别向右依次偏移 355、745，然后使用【直线】工具，绘制直线，然后使用【打断于点】工具，将其进行打断，将打断后多余的对象删除，将偏移的辅助线删除，如图 15-93 所示。

⑱ 使用同样的方法，对 C、D 线段进行同样的操作，将 C 线段向右依次偏移 500、745，将 D 线段依次向右偏移 60、745，然后使用同样的方法对其进行打断，将多余的线段删除，将选中的辅助线删除，如图 15-94 所示。

⑲ 使用同样的方法，偏移其他辅助线，进行打断和删除，最后将偏移的辅助线删除，如图 15-95 所示。

⑳ 在命令行中输入 LA 命令，将【辅助线】图层隐藏，将【门】图层置为当前图层，如图 15-96 所示。

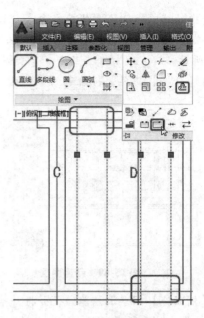

图 15-93　删除多余的对象　　　　　图 15-94　偏移效果

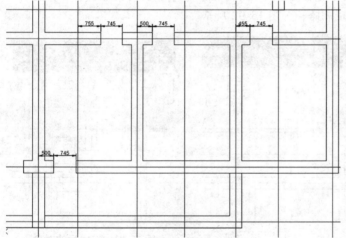

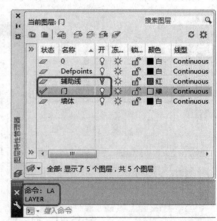

图 15-95　完成后的效果　　　　　图 15-96　将【门】图层置为当前图层

㉑ 使用【矩形】工具，绘制一个长度为 600、宽度为 100 的矩形，如图 15-97 所示。

㉒ 使用【多段线】工具，指定第一点，向下引导鼠标，输入 745，向左引导鼠标，输入 745，然后使用【起点、端点、方向】工具，绘制圆弧，再次使用【矩形】工具，绘制两个长度为 100、宽度为 127.5 的矩形，使用【移动】工具，将绘制的对象调整至如图 15-98 所示的位置处。

㉓ 使用【多段线】工具，指定第一点，向下引导鼠标，输入 745，向左引导鼠标，输入 745，然后使用【起点、端点、方向】工具，绘制圆弧，使用【移动】工具，将其移动至如图 15-99 所示的位置。

㉔ 使用【移动】、【旋转】和【旋转】工具，按上面介绍的方法，将绘制的门调整至不同的位置处，如图 15-100 所示。

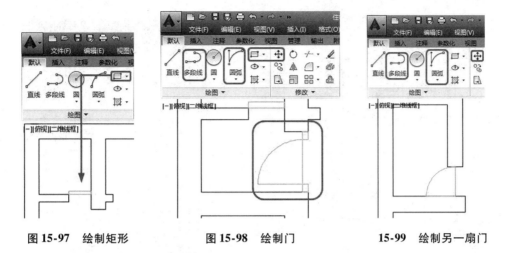

图 15-97　绘制矩形　　　　图 15-98　绘制门　　　　15-99　绘制另一扇门

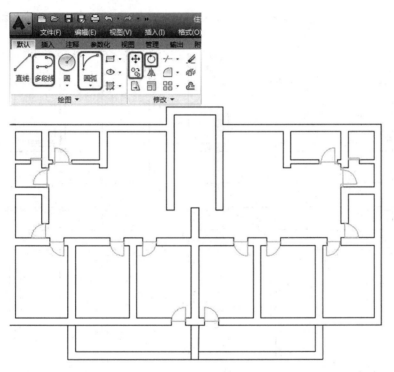

图 15-100　调整位置

㉕ 在命令行中输入 LA 命令，显示【辅助线】图层，将【墙体】图层置为当前图层，如图 15-101 所示。

㉖ 使用【偏移】工具，将 A 线段向右依次偏移 380、1 020，使用【直线】工具，绘制线段，然后使用【打断于点】工具，将其进行打断，将偏移的线段和多余的线段删除，如图 15-102 所示。

㉗ 然后使用同样的方法，偏移其他辅助线，进行打断和删除，最后将偏移的辅助线删除，如图 15-103 所示。

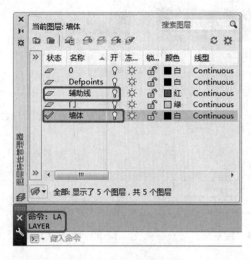

图 15-101　设置图层

图 15-102　打断对象并删除对象

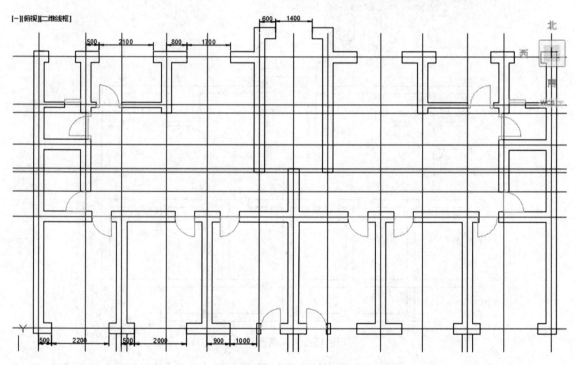

图 15-103　完成后的效果

㉘ 在命令行中输入 LA 命令，将【辅助线】图层隐藏，新建【窗】图层，将【颜色】设置为【蓝】，如图 15-104 所示。

㉙ 使用【直线】工具，绘制窗户，如图 15-105 所示。

㉚ 打开随书附带光盘中的 CDROM\素材\第 15 章\素材 2. dwg 图形文件，将其调整至合适的位置，如图 15-106 所示。

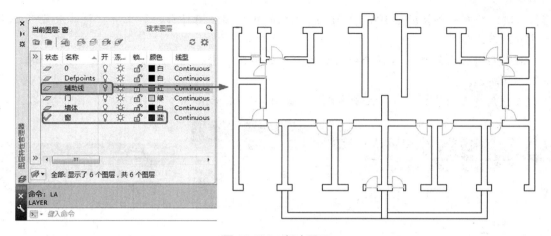

图 15-104　新建图层

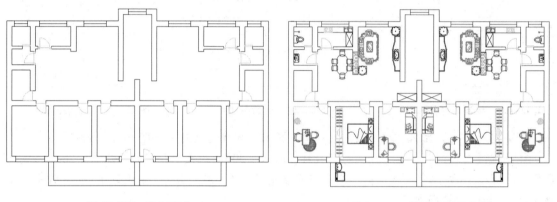

图 15-105　绘制窗户　　　　　　　　　图 15-106　调整素材的位置

31 将【楼梯】图层置为当前图层，使用【矩形】工具，绘制长度为 2 200、宽度为 2 020 的矩形，如图 15-107 所示。

32 使用【分解】工具，对矩形进行分解，使用【矩形】阵列，选择最下方的线段，按空格键进行确认，将【列数】设置为 1，将【行数】设置为 8，将【介于】设置为 260，如图 15-108 所示。

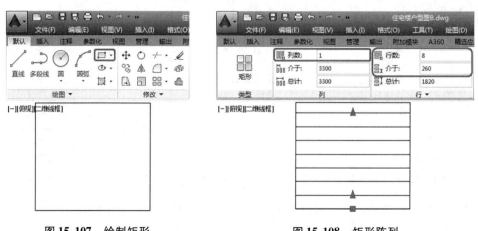

图 15-107　绘制矩形　　　　　　　　　图 15-108　矩形阵列

33 按【Enter】键进行确认，使用【分解】工具，将绘制的矩形进行分解，然后使用【矩形】工具，绘制一个长度为 100、宽度为 2 150 的矩形，使用【移动】工具，将其放置到如图 15-109 所示的位置。

㉞ 使用【偏移】工具，将绘制的矩形向外偏移 50，并使用【修剪】工具，修剪对象，如图 15-110 所示。

㉟ 使用【多段线】工具，绘制多段线，如图 15-111 所示。

图 15-109 绘制矩形并调整位置　　15-110 偏移对象并进行修剪　　图 15-111 绘制多段线

㊱ 使用【修剪】工具，将多余的线条进行修剪，完成后的效果如图 15-112 所示。

㊲ 使用【多段线】工具，向上引导鼠标，输入 2 300，向左引导鼠标，输入 1 200，向下引导鼠标，输入 740，在命令行中输入 W，将起点宽度设为 100，端点宽度设为 0，向下引导鼠标，输入 260，如图 15-113 所示。

㊳ 使用同样的方法绘制向上的箭头，如图 15-114 所示。

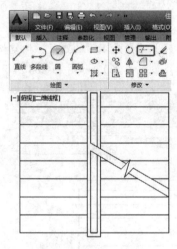

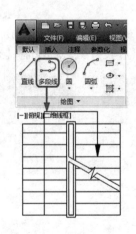

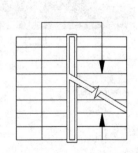

图 15-112 修剪对象　　　　图 15-113 绘制多段线　　　图 15-114 绘制上箭头

㊴ 使用【移动】工具，将绘制的楼梯移动至如图 15-115 所示的位置处。

㊵ 在命令行中输入 LA 命令，弹出【图层特性管理器】选项板，新建【文字标注】和【尺寸标注】图层，将【颜色】设置为【白】，将【文字标注】图层置为当前图层，如图 15-116

所示。

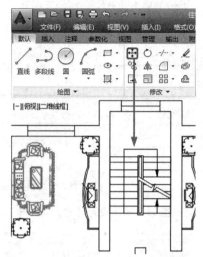

图 15-115 调整楼梯的位置　　　　　　**图 15-116 新建图层**

㊶ 使用【单行文字】工具，将【文字高度】设置为300，【旋转角度】设置为0，然后输入文字，如图 15-117 所示。

㊷ 将【尺寸标注】置为当前图层，然后在菜单栏中执行【格式】|【标注样式】命令，如图 15-118所示。

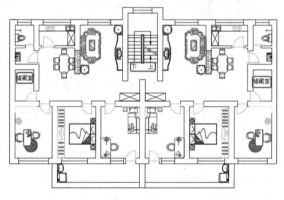

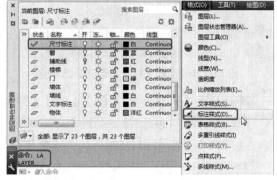

图 15-117 输入文字　　　　　　**图 15-118 执行【标注样式】命令**

㊸ 弹出【标注样式管理器】对话框，单击【新建】按钮，弹出【创建新标注样式】对话框，将【新样式名】设置为【尺寸标注】，将【基础样式】设置为ISO－25，单击【继续】按钮，如图 15-119 所示。

㊹ 弹出【新建标注样式：尺寸标注】对话框，切换至【线】选项卡，将【基线间距】设置为 50，将【超出尺寸线】和【起点偏移量】设置为50，如图 15-120 所示。

㊺ 切换至【符号和箭头】选项卡，将【箭头】设置为【点】，将【箭头大小】设置为200，如图 15-121 所示。

㊻ 切换至【文字】选项卡，将【文字高度】设置为240，如图 15-122 所示。

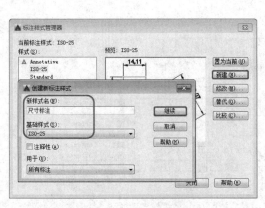

图 15-119 创建新标注样式

图 15-120 设置【线】选项卡

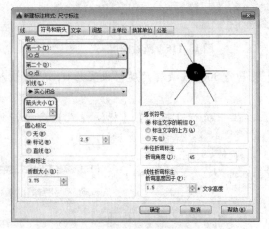

图 15-121 设置【符号和箭头】选项卡

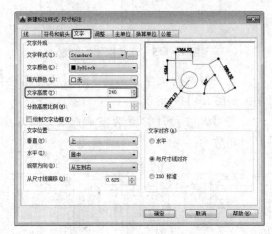

图 15-122 设置【文字】选项卡

47 切换至【调整】选项卡，选择【文字位置】下方的【尺寸线上方，不带引线】单选按钮，如图 15-123 所示。

48 切换至【主单位】选项卡，将【精度】设置为 0，单击【确定】按钮，如图 15-124 所示。

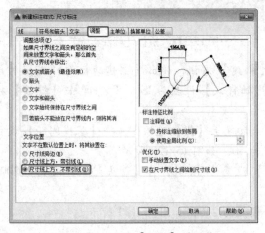

图 15-123 设置【调整】选项卡

图 15-124 设置【主单位】选项卡

⑭ 选择【尺寸标注】样式，单击【置为当前】按钮，然后将该对话框关闭，如图 15-125 所示。

⑮ 切换至【注释】选项卡，使用【线性标注】和【连续标注】工具，对图形进行标注，如图 15-126 所示。

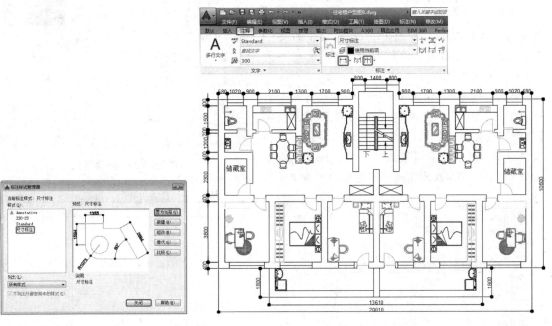

15-125　将【尺寸标注】样式置为当前

图 15-126　标注完成效果

15.4　办公室平面图的绘制

办公空间平面图的绘制和住宅户型图的绘制相似，其操作主要是在测量的基础上，首先绘制辅助线，然后利用辅助线绘制出墙体，通过修剪制作出办公室平面图，最后完成后的效果如图 15-127 所示。

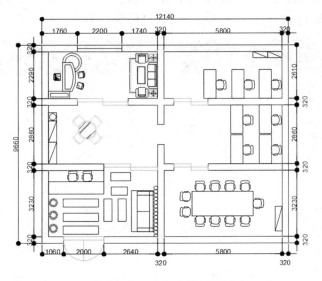

图 15-127　办公空间平面图

下面讲解某办公室平面图的绘制，其具体操作步骤如下：

01 按【Ctrl + N】组合键，弹出【选择样板】对话框，在弹出的对话框中选择 acadiso 样板，单击【打开】按钮，如图 15-128 所示，新建一个空白图纸，然后将其进行保存，将名称保存为【办公室平面图】。

图 15-128　新建图纸

02 在命令行中输入 LA 命令，打开【图层特性管理器】选项板，新建【辅助线】图层，将【颜色】设置为【红】，并将【辅助线】图层置为当前图层，然后使用【直线】工具，绘制两条长度为 15 000、10 400 的线段，如图 15-129 所示。

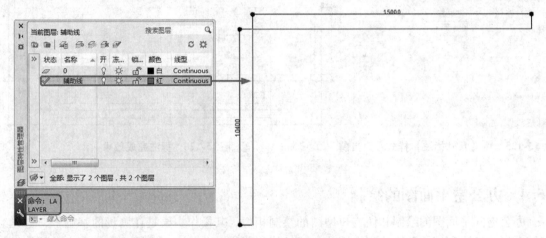

图 15-129　绘制辅助线

03 使用【偏移】工具，将上侧边依次向下偏移 750、2 610、3 180、3 550，如图 15-130 所示。

04 再次使用【偏移】工具，将左侧边向右依次偏移 1830、5700、6120，如图 15-131 所示。

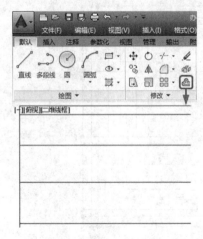

图 15-130　向下偏移对象

图 15-131　向右偏移对象

05 在命令行中输入 LA 命令，弹出【图层特性管理器】选项板，新建【墙体】图层，将【颜色】设置为【白】，并将【墙体】图层置为当前图层，如图 15-132 所示。

06 在菜单栏中执行【格式】|【多线样式】命令，弹出【多线样式】对话框，单击【新建】按钮，弹出【创建新的多线样式】对话框，将【新样式名】设置为【多线】，单击【继续】按钮，如图 15-133 所示。

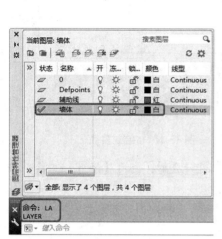

15-132 将【墙体】图层置为当前图层

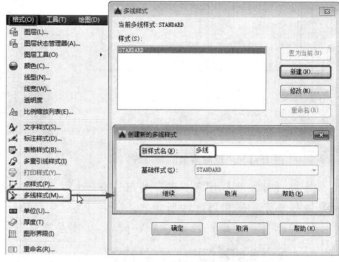

图 15-133 创建多线样式

07 弹出【新建多线样式：多线】对话框，勾选【封口】下方【直线】右侧的【起点】和【端点】复选框，将【图元】下方的【偏移】设置为10和−10，单击【确定】按钮，如图15-134所示。

08 选择【多线】样式，单击【置为当前】按钮，单击【确定】按钮，如图 15-135 所示。

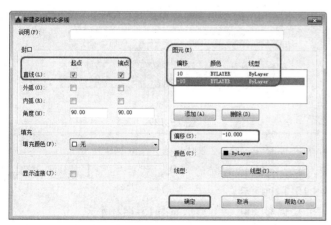

图 15-134 新建多线样式

图 15-135 将【多线】样式置为当前

09 将选中的辅助线进行删除，如图 15-136 所示。

10 在命令行中输入 ML 命令，在命令行中输入 J，将对正类型设置为 Z，然后绘制多线，如图 15-137 所示。

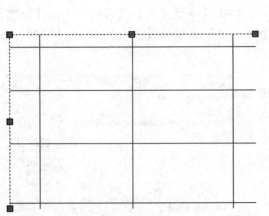

图 15-136 删除多余的辅助线

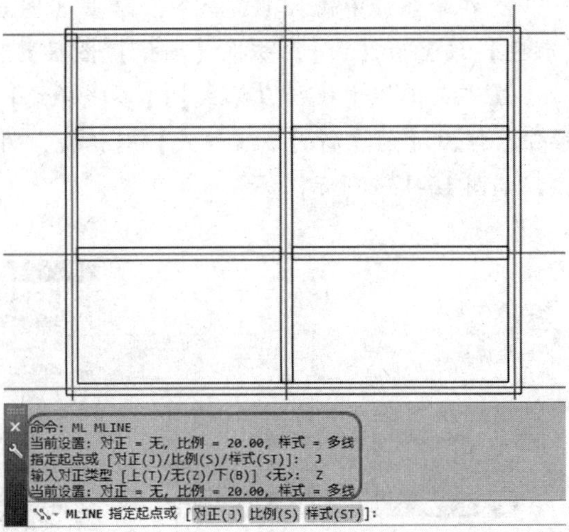

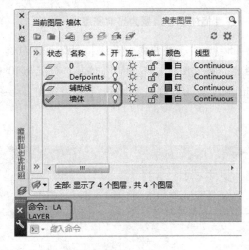

图 15-137 绘制多线

⑪ 将【辅助线】图层隐藏，使用【分解】工具，将对象进行分解，使用【修剪】工具，将对象进行修剪，如图 15-138 所示。

⑫ 显示【辅助线】图层，确认【墙体】图层置为当前图层，如图 15-139 所示。

图 15-138 修剪对象

图 15-139

⑬ 使用【偏移】工具，将 A 线段向右依次偏移 1 600、2 200，如图 15-140 所示。

⑭ 然后使用【打断于点】工具，打断对象，并删除打断的对象，然后使用【直线】工具，绘制直线，将偏移的辅助线进行删除，如图 15-141 所示。

⑮ 使用【偏移】工具，将 A 线段向右依次偏移 900、2 000，如图 15-142 所示。

⑯ 再次使用【偏移】工具，将 A 线段向下依次偏移 1 100、980，如图 15-143 所示。

⑰ 使用【偏移】工具，将 A 线段向右依次偏移 650、1 650，如图 15-144 所示。

⑱ 使用【直线】工具，绘制直线，然后使用【打断于点】工具，打断对象，如图 15-145 所示。

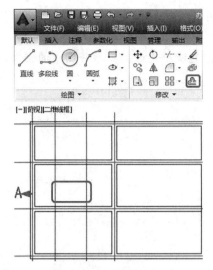

图 15-140　偏移对象

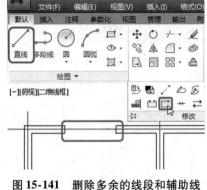

图 15-141　删除多余的线段和辅助线

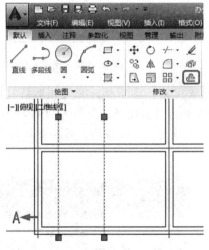

图 15-142　向右偏移对象

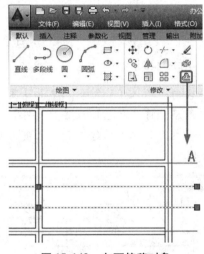

图 15-143　向下偏移对象

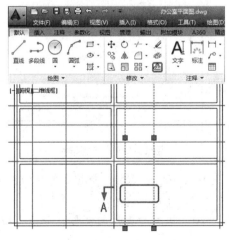

图 15-144　再次偏移对象

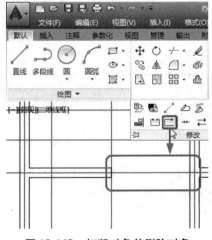

图 15-145　打断对象并删除对象

⑲ 将 A 线段向右依次偏移 1 600、2 500，使用【直线】工具，绘制直线，然后使用【打断于点】工具，打断对象，并将多余的辅助线删除，如图 15-146 所示。

⑳ 使用同样的方法，打断对象，将打断后多余的线段删除，然后将选中的辅助线删除，如图 15-147 所示。

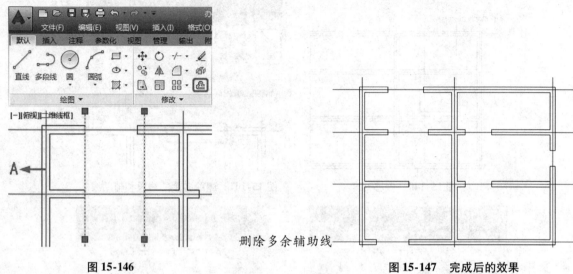

图 15-146

删除多余辅助线

图 15-147　完成后的效果

㉑ 在命令行中输入 LA 命令，弹出【图层特性管理器】选项板，将【辅助线】图层隐藏，新建【门】图层，将【颜色】设置为【绿】，并将其置为当前图层，如图 15-148 所示。

㉒ 使用【矩形】工具，绘制两个长度为 1 250、宽度为 160 的矩形，将其移动至如图 15-149 所示的位置处。

图 15-148　新建图层

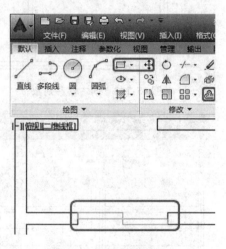

图 15-149　绘制推拉门

㉓ 使用【矩形】工具，绘制两个长度为 825、宽度为 160 的矩形，将其复制移动至如图 15-150 所示的位置处。

㉔ 再次使用【矩形】工具，绘制两个长度为 1 320、宽度为 160 的矩形，将其移动至如图 15-151 所示的位置处。

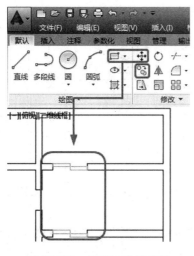

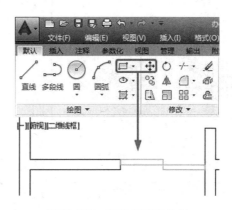

图 15-150　调整对象的位置　　　　　图 15-151　移动矩形的位置

㉕ 使用【矩形】工具，绘制一个长度为 2 000、宽度为 160 的矩形，使用【直线】工具，在矩形的中心处绘制一个长度为 1 000 的直线，使用【圆弧】工具，绘制圆弧，使用【移动】工具将其移动至如图 15-152 所示的位置处。

㉖ 在命令行中输入 LA 命令，打开【图层特性管理器】选项板，新建【窗】图层，将【颜色】设置为【蓝】，并将【窗】图层置为当前图层，如图 15-153 所示。

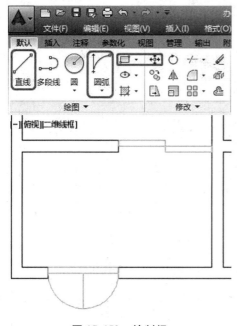

图 15-152　绘制门　　　　　　　　图 15-153　新建图层

㉗ 在命令行中输入 LINE 命令，绘制窗户，如图 15-154 所示。

㉘ 打开随书附带光盘中的 CDROM\素材\第 15 章\素材 3. dwg 图形文件，将素材文件调整至如图 15-155 所示的位置处。

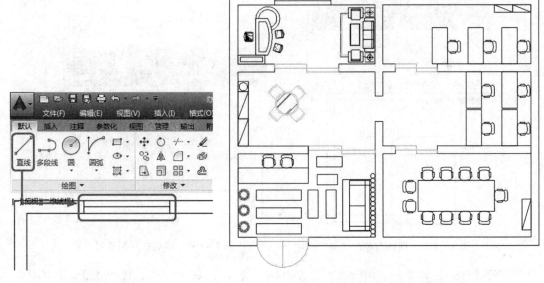

图 15-154 绘制窗户　　　　　　　图 15-155 将素材调整至合适的位置

㉙ 在命令行中执行 LA 命令，新建【尺寸标注】图层，将该图层置为当前图层，在菜单栏中执行【格式】|【标注样式】命令，如图 15-156 所示。

㉚ 弹出【标注样式管理器】对话框，单击【新建】按钮，打开【创建新标注样式】对话框，将【新样式名】设置为【尺寸标注】，将【基础样式】设置为 ISO-25，单击【继续】按钮，如图 15-157 所示。

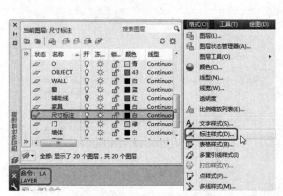

图 15-156 设置图层　　　　　　　图 15-157 创建新标注样式

㉛ 弹出【新建标注样式：尺寸标注】对话框，切换至【线】选项卡，将【基线间距】设置为 50，将【超出尺寸线】和【起点偏移量】设置为 50，如图 15-158 所示。

㉜ 切换至【符号和箭头】选项卡，将【箭头】设置为【点】，将【箭头大小】设置为 200，如图 15-159 所示。

㉝ 切换至【文字】选项卡，将【文字高度】设置为 240，如图 15-160 所示。

㉞ 切换至【调整】选项卡，选择【文字位置】下方的【尺寸线上方，不带引线】单选按钮，如图 15-161 所示。

图 15-158　设置【线】选项卡

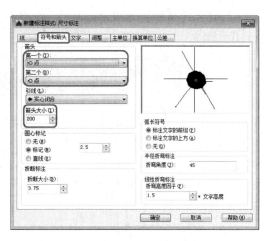

图 15-159　设置【符号和箭头】选项卡

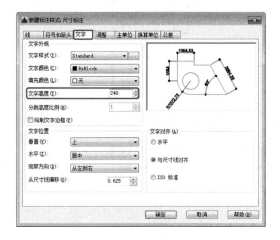

图 15-160　设置【文字】选项卡

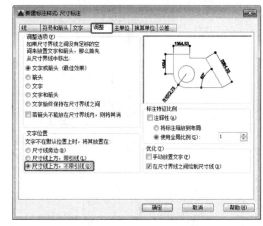

图 15-161　设置【调整】选项卡

㉟ 切换至【主单位】选项卡，将【精度】设置为0，单击【确定】按钮，如图 15-162 所示。

㊱ 选择【尺寸标注】样式，单击【置为当前】按钮，然后将该对话框关闭，如图 15-163 所示。

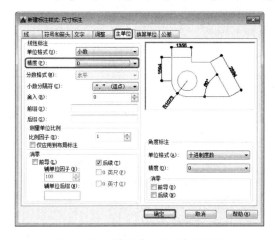

图 15-162　设置【主单位】选项卡

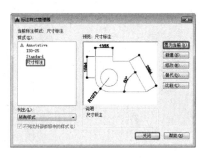

图 15-163　将【尺寸标注】样式置为当前

435

⑰ 切换至【注释】选项卡，使用【线性标注】和【连续标注】工具，对图形进行标注，如图 15-164 所示。

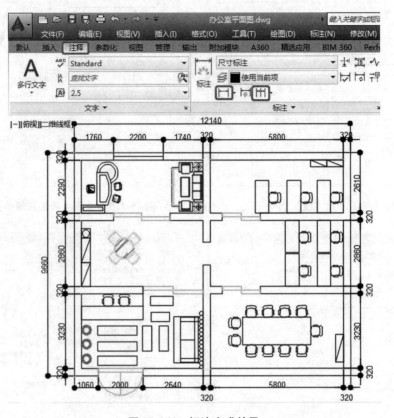

图 15-164　标注完成效果

项目指导——室内立面图的绘制

16 Chapter

本章导读：

提高知识
- ◆ 客厅立面图的绘制
- ◆ 卧室立面图的绘制
- ◆ 书房立面图的绘制

　　室内立面图的绘制和建筑立面图的绘制方法类似，只是室内立面图是在室内基础上进行绘制的，希望读者通过对本章的学习可以轻松掌握室内立面图的绘制方法。

16.1 客厅立面图的绘制

　　下面开始学习住宅装饰设计立面图的绘制工作。在进行绘制以前，需要注意把所有的图形按照图层分开，并且在绘图时把要操作的图层设置成当前图层。为了叙述简便，将不在步骤中逐一说明。

　　绘制客厅立面图的主要步骤如下：

　　① 使用【矩形】和【直线】命令，绘制客厅的主要布置及主要区域。

　　② 在已经绘制好的客厅区域内，绘制客厅某一立面的主要家具和相关装饰。

　　③ 在完成的立面图中进行标注和文字说明。

提示

　　立面图的绘制过程中会较多地使用到【直线】（LINE）和【矩形】（RECTAMG）命令，而且在绘制的过程中往往会使用【修剪】、【延伸】、【偏移】、【复制】和【粘贴】等命令，使得绘图时间大大缩短。

　　对绘制完成后的图形进行标注时，对于连续的家具标注往往可以使用【连续标注】命令来减少标注工作量。但需要注意的是，在使用【连续标注】命令时，必须要在使用【线性标注】命令以后才可以。系统自动在先前标注的线性标注后面连续标注，只需要选择标注的尺寸定位点即可。

　　在标准文字说明时需要注意，使用【单行文字】（DTEXT）命令对所绘制的图纸进行说明，在第一次使用【单行文字】命令时，需要对文字的高度和角度进行选择，确定后就可以输入所需要的文字了，最后再使用【直线】命令将所输入的文字进行引出标注。

　　绘制室内立面图，其实是讲述各种简单命令的综合应用，在绘制过程中不必完全拘泥于书中所讲的顺序和方法，可以尝试多种方法的应用。

下面讲解如何绘制客厅立面图，其效果如图 16-1 所示。

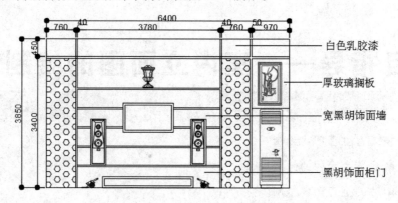

白色乳胶漆

厚玻璃搁板

宽黑胡饰面墙

黑胡饰面柜门

图 16-1　某客厅立面示意图

具体操作步骤如下：

01 在命令行中执行 LINE 命令，绘制长度为 3 850 的垂直线和长度为 6 400 的水平线，如图 16-2 所示。

02 在命令行中执行 OFFSET 命令，把前面绘制的水平线分别向上偏移 3 350 和 3 850，如图 16-3 所示。

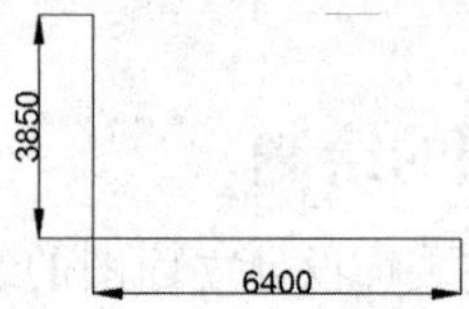

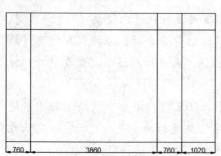

图 16-2　绘制直线

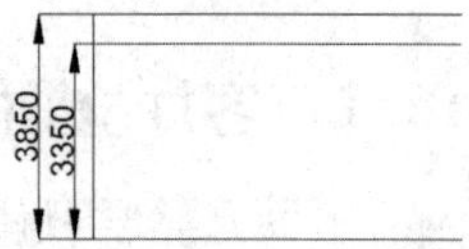

图 16-3　向上偏移直线

🎗️ **提 示**

使用【直线】命令时，按【F8】键，打开正交模式，再次按【F8】键，就可以退出正交模式。正交模式可以保证绘出的线为水平或者垂直。

---

03 在命令行中执行 OFFSET 命令把刚才绘制的垂直直线向右偏移 760，然后依次将偏移得到的直线分别向右偏移 3 860、760 和 1 020，如图 16-4 所示。

04 继续在命令行中执行 OFFSET 命令，将偏移距离设置为 50，将如图 16-5 所示的线段，分别向右和向上进行偏移。

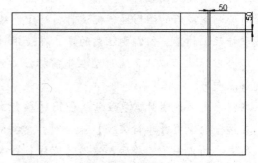

图 16-4　向右偏移直线

图 16-5　偏移线段

05 在命令行中执行 TRIM 命令，将多余的线段进行修剪，如图 16-6 所示。

06 在命令行中执行 OFFSET 命令，将如图 16-7 所示的线段 AB 分别向下偏移 770 和 1 290。偏移效果如图 16-8 所示。

07 在命令行中执行 OFFSET 命令，将如图 16-9 所示的线段 ABC，向内侧（箭头所指方向）偏移 40，偏移效果如图 16-10 所示。

08 在命令行中执行 TRIM 命令，将多余的线段进行修剪，修剪效果如图 16-11 所示。

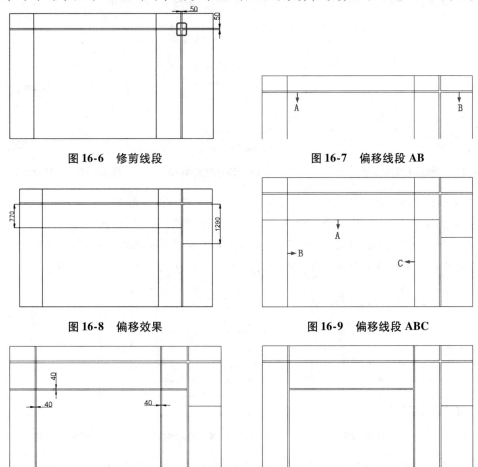

图 16-6　修剪线段　　　　　　　　　　　　图 16-7　偏移线段 AB

图 16-8　偏移效果　　　　　　　　　　　　图 16-9　偏移线段 ABC

图 16-10　向内偏移效果　　　　　　　　　　图 16-11　修剪效果

09 在命令行中执行 OFFSET 命令，将偏移距离设置为 500，将如图 16-12 所示的线段向下进行偏移，以偏移得到的线段为偏移对象，如图 16-13 所示。

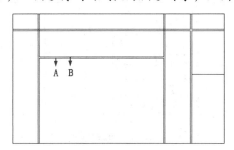

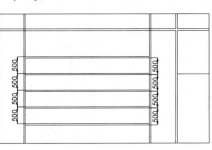

图 16-12　向下偏移对象　　　　　　　　　　图 16-13　向下偏移效果

⑩ 在命令行中执行 RECTANG 命令，在空白位置绘制长度为 2 400、宽度为 280 的矩形，在命令行中执行 OFFSET 命令，将矩形向内偏移 50，如图 16-14 所示。

⑪ 在命令行中执行 MOVE 命令，将绘制完成的图形移动至如图 16-15 所示位置。

⑫ 在命令行中执行 RECTANG 命令，在空白位置绘制长度为 1 328、宽度为 747 的矩形，然后在命令行中执行 OFFSET 命令，将矩形向内偏移 50，如图 16-16 所示。

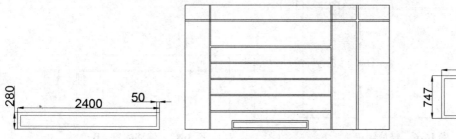

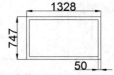

图 16-14　绘制矩形并偏移　　　　　图 16-15　移动矩形效果　　　　　图 16-16　绘制矩形并向内偏移

⑬ 在命令行中执行 MOVE 命令，将绘制完成的图形移动至如图 16-17 所示位置。

⑭ 在命令行中执行 TRIM 命令，将多余的线段进行修剪，如图 16-18 所示。

⑮ 在命令行中执行 RECTANG 命令，在空白位置绘制长度为 400、宽度为 1 200 的矩形，然后在命令行中执行 OFFSET 命令，将矩形向内偏移 40，偏移效果如图 16-19 所示。

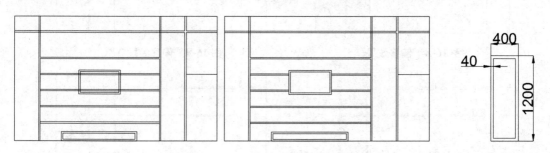

图 16-17　移动图形位置效果　　　　　图 16-18　修剪效果　　　　　图 16-19　绘制矩形并偏移

⑯ 在命令行中执行 MOVE 命令，将绘制完成的图形移动至合适的位置。在命令行中执行 MIRROR 命令，将上方矩形的垂直中心线设置为镜像线，镜像效果如图 16-20 所示。

⑰ 在命令行中执行 TRIM 命令，将多余的线段进行修剪，如图 16-21 所示。

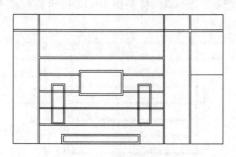

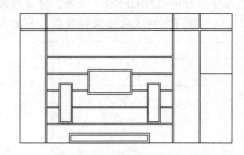

图 16-20　调整位置并镜像　　　　　　　　　图 16-21　修剪线段

⑱ 打开随书附带光盘中的 CDROM\素材\第 16 章\冰箱.dwg 素材文件，并将其调整到合适的位置，如图 16-22 所示。

⑲ 在命令行中执行 HATCH 命令，将【填充图案】设置为 HEX，【填充图案比例】设置为 25，填充效果如图 16-23 所示。

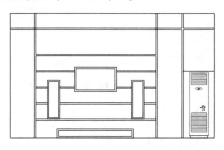

图 16-22　调整素材位置

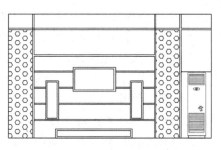

图 16-23　图案填充效果

提示

　　使用【图案填充】（HATCH）命令时，需要选择填充的种类和比例等，具体设置如图 16-24 和图 16-25 所示。在选择好以上部分后，重要的一点是对填充区域的选择，填充壁纸时，由于填充的部分比较复杂，需要直接指定选择区域，这时选择以【添加：选择对象】的方式选择，需要把组成填充区域的所有线段都选择上，这样能够更加精确地指定选择区域。需要强调的是，以上选择区域必须是由线段组成的闭合区域，这样才能进行填充。

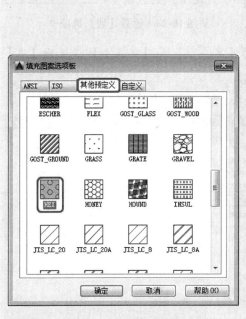

图 16-24　填充参数设置 1

图 16-25　填充参数设置 2

㉑ 打开随书附带光盘中的 CDROM\素材\第 16 章\奖杯.dwg、音箱.dwg、画镜.dwg、酒瓶.dwg 四个素材文件。将素材图形进行复制，然后添加到客厅立面图中，调整到如图 16-26 所示的位置。

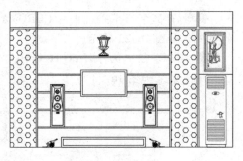

图 16-26　摆放素材

㉑ 在菜单栏中执行【格式】|【标注样式】命令，弹出【标注样式管理器】对话框，单击【新建】按钮，弹出【创建新标注样式】对话框，将【新样式名】设置为【尺寸标注】，将【基础样式】设置为 ISO‑25，单击【继续】按钮，如图 16-27 所示。

㉒ 弹出【新建标注样式：尺寸标注】对话框，切换至【线】选项卡，将【基线间距】设置为 50，将【超出尺寸线】和【起点偏移量】设置为 50，如图 16-28 所示。

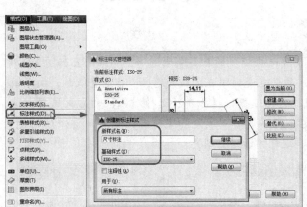

图 16-27　执行【标注样式】命令　　　　**图 16-28　设置【线】选项卡**

㉓ 切换至【符号和箭头】选项卡，将【箭头】的【第一个】和【第二个】设置为【点】，将【箭头大小】设置为 120，如图 16-29 所示。

㉔ 切换至【文字】选项卡，将【文字高度】设置为 160，如图 16-30 所示。

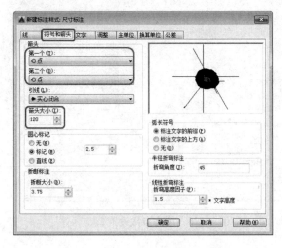 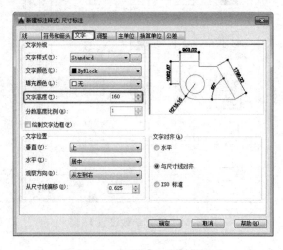

图 16-29　设置【符号和箭头】选项卡　　　　**图 16-30　设置【文字】选项卡**

㉕ 切换至【主单位】选项卡，将【精度】设置为0，单击【确定】按钮，如图16-31所示。

㉖ 将创建的【尺寸标注】样式置为当前，关闭该对话框，如图16-32所示。

㉗ 使用【线性标注】和【连续标注】工具，对绘制的客厅立面图进行尺寸标注，如图16-33所示。

㉘ 在命令行中执行TEXT命令，对所绘制的图纸进行说明，在第一次使用【单行文字】命令时，需要对文字的高度和角度进行选择，确定后就可以输入所需的文字了，最后再使用【直线】命令对所输入的文字引出标注，如图16-34所示。

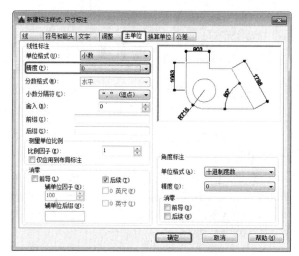

图16-31 设置【主单位】选项卡　　　　　图16-32 将【尺寸标注】样式置为当前

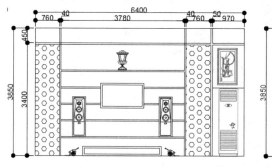

图16-33 标注对象

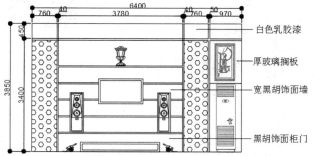

图16-34 标注文字对象效果

16.2 卧室立面图的绘制

卧室又被称作卧房、睡房，分为主卧和次卧，是供人在其内休息的房间，下面将讲解如何绘制卧室立面图，效果如图16-35所示。

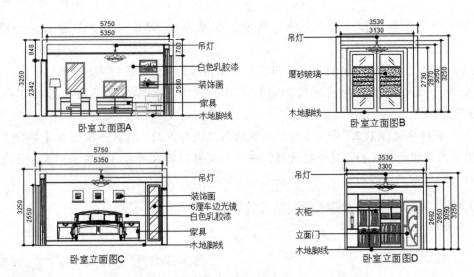

图 16-35　卧室立面图

16.2.1　卧室立面图 A

下面讲解如何绘制卧室立面图 A，其具体操作步骤如下：

① 启动 AutoCAD 后，按【Ctrl + N】组合键，弹出【选择样板】对话框，在下方选择 acadiso 样板，单击【打开】按钮，新建一个空白图纸，如图 16-36 所示。

② 按【F7】键取消栅格显示，在命令行中输入 RECTANG 命令，指定第一个点，在命令行中输入 D，将矩形的长度设置为 5 750，宽度设置为 3 250，如图 16-37 所示。

图 16-36　新建空白图纸　　　　　　　图 16-37　绘制矩形

③ 使用【偏移】工具，将矩形向内部偏移 200，如图 16-38 所示。

④ 使用【分解】工具，将绘制的矩形进行分解，将选中的线段向下依次偏移 368、32，如图 16-39 所示。

⑤ 使用【延伸】工具，将对象进行延伸，如图 16-40 所示。

⑥ 使用【偏移】工具，将 A 线段向上偏移 32，得到偏移后的 B 线段，如图 16-41 所示。

⑦ 再次使用【偏移】工具，将选中的线段向左依次偏移 200、50，如图 16-42 所示。

⑧ 使用【修剪】工具，对其进行修剪，如图 16-43 所示。

图 16-38   向内偏移对象

图 16-39   分解对象并进行偏移

图 16-40   延伸对象

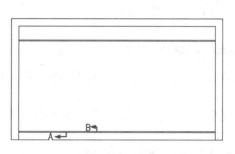

图 16-41   向上偏移对象

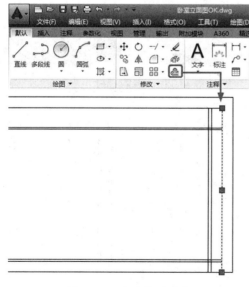

图 16-42   向左偏移对象

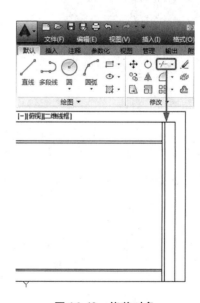

图 16-43   修剪对象

445

⑨ 使用【偏移】工具，将 A 线段向下依次偏移 410、20、270，如图 16-44 所示。

⑩ 使用【修剪】工具，对图形进行修剪，如图 16-45 所示。

⑪ 使用【多段线】工具，在空白位置处指定第一点，然后向左引导鼠标，输入 190，向上引导鼠标，输入 70，向右引导鼠标，输入 5，向上引导鼠标，输入 5，向右引导鼠标输入 15，向下引导鼠标输入 15，向右引导鼠标，输入 200，向上引导鼠标，输入 15，向右引导鼠标，输入 15，向下引导鼠标，输入 5，向右引导鼠标，输入 5，向下引导鼠标，输入 60，向左引导鼠标，输入 50，向下引导鼠标，输入 10，在命令行中输入 C，将多段线进行闭合，如图 16-46 所示。

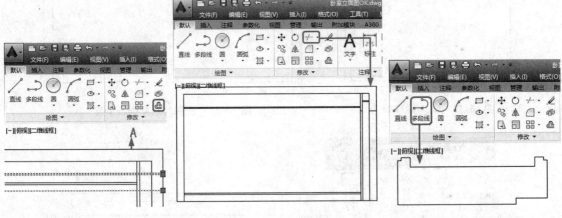

图 16-44　偏移对象　　　　图 16-45　修剪对象　　　　图 16-46　绘制多段线

⑫ 使用【矩形】工具，分别绘制 200×30、50×2 352、190×2 342，并使用【移动】工具，将其移动至如图 16-47 所示的位置处。

⑬ 选择绘制的对象并右击，在弹出的快捷菜单中执行【组】|【组】命令，将对象成组，如图 16-48 所示。

⑭ 使用【移动】工具，将绘制的对象移动至如图 16-49 所示的位置处。

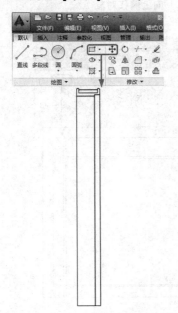
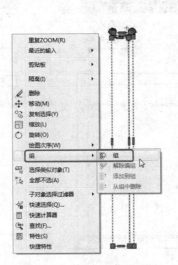
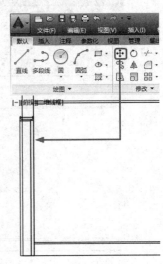

图 16-47　绘制对象并调整位置　　　　图 16-48　将绘制的对象成组　　　　图 16-49　调整位置

⑮ 使用【修剪】工具，修剪对象，如图 16-50 所示。

⑯ 打开随书附带光盘中的 CDROM\素材\第 16 章\素材 1. dwg 图形文件，将素材放置到合适的位置，如图 16-51 所示。

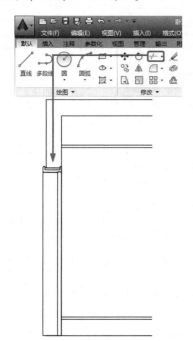

图 16-50　修剪对象

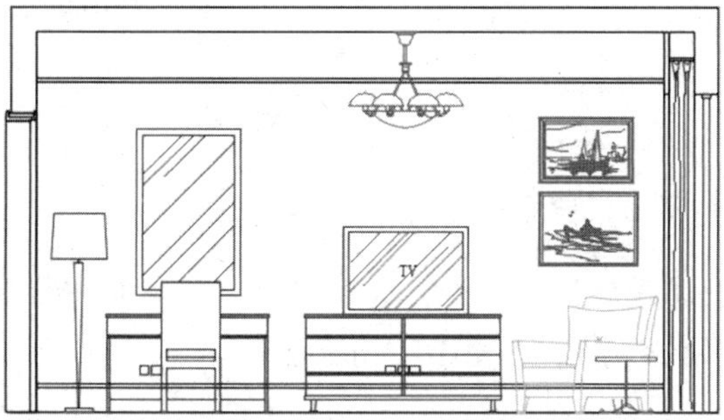

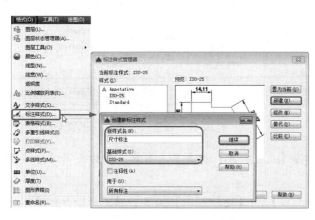

图 16-51　调整素材的位置

⑰ 在菜单栏中执行【格式】|【标注样式】命令，弹出【标注样式管理器】对话框，单击【新建】按钮，弹出【创建新标注样式】对话框，将【新样式名】设置为【尺寸标注】，将【基础样式】设置为 ISO – 25，单击【继续】按钮，如图 16-52 所示。

⑱ 弹出【新建标注样式：尺寸标注】对话框，切换至【线】选项卡，将【基线间距】设置为 8，将【超出尺寸线】和【起点偏移量】设置为 1，如图 16-53 所示。

图 16-52　创建新标注样式

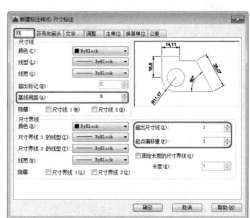

图 16-53　设置【线】选项卡

⑲ 切换至【符号和箭头】选项卡，将【箭头】下的【第一个】和【第二个】设置为【点】，将【箭头大小】设置为0.7，如图16-54所示。

⑳ 切换至【文字】选项卡，将【文字高度】设置为2，如图16-55所示。

图16-54 设置【符号和箭头】选项卡

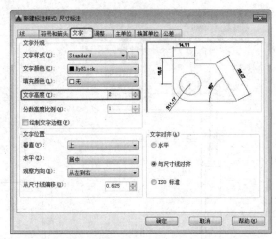

图16-55 设置【文字】选项卡

㉑ 切换至【调整】选项卡，选择【文字位置】下方的【尺寸线上方，不带引线】，将【使用全局比例】设置为1，如图16-56所示。

㉒ 切换至【主单位】选项卡，将【精度】设置为0，单击【确定】按钮，如图16-57所示。

图16-56 设置【调整】选项卡

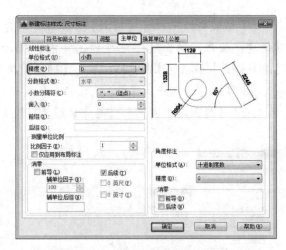

图16-57 设置【主单位】选项卡

㉓ 返回至【标注样式管理器】对话框，将【尺寸标注】样式置为当前，然后关闭该对话框即可，如图16-58所示。

㉔ 切换至【注释】选项卡，使用【线性标注】和【连续标注】工具，对图形进行标注，如图16-59所示。

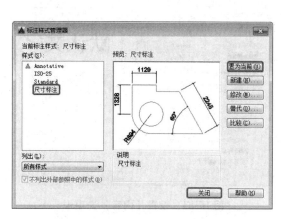

图 16-58　将【尺寸标注】样式置为当前

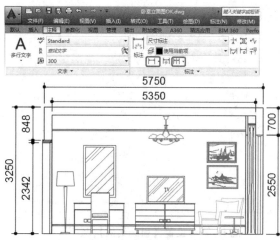

图 16-59　标注对象

㉕ 在菜单栏中执行【格式】|【多重引线样式】命令，弹出【多重引线样式管理器】对话框，单击【新建】按钮，弹出【创建新多重引线样式】对话框，将【新样式名】设置为【多重引线】，将【基础样式】设置为 Standard，单击【继续】按钮，如图 16-60 所示。

㉖ 切换至【引线格式】选项卡，将【箭头】下方的【符号】设置为【点】，将【大小】设置为 130，如图 16-61 所示。

图 16-60　执行【多重引线样式】命令

图 16-61　设置【引线格式】选项卡

㉗ 切换至【引线结构】选项卡，将【设置基线距离】设置为 150，如图 16-62 所示。

㉘ 切换至【内容】选项卡，将【文字高度】设置为 250，单击【确定】按钮，如图 16-63 所示。

㉙ 返回至【多重引线样式管理器】对话框，将【多重引线】样式置为当前，然后关闭该对话框即可，如图 16-64 所示。

㉚ 使用【引线】工具标注对象，如图 16-65 所示。

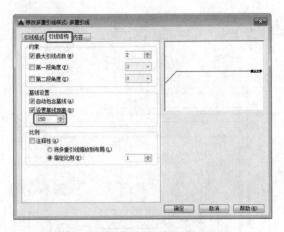

图 16-62 设置【引线结构】选项卡

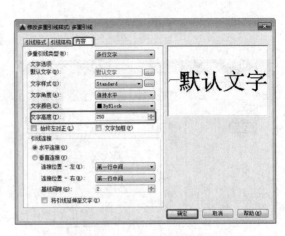

图 16-63 设置【内容】选项卡

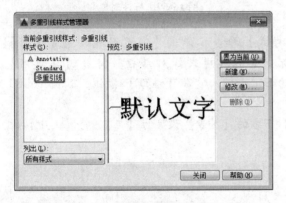

图 16-64 将【多重引线】样式置为当前

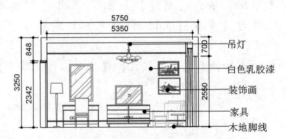

图 16-65 标注对象

㉛ 使用【单行文字】工具,将【文字高度】设置为300,将【旋转角度】设置为0,如图 16-66 所示。

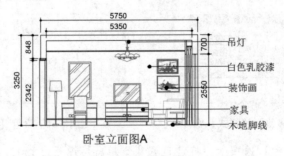

卧室立面图A

图 16-66 输入文字

16.2.2 卧室立面图 B

下面介绍如何绘制卧室立面图 B,其具体操作步骤如下:

① 使用【矩形】工具,绘制一个长度为 3 530、宽度为 3 250 的矩形,如图 16-67 所示。

② 使用【偏移】工具,将矩形向内部偏移 200,如图 16-68 所示。

③ 使用【分解】工具,将绘制的对象进行分解,然后使用【偏移】工具,将 A 线段向下依

次偏移 180、140，如图 16-69 所示。

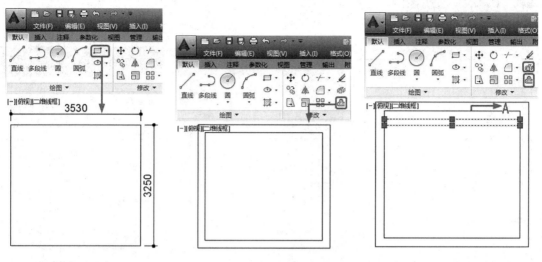

图 16-67　绘制矩形　　　　图 16-68　向内偏移对象　　　　图 16-69　向下偏移对象

🔟④ 使用【延伸】工具，将对象进行延伸，然后将多余的线段删除，如图 16-70 所示。

🔟⑤ 在空白的位置处，使用【矩形】工具，绘制一个长度为 2 600、宽度为 2 710 的矩形，如图 16-71 所示。

🔟⑥ 使用【矩形】工具，绘制一个长度为 2 300、宽度为 2 560 的矩形，将其移动至如图 16-72 所示的位置处。

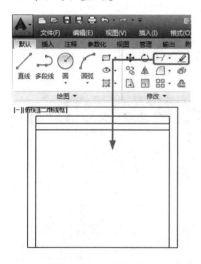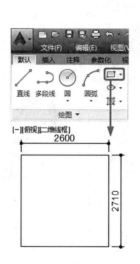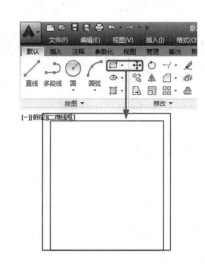

图 16-70　延伸对象　　　　图 16-71　绘制矩形　　　　图 16-72　绘制矩形并移动到合适位置

🔟⑦ 使用【矩形】工具，分别绘制 900×525、900×1 160、900×525 的矩形，并将其调整至如图 16-73 所示的位置处。

🔟⑧ 使用【分解】工具，将选中的对象进行分解，如图 16-74 所示。

🔟⑨ 使用【偏移】工具，将 A 线段向下依次偏移 380、20、160、20、150、20，如图 16-75 所示。

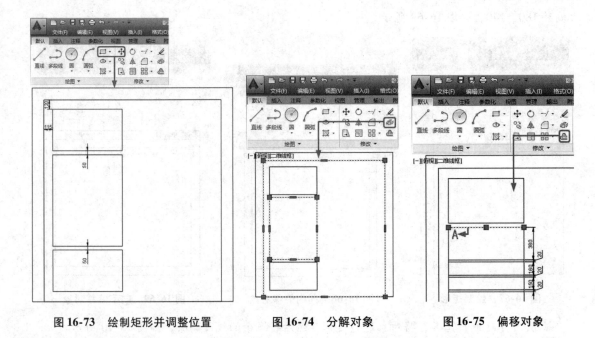

图 16-73 绘制矩形并调整位置   图 16-74 分解对象   图 16-75 偏移对象

⑩ 使用【直线】工具，绘制直线，如图 16-76 所示。

⑪ 使用【镜像】工具，将左侧的对象进行镜像，如图 16-77 所示。

⑫ 使用【图案填充】工具，将图案设置为 AR – SAND，将【图案填充比例】设置为 2，将【图案填充角度】设置为 0，如图 16-78 所示。

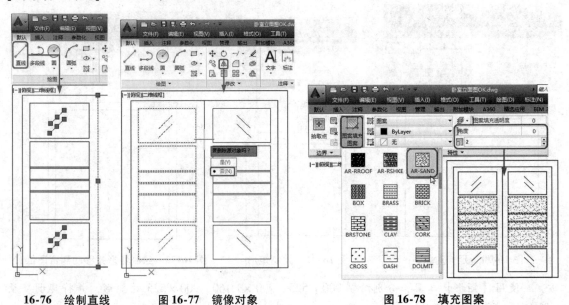

16-76 绘制直线   图 16-77 镜像对象   图 16-78 填充图案

⑬ 选择绘制的对象并右击，在弹出的快捷菜单中执行【组】|【组】命令，将对象进行编组，如图 16-79 所示。

⑭ 使用【移动】工具，将其移动至如图 16-80 所示的位置处。

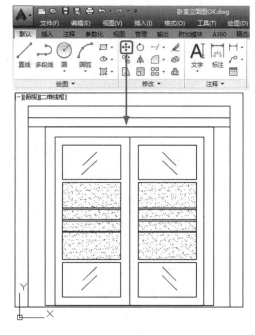

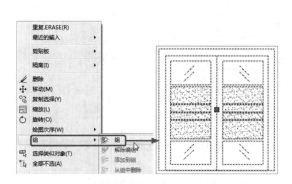

图 16-79 将对象进行编组 　　　　　　　　图 16-80 调整对象的位置

⑮ 解除编组，然后使用【分解】工具，将选中的对象进行分解，如图 16-81 所示。

⑯ 使用【延伸】工具，将对象进行延伸，将多余的线段删除，如图 16-82 所示。

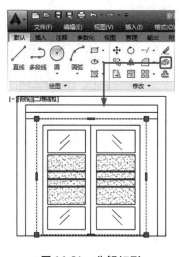 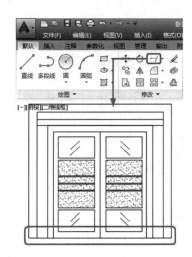

图 16-81 分解矩形 　　　　　　　　　图 16-82 完成后的效果

⑰ 打开随书附带光盘中的 CDROM\素材\第 16 章\素材 1. dwg 图形文件，将素材调整至合适的位置，如图 16-83 所示。

⑱ 使用【线性标注】工具，对其进行标注，如图 16-84 所示。

⑲ 使用【引线】工具，对其进行标注，如图 16-85 所示。

⑳ 使用【单行文字】工具，将【文字高度】设置为 300，将【旋转角度】设置为 0，如图 16-86 所示。

图 16-83　调整素材的位置

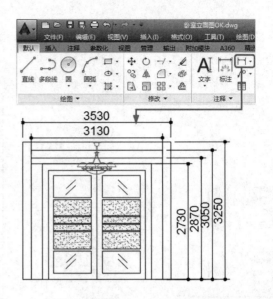

图 16-84　标注对象

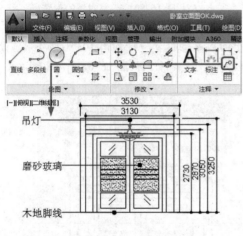

图 16-85　标注对象

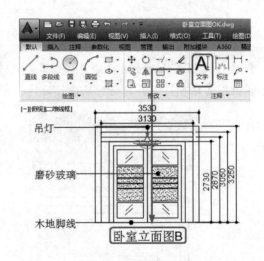

图 16-86　标注文字

16.2.3 卧室立面图 C

　　下面介绍如何绘制卧室立面图 C，其具体操作步骤如下：

　　01 使用【矩形】工具，绘制长度为 5 750、宽度为 3 250 的矩形，如图 16-87 所示。

　　02 使用【分解】工具，将矩形进行分解，将上侧边依次向下偏移 200、210、20、138、32、100、2 350、32，如图 16-88 所示。

　　03 再次使用【偏移】工具，将左侧边向右依次偏移 200、200、50、4 366、734，如图 16-89 所示。

　　04 使用【修剪】工具，对图形进行修剪，如图 16-90 所示。

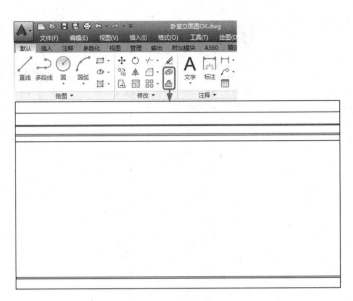

图 16-87　绘制矩形

图 16-88　向下偏移对象

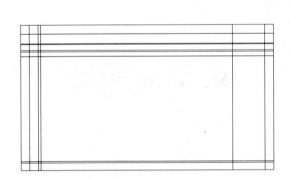

图 16-89　向右偏移对象

图 16-90　修剪对象

05 使用【矩形】工具，绘制一个长度为 534、宽度为 2 380 的矩形，将其放置到如图 16-91 所示的位置处。

06 使用【偏移】工具，将绘制的矩形向内部依次偏移 10、60，如图 16-92 所示。

07 使用【图案填充】工具，将填充图案设置为 ANSI32，将【填充图案比例】设置为 50，然后对其进行填充，如图 16-93 所示。

08 使用【多段线】工具，在空白处指定任意一点，向上引导鼠标，输入 15，向左引导鼠标，输入 15，向下引导鼠标，输入 5，向左引导鼠标，输入 5，向下引导鼠标，输入 60，向右引导鼠标，输入 50，向下引导鼠标，10，向右引导鼠标，输入 190，向上引导鼠标，输入 70，向左引导鼠标，输入 5，向上引导鼠标，输入 5，向左引导鼠标，输入 15，向下引导鼠标，输入 15，向左引导鼠标，输入 200，在命令行中输入 C，将多段线进行闭合，如图 16-94 所示。

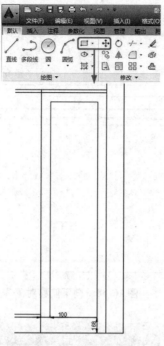

图 16-91 绘制矩形并调整位置

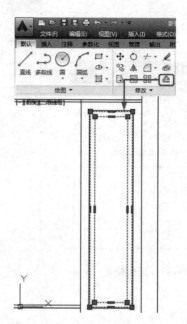

图 16-92 向内偏移对象

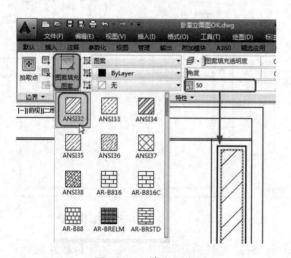

图 16-93 填充图案

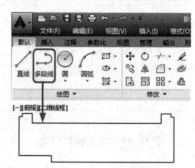

图 16-94 绘制多段线

⑨ 使用【矩形】工具，绘制 200×30、50×2352、190×2 342，将矩形调整至如图 16-95 所示的位置处。

⑩ 选择绘制的对象，将其移动至如图 16-96 所示的位置处，并对其进行修剪，如图 16-97 所示。

⑪ 打开随书附带光盘中的 CDROM\素材\第 16 章\素材 1.dwg 图形文件，将素材调整至合适的位置处，如图 16-98 所示。

⑫ 使用【线性标注】工具，对图形进行标注，如图 16-99 所示。

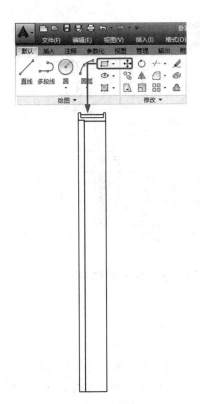

图 16-95　绘制矩形并调整位置

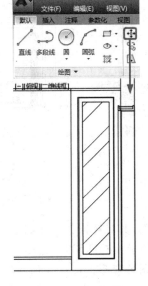

图 16-96　移动对象

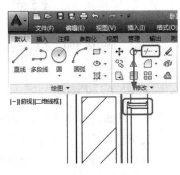

图 16-97　修剪对象

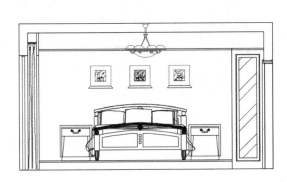

图 16-98　调整素材的位置

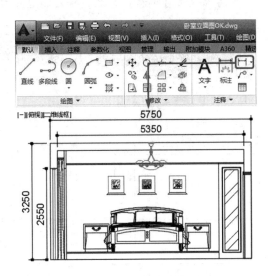

图 16-99　标注对象

⑬ 使用【引线】工具，对图形进行标注，如图 16-100 所示。

⑭ 使用【单行文字】工具，将【文字高度】设置为 300，将【旋转角度】设置为 0，输入文字如图 16-101 所示。

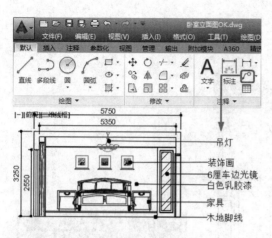

图 16-100　引线标注

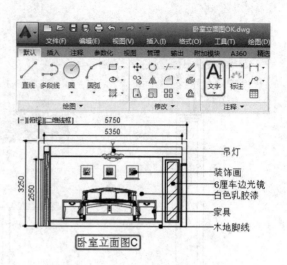

图 16-101　输入单行文字

16.2.4 卧室立面图 D

下面介绍如何绘制卧室立面图 D，其具体操作步骤如下：

01 使用【矩形】工具，绘制一个长度为 3 530、宽度为 3 250 的矩形，如图 16-102 所示。

02 使用【分解】工具，分解绘制的矩形，使用【偏移】工具，将上侧边向下依次偏移 200、200、168、32，如图 16-103 所示。

03 再次使用【偏移】工具，将左侧边向右依次偏移 100、3 300，如图 16-104 所示。

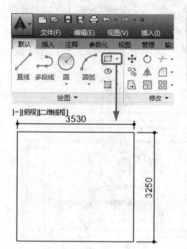

图 16-102　绘制矩形

图 16-103　向下偏移对象

图 16-104　向右偏移对象

04 使用【修剪】工具，对其进行修剪，如图 16-105 所示。

05 在空白位置处，使用【矩形】工具，绘制一个长度为 2 376、宽度为 2 376 的矩形，如图 16-106 所示。

06 使用【分解】工具，将绘制的矩形进行分解，使用【偏移】工具，将上侧边依次向下偏移 20、545、20、475、20、305、99、25、75、99、584、20，如图 16-107 所示。

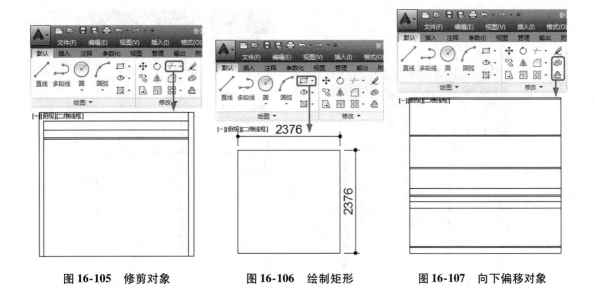

图 16-105　修剪对象　　　　　　图 16-106　绘制矩形　　　　　　图 16-107　向下偏移对象

07 再次使用【偏移】工具，将左侧边向右依次偏移465、20、455、20、455、20、455、20、400，如图 16-108 所示。

08 使用【修剪】工具，将对象进行修剪，如图 16-109 所示。

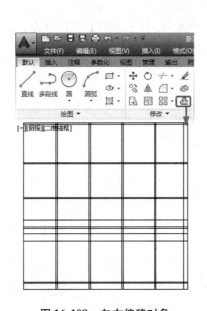　　　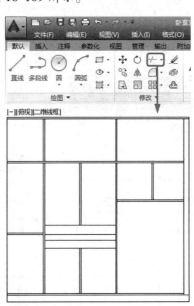

图 16-108　向右偏移对象　　　　　　　　　图 16-109　修剪对象

09 使用【矩形】工具，绘制四个长度为 178.2、宽度为 19.8 的矩形，并使用【移动】工具，将其移动至如图 16-110 所示的位置处，然后使用【直线】工具，绘制直线。

10 使用【矩形】工具，绘制一个长度为 810、宽度为 99 的矩形，并使用【移动】工具，将其移动至如图 16-111 所示的位置处。

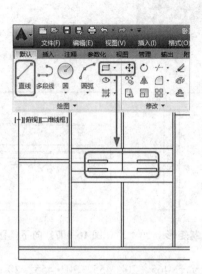

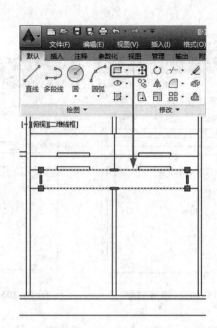

图 16-110　完成后的效果　　　　　　　　　图 16-111　移动矩形

⑪ 使用【圆】工具，绘制半径为 9.9 的圆，使用复制工具，将圆进行复制，如图 16-112 所示。

⑫ 选择绘制的柜子并右击，在弹出的快捷菜单中执行【组】|【组】命令，如图 16-113 所示。

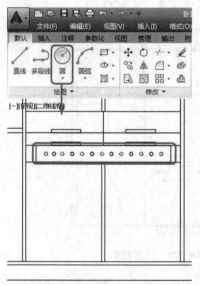

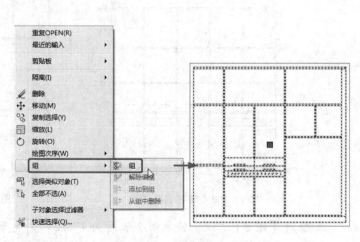

图 16-112　绘制圆　　　　　　　　　图 16-113　对柜子进行编组

⑬ 使用【移动】工具，将绘制的柜子移动至如图 16-114 所示的位置处。

⑭ 打开随书附带光盘中的 CDROM\素材\第 16 章\素材 1. dwg 图形文件，将素材添加至适当位置，如图 16-115 所示。

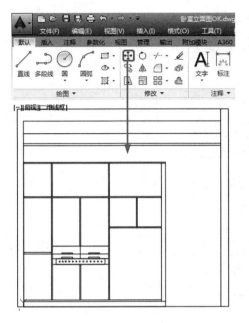

图 16-114 移动对象

图 16-115 完成后的效果

⑮ 使用【线性标注】工具，对其进行线性标注，如图 16-116 所示。

⑯ 使用【引线】工具，对其进行引线标注，如图 16-117 所示。

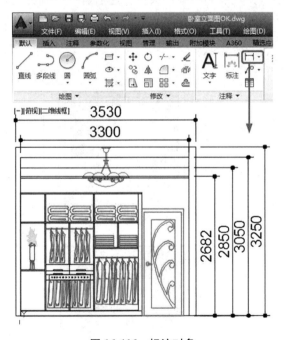

图 16-116 标注对象

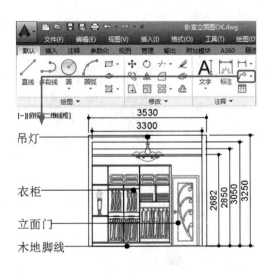

图 16-117 引线标注

⑰ 使用【单行文字】工具，将【文字高度】设置为300，将【旋转角度】设置为0，如图 16-118所示。

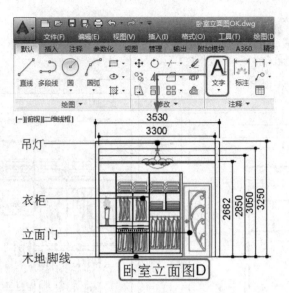

图 16-118 创建文字

16.3 书房立面图的绘制

书房，又称家庭工作室，是作为阅读、书写以及业余学习、研究、工作的空间。特别是从事文教、科技、艺术工作者必备的活动空间。书房，是人们结束一天工作之后再次回到办公环境的一个场所。因此，它既是办公室的延伸，又是家庭生活的一部分。书房的双重性使其在家庭环境中处于一种独特的地位。下面讲解如何绘制书房立面图，效果如图 16-119 所示。

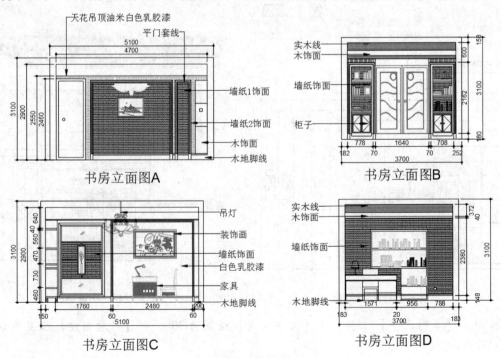

图 16-119 书房立面图

16.3.1 书房立面图 A

下面讲解如何绘制书房立面图 A，其具体操作步骤如下：

① 使用【矩形】工具，绘制一个长度为 5 100、宽度为 3 100 的矩形，如图 16-120 所示。

② 使用【分解】工具，将矩形进行分解，然后使用【偏移】工具，将上侧边向下依次偏移 200、350，如图 16-121 所示。

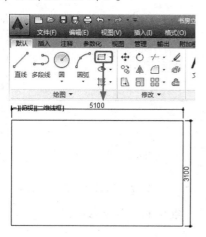

图 16-120　绘制矩形

图 16-121　向下偏移对象

③ 再次使用【偏移】工具，将左侧边向右依次偏移 200、4700，如图 16-122 所示。

④ 使用【修剪】工具，将对象进行修剪，如图 16-123 所示。

图 16-122　向右偏移对象

图 16-123　修剪对象

⑤ 使用【矩形】工具，绘制一个长度为 2 540、宽度为 2 415 的矩形，然后使用【移动】工具，将矩形移动至如图 16-124 所示的位置处。

⑥ 使用【偏移】工具，将绘制的矩形依次向内部偏移 15、30、20、15，如图 16-125 所示。

⑦ 使用【偏移】工具，将下侧边向上依次偏移 148、32，如图 16-126 所示。

⑧ 使用【修剪】工具，修剪多余的线段，然后使用【延伸】工具，将对象延伸，如图 16-127 所示。

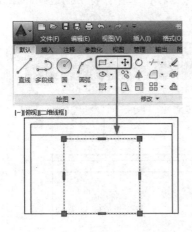

图 16-124　调整对象的位置

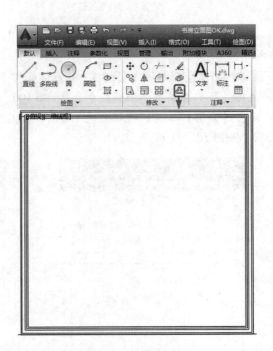

图 16-125　向内偏移对象

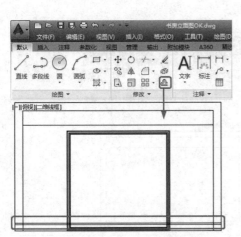

图 16-126　向上偏移对象

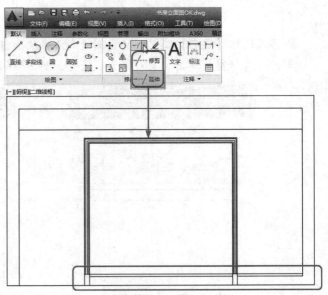

图 16-127　修剪并延伸对象

09 使用【矩形】工具，绘制一个长度为500、宽度为2 415的矩形，并使用【移动】工具将其调整至如图 16-128 所示的位置处。

10 使用【偏移】工具，将绘制的矩形依次向内部偏移15、30、20、15，如图 16-129 所示。

11 使用【修剪】工具，对偏移的对象进行修剪，然后使用【延伸】工具，将其进行延伸，如图 16-130 所示。

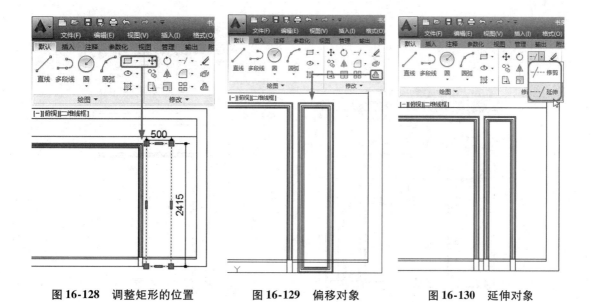

图 16-128　调整矩形的位置　　　图 16-129　偏移对象　　　图 16-130　延伸对象

⑫ 使用【矩形】工具，绘制一个长度为 360、宽度为 2 225 的矩形，然后使用【移动】工具，将其移动至如图 16-131 所示的位置处。

⑬ 使用【分解】工具，将绘制的矩形进行分解，然后使用【偏移】工具，将上侧边向下依次偏移 700、700，如图 16-132 所示。

⑭ 使用【矩形】工具，绘制一个长度为 80、宽度为 80 的矩形，如图 16-133 所示。

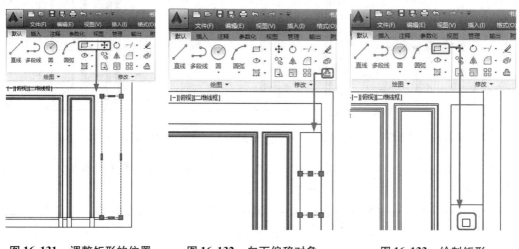

图 16-131　调整矩形的位置　　　图 16-132　向下偏移对象　　　图 16-133　绘制矩形

⑮ 再次使用【矩形】工具，绘制一个长度为 920、宽度为 2 460 的矩形，如图 16-134 所示。

⑯ 使用【偏移】工具，将矩形向内部偏移 60，如图 16-135 所示。

⑰ 使用【圆】工具，绘制一个半径为 40 的圆，如图 16-136 所示。

⑱ 打开随书附带光盘中的 CDROM\素材\第 16 章\素材 2. dwg 图形文件，将素材调整至合适的位置处，如图 16-137 所示。

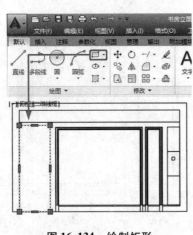

图 16-134　绘制矩形

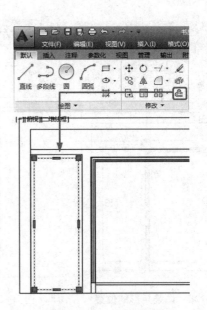

图 16-135　偏移对象

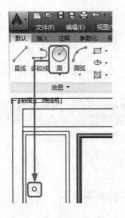

图 16-136　绘制圆

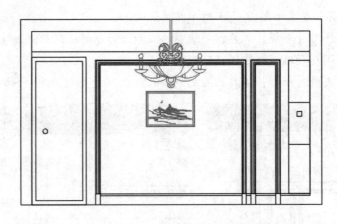

图 16-137　调整素材的位置

⑲ 使用【图案填充】工具，将【填充图案填充】设置为 DOTS，将【图案填充比例】设置为 10，对图形进行填充，如图 16-138 所示。

⑳ 再次使用【图案填充】工具，将【图案填充图案】设置为【DOTS】，将【图案填充比例】设置为 20，对图形进行填充，如图 16-139 所示。

㉑ 在菜单栏中执行【格式】|【标注样式】命令，弹出【标注样式管理器】对话框，单击【新建】按钮，弹出【创建新标注样式】对话框，将【新样式名】设置为【尺寸标注】，将【基础样式】设置为 ISO－25，单击【继续】按钮，如图 16-140 所示。

㉒ 切换至【线】选项卡，将【基线间距】设置为 8，将【超出尺寸线】和【起点偏移量】设置为 1，如图 16-141 所示。

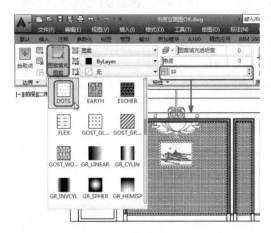

图16-138 填充图案

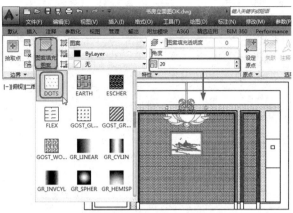

图16-139 设置图案填充

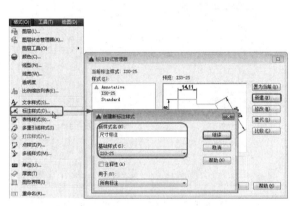

图16-140 新建标注样式

图16-141 设置【线】选项卡

㉓ 切换至【符号和箭头】选项卡，将【箭头】下的【第一个】和【第二个】设置为【点】，将【箭头大小】设置为0.7，如图16-142所示。

㉔ 切换至【文字】选项卡，将【文字高度】设置为2，如图16-143所示。

㉕ 切换至【调整】选项卡，选择【文字位置】下方的【尺寸线上方，不带引线】单选按钮，将【使用全局比例】设置为70，如图16-144所示。

㉖ 切换至【主单位】选项卡，将【精度】设置为0，单击【确定】按钮，如图16-145所示。

㉗ 返回至【标注样式管理器】对话框，将【尺寸标注】样式置为当前，然后关闭该对话框，如图16-146所示。

㉘ 使用【线性标注】工具标注对象，如图16-147所示。

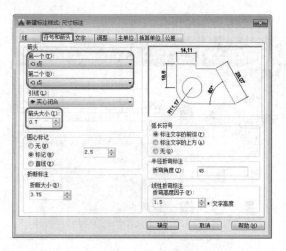

图 16-142　设置【符号和箭头】选项卡

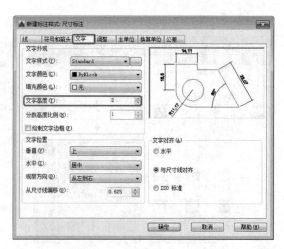

图 16-143　设置【文字】选项卡

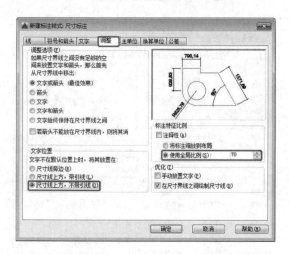

图 16-144　设置【调整】选项卡

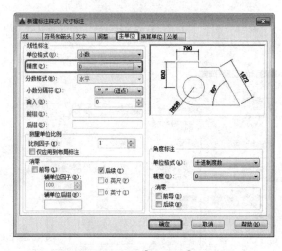

图 16-145　设置【主单位】选项卡

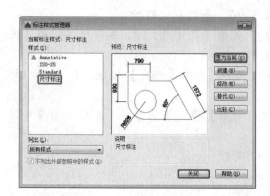

图 16-146　将【尺寸标注】样式置为当前

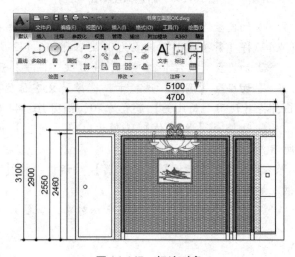

图 16-147　标注对象

㉙ 在菜单栏中执行【格式】|Standard 命令,弹出【多重引线样式管理器】对话框,单击【新建】按钮,弹出【创建新多重引线样式】对话框,将【新样式名】设置为【多重引线】,将【基础样式】设置为 Standard,单击【继续】按钮,如图 16-148 所示。

㉚ 弹出【修改多重引线样式:多重引线】对话框,切换至【引线格式】选项卡,将【箭头】下方的【大小】设置为 200,如图 16-149 所示。

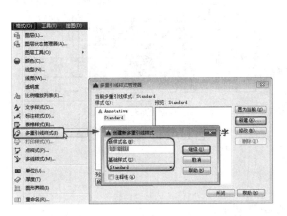

图 16-148 新建【多重引线】样式

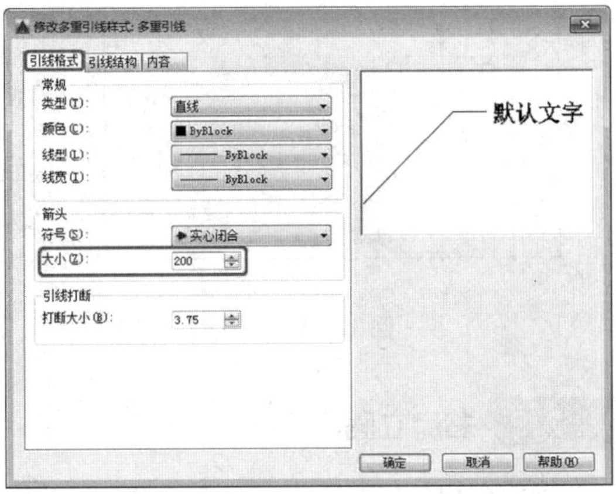

图 16-149 设置【引线格式】选项卡

㉛ 切换至【引线结构】选项卡,将【设置基线距离】设置为 150,如图 16-150 所示。

㉜ 切换至【内容】选项卡,将【文字高度】设置为 200,如图 16-151 所示。

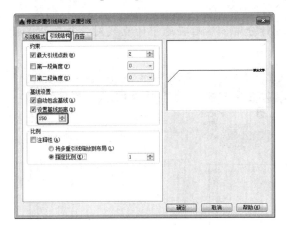

图 16-150 设置【引线结构】选项卡

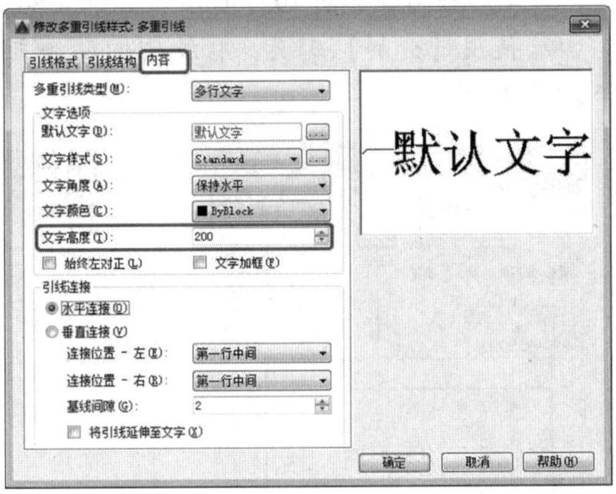

图 16-151 设置【内容】选项卡

㉝ 单击【确定】按钮,返回至【多重引线样式管理器】对话框,将【多重引线】样式置为当前,单击【关闭】按钮,如图 16-152 所示。

㉞ 使用【引线】工具对图形进行标注,如图16-153所示。

㉟ 使用【单行文字】工具,将【文字高度】设置为300,将【旋转角度】设置为 0,绘制单行文字,如图 16-154所示。

图 16-152 将【多重引线】样式置为当前

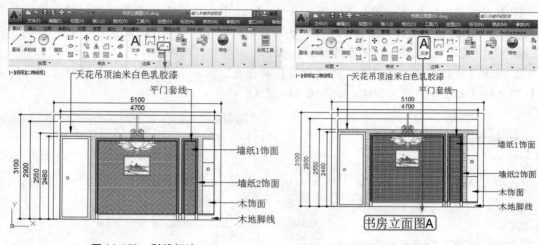

图 16-153　引线标注　　　　　　　　　　图 16-154　绘制单行文字

16.3.2　书房立面图 B

下面介绍如何绘制书房立面图 B，其具体操作步骤如下：

01 使用【矩形】工具，绘制一个长度为 3 700、宽度为 3 100 的矩形，如图 16-155 所示。

02 再次使用【矩形】工具，绘制一个长度为 3 336、宽度为 2 942 的矩形，使用【移动】工具，将矩形移动至如图 16-156 所示的位置处。

03 使用【分解】工具，将绘制的两个矩形进行分解，然后将选中的直线对象删除，如图 16-157 所示。

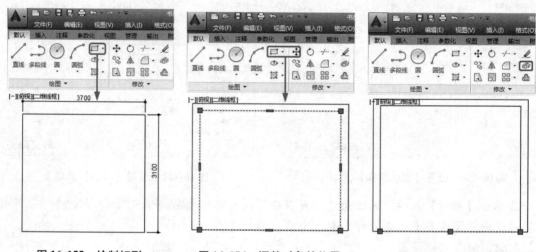

图 16-155　绘制矩形　　　　　图 16-156　调整对象的位置　　　　　图 16-157　删除对象

04 使用【偏移】工具，将选中的线段向下依次偏移 240、160、100，如图 16-158 所示。

05 使用【偏移】工具，将选中的线段依次向上偏移 180，如图 16-159 所示。

06 使用【矩形】工具，绘制一个长度为 848、宽度为 100 的矩形，如图 16-160 所示。

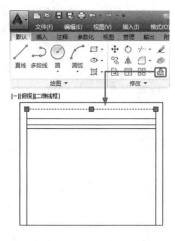

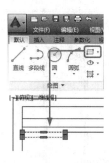

图 16-158　向下偏移对象　　　　　图 16-159　向上偏移对象　　　　图 16-160　绘制矩形

07 再次使用【矩形】工具，绘制一个长度为 848、宽度为 2 162 的矩形，如图 16-161 所示。

08 使用【偏移】工具，将绘制的矩形向内部依次偏移 20、30、20，如图 16-162 所示。

09 使用【修剪】工具，对图形进行修剪，然后使用【延伸】工具，将对象进行适当延伸，如图 16-163 所示。

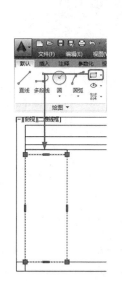
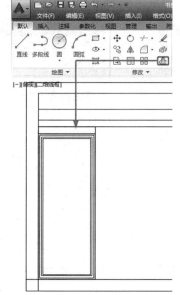
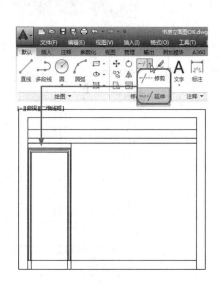

图 16-161　绘制矩形　　　图 16-162　向内偏移对象　　　　图 16-163　完成后的效果

10 使用【矩形】工具，绘制一个长度为 2 120、宽度为 600 的矩形，使用【移动】工具，调整矩形的位置，如图 16-164 所示。

11 将绘制的矩形进行分解，将上侧边依次向下偏移 400、40、40、400、40、40、400、40、40，然后使用【修剪】工具，修剪对象，如图 16-165 所示。

12 使用【矩形】工具，在空白位置处，指定第一点，在命令行中输入 D，绘制一个长度为 560、宽度为 560 的矩形，使用【偏移】工具，将绘制的矩形向内部偏移 20，如图 16-166 所示。

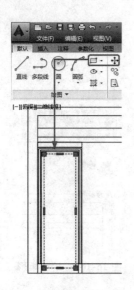

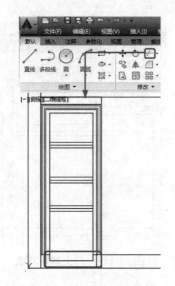

图 16-164　绘制矩形并调整位置　　图 16-165　修剪后的效果　　　图 16-166　偏移矩形

🔞 使用【直线】工具，在矩形的中心处绘制一条垂直的直线，然后使用【偏移】工具，将绘制的直线向左偏移20，向右偏移20，使用【多段线】工具，绘制多段线，如图 16-167 所示。

🔢 使用【圆】工具，绘制两个半径为20的圆，如图 16-168 所示。

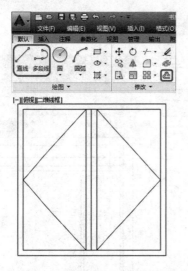

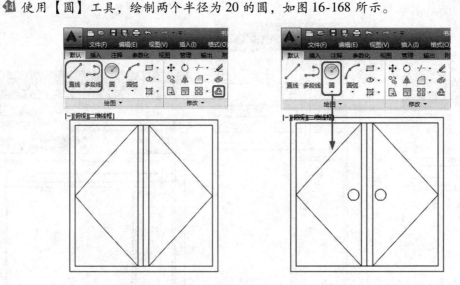

16-167　偏移直线并绘制多段线　　　　　图 16-168　绘制圆

🔟 使用【移动】工具，将其移动至如图 16-169 所示的位置处。

🔟 使用【镜像】工具，将左侧的对象进行镜像处理，然后使用【修剪】工具，修剪对象，如图 16-170 所示。

🔟 使用【图案填充】工具，将【图案填充图案】设置为 JIS_ LC_ 20，将【图案填充颜色】设置为8，将【图案填充角度】设置为135，将【图案填充比例】设置为1，然后进行填充，如图 16-171 所示。

🔟 打开随书附带光盘中的 CDROM\素材\第 16 章\素材2. dwg 图形文件，将素材文件调整至如图 16-172 所示的位置处。

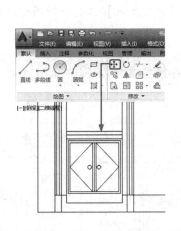

图 16-169　移动对象

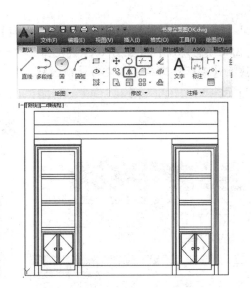

图 16-170　修剪后的效果

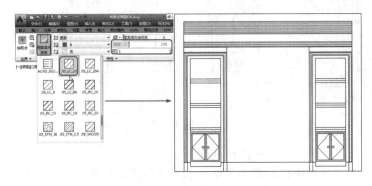

图 16-171　填充图案

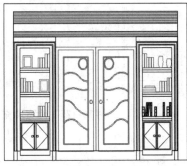

图 16-172　调整素材的位置

⑲ 将图中的小矩形分解，然后使用【偏移】工具，偏移对象，将偏移距离设置为40，绘制如图 16-173 所示的对象。

⑳ 使用同样的方法，将右上方的对象进行同样的处理，如图 16-174 所示。

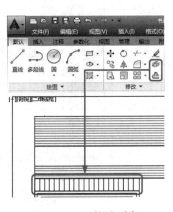

图 16-173　偏移对象

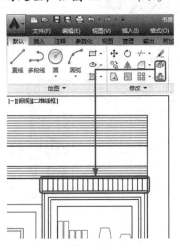

图 16-174　完成后的效果

㉑ 使用【图案填充】工具，将【图案填充图案】设置为 DOTS，将【图案填充角度】设置为 0，将【图案填充比例】设置为 10，填充图案，如图 16-175 所示。

㉒ 切换至【注释】选项卡，使用【线性标注】和【连续标注】工具，对图形进行标注，如图 16-176 所示。

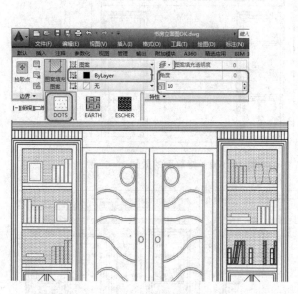

图 16-175　图案填充

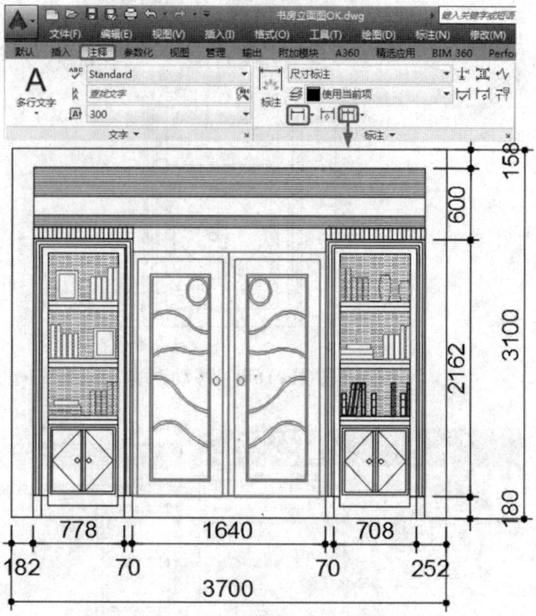

图 16-176　标注对象

㉓ 使用【引线】工具，对图形进行引线标注，如图 16-177 所示。

㉔ 使用【单行文字】工具，将【文字高度】设置为 300，将【旋转角度】设置为 0，绘制单行文字，如图 16-178 所示。

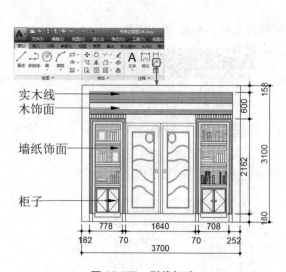

图 16-177　引线标注

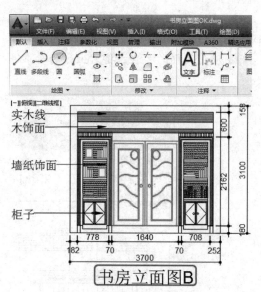

图 16-178　绘制单行文字

16.3.3 书房立面图 C

下面介绍如何绘制书房立面图 C，其具体操作步骤如下：

01 使用【矩形】工具，绘制一个长度为 5 100、宽度为 3 100 的矩形，如图 16-179 所示。

02 再次使用【矩形】工具，绘制一个长度为 4 800、宽度为 2 900 的矩形，如图 16-180 所示。

03 使用【分解】工具，将对象进行分解，使用【偏移】工具，将选中的线段向右偏移 370，如图 16-181 所示。

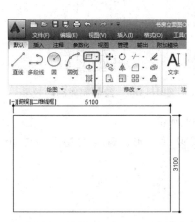

图 16-179 再次绘制矩形

图 16-180 绘制矩形

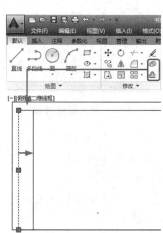

图 16-181 分解对象并进行偏移

04 使用【偏移】工具，将选中的线段向下偏移 370、20，如图 16-182 所示。

05 使用【修剪】工具，将对象进行修剪，如图 16-184 所示。

06 使用【打断于点】工具，将线段进行打断，打断后的效果如图 16-185 所示。

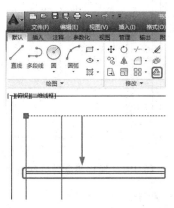

图 16-182 向下偏移对象

图 16-184 修剪对象

图 16-185 打断对象

07 将打断的对象向上依次偏移 420、40、560、40、90、40、430、40、560、40、250，如图 16-186 所示。

08 使用【偏移】工具，将选中的线段向下依次偏移 2 760，如图 16-187 所示。

09 使用【矩形】工具，绘制两个长度为 70、宽度为 140 的矩形，使用【直线】工具，绘制直线，如图 16-188 所示。

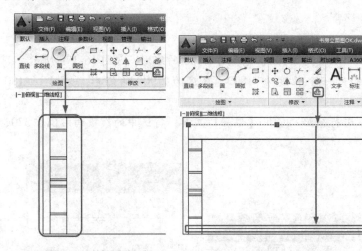
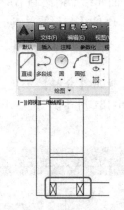

图 16-186　向上偏移对象　　　图 16-187　向下偏移对象　　　图 16-188　绘制完成后的效果

⑩ 使用【偏移】工具，将 A 线段向上偏移 32，如图 16-189 所示。

⑪ 使用【矩形】工具，绘制一个长度为 1 450、宽度为 2 250 的矩形，将其调整至如图 16-190 所示的位置处。

⑫ 使用【偏移】工具，将绘制的矩形向内部依次偏移 60、30，使用【直线】工具，绘制直线，如图 16-191 所示。

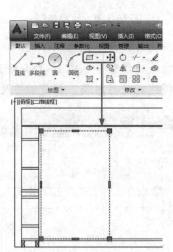
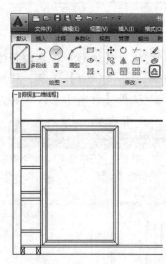

图 16-189　偏移对象　　　图 16-190　绘制矩形并调整位置　　　16-191　偏移对象并绘制直线

⑬ 使用【分解】工具，将选中的矩形进行分解，如图 16-192 所示。

⑭ 使用【偏移】工具，将分解矩形的上侧边向下依次偏移 468、25、530、25、533、25，如图 16-193 所示。

⑮ 再次使用【矩形】工具，将分解矩形的左侧边向右依次偏移 623、25，如图 16-194 所示。

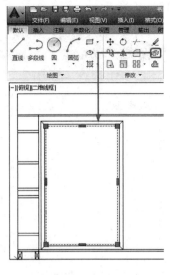

图 16-192 分解对象

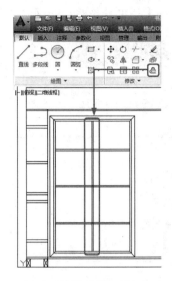

图 16-193 偏移对象   图 16-194 偏移对象

16 在空白位置处，使用【矩形】工具，绘制一个长度为 206、宽度为 835 的矩形，如图 16-195 所示。

17 使用【偏移】工具，将绘制的矩形向外部偏移 25，并使用【移动】工具，将绘制的对象移动至如图 16-196 所示的位置处。

18 使用【修剪】工具，对图形进行修剪，如图 16-197 所示。

19 使用【直线】工具，绘制直线，如图 16-198 所示。

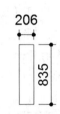

图 16-195 绘制矩形

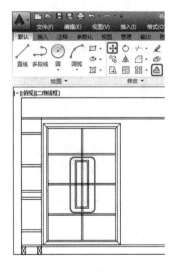

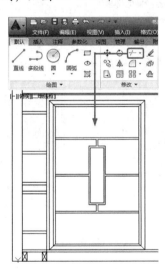

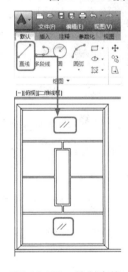

图 16-196 向外偏移对象   图 16-197 修剪对象   图 16-198 绘制直线

20 使用【矩形】工具，绘制一个长度为 2 600、宽度为 2 338 的矩形，使用【移动】工具，将其调整至如图 16-199 所示的位置处。

21 使用【偏移】工具，将绘制的矩形向内部依次偏移 25、25、25、10，如图 16-200 所示。

㉒ 使用【修剪】和【延伸】工具，将对象进行处理，如图 16-201 所示。

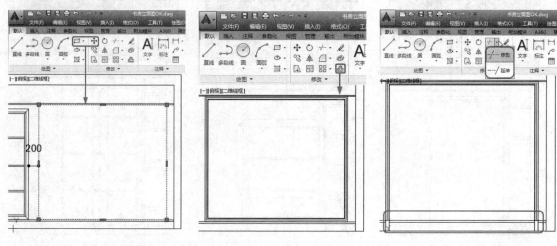

图 16-199　调整矩形的位置　　　　图 16-200　向内偏移对象　　　　图 16-201　完成后的效果

㉓ 使用【图案填充】工具，将【图案填充图案】设置为 DOTS，将【图案填充角度】设置为 0，将【图案填充比例】设置为 10，然后对图案进行填充，如图 16-202 所示。

㉔ 打开随书附带光盘中的 CDROM\素材\第 16 章\素材 2.dwg 图形文件，将素材调整至如图 16-203 所示的位置处。

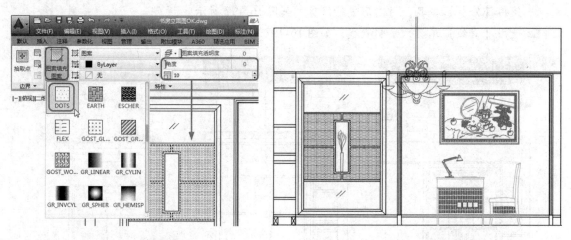

图 16-202　填充图案　　　　　　　　图 16-203　调整素材的位置

㉕ 切换至【注释】选项卡，使用【线性标注】和【连续标注】工具进行标注，如图 16-204 所示。

㉖ 切换至【默认】选项卡，使用【引线】工具对其进行引线标注，如图 16-205 所示。

㉗ 使用【单行文字】工具，将【文字高度】设置为 300，将【旋转角度】设置为 0，如图 16-206 所示。

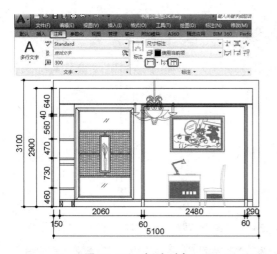

图 16-204 标注对象

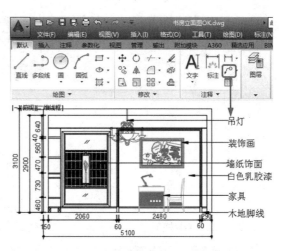

图 16-205 引线标注

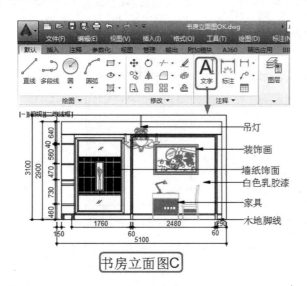

图 16-206 设置单行文字

16.3.4 书房立面图 D

下面介绍如何绘制书房立面图 D，其具体操作步骤如下：

🕐 使用【矩形】工具，绘制一个长度为 3 700、宽度为 3 100 的矩形，如图 16-207 所示。

🕑 再次使用【矩形】工具，绘制一个长度为 3 335、宽度为 2 940 的矩形，使用【移动】工具，将其移动至如图 16-208 所示的位置处。

🕒 使用【分解】工具，将绘制的矩形进行分解，然后将选中的直线删除，如图 16-209 所示。

🕓 将选中的对象向下偏移 240、132、40、2 348、32，如图 16-210 所示。

🕔 使用【矩形】工具，在空白位置处，指定第一点，在命令行中输入 D，将矩形的长度设置为 1 760、宽度为 2 160，如图 16-211 所示。

🕕 使用【偏移】工具，将矩形向内部偏移 40，如图 16-212 所示。

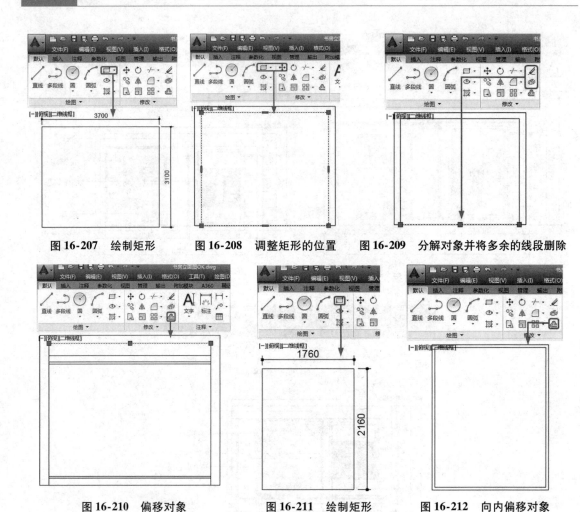

图 16-207　绘制矩形　　图 16-208　调整矩形的位置　　图 16-209　分解对象并将多余的线段删除

图 16-210　偏移对象　　图 16-211　绘制矩形　　图 16-212　向内偏移对象

07 将偏移后的矩形进行分解，将矩形的上侧边依次向下偏移 252、40、252、40、252、40，如图 16-213 所示。

08 将绘制的对象移动至如图 16-214 所示的位置处。

09 将分解矩形的左侧边向右偏移 900，如图 16-215 所示

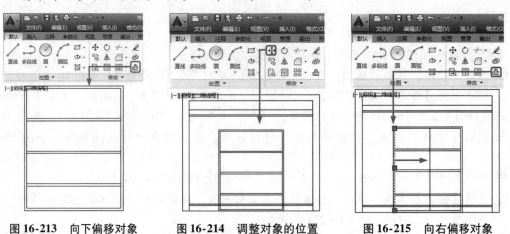

图 16-213　向下偏移对象　　图 16-214　调整对象的位置　　图 16-215　向右偏移对象

⑩ 使用【修剪】工具，将对象进行修剪，使用【直线】工具，绘制直线，如图 16-216 所示。

⑪ 打开随书附带光盘中的 CDROM\素材第 16 章\素材 2. dwg 图形文件，将素材调整至如图 16-217 所示的位置处。

⑫ 使用【矩形】工具，绘制一个长度为 80、宽度为 80 的矩形，如图 16-218 所示。

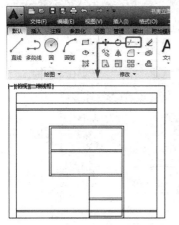  

图 16-216　绘制完成后的效果　　　　**图 16-217　调整素材的位置**　　　　**图 16-218　绘制矩形**

⑬ 使用【图案填充】工具，将【图案填充图案】设置为 JIS_ LC_ 20，将【图案填充颜色】设置为 8，将【图案填充角度】设置为 135，将【图案填充比例】设置为 1，然后进行填充，如图 16-219 所示。

⑭ 再次使用【图案填充】工具，将【图案填充图案】设置为 DOTS，将【图案填充颜色】设置为 BLayer，将【图案填充角度】设置为 0，将【图案填充比例】设置为 10，然后进行填充，如图 16-220 所示。

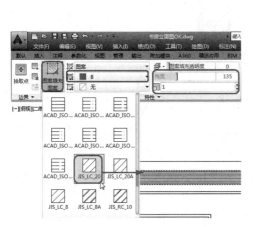 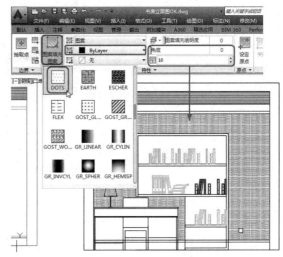

图 16-219　填充图案　　　　　　　　**图 16-220　继续填充图案**

⑮ 切换至【注释】选项卡，使用【线性标注】和【连续标注】工具，对图形进行尺寸标注，如图 16-221 所示。

16 切换至【默认】选项卡，使用【引线】工具，对图形进行引线标注，如图 16-222 所示。

17 使用【单行文字】工具，将【文字高度】设置为 300，将【旋转角度】设置为 0，绘制单行文字，如图 16-223 所示。

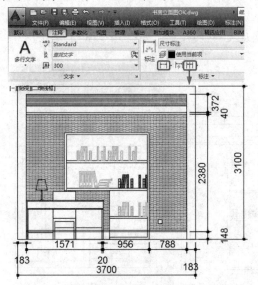

图 16-221　尺寸标注

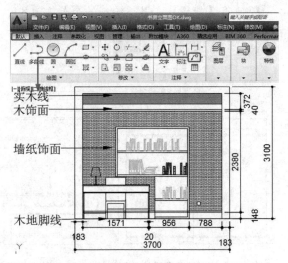

图 16-222　引线标注

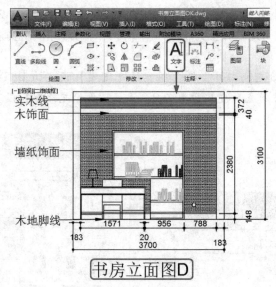

图 16-223　完成后的效果

项目指导——建筑平面图的绘制

17
Chapter

本章导读：

提高知识 ▶ ◆ 标注对象

◆ 绘制辅助线

◆ 绘制别墅平面图

◆ 绘制居民楼平面图

◆ 绘制轴线与墙体

　　本章将结合一些建筑实例详细介绍建筑平面图的绘制方法，给出利用 AutoCAD 2016 绘制建筑平面图的主要方法和步骤，通过实例的绘制使初学者进一步掌握 AutoCAD 常用绘图命令：LINE（直线）、MLEADER（多重引线）、DTEXT（单行文字）、RECTANG（矩形）、DIMSTYLE（标注样式）、QDIM（快速标注）、ATTDEF（定义属性）、MLSTYLE（多线样式）、HATCH（图案填充）、POLYGON（多边形）、CIRCLE（圆）、PLINE（多段线）、MTEXT（多行文字）、LAYER（图层特性）等。进一步掌握 AutoCAD 的常用编辑命令：PLINE（多段线）、OFFSET（偏移）、TRIM（修剪）、COPY（复制）、EXPLODE（分解）、LENGTHEN（拉长）、MOVE（移动）、MIRROR（镜像）、ARRAYRECT（矩形阵列）、ARRAYPOLAR（环形阵列）等。

17.1　建筑平面图绘制概述

　　建筑平面图，又可简称为平面图，是将新建建筑物或构筑物的墙、门窗、楼梯、地面及内部功能布局等建筑情况，以水平投影方法和相应的图例所组成的图纸。

　　建筑平面图是建筑施工图的基本样图，它是假想用一水平的剖切面沿门窗洞位置将房屋剖切后，对剖切面以下部分所作的水平投影图。它反映出房屋的平面形状、大小和布置；墙、柱的位置、尺寸和材料；门窗的类型和位置等。

　　建筑平面图作为建筑设计、施工图纸中的重要组成部分，它反映建筑物的功能需要、平面布局及其平面的构成关系，是决定建筑立面及内部结构的关键环节。其主要反映建筑的平面形状、大小、内部布局、地面、门窗的具体位置和占地面积等情况。所以说，建筑平面图是新建建筑物的施工及施工现场布置的重要依据，也是设计及规划给排水、强弱电、暖通设备等专业工程平面图和绘制管线综合图的依据。

　　建筑平面图按照其反映的内容可分为：

1．底层平面图

又称一层平面图或首层平面图。它是所有建筑平面图中首先绘制的一张图。绘制此图时，应将剖切平面选在房屋的一层地面与从一楼通向二楼的休息平台之间，且要尽量通过该层上所有的门窗洞。

2．中间标准层平面图

由于房屋内部平面布置的差异，对于多层建筑而言，应该有一层就画一个平面图。其名称就用本身的层数来命名，例如【二层平面图】或【四层平面图】等。但在实际的建筑设计过程中，多层建筑往往存在许多相同或相近平面布置形式的楼层，因此在实际绘图时，可将这些相同或相近的楼层合用一张平面图来表示，这张合用的图就叫做【标准层平面图】，有时也可以用其对应的楼层命名，例如【二至六层平面图】等。

3．顶层平面图

房屋最高层的平面布置图，也可用相应的楼层数命名。

4．其他平面图

除了上面所讲的平面图外，建筑平面图还应包括屋顶平面图和局部平面图。

17.2　别墅总平面图

别墅，改善型住宅，在郊区或风景区建造的供休养用的园林住宅。是居宅之外用来享受生活的居所，是第二居所而非第一居所。现在普遍认识是，别墅是除"居住"这个住宅的基本功能以外，更主要体现生活品质及享用特点的高级住所，现代词义中为独立的庄园式居所。

追溯其起源，并没有一个明确的时间起始点，我国古代很早就出现了别墅，大的有帝王的行宫，将相的府邸，小的有富商巨贾的山庄、庄园。别墅在国外的出现已经有很长的历史，现代意义上的别墅主要是师承国外工业革命后的开发理念。按其所处的地理位置和功能的不同，又分为：山地别墅（包括森林别墅）、临水（江、湖、海）别墅、牧场（草原）别墅、庄园式别墅等。

17.2.1　别墅地下车库平面图

本例将介绍别墅地下车库平面图的绘制方法，其具体操作步骤如下：

⓪1 启动 AutoCAD 2016，按【Ctrl＋N】组合键，弹出【选择样板】对话框，选择 acadiso 样板，单击【打开】按钮，如图 17-1 所示。

⓪2 单击【保存】按钮，将【文件名】设置为【别墅总平面图 OK】，在命令行中输入 LAYER 命令，弹出【图层特性管理器】选项板，新建【辅助线】图层，将【颜色】设置为【红】，将【辅助线】图层置为当前图层，如图 17-2 所示。

图 17-1　选择样板　　　　　　　　　　　　　　图 17-2　新建图层

03 在命令行中输入 LINE 命令，绘制两条长度和宽度分别为 12 000 和 14 000 的直线，如图 17-3 所示。

04 将上侧边依次向下偏移 3 832.5、3 070、313、910、249.5、2 430，如图 17-4 所示。

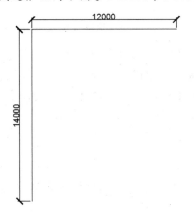

图 17-3　绘制辅助线　　　　　　　　　　　图 17-4　偏移对象

05 将左侧边向右偏移 2 310、332、2 731、287、1 020、1 583、1 222，如图 17-5 所示。

06 将选中的线段删除，如图 17-6 所示。

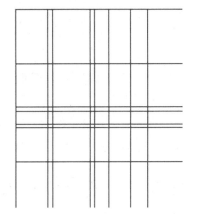

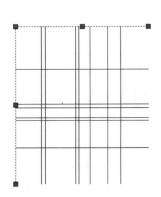

图 17-5　向右偏移对象　　　　　　　　　图 17-6　删除多余的线段

⑰ 在命令行中输入 LAYER 命令，打开【图层特性管理器】选项板，单击【新建】按钮，新建【墙体】图层，将【墙体】的【颜色】设置为【白】，其余保持默认设置，如图 17-7 所示。

⑱ 在菜单栏中执行【格式】|【多线样式】命令，如图 17-8 所示。

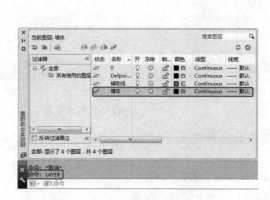 

图 17-7　新建图层　　　　　　　　17-8　执行【多线样式】命令

⑲ 弹出【多线样式】对话框，单击【新建】按钮，弹出【创建新的多线样式】对话框，将【新样式名】设置为【墙体 1】，单击【继续】按钮，如图 17-9 所示。

⑳ 弹出【新建多线样式：墙体 1】对话框，在【封口】下方勾选【直线】右侧的【起点】和【端点】复选框，将【图元】的【偏移】设置为 8 和 –8，设置完成后单击【确定】按钮即可，如图 17-10 所示。

 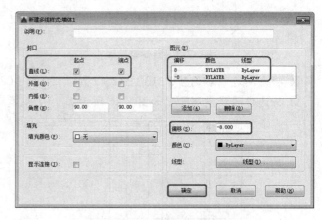

图 17-9　新建多线样式　　　　　　图 17-10　设置多线样式

㉑ 返回至【多线样式】对话框，选择【墙体 1】多线样式，单击【置为当前】按钮，如图 17-11 所示。

㉒ 然后单击【确定】按钮，关闭该对话框，在命令行中输入 ML 命令，按空格键进行确认，将【对正】设置为【无】，然后进行绘制，如图 17-12 所示。

图 17-11　将【墙体 1】置为当前

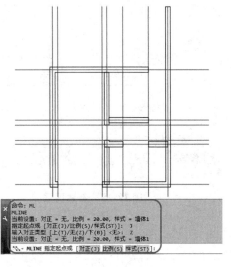

图 17-12　绘制多线

📵 再次执行【多线】命令，按空格键进行确认，在命令行中输入 S，将多线比例设置为 15，绘制墙体，如图 17-13 所示。

📵 将【辅助线】图层隐藏，在命令行中输入 EXPLODE 命令，将绘制的所有对象进行分解，在命令行中输入 TRIM 命令，对其进行修剪，如图 17-14 所示。

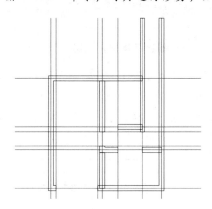

图 17-13　绘制墙体

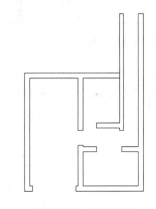

图 17-14　修剪对象

📵 在命令行中输入 LAYER 命令，打开【图层特性管理器】选项板，新建【门】图层，将【颜色】设置为【绿】，并将其置为当前图层，如图 17-15 所示。

📵 在命令行中输入 PLINE 命令，在空白位置处指定第一点，向下引导鼠标，输入 860，向左引导鼠标，输入 860，按两次【Enter】键进行确认，使用【起点、端点、方向】工具，绘制圆弧，并使用【移动】工具，将其移动至合适的位置，如图 17-16 所示。

📵 在命令行中输入 RECTANG 命令，指定第一个点，在命令行中输入 D，分别绘制两个长度为 791.5、宽度为 80 的矩形，使用【移动】工具，将其移动至合适的位置，绘制推拉门，如图 17-17 所示。

📵 打开【图层特性管理器】选项板，新建【楼梯】图层，将【颜色】设置【白】，并将其置为当前图层，如图 17-18 所示。

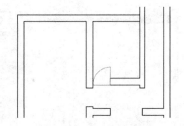

图 17-15　新建图层　　　　　　　　　　　图 17-16　绘制直线

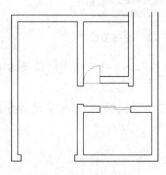

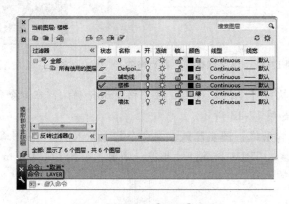

图 17-17　绘制推拉门　　　　　　　　　图 17-18　新建【楼梯】图层

⑲ 在命令行中输入 RECTANG 命令，绘制一个长度为 2 730、宽度为 3 640 的矩形，在命令行中输入 EXPLODE 命令，将矩形进行分解，如图 17-19 所示。

⑳ 在命令行中输入 OFFSET 命令，将偏移距离设置为 280，将上侧边依次向下偏移 12 次，如图 17-20 所示。

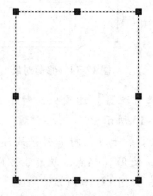

图 17-19　绘制矩形并将其分解　　　　　图 17-20　偏移对象

㉑ 使用【多段线】工具，开启【正交】功能，在空白位置处，指定第一点，向右引导鼠标，输入 1 200，向上引导鼠标，输入 1 600，在命令行中输入 W，将【起点宽度】设置为 150，将【端点宽度】设置为 0，向上引导鼠标，输入 400，按两次【Enter】键进行确认，绘制箭头，

使用【移动】工具，将其移动至合适的位置，如图 17-21 所示.

㉒ 新建【文字标注】图层，使用【单行文字】工具，指定第一点，将【高度】设置为 250，将【旋转角度】设置为 0，输入文字【下】，使用【移动】工具，将其移动至合适的位置，如图 17-22 所示。

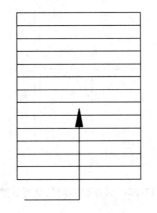

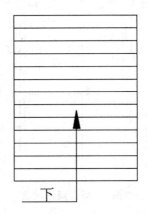

图 17-21　绘制箭头并调整位置　　　　图 17-22　输入文字并调整位置

㉓ 在命令行中输入 MOVE 命令，将绘制的楼梯移动至如图 17-23 所示的位置。

㉔ 将【楼梯】图层置为当前图层，使用【矩形】工具，绘制一个长度为 942、宽度为 3 550 的矩形，如图 17-24 所示。

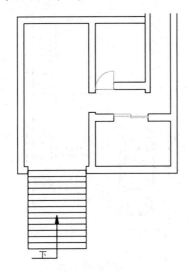

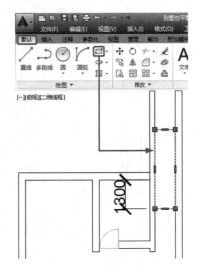

17-23　将绘制的对象移动至合适的位置　　　　图 17-24　绘制矩形

㉕ 使用【分解】工具 ，选择绘制的矩形，对其进行分解，然后使用【偏移】工具，将上侧边分别向下偏移 1 000、250、250、250、250、250、250、250、250、250，按两次空格键进行确认，如图 17-25 所示。

㉖ 使用【复制】工具，选择绘制的箭头和文字，将其调整至合适的位置，适当地调整一下大小并更改文字，如图 17-26 所示。

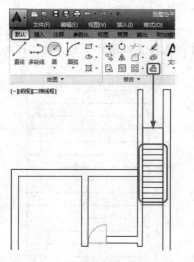

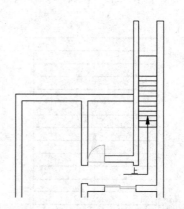

图 17-25　偏移对象　　　　　　图 17-26　对复制的对象进行调整

㉗ 打开随书附带光盘中的 CDROM\素材第 17 章\素材 1.dwg 图形文件，将素材文件复制到合适的位置处，如图 17-27 所示。

㉘ 将【文字标注】置为当前图层，使用【单行文字】工具，将【文字】的【高度】设置为 250，将【旋转角度】设置为 0，对其进行标注，如图 17-28 所示。

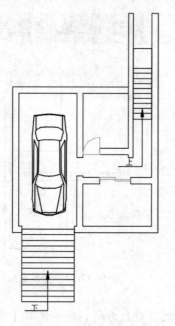
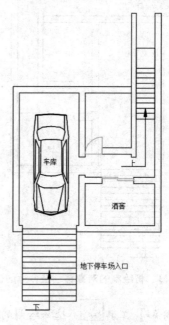

图 17-27　调整素材的位置　　　　图 17-28　标注文字

㉙ 在菜单栏中执行【格式】|【标注样式】命令，如图 17-29 所示。

㉚ 弹出【标注样式管理器】对话框，单击【新建】按钮，弹出【创建新标注样式】对话框，将【新样式名】设置为【尺寸标注】，将【基础样式】设置为 ISO – 25，单击【继续】按钮，如图 17-30 所示。

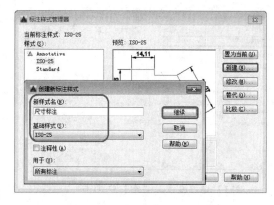

图 17-29　执行【标准样式】命令　　　　　　图 17-30　新建【尺寸标注】

🖾 弹出【新建标注样式：尺寸标注】对话框，切换至【线】选项卡，将【基线间距】设置为 150，将【超出尺寸线】和【起点偏移量】设置为 150，如图 17-31 所示。

🖾 切换至【符号和箭头】选项卡，将【箭头】的【第一个】和【第二个】设置为【点】，将【箭头大小】设置为 300，如图 17-32 所示。

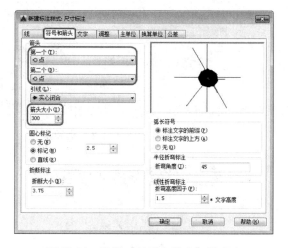

图 17-31　设置【线】选项卡　　　　　　图 17-32　设置【符号和箭头】选项卡

🖾 切换至【文字】选项卡，将【文字高度】设置为 300，如图 17-33 所示。

🖾 切换至【调整】选项卡，选择【文字位置】下方的【尺寸线上方，不带引线】单选按钮，如图 17-34 所示。

🖾 切换至【主单位】选项卡，将【精度】设置为 0，单击【确定】按钮，如图 17-35 所示。

🖾 选择【尺寸标注】样式，单击【置为当前】按钮，如图 17-36 所示。

🖾 设置完成后关闭该对话框即可，新建一个【尺寸标注】图层，并将其置为当前图层，然后使用【线型标注】和【连续标注】对图形进行标注，如图 17-37 所示。

🖾 将【文字标注】置为当前图层，使用【单行文字】工具，将【文字高度】设置为 500，将【旋转角度】设置为 0，输入文字【别墅地下车库平面图】，如图 17-38 所示。

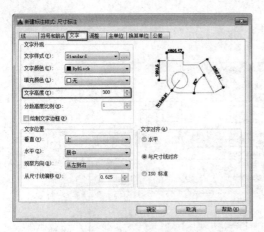

图 17-33 设置【文字】选项卡

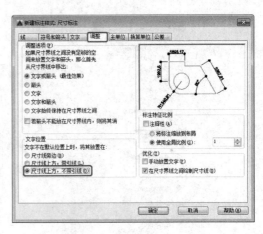

图 17-34 设置【调整】选项卡

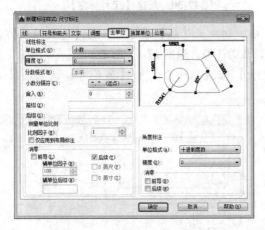

图 17-35 设置【精度】选项卡

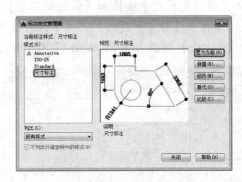

图 17-36 将【尺寸标注】样式置为当前

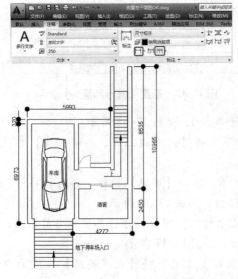

图 17-37 标注对象

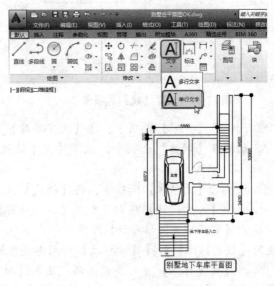

图 17-38 输入文字

17.2.2 别墅一层平面图

本例将介绍别墅一层平面图的绘制方法，其具体操作步骤如下：

01 将当前图层置为【辅助线】图层，取消隐藏，绘制一条长度为 13 989、宽度为 26 300 的辅助线，如图 17-39 所示。

02 使用【偏移】工具，选择上侧边将其向下依次偏移 1 410、4 630、400、2 545、1 465、380、960、2 410、960、390、1 124、900、929、258、1 400、3 955、860，如图 17-40 所示。

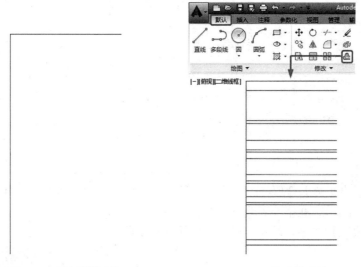

图 17-39 绘制辅助线 　　　　　图 17-40 偏移辅助线

03 再次使用【偏移】工具，将左侧边向右依次偏移 5 030、625、660、270、600、550、654、2 126、314、146、155、385、1 630、344，如图 17-41 所示。

04 选择多余的线段，按【Delete】键将其删除，如图 17-42 所示。

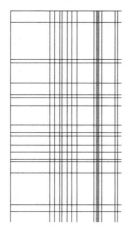 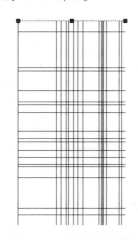

图 17-41 偏移对象 　　　　　图 17-42 删除多余线段

05 将【墙体】图层置为当前图层，在菜单栏中执行【绘图】|【多线】命令，绘制多线，如图 17-43 所示。

06 再次使用【多线】工具，绘制外墙线，然后将【辅助线】图层隐藏，使用【分解】工具，将绘制的多线对象进行分解，然后使用【修剪】工具，对其进行修剪，如图 17-44 所示。

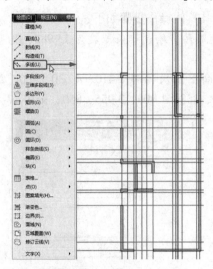
图 17-43　绘制多线

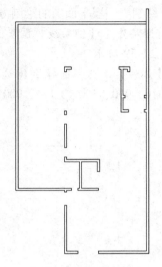
图 17-44　修剪对象

07 在命令行中执行 LAYER 命令，弹出【图层特性管理器】选项板，新建【窗】图层，将【颜色】设置为【蓝】，并将其置为当前图层，如图 17-45 所示。

08 使用【直线】工具，绘制如图 17-46 所示的窗户。

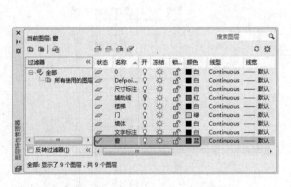
图 17-45　将【窗】图层置为当前

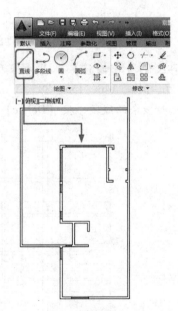
图 17-46　绘制窗户

09 将【门】图层置为当前图层，使用【矩形】工具，绘制一个长度为 40、宽度为 900 的矩形，使用【直线】工具，指定 A 点作为起点，向右引导鼠标，输入 1 630 的直线，如图17-47 所示。

10 使用【圆弧】工具，绘制圆弧，如图 17-48 所示。

图 17-47　指定 A 点作为起点

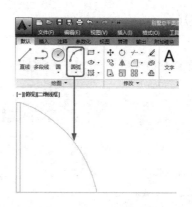

图 17-48　绘制圆弧

⓫ 使用【镜像】工具，选择左侧绘制的矩形和圆弧，对其进行镜像，并将绘制的直线删除，然后使用【移动】工具，将其移动至如图 17-49 所示的位置。

⓬ 使用【矩形】工具，分别绘制两个 150×825、60×958 的矩形，使用【移动】工具，将其移动至如图 17-50 所示的位置。

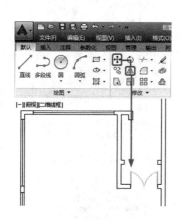

图 17-49　调整后的效果

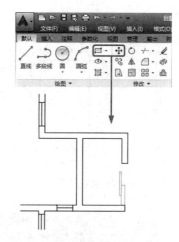

图 17-50　绘制推拉门并调整位置

⓭ 在命令行中输入 LAYER 命令，新建【摆设】图层，并将其置为当前图层，如图17-51所示。

⓮ 使用【矩形】工具，分别绘制两个 1 000×485、50×2 220 的矩形，并调整位置，如图 17-52 所示。

⓯ 使用【矩形】工具，绘制 3 个 100×2 840、900×350、70×350 的矩形，然后使用【直线】工具，绘制直线，如图 17-53 所示。

⓰ 使用【旋转】和【移动】工具，将绘制的酒柜进行调整，如图 17-54 所示。

⓱ 将【门】图层置为当前图层，使用【矩形】工具，分别绘制 200×70、400×70 的矩形，然后对绘制的对象进行镜像，并调整位置，如图 17-55 所示。

⓲ 将【摆设】图层置为当前图层，使用【矩形】工具，绘制一个长度为 350、宽度为 1 200 的矩形，然后使用【直线】工具，绘制直线，然后如图 17-56 所示。

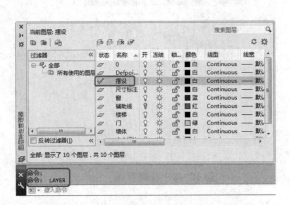

图 17-51　将【摆设】图层置为当前图层

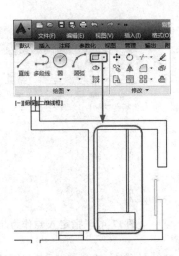

图 17-52　将绘制的矩形调整到合适位置

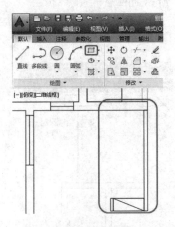

图 17-53　绘制矩形及直线

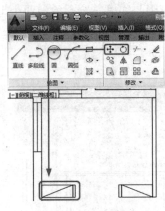

图 17-54　调整位置

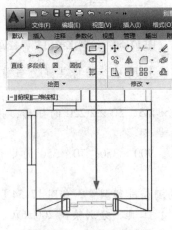

图 17-55　完成后的效果

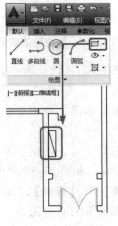

图 17-56　绘制鞋柜

⑲ 将【楼梯】图层置为当前图层，使用上面介绍过的方法，绘制楼梯，然后将【文字标注】置为当前图层，标注文字，如图 17-57 所示。

⑳ 再次使用【单行文字】工具，根据个人情况进行相应的设置，如图 17-58 所示。

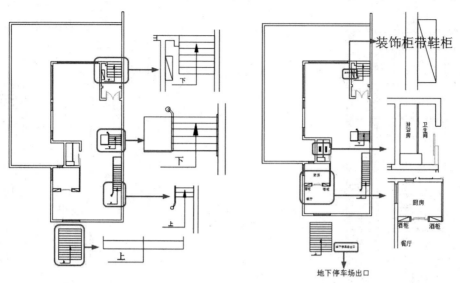

图 17-57　绘制楼梯并标注文字　　　　图 17-58　输入完成后的效果

㉑ 打开随书附带光盘中的 CDROM\素材\第 17 章\素材 1. dwg 图形文件，将素材放置至如图 17-59 所示的位置处。

㉒ 将【辅助线】图层取消隐藏，将【门】图层置为当前图层，如图 17-60 所示。

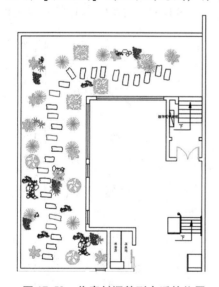

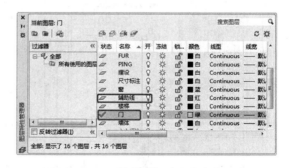

图 17-59　将素材调整到合适的位置　　　　图 17-60　设置【门】图层为当前图层

㉓ 使用【偏移】工具，选择 A 线段，将其向右依次偏移 1 700、1 600，如图 17-61 所示。

㉔ 使用上面讲解的内容，绘制如图 17-62 所示的大门，然后隐藏【辅助线】图层。

㉕ 然后将其余的素材对象复制到合适的位置，如图 17-63 所示。

㉖ 将【尺寸标注】置为当前图层，使用【线性标注】和【连续标注】标注对象，如图 17-64 所示。

㉗ 使用【单行文字】工具，将文字高度设置为 500，将旋转角度设置为 0，输入文字【别墅

一层平面图】，如图 17-65 所示。

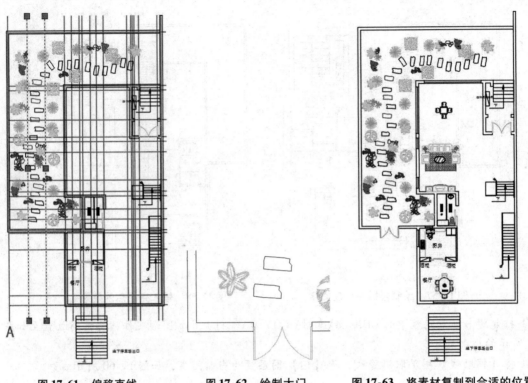

图 17-61　偏移直线　　　　图 17-62　绘制大门　　　　图 17-63　将素材复制到合适的位置

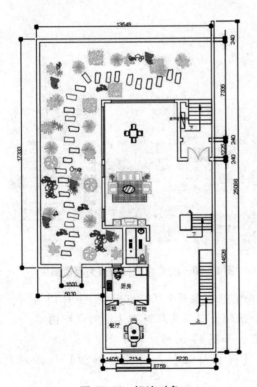

图 17-64　标注对象

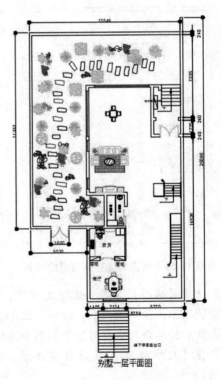

图 17-65　完成后的效果

17.2.3 别墅两层平面图

本例将介绍别墅两层平面图的绘制方法，其具体操作步骤如下：

01 将当前图层置为【辅助线】图层，并取消隐藏，开启【正交】功能，使用【直线】工具，绘制两条长度为 12 000、18 705 的辅助线，如图 17-66 所示。

02 使用【偏移】工具，将上侧边向下依次偏移 1 295、400、1 225、380、960、1 430、895、1 045、450、430、560、930、560、671、2 812、2 543、860、500，如图 17-67 所示。

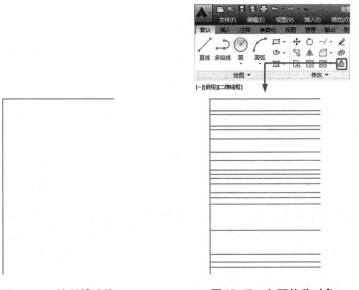

图 17-66　绘制辅助线　　　　　图 17-67　向下偏移对象

03 使用【偏移】工具，将左侧边向右依次偏移 1 761、980、250、620、1 530、530、670、630、550、1 395、400、600，如图 17-68 所示。

04 选中如图 17-69 所示的辅助线，按【Delete】键进行删除。

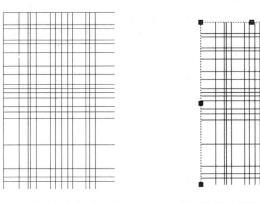

17-68　向右偏移对象　　　　　图 17-69　删除选中辅助线

05 将【墙体】图层置为当前图层，在菜单栏中执行【绘图】|【多线】命令，然后绘制多线，如图 17-70 所示。

06 将【辅助线】图层隐藏，使用【分解】工具，将绘制的多线进行分解，然后使用【修剪】工具，对其进行修剪，如图 17-71 所示。

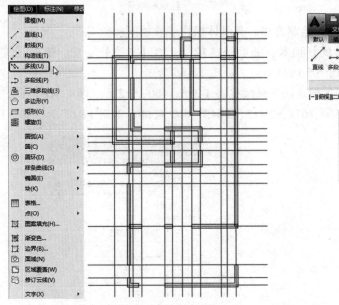

图 17-70　绘制多线

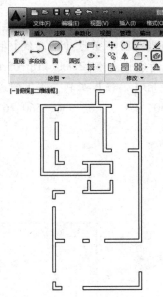

图 17-71　修剪对象

将【摆设】图层置为当前图层，使用【矩形】工具，在空白位置处分别绘制 $1\,200 \times 450$、$2\,160 \times 600$、$960 \times 1\,150$、960×160 的矩形，然后使用【直线】工具，绘制直线，如图 17-72 所示。

使用【移动】工具，将绘制的对象分别移动至如图 17-73 所示的位置处。

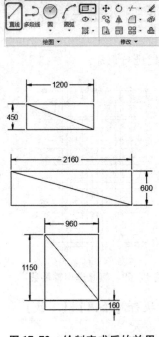

图 17-72　绘制完成后的效果

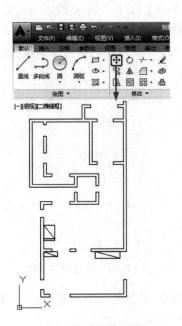

图 17-73　调整位置

09 将【门】图层置为当前图层，使用【矩形】工具，绘制两个长度为 697.5、宽度为 120 的矩形，如图 17-74 所示。

10 再次使用【矩形】工具，绘制两个长度为 765、宽度为 120 的矩形，如图 17-75 所示。

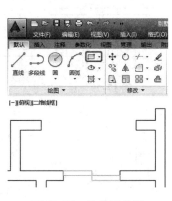

图 17-74　绘制推拉门

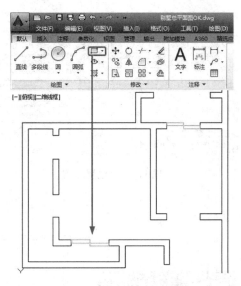

图 17-75　再次绘制推拉门

11 将【辅助线】图层取消隐藏，再将【墙体】图层置为当前图层，如图 17-76 所示。

12 使用【偏移】工具，将 A 线段向右偏移 265，得到 B 线段，执行 ML 命令，绘制墙体，如图 17-77 所示。

图 17-76　设置【墙体】图层为当前图层

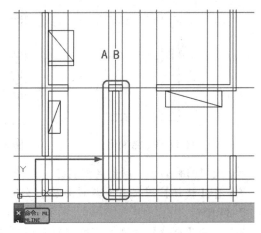

图 17-77　绘制墙体

13 将【辅助线】图层进行隐藏，将【门】图层置为当前图层，如图 17-78 所示。

14 使用【矩形】工具，绘制一个长度为 150、宽度为 1 000 的矩形，如图 17-79 所示。

15 使用【多段线】工具，在空白位置处指定第一点，向左引导鼠标，输入 1 395，向上引导鼠标，输入 1 395，按两次【Enter】键进行确认，使用【起点、端点、方向】圆弧，绘制如图 17-80 所示的图形。

⑯ 使用同样的方法绘制门对象，如图 17-81 所示。

⑰ 将【窗】图层置为当前图层，然后使用【直线】工具绘制窗，如图 17-82 所示。

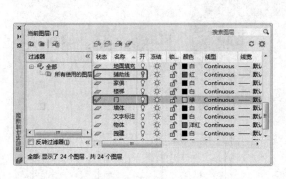

图 17-78 设置图层

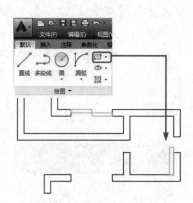

图 17-79 绘制矩形

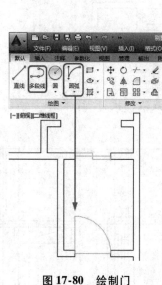

图 17-80 绘制门

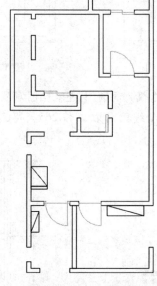

图 17-81 绘制其他门

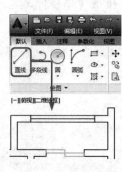

图 17-82 绘制窗

⑱ 使用同样的方法绘制其他窗户，如图 17-83 所示。

⑲ 将【楼梯】图层置为当前图层，使用【矩形】工具，绘制 990×3 990、130×3 990，如图 17-84 所示。

⑳ 使用【分解】工具，将绘制的大矩形进行分解，将上侧边向下偏移 13 次，将偏移的距离设置为 280，如图 17-85 所示。

㉑ 使用【直线】工具，绘制对象，如图 17-85 所示。

㉒ 使用【多段线】工具，绘制多段线，如图 17-87 所示。

㉓ 将【文字标注】图层置为当前图层，使用【单行文字】工具输入文字，如图 17-88 所示。

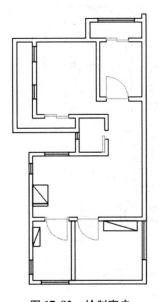

图 17-83　绘制窗户

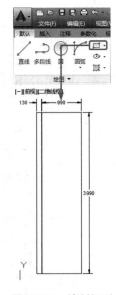

图 17-84　绘制矩形

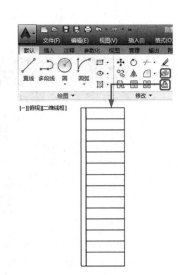

图 17-85　偏移对象

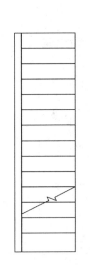

图 17-86　绘制直线

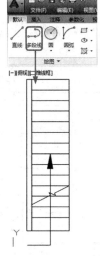

图 17-87　绘制多段线

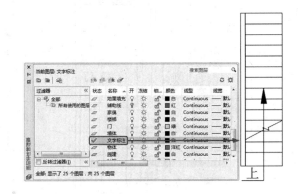

图 17-88　输入单行文字

㉔ 使用【移动】工具，将其移动至如图 17-89 所示的位置。

㉕ 打开随书附带光盘中的 CDROM\素材\第 17 章素材\1.dwg 图形文件，将素材文件复制到合适的位置处，如图 17-90 所示。

㉖ 将【文字标注】图层置为当前图层，使用【多行文字】工具，将【文字高度】设置为 200，对其进行标注，如图 17-92 所示。

㉗ 将【尺寸标注】图层置为当前图层，使用【线性标注】和【连续标注】标注对象，如图 17-91 所示。

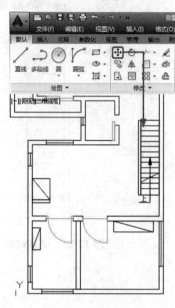

图 17-89　移动对象

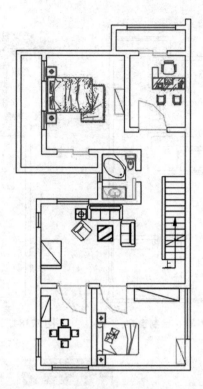

图 17-90　将素材文件调整至合适的位置

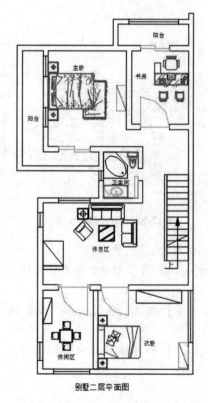

别墅二层平面图

图 17-91　标注对象

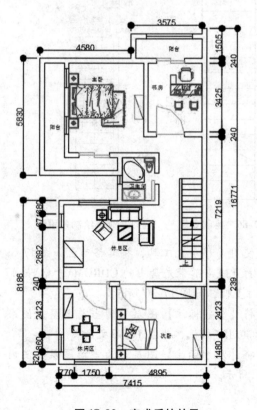

图 17-92　完成后的效果

17.2.4 别墅三层平面图

本例将介绍别墅三层平面图的绘制方法，其具体操作步骤如下：

01 将当前图层置为【辅助线】图层，取消隐藏，绘制两条长度为 12 000、20 000 的辅助线，如图 17-93 所示。

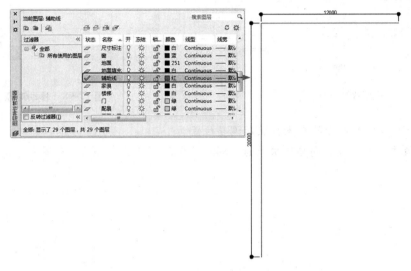

图 17-93 绘制辅助线

02 将上侧边向下依次偏移 1 295、4 965、125、390、2 568、1 783、585、1 570、1 815、1 220，如图 17-94 所示。

03 将左侧边向右依次偏移 1 400、995、1 720、1 270、1 840、2 350，如图 17-95 所示。

04 选中如图 17-96 所示的线段，按【Delete】键将其删除。

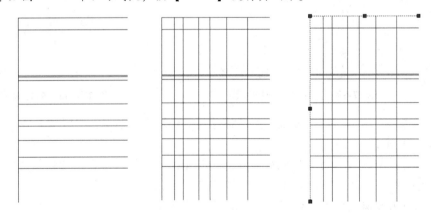

17-94 向下偏移对象　　**17-95 向右偏移对象**　　**图 17-96 删除线段**

05 将【墙体】图层置为当前图层，在菜单栏中执行【绘图】|【多线】命令，绘制墙体，如图 17-97 所示。

06 选择 A 线段，使用【移动】工具，将其向下移动 1 600，如图 17-98 所示。

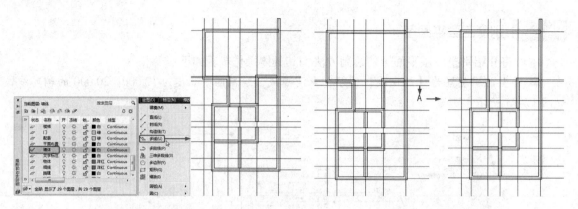

图 17-97　绘制墙体　　　　　　　　　　　　　　图 17-98　移动对象

⑦ 选择如图 17-99 所示的夹点，然后调整位置。

⑧ 选择最左侧的线段，向右依次偏移 1 845、3 605、6 415、7 625，如图 17-100 所示。

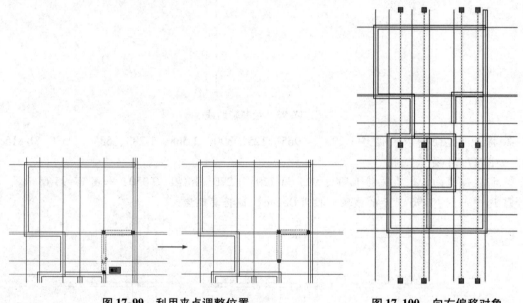

图 17-99　利用夹点调整位置　　　　　　　　图 17-100　向右偏移对象

⑨ 使用【直线】工具，绘制直线，然后将【辅助线】图层隐藏，将【窗】图层置为当前图层，如图 17-101 所示。

⑩ 使用【分解】工具，将多线进行分解，使用【打断于点】工具，将对象进行打断，然后删除，使用【直线】工具绘制窗对象，如图 17-102 所示。

⑪ 使用同样的方法，绘制阳台窗户，如图 17-103 所示。

⑫ 使用【修剪】工具，对其进行修剪，如图 17-104 所示。

⑬ 将【辅助线】图层取消隐藏，使用【偏移】工具，将线段 A 向上偏移 500，如图 17-105 所示。

⑭ 使用【直线】工具，绘制直线，使用【打断于点】工具，打断对象，将多余的打断的线段删除，如图 17-106 所示。

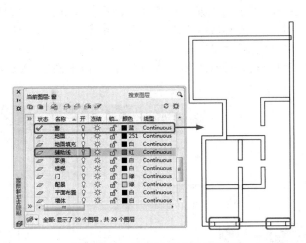

图 17-101　隐藏【辅助线】图层

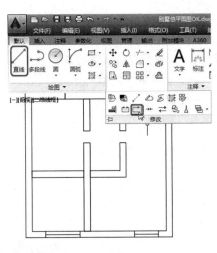

图 17-102　完成后的效果

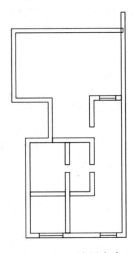

图 17-103　绘制窗户

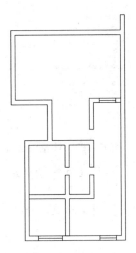

图 17-104　修剪对象

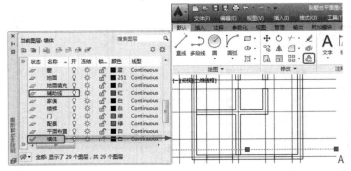

图 17-105　偏移对象

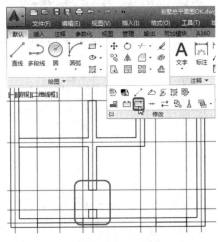

图 17-106　打断对象并删除多余的线段

⑮ 将【辅助线】图层隐藏，将【门】图层置为当前图层，使用【多段线】工具，在空白处中指定第一点，向下引导鼠标输入 720，向左引导鼠标输入 720，然后使用【起点、端点、方向】工具，绘制圆弧，并将其调整至如图 17-107 所示的位置处。

⑯ 将【辅助线】图层取消隐藏，将 A 线段，向左偏移 1 760，将 B 线段，向下偏移 800，如图 17-108 所示。

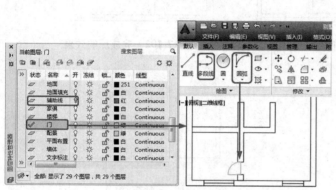

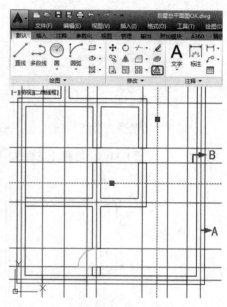

图 17-107　调整门位置　　　　　　　　　　　图 17-108　偏移对象

⑰ 将【墙体】图层置为当前图层，在命令行中输入 ML 命令，绘制多线，将多线进行分解，然后使用【打断于点】和【修剪】工具进行修剪，如图 17-109 所示。

⑱ 将【辅助线】图层隐藏，并将【门】图层置为当前图层，使用同样的方法，绘制其他的门，如图 17-110 所示。

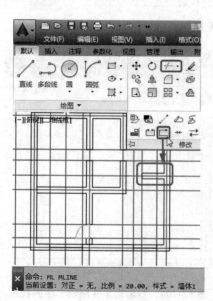

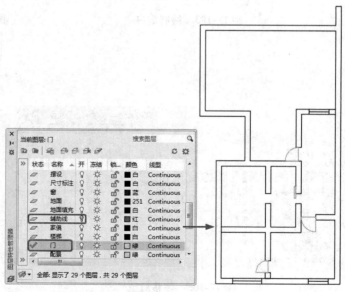

图 17-109　完成后的效果　　　　　　　　　　图 17-110　绘制其他的门

⑲ 打开随书附带光盘中的 CDROM\素材\第 17 章\素材 1. dwg 图形文件，将素材放置至如图 17-111 所示的位置处。

⑳ 将【尺寸标注】图层置为当前图层，对其进行尺寸标注，如图 17-112 所示。

㉑ 将【文字标注】图层置为当前图层，使用【多行文字】工具，绘制文字高度为 500 的文字，如图 17-113 所示。

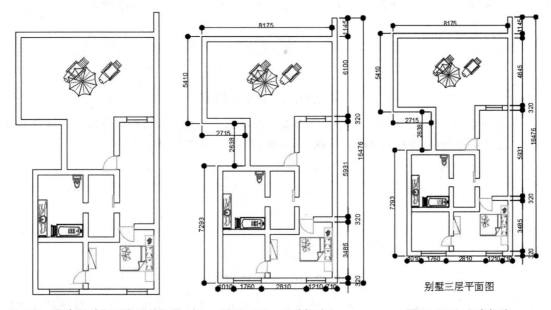

17-111 将素材放置到合适的位置　　图 17-112　尺寸标注　　图 17-113　文字标注

㉒ 至此，建筑别墅总平面图就制作完成了，效果如图 17-114 所示。

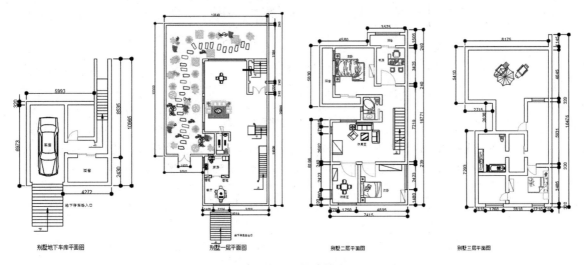

图 17-114　最终效果

17.3　公共建筑平面图

本例介绍公共建筑平面图的绘制方法。

17.3.1　绘制助线

下面将讲解如何绘制辅助线，其具体操作步骤如下：

01 启动软件后，在命令行中输入 LAYER 命令，在【图层特性选项板】中新建【辅助线】图层，将图层颜色设置为红色，并置为当前图层，然后在命令行中输入 LINE 命令，绘制两条水平长度为 81 700、垂直长度为 22 200 的相互垂直平分的直线，如图 17-115 所示。

图 17-115　绘制垂直辅助线

02 在命令行中输入 OFFSET 命令，将垂直辅助线向左偏移，以偏移得到的对象为新偏移的对象，分别向左偏移 9 000、4 800、3 000、7 800、7 800，如图 17-116 所示。

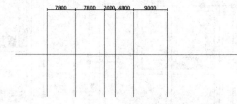

图 17-116　向左偏移辅助线

03 在命令行中输入 OFFSET 命令，将最右侧的垂直辅助线向右偏移，以偏移得到的对象为新偏移的对象，分别向右偏移 2 500、2 800、2 500、7 800、7 800，如图 17-117 所示。

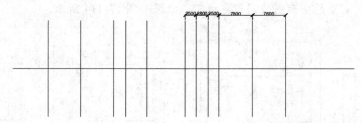

图 17-117　向右偏移辅助线

04 在命令行中输入 OFFSET 命令，以偏移得到的对象为新偏移的对象，将水平辅助线，向上偏移 2 100、2 400、3 600，然后再将其向下偏移 7 500、1 500，如图 17-118 所示。

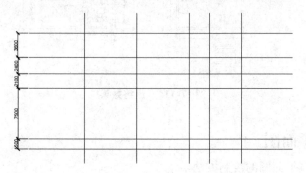

图 17-118　偏移水平辅助线

17.3.2 绘制墙体

下面讲解如何绘制墙体，其具体操作步骤如下：

01 在命令行中输入 LAYER 命令，在【图层特性选项板】中新建【墙体】图层，其颜色设置为【白】，将其设置为当前图层，在命令行中输入 MLINE 命令，设置【对正】为【上】，【比例】为 250，沿辅助线绘制外围墙体轮廓，如图 17-119 所示。

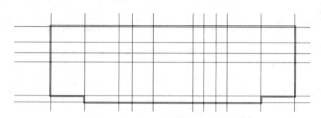

图 17-119 绘制外墙轮廓

02 在命令行中输入 MLSTYLE 命令，在弹出的【多线样式】对话框中，单击【新建】按钮 新建(N)... ，在弹出的【创建新的多线样式】对话框中，将【新样式名】设置为 200，然后单击【继续】按钮，如图 17-120 所示。

03 在弹出的对话框中，将【说明】设置为【200 墙线】，然后将【偏移】分别设置为 100 和 –100，然后单击【确定】按钮，如图 17-121 所示。

图 17-120 创建新的多线样式   **图 17-121 设置新的多线样式**

04 在命令行中输入 MLINE 命令，设置【对正】为【无】，将【比例】设置为 1，【样式】设置为 200，沿辅助线绘制办公楼内部墙体轮廓，如图 17-122 所示。

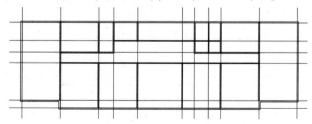

图 17-122 绘制内部墙体

05 将【辅助线】图层隐藏，在命令行中输入 EXPLODE 命令，选择所有的多线，将多线分解。然后在命令行中输入 TRIM 命令，对墙体进行修剪，如图 17-123 所示。

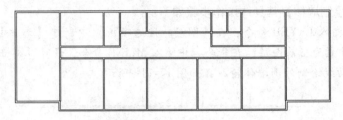

图 17-123　修剪墙体效果

17.3.3　绘制支柱

下面讲解如何绘制支柱，其具体操作步骤如下：

01 在命令行中输入 RECTANG 命令，在空白位置绘制一个长度和宽度都为 500 的正方形，如图 17-124 所示。

02 在命令行中输入 HATCH 命令，将【图案填充图案】设置为 SOLID，将正方形进行填充，如图 17-125 所示。

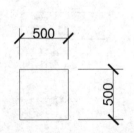

图 17-124　绘制正方形

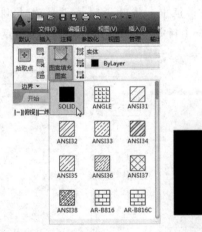

图 17-125　填充图案

03 将【辅助线】图层显示，在命令行中输入 COPY 命令，以正方形的中心点为基点，将正方形支柱复制多个到办公楼内部，如图 17-126 所示位置处。

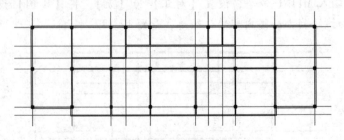

图 17-126　添加支柱

17.3.4 绘制门窗

下面讲解如何绘制门窗，其具体操作步骤如下：

01 在命令行中输入 RECTANG 命令，在空白位置绘制一个长度为 2 100、宽度为 250 的矩形，如图 17-127 所示。

02 在命令行中输入 EXPLODE 命令，将矩形分解，然后在命令行中输入 OFFSET 命令，将上下两条边向内进行偏移，偏移距离都为 80，如图 17-128 所示。

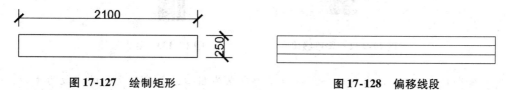

图 17-127 绘制矩形   图 17-128 偏移线段

03 在命令行中输入 LAYER 命令，新建【门窗】图层，其颜色设置为【白】，将其设置为当前图层，在命令行中输入 COPY 命令，通过捕捉顶部和底部线段的中点，将窗户复制到办公楼内部的适当位置，如图 17-129 所示。

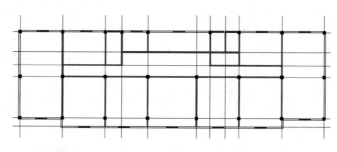

图 17-129 添加窗户

04 在命令行中输入 LINE 命令，在需要绘制门的墙体位置处，绘制一条如图 17-130 所示的直线。

05 在命令行中输入 MOVE 命令，将线段向下移动 200，如图 17-131 所示。

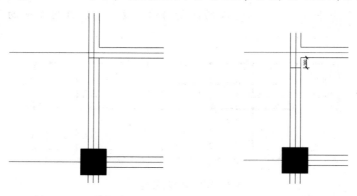

图 17-130 绘制直线   图 17-131 移动线段

06 在命令行中输入 OFFSET 命令，将线段向下进行偏移，偏移距离为 1 500，如图 17-132 所示。

07 在命令行中输入 LINE 命令，捕捉线段的中点，绘制两条如图 17-133 所示的直线，其长度为 750。

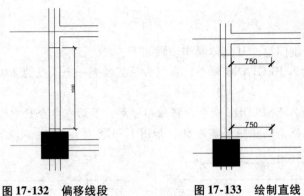

图 17-132　偏移线段　　　　**图 17-133　绘制直线**

 在命令行中输入 CIRCLE 命令，以线段的中点为圆心，长度为 750 的线段为半径，绘制两个如图 17-134 所示的圆。

 在命令行中输入 TRIM 命令，将线段进行修剪并删除多余的线段，完成门的绘制，如图 17-135 所示。

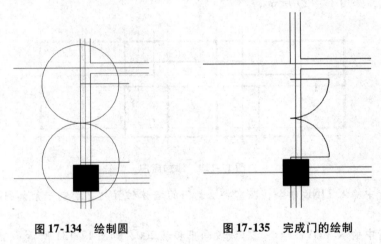

图 17-134　绘制圆　　　　**图 17-135　完成门的绘制**

 使用相同的方法并参照前面所介绍的绘制门的方法，绘制其他房间的门，如图 17-136 所示。

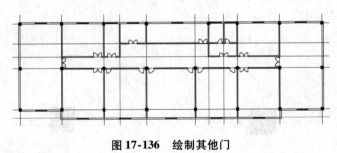

图 17-136　绘制其他门

17.3.5　绘制电梯和楼梯

下面讲解如何绘制电梯和楼梯，其具体操作步骤如下：

打开随书附带光盘中的 CDROM\素材\第 17 章\电梯楼梯 . dwg 文件，将楼梯和电梯素材复制到办公楼的适当位置，在命令行中输入 TRIM 命令，对添加的素材进行修剪，将线段进行修剪并删除多余的线段，如图 17-137 所示。

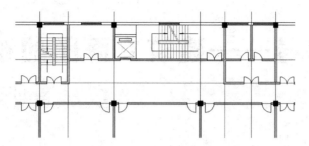

图 17-137 修剪完成后的效果

17.3.6 添加文字说明与标注

下面讲解如何添加文字说明与标注，其具体操作步骤如下：

01 利用【单行文字】工具对各个房间进行标注，如图 17-138 所示。

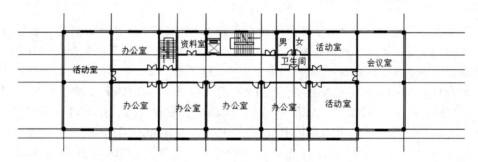

图 17-138 添加文字说明

02 将辅助线隐藏，利用【线性标注】工具对重要部分进行标注，如图 17-139 所示。

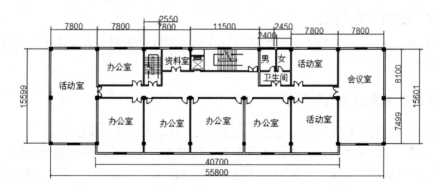

图 17-139 完成后的效果

项目指导——建筑立面图的绘制

本章导读：

基础知识
- ◈ 建筑立面图概述
- ◈ 建筑立面图的形成和作用
- ◈ 绘制建筑立面图
- ◈ 建筑立面图的主要内容及表示方法
- ◈ 建筑立面图的绘制内容
- ◈ 建筑立面图的命名

建筑立面图是建筑设计中必不可少的组成元素，通过它可以真实地看到建筑表面的形状。本章将结合一些建筑实例，详细介绍建筑立面图的绘制方法，给出了利用 AutoCAD 2016 绘制建筑立面图的主要方法和步骤，并结合实例重点讲解了门、窗、阳台、台阶和女儿墙等的绘制方法和步骤。AutoCAD 常用绘图命令：LAYER（图层）、ATTDEF（属性定义）、MLINE（多线）、XLINE（结构线）、ARC（弧）、PLINE（多段线）、DTEXT（单行文字）、DIMSTYLE（标注样式）、DIMLINEAR（线性标注）、DIMCONTINUE（连续标注）等。AutoCAD 常用编辑命令：ARRAY（阵列）、OFFSET（偏移）、TRIM（修剪）、FILLET（圆角）、CHAMFER（倒角）、ROTATE（旋转）、MOVE（移动）等。

18.1 建筑立面图的概述

在绘制建筑立面图之前，首先必须熟悉建筑立面图的基础知识，本节将概括讲述建筑立面图的一些基础知识。

18.1.1 建筑立面图的形成和作用

建筑立面图是建筑在与建筑物立面平行的投影面上投影所得的正投影图。

建筑立面图主要用来表达建筑物的外部造型、门窗位置及形式、墙面装饰材料、阳台、雨篷等部分的材料和做法。建筑立面图是建筑施工中控制高度和外墙装饰效果的技术依据。

18.1.2 建筑立面图的命名

在建筑施工图中，立面图的命名一般有 3 种方式。

- 以建筑物墙面的特征命名：通常把建筑物主要出入口所在墙面的立面图称为正立面图，其余几个立面相应地称为背立面图、侧立面图。
- 以建筑物的朝向来命名：如东立面图、西立面图、南立面图、北立面图。

- 以建筑物两端定位轴线编号命名：如①—⑨立面图，E—A 立面图。

国标规定，有定位轴线的建筑物，宜根据两端轴线编号标注立面图的名称。

18.1.3 建筑立面图的绘制内容

在绘制建筑立面图之前，首先要明白建筑立面图的内容，建筑立面图的内容主要包括以下部分。

- 图名、比例。建筑立面图的比例应和平面图相同。根据国家标准《建筑制图标准》规定：立面图常用的有 1:50、1:100 和 1:200。
- 建筑物立面图的外轮廓形状、大小。
- 建筑立面图定位轴线的编号。在建筑立面图中，一般只绘制两端的轴线，且编号应与平面图中的相对应，确定立面图的观看方向。定位轴线是平面图与立面图间联系的桥梁。
- 建筑物立面造型。
- 外墙上建筑构配件，如门窗、阳台和雨水管等的位置和尺寸。
- 外墙面的装饰。外墙表面分隔线应标示清楚，用文字说明各部位所用材料及色彩。外墙的色彩和材质决定了建筑立面的效果，因此一定要进行标注。
- 立面标高。在建筑立面图中，高度方向的尺寸主要使用标高的形式标注，包括建筑室内外地坪、各楼层地面、窗台、阳台底部、女儿墙等各部分的标高。通常情况下，立面图中的标高尺寸应注写在立面图的轮廓线以外，分两侧就近注写。注写时要上下对齐，并尽量位于同一铅锤线上。但对于一些位于建筑物中部的结构，为了表达得更清楚，在不影响图面清晰的前提下，也可就近标注在轮廓线以内。

18.2 绘制建筑立面门窗

门和窗是建筑立面中的重要构件，在建筑立面图的设计和绘制中，选用适合的门窗样式，可以使建筑的外观更加形象生动，更富于表现力。

18.2.1 绘制立面门

下面讲解如何绘制立面门，其具体操作步骤如下：

01 启动 AutoCAD 2016，使用【矩形】工具，在空白处单击，确定矩形的第一点，输入（@1000, 2000），按【Enter】键确认，完成矩形的绘制，如图 18-1 所示。

02 绘制完成后，使用【偏移】工具，选择要进行偏移的对象，向内偏移 100，按【Enter】键完成偏移，效果如图 18-2 所示。

03 使用【圆心】工具，在空白处单击确定圆心的轴心，输入 750，按【Enter】键，输入 340，按【Enter】键完成绘制，如图 18-3 所示。

04 将绘制的椭圆移动至门的中心，如图 18-4 所示。

05 使用【矩形】工具，绘制两个如图 18-5 所示的矩形。

06 使用【修剪】工具，对新绘制的两个矩形和椭圆进行修剪，效果如图 18-6 所示。

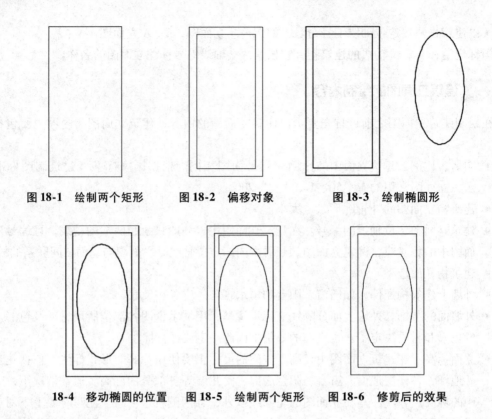

图 18-1 绘制两个矩形   图 18-2 偏移对象   图 18-3 绘制椭圆形

18-4 移动椭圆的位置   图 18-5 绘制两个矩形   图 18-6 修剪后的效果

18.2.2 绘制百叶窗

下面讲解如何绘制百叶窗，其具体操作步骤如下：

01 按【CTRL + N】组合键，弹出【选择样板】对话框，选择 acadiso 样板，单击【打开】按钮，如图 18-7 所示。

02 使用【圆】工具，绘制一个半径为 1 000 的圆，如图 18-8 所示。

图 18-7 选择样板

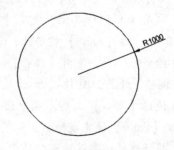

图 18-8 绘制圆

03 在命令行中输入 OFFSET 命令，选择绘制的圆对象，将其向内部偏移 200，如图 18-9 所示。

04 在命令行中输入 LINE 命令，绘制一条直线，如图 18-10 所示。

05 在命令行中输入 OFFSET 命令，选择绘制的直线，将其向上偏移 350、350，再次执行

【偏移】命令，将其向下依次偏移350、350，如图18-11所示。

⑥ 在命令行中输入 TRIM 命令，修剪对象，如图18-12所示。

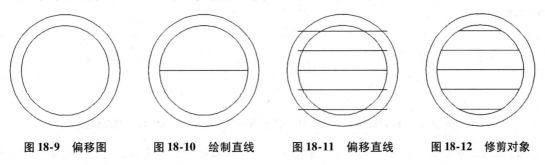

图 18-9　偏移图　　　图 18-10　绘制直线　　　图 18-11　偏移直线　　　图 18-12　修剪对象

18.3　绘制文化墙、栏杆

下面讲解如何绘制台阶、栏杆。

18.3.1　绘制文化墙

下面讲解如何绘制文化墙，其具体操作步骤如下：

① 在命令行中输入 RECTANG 命令，指定第一个角点，在命令行中输入 D，绘制一个长度为 2 100、宽度为 150 的矩形，如图18-13所示。

② 再次使用【矩形】工具，绘制一个长度为 300、宽度为 144 的矩形，然后使用【移动】工具，将其移动至合适的位置，效果如图18-14所示。

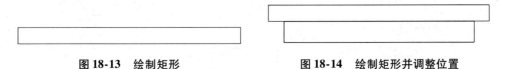

图 18-13　绘制矩形　　　　　　　　　　图 18-14　绘制矩形并调整位置

③ 在命令行中输入 RECTANG 命令，绘制一个长度为2100、宽度为150的矩形，将其移至合适位置，如图18-15所示。

④ 在命令行中输入 TRIM 命令，对其进行修剪，如图18-16所示。

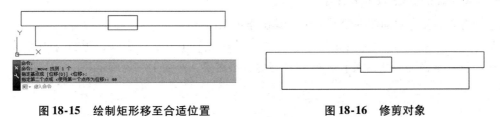

图 18-15　绘制矩形移至合适位置　　　　　　图 18-16　修剪对象

18.3.2　绘制花瓶栏杆

下面讲解如何绘制花瓶柱子，其具体操作步骤如下：

① 使用【直线】工具，绘制长度为 100 的线段，距离矩形左侧端点低100、横向距离也为100，如图18-17所示。

② 使用【直线】工具，绘制长度为 80 的线段，距离刚绘制完成的线段左侧的端点低50，

横向距离为 10，如图 18-18 示。

⑱ 使用【三点弧线】工具，选择矩形左侧下部端点、两条线段左侧端点，绘制弧线，如图 18-19 所示。

图 18-17 绘制直线　　　　　18-18 绘制另一条直线　　　　18-19 绘制弧线

⑭ 继续选中绘制的弧线，使用【镜像】工具，以矩形的中点为基点，对选中的弧线进行镜像，效果如图 18-20 所示。

⑮ 使用【直线】工具，在距下部矩形 200 处任意绘制一条直线，作为辅助线，使用【镜像】工具，以该条直线作为镜像线，如图 18-21 所示。

⑯ 删除辅助线，使用【样条曲线控制点】工具，连接上下两部分栏杆，如图 18-22 所示。

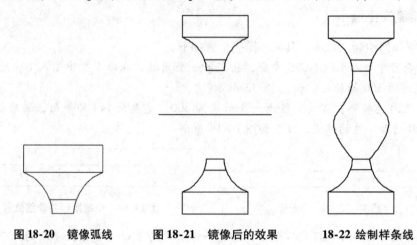

图 18-20 镜像弧线　　　　图 18-21 镜像后的效果　　　　18-22 绘制样条线

18.4 绘制住宅建筑立面图

本例将介绍住宅立面图的绘制方法。其操作步骤如下：。

⑪ 启动 AutoCAD 2016，显示菜单栏，选择【格式】|【图层】命令，弹出【图层特性管理器】选项板，单击【新建图层】按钮，创建各个图层，如图 18-23 所示。

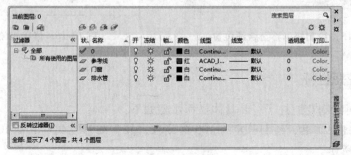

图 18-23 创建图层

提 示

在建筑绘图中，为了区别不同图层的关系和用途，可以将各个图层的颜色、线型和线宽等设置为不同。

02 选择 0 图层作为当前图层。

03 使用【直线】工具，绘制长度为 45 532 的地坪线，如图 18-24 所示。

图 18-24   绘制地坪线

04 将【参考线】图层设置为当前图层，使用【直线】工具，绘制一条长度为 24 911 的垂直直线，并调整其位置，如图 18-25 所示。

05 选中绘制的垂直直线，使用【偏移】工具，将其向右偏移 20 500，如图 18-26 所示。

06 将 0 图层设置为当前图层，使用【直线】工具，以左侧线段的交点为起点，绘制一条长 17 300 的垂直向上的直线，如图 18-27 所示。

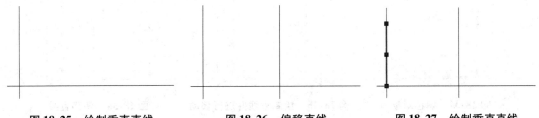

图 18-25   绘制垂直直线　　　**图 18-26   偏移直线**　　　**图 18-27   绘制垂直直线**

07 继续选中该直线，使用【偏移】工具，将其向右分别偏移 8 850、11 650，如图 18-28 所示。

08 将【门窗】图层作为当前图层。

09 使用【矩形】工具，绘制长度为 2 800、宽度为 3 000 的矩形，如图 18-29 所示。

10 使用【直线】工具，以矩形左下角的端点为起点，绘制一个长 2 800 的水平直线，并将其向上移动 150，如图 18-30 所示。

图 18-28   向右偏移直线 　　　**图 18-29   绘制矩形** 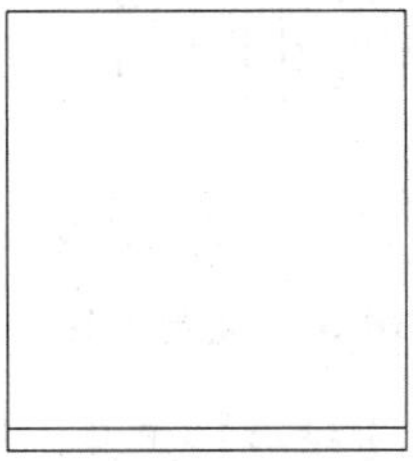　　**图 18-30   绘制并移动直线**

11 继续使用【直线】工具，以矩形左下角的端点为起点，绘制一个角度为 27 的直线，如图 18-31 所示。

12 选中新绘制的直线，使用【镜像】工具，对选中的对象进行镜像，效果如图 18-32 所示。

13 使用【矩形】工具，绘制长度为 2 000、宽度为 2 850 的矩形，并将对象颜色设置为 88，并调整其位置，如图 18-33 所示。

图 18-31　绘制直线

图 18-32　镜像对象

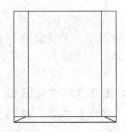
图 18-33　绘制矩形

⑭ 选中绘制的矩形，使用【偏移】工具，将其向内偏移 40，如图 18-34 所示。

⑮ 使用【直线】工具，以偏移后的矩形的左下角端点为起点，绘制一个长为 2 770 的垂直直线，并将其向右移动 835，如图 18-35 所示。

⑯ 选中移动后的直线，使用【偏移】工具，将其向右偏移 250，如图 18-36 所示。

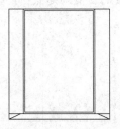
图 18-34　偏移对象

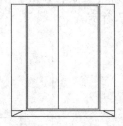
图 18-35　绘制直线并进行移动

图 18-36　偏移直线

⑰ 使用【矩形】工具，绘制长度为 30、宽度为 200 的矩形，并调整其位置，如图 18-37 所示。

⑱ 使用【圆】工具，绘制一个半径为 20 的圆形，并调整其位置，如图 18-38 所示。

⑲ 选中绘制的小矩形和圆，使用【镜像】工具，对其进行镜像，效果如图 18-39 所示。

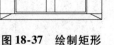
图 18-37　绘制矩形

图 18-38　绘制圆形并调整其位置

图 18-39　镜像对象

⑳ 使用【矩形】工具，绘制长度为 150、宽度为 400 的矩形，并调整其位置，如图 18-40 所示。

㉑ 使用【直线】工具，以新绘制的矩形的左上角端点为起点，绘制一个长为 150 的水平直线，并将其向下移动 80，如图 18-41 所示。

㉒ 选中移动后的直线，使用【偏移】工具，将其向下分别偏移 80、160、240，如图 18-42 所示。

图18-40　绘制矩形并调整其位置　　**图18-41　绘制直线并移动**　　**图18-42　偏移直线**

㉓ 使用【直线】工具，绘制一个长为400的垂直直线，调整其位置，如图18-43所示。

㉔ 使用【矩形】工具，绘制长度为3 500、宽度为300的矩形，将对象颜色更改为黑色，并调整其位置，如图18-44所示。

㉕ 选中绘制的矩形并双击，在弹出的快捷菜单中选择【宽度】命令，如图18-45所示。

  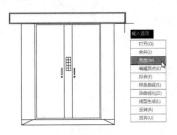

图18-43　绘制直线并移动　　**图18-44　绘制矩形**　　**图18-45　选择【宽度】命令**

㉖ 将矩形的线宽度设置为15，使用【矩形】工具，绘制长度为3 600、宽度为100的矩形，将其线宽设置为15，并调整其位置，如图18-46所示。

㉗ 绘制完成后，调整门的位置，调整后的效果如图18-47所示。

㉘ 使用【修剪】工具，对绘制的对象进行修剪，效果如图18-48所示。

 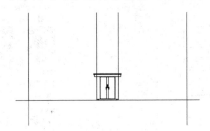 

图18-46　绘制矩形　　**图18-47　移动对象的位置**　　**图18-48　修剪图形后的效果**

㉙ 使用【直线】工具，绘制一个长为3 650的水平直线，如图18-49所示。

㉚ 继续使用【直线】工具，以直线左侧的端点为起点，向下绘制一条长为150的垂直直线，如图18-50所示。

图18-49　绘制直线　　　　　　　**图18-50　继续绘制直线**

㉛ 使用【直线】工具，以新绘制直线下方的端点为起点，向下绘制一条角度为27的直线，并对绘制的直线和斜线进行镜像，如图18-51所示。

㉜ 使用【矩形】工具，绘制长度为2 400、宽度为2 110的矩形，将对象颜色设置为88，调

整其位置，如图 18-52 所示。

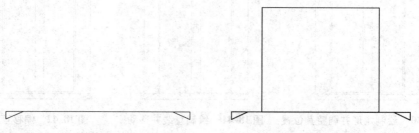

图 18-51　绘制直线并对其进行镜像　　　　**图 18-52　绘制矩形**

㉝ 选中绘制的矩形，使用【偏移】工具，将该矩形向内偏移 40，如图 18-53 所示。

㉞ 使用【直线】工具，以偏移的矩形的左下角的端点为起点，向右绘制 2 320 的直线，并向上移动 1 110，如图 18-54 所示。

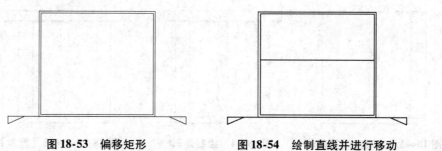

图 18-53　偏移矩形　　　　**图 18-54　绘制直线并进行移动**

㉟ 使用【图案填充】工具，在命令行中输入 T，按【Enter】键确认，在弹出的对话框中将【图案】设置为 BRICK，将【颜色】设置为 88，将【比例】设置为 20，如图 18-55 所示。

图 18-55　设置图案填充

㊱ 设置完成后，单击【添加：拾取点】按钮，在要添加图案的位置单击，按【Esc】键完

成填充，效果如图 18-56 所示。

🔢 选中绘制完成后的对象，将其移动至大框架中，效果如图 18-57 所示。

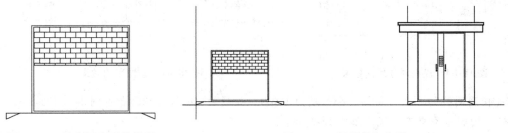

图 18-56　填充图案后的效果　　　　　　**图 18-57　调整对象位置**

🔢 再次选中移动后的门，使用【镜像】工具，以前面所绘制的门的中点为基点进行镜像，效果如图 18-58 所示。

🔢 使用【直线】工具，绘制一条长为 720 的垂直直线，并将其调整至所绘制的矩形中心，效果如图 18-61 所示。

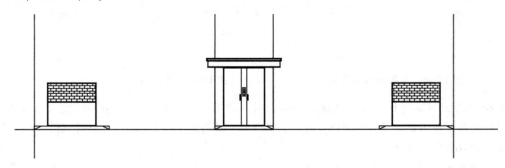

图 18-58　镜像后的效果

🔢 使用【矩形】工具，绘制长度为 1 000、宽度为 800 的矩形，如图 18-59 所示。

🔢 使用【偏移】工具，将新绘制的矩形向内偏移 50，如图 18-60 所示。

　　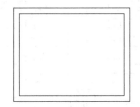　　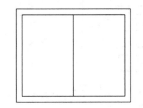

图 18-59　绘制矩形　　　**图 18-60　偏移矩形**　　　**图 18-61　绘制直线**

🔢 选中绘制的窗户，使用【移动】工具，调整其位置，调整后的效果如图 18-62 所示。

🔢 选中移动后的对象，使用【复制】工具，以选中对象左下角的端点为起点，向左移动 2 137，如图 18-63 所示。

🔢 再次选中两个窗户，使用【镜像】工具，以其右侧的门的中心为基点进行镜像，效果如图 18-64 所示。

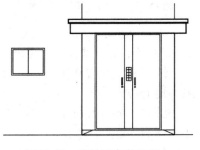

图 18-62　移动对象的位置

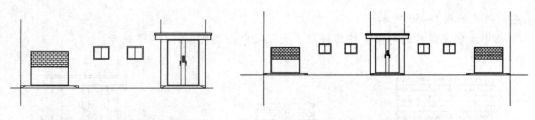

图 18-63　复制对象后的效果　　　　　图 18-64　镜像后的效果

45 使用同样的方法，绘制一个长度为 1 800、宽度为 1 400 的矩形，并对其进行偏移，在其中心位置绘制一条垂直直线，如图 18-65 所示。

46 使用【移动】工具，对绘制的图形进行移动，移动后的效果如图 18-66 所示。

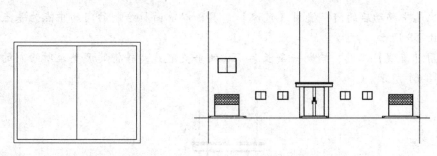

图 18-65　绘制矩形和直线　　　　　图 18-66　移动对象的位置

47 使用【矩形阵列】工具，选择移动后的对象作为阵列对象，按【Enter】键，根据命令行提示进行操作，输入列数 2，行数 5，行间距 3 000，列间距 2 625，按【Enter】键，完成阵列，效果如图 18-67 所示。

48 选中阵列对象，使用【镜像】工具，以其右侧的门的中心为基点进行镜像，效果如图 18-68 所示。

49 使用相同的方法绘制其他窗户，并对其进行阵列和镜像，效果如 18－69 所示。

图 18-67　阵列对象后的效果　　　图 18-68　镜像后的效果　　　图 18-69　绘制其他窗户后的效果

50 将 0 图层设置为当前图层，将对象的颜色设置为黑色，绘制一个长度为 20 500、宽度为 100 的矩形，并将其线宽设置为 15，调整其位置，如图 18-70 所示。

51 将中间的窗户进行分解，使用【修剪】工具，对绘制的矩形和分解的窗户进行修剪，效果如图 18-71 所示。

52 选中修剪后的矩形，使用【复制】工具，以选中矩形下方的任意一点作为基点，将其向下移动 11 200，如图 18-72 所示。

53 使用【修剪】工具，对复制的矩形和中间的门进行修剪，效果如图 18-73 所示。

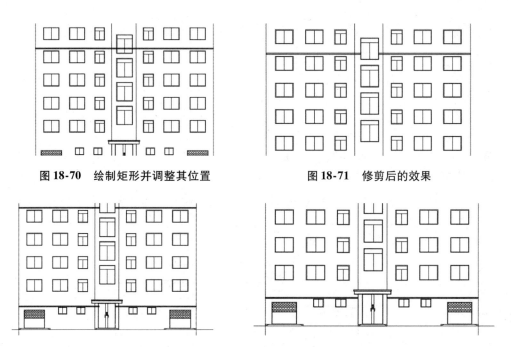

图 18-70　绘制矩形并调整其位置　　　　图 18-71　修剪后的效果

图 18-72　复制矩形　　　　　　　　图 18-73　修剪后的效果

54 使用【矩形】工具，绘制长度为 21 360、宽度为 350 的矩形，并调整其位置，调整后的效果如图 18-74 所示。

55 使用【矩形】工具，在新绘制的矩形的下方绘制长度为 21 300、宽度为 50 的矩形，效果如图 18-75 所示。

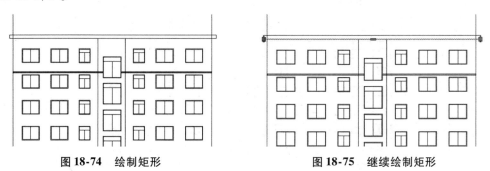

图 18-74　绘制矩形　　　　　　　　图 18-75　继续绘制矩形

56 使用同样的方法对框架进行完善，效果如图 18-76 所示。

57 使用【矩形】工具，绘制长度为 300、宽度为 200 的矩形，效果如图 18-77 所示。

58 继续使用【矩形】工具，绘制长度为 150、宽度为 50 的矩形，并调整其位置，效果如图 18-78 所示。

59 使用【直线】工具，对绘制的两个矩形进行连接，效果如图 18-79 所示。

60 使用【矩形】工具，绘制长度为 100、宽度为 16 820 的矩形，并调整其位置，效果如图 18-80所示。

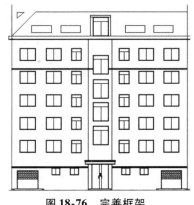

图 18-76　完善框架

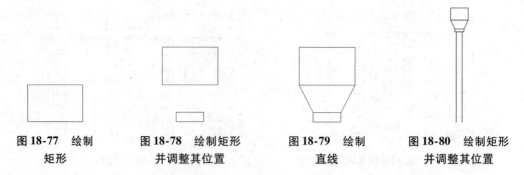

图 18-77 绘制 　　图 18-78 绘制矩形 　　图 18-79 绘制 　　图 18-80 绘制矩形
矩形 　　　　　　并调整其位置 　　　　直线 　　　　　并调整其位置

㉛ 选中新绘制的所有对象，使用【移动】工具，调整该对象的位置，效果如图 18-81 所示。

㉜ 选中左半部分对象，使用【镜像】工具，以右侧的辅助线为基点进行镜像，效果如图18-82所示。

㉝ 将排水管进行复制并移动，效果如图 18-83 所示。

图 18-81 调整对象的位置 　　　　图 18-82 镜像后的效果 　　　　图 18-83 复制排水管

㉞ 复制完成后，使用【修剪】工具，对对象进行修剪，效果如图 18-84 所示。

图 18-84 修剪后的效果

㉟ 建筑立面图尺寸标注的结果如图 18-85 所示。

图 18-85 立面尺寸标注

　　立面图的尺寸标注与平面图尺寸标注的方法大同小异。立面图的尺寸标注需要在垂直的方向清楚地标明建筑每层的层高、各层楼地面的标高及建筑主要构件的标高。

　　具体的标注包括尺寸标注和标高标注两部分。采用 QDIM（快速标注）、DIMLINEAR（线性标注）和 DIMCONTINUE（连续标注）命令进行尺寸标注；使用属性块命令进行标高标注。这两种标注方式在平面图绘制中已有较详细的说明，在此不再赘述。

18.5　绘制办公楼建筑立面图

　　本例将介绍办公楼立面图的绘制方法，其操作步骤如下：

01 使用【多段线】工具绘制水平长度为 33 800、宽度为 50 的多段线，如图 18-86 所示。

图 18-86　绘制多段线

02 使用【矩形】工具绘制长度和宽度分别为 29 700、955 的矩形，并将其调整到多段线的中心位置，如图 18-87 所示。

图 18-87　绘制矩形

03 使用【分解】工具将矩形分解，使用【偏移】工具，将矩形左右两侧的边向内偏移 9 670，如图 18-88 所示。

图 18-88　偏移直线

04 使用【图案填充】工具，将图案设为 BRICK，将【比例】设为 20，对矩形两边的对象进行填充，如图 18-89 所示。

图 18-89　填充图案

05 继续使用【图案填充】工具，将图案设为 LINE，将【比例】设为 50，对中间矩形进行填充，如图 18-90 所示。

图 18-90　填充图案

06 使用【矩形】工具，绘制长度为 29 940、宽度为 120 的矩形，并对其位置进行调整，如图 18-91 所示。

图 18-91　绘制矩形

07 继续使用【矩形】工具绘制长度为 29 700、宽度为 11 464 的矩形，并调整位置，使其与下面填充矩形对齐，如图 18-92 所示。

08 使用【分解】工具，将矩形进行分解，使用【偏移】工具，选择矩形左、右、上的边将其向内偏移，偏移距离为 300，如图 18-93 所示。

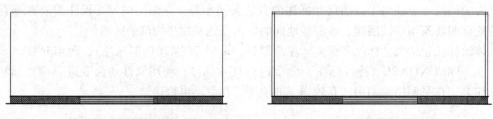

图 18-92　绘制矩形　　　　　　　　图 18-93　偏移直线

⑨ 使用【矩形】工具绘制长度为 1 307、宽度为 1 029 的矩形，如图 18-94 所示。

⑩ 将矩形分解，选择上侧的边使用【偏移】工具将其向下偏移 175，如图 18-95 所示。

⑪ 使用【矩形】工具绘制长度为 1 153、宽度为 22 的矩形，捕捉中点调整位置，使其与大矩形之间保持 136 的距离，如图 18-96 所示。

⑫ 使用【复制】工具对上一步绘制的矩形复制两次，复制距离为 76、201，如图 18-97 所示。

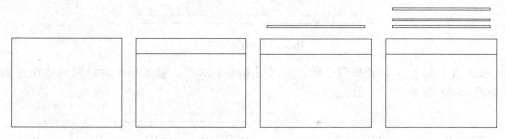

图 18-94　绘制矩形　　18-95　向下偏移直线　　18-96　调整矩形位置　　图 18-97　复制矩形

⑬ 利用夹点模式将上一步创建的矩形两端分别向内偏移 50、113，如图 18-98 所示。

⑭ 使用【圆弧】工具将矩形进行连接，如图 18-99 所示。

⑮ 使用【矩形】工具，绘制长度为 867、宽度为 9 570 的矩形，捕捉中点调整位置，如图 18-100所示。

⑯ 在命令行中输入 INSERT 命令，弹出【插入】对话框，插入随书附带光盘中的 CDROM\素材\第 18 章\石雕.dwg 文件，并调整位置，如图 18-101 所示。

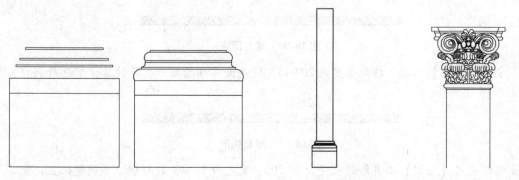

图 18-98　修改矩形　　图 18-99 绘制圆弧　　图 18-100　创建矩形　　18-101　插入素材文件

⑰ 将上一步创建的柱子对象进行编组，捕捉左下角点，将其移动到建筑物左下角点位置，如图 18-102 所示。

⓲ 选择上一步移动的柱子对象，继续使用【移动】工具，将其向右移动4 429，如图18-103所示。

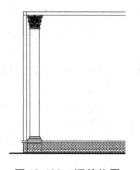
图 18-102 调整位置

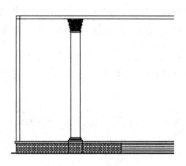
图 18-103 移动对象

⓳ 使用【矩形阵列】工具，将【列数】设为6，【介于】设为3 900，将【行数】设为1，如图18-104所示。

⓴ 使用【分解】工具，将填充的图案进行分解，使用【修剪】工具将多余的线条删除，如图18-105所示。

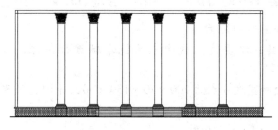
图 18-104 阵列后的效果

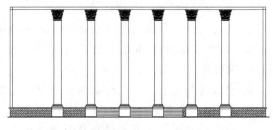
图 18-105 删除多余的线条

㉑ 使用【矩形】工具绘制3个矩形，分别将其长度和宽度设为1 900×30×1 860×80×1 780×50，捕捉其中点，调整位置，如图18-106所示。

图 18-106 绘制矩形并调整位置

㉒ 继续使用【矩形】工具绘制长度为1 720、宽度为50的矩形，并调整位置使其与上面矩形保持距离为30，如图18-107所示。

图 18-107 继续绘制矩形并调整位置

㉓ 使用【圆弧】工具连接两个矩形的交点，如图18-108所示。

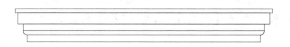
图 18-108 绘制圆弧

㉔ 使用【矩形】工具，绘制长度为 1 290、宽度为 2 200 的矩形，捕捉其中点，调整位置，如图 18-109 所示。

㉕ 使用【偏移】工具，将上一步绘制的矩形向内偏移 50，如图 18-110 所示。

㉖ 将上一步创建的矩形分解，选择两条垂直的直线，继续使用【偏移】工具将其向内偏移 584，如图 18-111 所示。

㉗ 继续使用【偏移】工具，将两条水平直线，分别向内偏移 387、427、1 007，如图 18-112 所示。

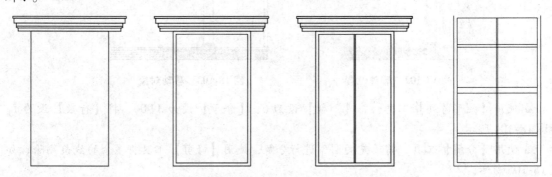

图 18-109　绘制矩形　　　图 18-110　偏移矩形　　　图 18-111　对直线进行偏移　　　图 18-112　偏移对象

㉘ 使用【修剪】工具将多余的线条删除，如图 18-113 所示。

㉙ 选择窗的上侧部分，使用【镜像】工具，以垂直直线中点为镜像轴进行镜像，如图 18-114 所示。

㉚ 使用【矩形】工具，绘制两个矩形，长度和宽度分别为 200×70×130×30，并调整矩形的位置使其之间距离为 50，如图 18-115 所示。

㉛ 使用【圆弧】工具，连接矩形两个角点，如图 18-116 所示。

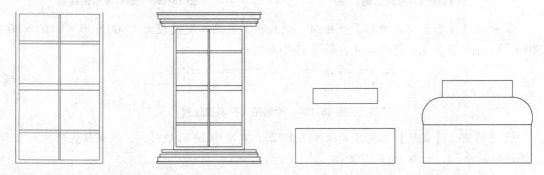

图 18-113　删除多余的线条　　图 18-114　镜像后的效果　　图 18-115　绘制矩形　　图 18-116　绘制圆弧

㉜ 使用【移动】工具，捕捉右下角点，将其移动至如图 18-117 所示位置。

㉝ 开启正交模式，使用【镜像】工具，以垂直直线的中点为镜像轴进行镜像，如图 18-118 所示。

㉞ 使用【直线】工具，连接柱子的交点，如图 18-119 所示。

㉟ 选择全部柱子对象，使用【镜像】工具，以水平直线的中点为镜像轴进行镜像，如图 18-120 所示。

㊱ 使用【直线】工具，捕捉最上侧矩形边的中点，向上垂直绘制长度为 340 的直线，如图 18-121 所示。

37 使用【多段线】工具，将其宽度设为 0，捕捉矩形的交点和直线的端点，如图 18-122 所示。

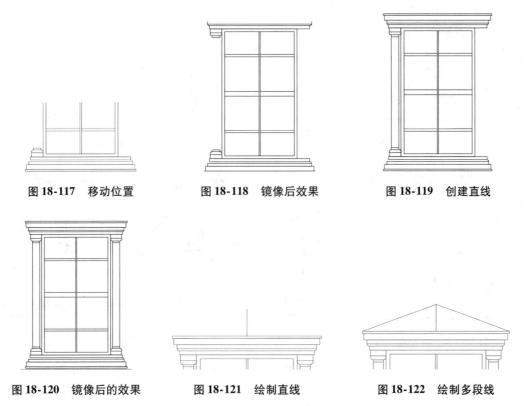

图 18-117　移动位置　　　　　图 18-118　镜像后效果　　　　　图 18-119　创建直线

图 18-120　镜像后的效果　　　　图 18-121　绘制直线　　　　　图 18-122　绘制多段线

38 使用【偏移】工具，将多段线垂直向上向下偏移，偏移距离为 105、135，如图 18-123 所示。

39 使用【修剪】工具，将多余的线条修剪，如图 18-124 所示。

40 使用【圆弧】工具，连接多段线的端点，如图 18-125 所示。

图 18-123　偏移多段线　　　　图 18-124　修剪多余的线条　　　　图 18-125　绘制圆弧

41 将创建的窗进行编组，使用【移动】工具，捕捉其左下角点，移动到如图 18-126 所示的位置。

42 继续使用【移动】工具捕捉其左下角点为移动点，在命令行输入（@1254,186），按【Enter】键进行确认，如图 18-127 所示

43 选择上一步创建的窗对象，使用【复制】工具将其垂直向上复制，复制距离为 4 433，如图 18-128 所示。

44 选择上一步创建的窗，进行多次复制，将其放置到两根柱子中间部位，如图 18-129 所示。

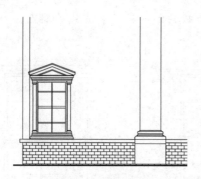

图 18-126　移动窗

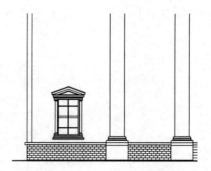

图 18-127　移动位置

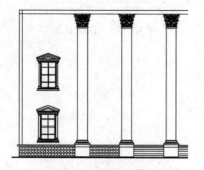

图 18-128　复制窗

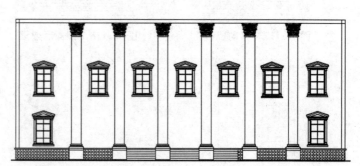

图 18-129　进行多次复制

45 使用【矩形】工具，绘制长度为 2 160、宽度为 300 的矩形，如图 18-130 所示。

46 使用【分解】工具，将上一步创建的矩形进行分解，然后使用【偏移】工具，将上、下两侧边向内偏移 100，完成后的效果如图 18-131 所示。

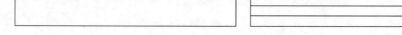

图 18-130　绘制矩形　　　　　　　　　　图 18-131　偏移直线

47 使用【复制】工具，选择上一步创建的所有对象，进行复制，使其两个对象之间的距离为 140，如图 18-132 所示。

48 使用【直线】工具，捕捉矩形的中点绘制直线，如图 18-133 所示。

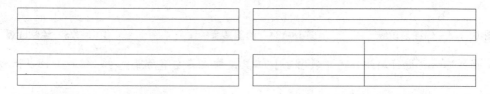

图 18-132　复制矩形　　　　　　　　　　图 18-133　绘制直线

49 使用【偏移】工具，将上一步创建的直线，分别向外偏移 100、200，如图 18-134 所示。

50 使用【修剪】工具，将多余的直线删除，如图 18-135 所示。

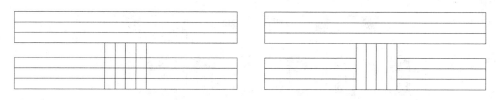

图 18-134 偏移直线 　　　　　　　　　　　图 18-135 删除多余的线条

51 使用【矩形】工具绘制长度为 1 500、宽度为 2 684 的矩形，捕捉中点调整位置，如图 18-136 所示。

52 使用【直线】工具捕捉矩形的角点绘制直线，然后使用【修剪】工具将多余的直线删除，如图 18-137 所示。

53 使用【分解】工具将大矩形进行分解，使用【偏移】工具将矩形的上侧边向下偏移距离 60、600、660，如图 18-138 所示。

54 使用【矩形】工具绘制两个矩形，将其长度和宽度分别设为 300×300×330×300，如图 18-139 所示。

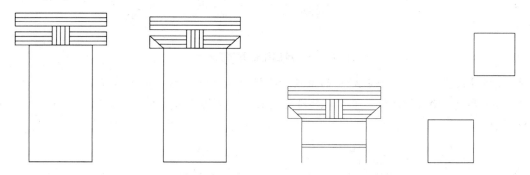

图 18-136 绘制矩形　图 18-137 删除多余的直线　图 18-138 偏移直线　图 18-139 绘制两个矩形

55 使用【移动】和【复制】工具，将绘制的两个矩形按顺序排列到如图 18-140 所示的位置。

56 使用【直线】工具绘制门的其他部分，如图 18-141 所示。

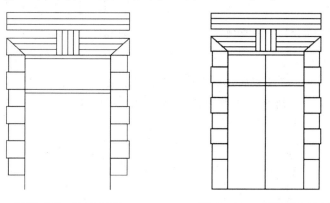

图 18-140 排列矩形　　　　　　图 18-141 门的最终效果

57 将创建的门对象进行编组，然后捕捉中点，将其调整到两个柱子之间，如图 18-142 所示。

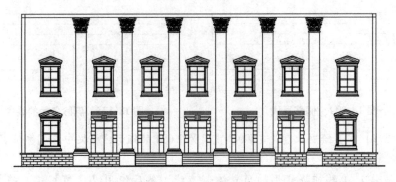

图 18-142　调整位置

58 使用【矩形】工具绘制两个矩形，将其长度和宽度分别设为 29 700 × 400、29700 × 600，调整位置，使其之间的距离为 100，如图 18-143 所示。

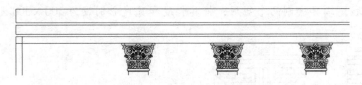

图 18-143　绘制矩形并调整位置

59 使用【圆弧】工具，捕捉矩形的角点，绘制圆弧，如图 18-144 所示。

60 选择上一步绘制的圆弧和矩形对其进行复制，调整到其最上方，如图 18-145 所示。

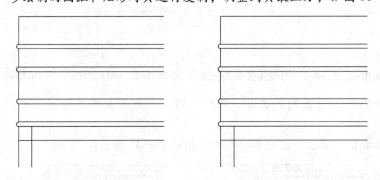

图 18-144　绘制圆弧　　　　　　　**图 18-145　复制图形**

61 使用【矩形】工具绘制长度为 1 823、宽度为 1 527 的矩形，如图 18-146 所示。

62 使用【偏移】工具，将绘制的矩形向内偏移，偏移距离为 120、135，如图 18-147 所示。

63 使用【直线】工具，捕捉矩形的中点绘制直线，并将其向两侧偏移 50，如图 18-148 所示。

　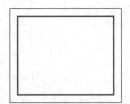　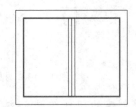

图 18-146　绘制矩形　　　**图 18-147　偏移矩形**　　　**图 18-148　绘制直线并偏移**

64 对创建的窗进行编组，使用复制工具放置到两个柱子中心位置，使其与下面窗户保持840 的距离，如图 18-149 所示。

图18-149 调整位置

65 使用【单行文字】工具，将文字高度设为 2 000，创建立面图题，如图 18-150 所示。

办公楼建筑立面图

图18-150 输入文字

66 使用【多段线】命令，绘制多段线，将其宽度设为 100，多段线长度比图题文字稍长即可，如图 18-151 所示。

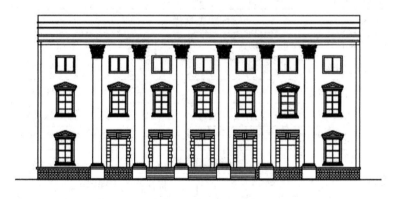

图18-151 完成后的效果

附 录 AutoCAD 常用快捷键

功能键

F1	获取帮助	F5	等轴测平面切换	F9	栅格捕捉模式控制
F2	文本窗口	F6	控制状态行坐标的显示	F10	极轴模式控制
F3	对象捕捉	F7	栅格显示模式控制	F11	对象追踪式控制
F4	草图设置	F8	正交模式控制		

快捷组合键

Ctrl + B	栅格捕捉模式控制（F9）	Ctrl + M	重复执行上一步命令	Ctrl + U	极轴模式控制（F10）
Ctrl + C	将选择对象复制到剪贴板	Ctrl + 1	打开特性对话框	Ctrl + V	粘贴剪贴板上的内容
Ctrl + F	控制是否能对象自动捕捉	Ctrl + 2	设计中心对话框	Ctrl + W	对象追踪式控制（F1）
Ctrl + G	栅格显示模式控制（F7）	Ctrl + 6	数据库连接管理器对话框	Ctrl + X	剪切所选择的内容
Ctrl + J	重复执行上一步命令	Ctrl + O	打开图像文件	Ctrl + Y	重做
Ctrl + K	超链接	Ctrl + P	打开打印对话框	Ctrl + Z	取消前一步的操作
Ctrl + N	新建图形文件	Ctrl + S	保存文件		

标准工具栏

1. 新建文件	NEW	6. 剪切	Ctrl + X	11. 缩放	Z
2. 打开文件	OPEN	7. 复制	Ctrl + C	12. 特性管理器	Ctrl + 1
3. 保存文件	SAVE	8. 粘贴	Ctrl + V	13. 设计中心	Ctrl + 2
4. 打印	Ctrl + P	9. 放弃	U	14. 工具选项板	Ctrl + 3
5. 打印预览	PRINT/PLOT	10. 平移	P	15. 帮助	F1

样式工具栏

文字样式管理器	ST	标注样式管理器	D

图层工具栏

图层特性管理器	LA	图层颜色	COL

标注工具栏

1. 线型标注	DLI	7. 快速标注	QDIM	13. 编辑标注	DED
2. 对齐标注	DAL	8. 基线标注	DBA	14. 编辑标注文字	DIMTEDIT
3. 坐标标注	DOR	9. 连续标注	DCO	15. 删除标注关联	DDA
4. 半径标注	DRA	10. 快速引线	LE		
5. 直径标注	DDI	11. 公差	TOL		
6. 角度标注	DAN	12. 重新关联标注	DRE		

（续）

查询工具栏					
1. 距离	DI	4. 列表	LI/LS	7. 状态	STAYUS
2. 面积	AREA	5. 定位点	ID		
3. 面域质量特性	MASSPROP	6. 时间	TIME		

绘图工具栏					
1. 直线	L	8. 圆	C	15. 创建块（内）	B
2. 构造线	XL	9. 矩形修订云线	REVCLOUD	16. 创建块（外）	W
3. 多线	ML	10. 样条曲线	SPL	17. 点	PO
4. 多段线	PL	11. 编辑样条曲线	SPE	18. 图案填充	H
5. 多边形	POL	12. 椭圆	EL	19. 面域	REG
6. 矩形	REC	13. 椭圆弧	ELLIPSE	20. 多行文字	T
7. 圆弧	A	14. 插入块	I	21. 单行文字	DT

实体工具栏					
1. 长方体	BOX	6. 拉伸	EXT	11. 设置轮廓	SOLPROF
2. 球体	SPHERE	7. 旋转	REV		
3. 圆柱体	CYLINDER	8. 剖切	SL		
4. 圆锥体	CONE	9. 圆环	TOR		
5. 楔体	WE	10. 干涉	INF		

实体编辑工具栏					
1. 并集	UNI	3. 交集	IN		
2. 差集	SU	4. 实体编辑	SOLIDEDIT		

修改工具栏					
1. 删除	E	7. 旋转	RO	13. 打断	BR
2. 复制	CO	8. 缩放	SC	14. 倒角	CHA
3. 镜像	MI	9. 拉伸	S	15. 圆角	F
4. 偏移	O	10. 修剪	TR	16. 分解	X
5. 阵列	AR	11. 延伸	EX		
6. 移动	M	12. 打断于点	BR		

下拉菜单部分命令					
1. 定数等分	DIV	16. 全部重生成	REA	31. 外部参照	MO
2. 定距等分	ME	17. 重命名	REN	32. 创建布局	IM
3. 线宽设置	LW	18. 加载/卸载应用程序	AP	33.【选择自定义文件】对话框	LO
4. 全局比例因子	LTS	19. 属性定义	ATT	34. 拼写检查	MENU

（续）

5. 三维多段线	3P	20. 定义属性(块)	ATE	35. 图形单位	SP
6. 隐藏	HI	21. 边界创建	BO	36. 选项	UN
7. 附着图像	IAT	22. 检查关联状态	CHK	37. 视点预设	OP
8. 三维阵列	3A	23. 数据库连接管理器	DBC		VP
9. 三维对齐	AL	24. 替代	DOV		
10. 三维观察器	3DO	25. 显示顺序	DR		
11. 渲染	RR	26. 草图设置	DS		
12. 清理	PU	27. 编辑多段线	PE		
13. 刷新	R	28. 编辑样条曲线	SPE		
14. 重画	RA	29. 编辑文字	ED		
15. 重生成	RE	30. 特性